果园林地散养土鸡技术

（第3版）

魏刚才　丰兰竹　崔新萍　主编

河南科学技术出版社
·郑州·

内容提要

本书包含果园林地散养土鸡概述、土鸡的繁育方法及品种选择、土鸡的营养需要及日粮配制、土鸡场的场址选择和鸡舍建设、土鸡育雏期的饲养管理、土鸡散养期的饲养管理、土鸡的疾病防治、土鸡场的经营管理八章，并配有大量彩图和多个视频。本书紧扣当前生产实际，注重科学性、系统性、实用性和先进性，图文并茂，通俗易懂，不仅适合土鸡场饲养技术人员、管理人员和养殖户阅读，也可以作为大专院校、农村函授及相关培训班的辅助教材和参考书。

图书在版编目（CIP）数据

果园林地散养土鸡技术 / 魏刚才，丰兰竹，崔新萍主编 . -- 3 版 . -- 郑州：河南科学技术出版社，2025.1. -- ISBN 978-7-5725-1768-6

Ⅰ . S831.4

中国国家版本馆 CIP 数据核字第 20249V36X6 号

出版发行：河南科学技术出版社

地址：郑州市郑东新区祥盛街 27 号　邮编：450016

电话：（0371）65737028　65788613

网址：www.hnstp.cn

出 版 人：乔　辉

策划编辑：李义坤

责任编辑：杨　莉　李义坤

责任校对：刘逸群　尹凤娟

封面设计：张　伟

责任印制：徐海东

印　　刷：河南文华印务有限公司

经　　销：全国新华书店

开　　本：850 mm × 1 168 mm　1/32　印张：14.5　字数：690 千字

版　　次：2025 年 1 月第 3 版　2025 年 1 月第 9 次印刷

定　　价：49.80 元

《果园林地散养土鸡技术》（第3版）

编写人员名单

主　　编　魏刚才　丰兰竹　崔新萍

副 主 编　李振亮　薛鸿杰　王嘉豪　谢军伟　李晓利

编写人员（按姓氏笔画排序）

丰兰竹（新乡市红旗区农业农村局）

王柏蕴（信阳市潢川县农业综合行政执法大队）

王嘉豪（南阳市淅川县农业农村局）

刘起月（新乡市长垣市农业农村局）

杜海燕（新乡市动物疫病预防控制中心）

李振亮（濮阳市华龙区农业农村局）

李晓利（濮阳市南乐县农业农村局）

杨慧莉（新乡市卫辉市农业农村局）

张　磊（焦作市修武县农业农村局）

范　萌（开封市动物疫病预防控制中心）

姚　坪（信阳市潢川县农业综合行政执法大队）

郭玉新（新乡市卫辉市农业农村局）

崔新萍（新乡市卫辉市太公镇人民政府）

谢军伟（开封市动物疫病预防控制中心）

薛鸿杰（濮阳市南乐县农业农村局）

魏　民（河南农业大学）

魏刚才（河南科技学院）

前　言

果园林地散养土鸡从农业的可持续发展出发，依据生态学和生态经济学原理，结合草山草坡、林地、果园、农田等可放牧地的特点，充分利用土地、空间和自然的饲料资源，将传统的养殖方式与现代科学技术有机结合，来生产绿色、优质的鸡产品，从而满足市场需要，提高生产者综合效益。我国不仅有丰富的地方品种鸡（俗称土鸡或柴鸡）资源（土鸡骨细、皮薄、肉厚、肉质嫩滑、味香浓郁、营养全面，土鸡蛋蛋白浓稠、蛋黄颜色深、风味好等特点正好符合人们对禽产品质量的要求，深受消费者青睐），又有大量的山地、林地、果园、草场以及农田等散养场地，将两者合理有机地结合起来，使丰富的自然资源得到充分利用，既可以减少精饲料消耗，维持鸡群的健康，减少药物使用，生产优质的肉蛋产品，满足人们对绿色健康食品的需求，又可以减少植物虫害，增加土地的有机质，具有极其重要的意义。

我国有着悠久的养鸡历史，也积累了丰富的传统养殖经验，但果园林地规模化散养土鸡与传统庭院养鸡相比，无论是饲养方面、管理方面、疾病防控方面，还是产品要求和销售方面都有很大不同。果园林地规模化散养土鸡起步较晚，近年来也有了长足发展，但生产中仍存在很多技术问题和管理问题，如先进技术不普及、关键技术不配套、标准化程度低、成本核算不重视等，严重影响土鸡群的生产水平发挥和养殖效益的提高。2016年第1版和2019年第2版《果园林地散养土鸡技术》的出版，对提高土鸡养殖水平起到了一定的促进作用，但随着土鸡养殖业的发展和市场条件的变化，有必要对其进行修订。

本着内容全面、技术先进和操作性强的修订原则，笔者对第2版的内容进行了增删、调整和修改，并新增了大量的插图和视频。修订后的内容包含果园林地散养土鸡概述、土鸡的繁育方法及品种选择、土鸡的营养需要及日粮配制、土鸡场的场址选择和鸡舍建设、土鸡育雏期的饲养管理、土鸡散养期的饲养管理、土鸡的疾病防治、土鸡场的经营管理共八章内容，附录包括最新版的《中国饲料成分及营养价值表》《禽产品购销合同范本》和《新乡市地方标准：土鸡生态放养技术操作规程》。本书紧扣生产实际，注重系统性、科学性、实用性和先进性，图文并茂，通俗易懂，不仅适宜于土鸡场饲养管理人员和广大土鸡养殖户阅读，也可以作为大专院校和农村函授及培训班的辅助教材和参考书。

由于水平有限，书中可能会有错误和不当之处，敬请广大读者不吝斧正。

目　录

第一章　果园林地散养土鸡概述

第一节　土鸡及果园林地散养土鸡的概念

我国幅员辽阔，地形多样，几千年来经劳动人民长期选择和培育，形成了许多各具特色的优良品种的土鸡（草鸡、本地鸡）。世界上不少著名的鸡种都有我国土鸡的血统。目前，生产中饲养的土鸡不仅有体型、皮肤和羽毛颜色较为一致的地方纯种鸡，如固始鸡、卢氏鸡、芦花鸡、正阳三黄鸡等，而且也有利用地方鸡种相互杂交的鸡，其体型、皮肤和羽毛颜色参差不齐，羽毛色泽有黑色、红色、黄色、白色、麻色等，脚的皮肤也有黄色、黑色、灰白色等。（视频1-1　杂交土鸡）土鸡的生产性能虽然与现代高产配套杂交品种鸡不能媲美，但具有耐粗食、易饲养、肉质好（骨细肉厚、皮薄、肉质嫩滑、味香浓郁、营养全面）等特点，可生产出符合现代人要求的优质、绿色、安全的食品，深受消费者喜爱。

视频1-1　杂交土鸡

果园林地散养土鸡就是将传统养鸡方法和现代科学技术相结合，根据不同地区的特点，利用荒山、林地、草场、果园、农田等地的天然饲料资源（昆虫等动物性饲料和嫩草、草籽、树叶等植物性饲料）散养土鸡，并适当补充饲养，实现散养与舍饲相结合。这样可以充分利用自然资源，降低饲养成本，减少投资，生产绿色产品，获得较好的饲养效益。（视频1-2　散养的土鸡）

视频1-2　散养的土鸡

第二节　土鸡的外貌特征及生活习性

一、土鸡的外貌特征

（一）外貌结构

土鸡的外貌是由头部、颈部、躯体部、尾部、腿部以及羽毛等构成的（图1-1）。

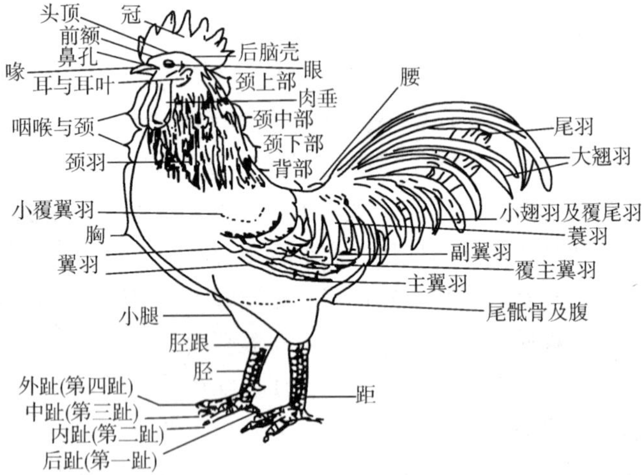

图1-1　土鸡的各部位名称

（二）外貌特征

土鸡虽然品种繁多，血缘混杂，但外貌都有如下特征：

（1）基本特征。体型较小，外观清秀，胸肌丰满，腿肌发达，胫短细或适中，头小，颈长短适中，羽毛美观。母鸡翘尾，公鸡尾呈镰刀状。

（2）羽毛特征。羽毛丰满，紧贴身躯。羽色斑纹多样，不同品种差异明显，有白色、红色、黄色、黑色、芦花羽、浅花羽、豇豆白、青色羽、栗羽、麻羽、灰羽、草黄色、金色、咖啡色等。公鸡颈羽、鞍羽、尾羽发达，有金属光泽。羽色是其天然标志，生产中要根据消费者的不同需求来选留合适的羽色和花纹。

（3）冠型。冠型多样，如桑葚冠、豆冠、玫瑰冠、杯状冠、角冠、平头和毛冠等。冠颜色要求红润（乌冠除外），冠大，肉髯发达，有的个体有胡须。

（4）喙、胫脚。喙、胫脚的颜色有白色、肉色、深褐色、黄色、红色、青色和黑色等，有的个体呈黄绿色和蓝色。不同的消费者对胫色要求不同，南方市场较喜欢青色胫和黄色胫。以光胫为主，但也有毛胫、毛脚。趾有双四趾的，有一侧四趾一侧五趾的，也有双五趾的。爪短直，不像笼养的蛋鸡那样长。胫部较细，与其他肉鸡有明显的不同。

（5）皮肤颜色。皮肤有白色、黄色、灰色和黑色等。

二、土鸡的生活习性

（一）耐寒喜暖

土鸡全身布满羽毛，具有较强的耐寒性。土鸡喜欢温暖干燥的环境，因没有汗腺，加上全身羽毛形成保温层，散热主要依靠呼吸和排泄，因此土鸡不喜欢炎热潮湿的环境。当气温超过26.6℃时，随着气温的上升，土鸡呼吸频率加快，以增加热量的散失；当气温超过30℃时，产蛋率下降；当气温超过36℃时，鸡群出现热应激死亡。所以，夏季饲养土鸡应注意防暑降温。果园林地散养土鸡，可以充分利用树荫、高大植物遮阳，避免阳光直射。如果草场缺乏阴凉，可设置凉棚，阴凉下沙浴也可缓解热应激。（视频1-3　树荫下的凉爽环境）

视频1-3　树荫下的凉爽环境

（二）体小灵活

土鸡体型小，体重轻，羽毛丰满，利于飞翔、攀高。土鸡反应灵敏，胆小怕惊，任何新的声响、动作、物品的突然出现和生产程序的突然变化，都会导致鸡只的惊叫、逃跑、炸群等应激反应。土鸡喜欢登高栖息，习惯上栖架休息。放养条件下，土鸡的活动范围广，采食面积大。如果高密度饲养，易发生争斗，因啄肛、啄羽等恶癖而造成过多死亡。

（三）合群认巢

土鸡的合群性较强，喜欢成群活动采食，刚出壳几天的雏鸡就会找群，一旦离群就叫声不止。一般是以1只公鸡为首形成自然交配群。鸡生长到一定的日龄，相互之间争斗，形成一定的序位（根据个体之间争斗能力的强弱在鸡群中形成一种由强到弱排成的秩序），群体序位有利于群体的稳定。

土鸡的认巢能力都很强，能很快适应新的环境，自动回到原处栖息。放养时，早上放出之前和晚上收圈时用哨子或口哨给鸡一个信号，然后再喂料，反复进行训练，经过1周后，鸡群就会建立条件反射。晚上收圈时吹哨子或打口哨，鸡群就会回到舍内。

（四）低产就巢

土鸡性成熟时间较晚，受季节影响大，春天饲养的土鸡性成熟早，秋季饲养的土鸡开产晚，一般开产日龄为150～180日龄。自然条件下，土鸡的产蛋性能具有极强的季节性，主要是受营养、温度和光照的影响，每年春、秋季是其产蛋率较高的时期。而在光照时间缩短、气温下降、营养供应不足的冬季会停止产蛋。所以，土鸡的年产蛋量低，一般只有100 ~ 130枚。

土鸡都有不同程度的就巢性（抱窝性）。自然条件下土鸡通过抱窝来孵化小鸡，抱窝时母鸡会停止产蛋，也影响产蛋量提高。（视频1–4　母鸡抱窝）人工大量饲养土鸡时应注意提供适宜的环境条件，加强对种鸡的选择，淘汰抱窝性强的母鸡，提高生产性能。

视频1–4　母鸡抱窝

（五）杂食

土鸡的消化系统结构特殊。鸡无牙齿，采食主要靠角质化的喙啄食，嗉囊与腺胃、腺胃与肌胃交界处狭窄，易于阻塞。因此，加工饲料时，要防止枯枝、铁丝、铁钉、羽毛、毛纤维、塑料、编织线以及不易消化的青草混入饲料，以免被鸡误食形成阻塞，继而发展为软嗉病、硬嗉病。散养时，注意清理牧场异物。鸡的唾液腺及其他消化腺不发达，对食物的机械消化作用主要在肌胃内（鸡的腺胃是分泌消化腺的场所）进行。

鸡可以充分利用各种动物性、植物性、单细胞类和矿物质饲料，长期放养的土鸡能采食树叶、草籽、嫩草、青菜、昆虫、蚯蚓、蝇蛆、蚂蚁、沙砾等，也可在果园、收获后的庄稼地采食落在地里的果实和撒落在地里的粮食。（视频1–5–1　土鸡在芝麻地觅食，视频1–5–2　土鸡在玉米地觅食，视频1– 5 – 3　土鸡在收获后的大田觅食）土鸡虽然具有一定的耐粗饲的能力，但在粗饲条件下生长较慢。

视频1–5–1　土鸡在芝麻地觅食

视频1–5–2　土鸡在玉米地觅食

视频1–5–3　土鸡在收获后的大田觅食

（六）群居性强

土鸡喜欢一起觅食、活动和休息，可以大群高密度饲养。（视频1－6　土鸡高密度散养）模仿能力强，也易模仿啄癖、打斗等恶癖，生产中应加以严格管理。

视频1–6　土鸡高密度散养

第三节　果园林地散养土鸡的发展优势和概况

一、果园林地散养土鸡的发展优势

（一）有利于绿色优质产品生产

果园林地散养的土鸡可以生产出优质、绿色的肉蛋产品，满足人们的要求。

1.果园林地散养土鸡的蛋品质好

果园林地散养的土鸡可以根据需要，自由觅食矿物质饲料，受到阳光紫外线照射后产生大量的维生素D，促进了钙磷代谢和蛋壳的形成，蛋壳质量好。散养土鸡可以自由接触绿地，自由采食草料及一些富含角黄素的甲壳类、昆虫、蜘蛛等动物，同时比较低的产蛋率也为色素在蛋黄中的沉积提供了较长的时间，蛋黄颜色深表明蛋黄的表面张力提高，是蛋黄膜坚固程度的体现，说明散养条件下鸡体的健康状况要好于笼养的。

鸡蛋含水量的高低是衡量鸡蛋营养含量的重要指标之一。鸡蛋含水量越高说明它的有价值部分越低，可购买性越差。散养鸡组的蛋清含水量和蛋黄含水量均比对应的笼养鸡组低。这可能是因为笼养鸡的日饮水量高于散养鸡的缘故。胆固醇是细胞膜的重要组成成分，在生理状态下，主要参与组成细胞膜结构、细胞内通信、电子传递，并且还是生长发育的物质基础，因此它是人类维持正常生理活动的必需物质。然而，血液中胆固醇含量过高又会引起高血压、动脉粥样硬化等一系列心脑血管疾病。散养鸡的蛋黄中胆固醇含量均显著低于对应的笼养鸡，这可能是由于散养鸡可以自由地采食绿草、甲壳类动物，从而增加了饲料中可溶性纤维、壳聚糖的含量，从而使蛋黄中胆固醇含量显著降低。散养鸡蛋黄中磷脂质明显高于笼养鸡。磷脂质具有降低胆固醇、软化血管、降低血压、提高记忆力的效果，因此蛋黄中磷脂质的含量是评价鸡蛋优劣的重要指标之一。

2.果园林地散养土鸡的肉品质好

果园林地散养的土鸡肌肉中干物质含量高于舍内饲养的鸡，特别是腿肌中干物质含量显著高于舍内饲养的鸡；蛋白质含量高于舍内饲养的鸡；胸部肌肉中的脂肪含量、水分含量也低于舍内饲养的鸡。氨基酸是构成蛋白质的基本单位。现代营养学认为，肉品蛋白质的营养价值取决于组成蛋白质的氨基酸种类、含量和比例以及消化率等。散养鸡胸肌和腿肌中氨基酸总量显著大于舍内饲养的鸡。

资料显示，散养鸡的肌肉中与风味有关的谷氨酸等鲜味氨基酸含量相对较高。谷氨酸单钠盐以游离态存在于畜禽肌肉中，是一种重要的氨基酸及鲜味物质。它与肌苷酸以一定比例存在时，产生协同效应，使鲜度增加30～40倍，让肉变得更加美味，而且它还是肉味前体物质，含量的多少直接影响加热后产生肉味的强弱。相同部位肌肉中散养鸡肌苷酸的含量高于笼养鸡的。同时，散养鸡的肌肉纤维直径最小，肌纤维密度最大，嫩度最好。

3.果园林地散养土鸡的肉蛋制品更健康

果园林地散养的土鸡，肌肉更加结实，肉质结构和营养比例更加合理。肉中含有丰富的蛋白质、微量元素、维生素等各种营养素，脂肪的含量比较低，肉类制品对于人体的保健具有重要的价值；土鸡蛋味道鲜美，柔软筋道，色泽鲜艳，有特殊香味，富含多种维生素、类胡萝卜素，蛋内脂肪不超过3%，蛋白质含量超过12%，有人体必需的蛋氨酸、赖氨酸、色氨酸、亮氨酸、异亮氨酸、缬氨酸、苏氨酸、苯丙氨酸等多种氨基酸，还含有钠、钾、钙、磷、铁、铜、锌、碘、硫等矿物质和维生素B_1、维生素B_2、维生素B_6、维生素B_{12}，叶酸，生物素，维生素E等，是补充矿物质和维生素的理想食品。

（二）有利于降低生产成本

果园林地散养的土鸡，可以充分利用大量的山坡、林地、果园、草场等，自由采食天然的植物性饲料（树叶、草籽、嫩草等）和动物性饲料（蝗虫、螟虫等），只需适量补饲就能满足营养需要，（视频1–7　林下散养鸡的补饲）与笼养鸡相比，可节省1/3的饲料，降低饲料成本；鸡可以在山坡、林地、果园、草场自由活动，受到阳光的照射，呼吸空气新鲜，活动空间大，鸡体健康，疾病少，可降低用药成本。生态养鸡的鸡舍简易，无需笼具，可减少固定资产投入和资金占用量。（视频1–8　经济实用的散养土鸡鸡舍）

视频1–7　林下散养鸡的补饲

视频1–8　经济实用的散养土鸡鸡舍

（三）有利于减少农作物虫害

果园林地土鸡可以大量捕食多种昆虫，配合灯光等诱虫技术，可大幅度降低农作物虫害的发生率，减少农药的使用量，既保护农作物和果树，降低生产成本，又对环境和人类的健康十分有利。如苹果树在春季发芽前后各喷药1次，开花前后各用药1次，以后根据情况一般每7天用药1次，直到霜降收苹果为止，每亩地需要300～600元。而在苹果园中散养土鸡后，用药次数可以减少1/3，降低费用至200～400元。又如，棉花在谷雨播种至霜降收获，生长期大约6个月。为了预防植物病虫害，在苗期，每

4～5天喷施农药1次（防治植物病害和棉蚜等），在开花前至结桃大约1个月，每2～4天喷药1次（防治盲蝽象等），结桃后一直到末伏后20天，为了预防棉铃虫，一般每7天喷药1次。如此大的农药喷施量，每亩棉田农药开支300元左右，且环境污染严重。而散养土鸡的棉田，共喷施农药5次，其中防治棉蚜2次，防治盲蝽象2次，防治棉铃虫1次，可以节约开支70%以上。

（四）有利于提高生产综合效益

果园林地生态养鸡有利于提高生产综合效益。一是缓解林牧矛盾和农牧用地矛盾。以果园、林地、草地散养鸡替代放牧牛羊，实现鸡上山、牛羊入圈，可以实现资源的合理利用，林牧矛盾得到缓解；能缓解草场的放牧压力，有效地保护和科学地利用草场；减少养鸡占用大量的农用耕地，缓解土地资源紧张的压力，有效保护耕地。二是减少环境污染。农区养鸡是我国蛋鸡生产的主体，鸡场鸡舍密集，甚至人、鸡混杂，紧靠农居修建鸡舍，设施不健全，排泄物对环境污染严重，夏秋成为蚊蝇的滋生地，影响居民身心健康；而生态散养鸡，远离居民区，饲养密度低，加上环境的自然净化，可使排泄物培植土壤，变废为宝。三是增加农民收入。由于省饲料、投资小、疾病少、生产成本低和产品售价高，果园林地生态养鸡的收益明显较高。

二、果园林地散养土鸡的发展概况

（一）品种资源丰富

我国是世界上养鸡最多、养鸡历史最长的国家。我国劳动人民在长期的生产实践中培育出许多优良的土鸡品种。经普查的鸡种有131个，收录到《中国家禽品种志》的鸡种有72个，经1980年以来的两次全国普查，被收录到《国家级畜禽遗传资源保护名录》的鸡种有64个。目前，许多土鸡品种在生产中都有饲养，如桃源鸡、雪峰乌骨鸡、固始鸡、卢氏鸡、北京油鸡、芦花鸡、丝毛乌骨鸡等。

（二）规模化程度不断提高

果园林地养出的土鸡营养丰富，肌肉嫩滑，肌纤维细小，肌间脂肪分布均匀，水分含量低，鸡味浓郁，风味独特，产品安全无污染，深受市场青睐，市场价格高，同时，可以利用大量的野生饲料资源，生产成本低。所以，许多养殖者充分利用我国丰富的山区草原、林地、果园等资源，进行规模化土鸡养殖，少则成百上千只，多则上万只，甚至有的地方还建立了土鸡生态养殖基地，大大促进了土鸡养殖业发展，不仅通过饲养土鸡走上了致富路，还为市场提供了大量的优质土鸡和土鸡蛋。

（三）生产和经营水平有待提高

我国虽然养鸡历史悠久，但果园林地规模化散养土鸡时间不长，生产技术缺乏配套和推广，生产水平比较低。具体表现为：一是雏鸡质量差。目前，90%的养殖场的土鸡雏鸡苗是用从农家收购的鸡蛋进行集中孵化或者到农村一些土鸡孵化厂直接购进的。这样的土鸡苗品种混杂，品质严重退化，对疾病的抵抗力差异大，抗体水平不一，饲养过程中容易发生疾病。二是饲养管理水平低。由于规模化散养土鸡知识和技术普及不够，很多养殖者仍然按照传统的方式来饲养管理，如不注意散养季节和时间的选择，补料、饮水不科学，日常管理不到位，兽害严重发生等，影响饲养效果。三是生产性能差。雏鸡质量差、饲养条件不善（如没有保温性能好的育雏舍和必需的育成产蛋舍，缺乏产蛋箱、饮水用具等必备设备，防寒、保温和隔离卫生条件不好等）、饲养管理水平低等，导致疾病多，成活率低，产蛋少，生长慢，养殖效益差。四是产品不规范。果园林地散养土鸡目前仍是分散经营，缺乏统一的生产标准，生产的产品不分规格，影响产品的信誉度，也影响产品的销售或养殖效益。五是产品销售不畅。由于销售渠道单一或缺乏宣传，产品不能及时销售或优质不能优价，影响养殖效益，严重影响养殖者积极性。

第二章　土鸡的繁育方法及品种选择

第一节　土鸡的繁育方法

一、纯种繁育

用同一品种内的公母鸡进行配种繁殖，这种方式能保持一个品种的优良性状，有目的地进行系统选育，能不断提高该品种的生产能力和育种价值，所以，无论在种鸡场还是商品生产场都被广泛采用。但要注意，采用同一品种繁育，容易出现近亲繁殖的缺点，尤其是规模小的养鸡场，鸡群数量小，很难避免近亲繁殖。近亲繁殖会引起后代的生活能力和生产性能降低，体质变弱，发病率、死亡率增多，种蛋受精率、孵化率、产蛋率、蛋重和体重都会下降。为了避免近亲繁殖，必须进行血缘更新，即每隔几年从外地引进体质强健、生产性能优良的同品种种公鸡进行配种。

二、杂交繁育

不同品种间的公母鸡交配称为杂交。由两个或两个以上的品种杂交所获得的后代，具有亲代品种的某些特征和性能，丰富和扩大了遗传物质基础和变异性。因此，杂交是改良现有品种和培育新品种的重要方法。由于杂交一代常常表现出生命力强、成活率高、生长发育快、产蛋产肉多、饲料报酬高、适应性和抗病力强的特点，所以在生产中利用杂交生产出的具有杂种优势的后代作为商品鸡是经济而有效的。

（一）杂交亲本的选择

土鸡的杂交以有特殊性状的品系选育为基础，确定父系和母系两个选育方向，再用父系公鸡和母系母鸡杂交生产出F_1代土鸡。土鸡亲本选择应从以下三个方面进行：

（1）具有特殊性状的品系选育。特殊性状是指土鸡的标志性状，例如羽色、胫色、冠形和肤色等性状。芦花羽系：选择芦花羽的公鸡和母鸡建立核心群，淘汰杂种芦花公鸡，选育出纯种芦花羽公鸡和母鸡建立芦花羽系；青胫品系：青胫属隐性基因控制，选择青胫的公鸡和母鸡建立核心群，选育出纯种青胫系。土鸡的标志性状多为质量性状。

（2）父系选择。父系要求体型大、肌肉丰满，有一定的早期生长速度，肉质滑嫩，味道鲜美。羽毛以快羽为佳，羽毛丰满有光泽，羽色杂。鸡冠发育较早，鸡冠鲜红。胫以青色为佳。与母鸡杂交生产的F_1代土鸡外貌和生产性能符合土鸡的外貌特征和生产性能指标。

（3）母系选择。母系要求体型中等、有一定的载肉量、肉质鲜嫩、骨细、皮脆味鲜、产蛋率高、蛋重较大，适合各种饲养方式。属快羽型，羽毛紧贴体躯，羽色多样（每个羽色品系羽色相同）。性成熟早，鸡冠发达，鸡冠的颜色以鲜红为主，也可以为乌冠。胫、喙以青色、黑色为佳，黄色少，其他胫色均可。与父系公鸡杂交生产的F_1代土鸡外貌和生产性能符合土鸡的外貌特征和生产性能指标。

（二）杂交利用模式

土鸡选育的目的就是通过品系间、品种间或品系与品种间杂交配套生产出符合市场需求的商品土鸡。亲本品系、品种选择确定后，品系、品种间杂交，进行配合力测定，选出最佳杂交配套模式用于生产商品土鸡。杂交利用模式的主要方式如下：

（1）品种间、品系间或两品系间杂交配套。这种杂交利用模式实际上是二元杂交和级进杂交。例如：

固始鸡（♂）×仙居黄胫鸡（♀）

↓

商品F_1代

固始鸡公鸡与仙居黄胫鸡母鸡杂交生产的F_1代土鸡，公雏黄胫，母雏青胫。黄羽，单冠，体型适中。

三黄鸡（♂）×南阳黑色鸡（♀）

↓

商品F_1代

三黄鸡公鸡与南阳黑色鸡母鸡杂交生产的F_1代土鸡，羽色有黄色、红色、灰色和麻色等。胫色以黄色为主，有黑胫黄脚、黑胫黑脚等特征。

澳洲黑（♂）×固始黑羽鸡（♀）

↓

澳洲黑（♂）×F_1代鸡（♀）

↓

商品F_2代

澳洲黑公鸡与固始黑羽鸡母鸡杂交生产的F_1代土鸡，有黑羽、麻羽和少量灰羽、咖啡色羽。F_2代土鸡生长速度快。这种杂交利用模式速度快、见效快、成本低，大约1年时间可杂交配套生产出F_1代土鸡。

（2）三系杂交配套。采用三个品系或三个地方品种、三个品系或品种之间等杂交配套生产F_2代土鸡。例如：

黄羽系（♂）×黑羽系（♀）

↓

麻羽系（♂）×F_1代（♀）

↓

商品F_2代

这样杂交配套生产的F_2代商品土鸡含有两个以上地方品种或品系的血缘，羽色、胫色混杂，生长速度快，鸡群整齐度稍差，适合需求杂羽色和杂色胫的消费者。

（3）杂交选育。采用以上两种杂交利用模式快速生产开发利用的同时，为了长远的利益，杂交选育自己的配套品系是很有必要的。这种方式是采用品种间、品系间或品种与品系间杂交产生的后代闭锁繁育，再经过3～10年培育出纯系和杂交配套品系的一种方法。这种方法耗时长、成本高、见效慢，育种实践中应用较少。例如：

黄羽（♂）×隐性白羽白洛克（♀）

↓

F_1代（♂、♀）

F_1代公鸡与母鸡横交固定，逐步建立黄羽纯系鸡种，淘汰每代出现的隐性白羽鸡。再用地方品种的公鸡与新培系的黄羽纯系母鸡杂交配套生产F_1代供应市场。这种方式有利于在杂交配套生产土鸡的同时培育纯系，为育种企业长期发展奠定基础。

第二节　土鸡的品种

近年来，土鸡养殖在我国养鸡业中所占比重越来越大，其产品也越来越受消费者的追捧，市场销售良好。根据其经济特点，土鸡可以分为肉用型、肉蛋兼用型和蛋用型品种。

一、肉用型品种

（一）浦东鸡

【产地与分布】原产于上海市黄浦江以东的广大地区，故名浦东鸡。浦东鸡是我国较大型的黄羽鸡种，肉质特别肥嫩、鲜美，香味甚浓，宴席上常用于制作白斩鸡或整只炖煮。

【外貌特征】体型较大，呈三角形。公鸡羽毛有黄胸黄背、红胸红背和黑胸红背三种。母鸡全身黄色，有深浅之分，羽片端部或边缘常有黑色斑点，因而形成深麻色或浅麻色。公鸡单冠直立，冠齿多为7个；母鸡冠较小，有时冠齿不清。冠、肉垂、耳叶均呈红色，肉垂薄而小。喙短而稍弯，基部粗壮、黄色，上喙端部呈褐色。虹膜为黄色或金黄色。胫、趾黄色。有胫羽和趾羽。

【生产性能】成年公鸡体重约3500克，母鸡体重约3000克。年产蛋量100～130枚，平均蛋重58克。蛋壳褐色，壳质细致，结构良好。

（二）清远麻鸡

【产地与分布】原产于广东省清远市。因其羽毛背侧有细小的黑色斑点，故名麻鸡。它以体型小、皮下和肌间脂肪发达、皮薄骨软而著名，是我国常用于活鸡出口的小型肉用型鸡种。

【外貌特征】体型特征可概括为“一楔”“二细”“三麻身”。“一楔”指母鸡躯体像楔形，前躯紧凑，后躯圆大；“二细”指头细脚细；“三麻身”指母鸡背羽呈麻黄、麻棕、麻褐三种颜色。单冠直立，冠齿5～6个，冠、肉垂及耳叶呈鲜红色，虹彩橙黄色，喙黄色。

公鸡体质结实灵活，结构匀称，头部大小和颈部长短适中，头颈、背部的羽金黄色，胸羽、腹羽、尾羽及主翼羽黑色，肩羽、蓑羽枣红色，较短而黄；母鸡头细小，喙短。颈长短适中。头部和颈前部1/3的羽毛呈深黄色。背部羽毛有麻黄、麻棕、麻褐三种颜色。胫趾短细，呈黄色。

【生产性能】清远麻鸡以农家散养为主。在天然食饵丰富的条件下生长速度较快，120日龄公鸡体重约1250克，母鸡体重约1000克。该品种屠宰率高，育肥性能良好。未经育肥的仔母鸡，半净膛屠宰率平均为85%，全净膛屠宰率平均为75.5%；阉公鸡半净膛（去血、毛肠、胰、肝、嗉囊）屠宰率为83.7%，全净膛（只留肾、肺）屠宰率为76.7%。

成年公鸡体重1700～2800克，母鸡体重1300～2500克。母鸡5～7月龄开产，年产蛋量70～80枚，平均蛋重46.6克，蛋壳浅褐色。公、母配比为1：（13～15），种蛋受精率在90%以上，受精蛋孵化率为83.6%。

（三）惠阳胡须鸡

【产地与分布】原产于珠江水系东江干流西枝江支流中下游沿岸各县。因其颌下有张开的肉髯，状似胡须，“胡须”有乳白、淡黄、棕黄三色，也叫三黄胡须鸡。该品种鸡具有胸肌发达、早熟易肥、肉质好的特点，与清远麻鸡、杏花鸡一起被誉为广东省三大出口名鸡。

【外貌特征】惠阳胡须鸡属于中型肉用品种，头大颈粗，胸深背宽，背线平直，后躯圆润，体质结实，腿肌和胸肌发达，胸角一般在60°以上，后躯丰满，体躯呈葫芦瓜形，尤以颌下发达而张开的胡须状髯羽为其基本特征，并且在其颌下无肉垂或仅有一些痕迹。单冠直立，冠齿为6～7个，喙粗短而黄，虹膜橙黄色，耳叶红色。

公鸡梳羽、蓑羽和镰羽金黄色而富有光泽。背部羽毛枣红色，分为主尾羽和无主尾羽两种。主尾羽多呈黄色，有些内侧是黑色。腹部羽色稍淡；母鸡全身羽毛黄色，主翼羽和尾羽有些黑色。尾羽不发达，喙脚黄色。

【生产性能】惠阳胡须鸡育肥性能良好，具有脂肪沉积能力强的特点。农户散养母鸡，开产前体重可达1000～1200克。如果在此时笼养育肥，12～15 天可增重350～400克，且具有皮薄骨软、脂丰肉满的特点。12周龄公鸡平均体重为1140克，母鸡平均体重为845克。120日龄公鸡，半净膛屠宰率为86.6%，全净膛屠宰率为81.2%；150日龄公鸡，半净膛屠宰率为87.5%，全净膛屠宰率为78.7%。

成年公鸡体重2000～2500克，母鸡体重1500～2000克。公鸡性成熟早，有的3周龄就会啼叫。惠阳胡须鸡母鸡6月龄左右开产。惠阳胡须鸡产蛋率很低，农家以稻谷为主、结合散养并自然孵化和育雏，年平均产蛋量只有45～55枚。改善饲养管理后，年平均产蛋量可达108枚，平均蛋重45.8 克，蛋壳浅褐色。一般公、母配比为1：（10～12），种蛋平均受精率为88.6%，受精蛋孵化率为84.6%。育雏成活率在95%以上。

（四）杏花鸡

【产地与分布】原产于广东省肇庆市封开县一带，当地又称为“米仔鸡”。主要分布于广东省封开县，年饲养量在100万只以上。广州市，佛山市，肇庆市的怀集县、德庆县，云浮市的郁南县、新兴县等地都有饲养。它具有早熟、易肥、皮下和肌肉间脂肪分布均匀、骨细皮薄、肌纤维细嫩等特点，适宜制作白切鸡。杏花鸡属小型肉用优良鸡种，是我国活鸡出口经济价值较高的名鸡之一。

【外貌特征】杏花鸡体质结实，结构匀称，胸肌发达，被毛紧凑，前躯窄，后躯宽。该品种的典型特征是“三黄”(黄羽、黄胫、黄喙)、“三短”(颈短、胫短、体躯短)、“二细”(头细、颈细)。单冠，冠、耳叶及肉垂鲜红色，虹膜橙黄色。雏鸡以“三黄”为主，全身绒羽淡黄色。

公鸡头大，冠大直立，羽毛黄色略带金红色，主翼羽和尾羽有黑色，脚黄色。母鸡头小，喙短而黄，体羽呈黄色或浅黄色，颈基部羽多有黑斑点，形似项链。主副翼羽的内侧多呈黑色，尾羽多数有几根黑羽。

【生产性能】在较好的饲养条件下，112日龄公鸡的平均体重为1256克，母鸡平均体重为1032克。未开产的母鸡，一般养到5～6月龄，体重达1000～1200克。半净膛屠宰率，公鸡为79.0%，母鸡为76.0%；全净膛屠宰率，公鸡为74.7%，母鸡为70.0%。因皮薄且有皮下脂肪，故细腻光滑，肌肉脂肪分布均匀，肉质特优，适宜制作白条鸡。

母鸡平均开产日龄为150天，年产蛋量70～90枚，平均蛋重45克，蛋壳褐色。农家散养，公、母配比为1∶15，种蛋受精率达90%以上；群养公、母配比为1∶（13～15），种蛋受精率为90.8%，受精蛋孵化率为74%。30日龄的育雏率在90%左右。

（五）桃源鸡

【产地与分布】原产于湖南省常德市桃源县。长沙、岳阳、郴州等地分布较为普遍。它以体型高大而出名，故又称为桃源大种鸡。

【外貌特征】桃源鸡体型硕大，体质结实，羽毛蓬松，体躯稍长，呈长方形。喙、胫呈青灰色，皮肤白色。公鸡姿态雄伟，性勇猛好斗，头颈高昂，尾羽上翘，侧视呈“U”形。头部大小适中，单冠直立，冠齿7～8个，耳叶、肉垂鲜红色，眼大微凹陷，虹膜金黄色，颈稍长，胸廓发育良好。体羽呈金黄色或红色，主翼羽和尾羽呈黑色，梳羽金黄色或间有黑斑。尾羽长出较迟，未长齐时尾部呈半圆佛手状，长齐后尾羽上翘。镰羽发达向上张开。腿高，胫长而粗。

母鸡体稍高，性温顺，活泼好动，背较长而平直，后躯浑圆，近似方形。头部清秀，单冠直立，冠齿7～8个，鸡冠倒向一侧。羽色有黄色和麻色两个类型，黄羽型的背羽呈黄色，颈羽呈麻黄色；麻羽型的体羽呈麻色。两种类型的主翼羽和尾羽均呈黑色，腹羽呈黄色。喙、胫呈青灰色，皮肤白色。

【生产性能】桃源鸡生长缓慢，特别是早期生长发育迟缓。90日龄公、母鸡平均体重分别为1094克和862克，肉质细嫩，肉味鲜美，富含脂肪。半净膛屠宰率，公鸡为84.9%，母鸡为82.06%。

成年公鸡体重2700～3900克，母鸡体重2500～3300克。母鸡平均开产日龄为195天，年产蛋量100～120枚，高产群体平均可达158枚。蛋壳浅褐色，平均蛋重51克。公、母配比为1∶（10～12），种蛋受精率为83.83%，受精蛋孵化率为83.81%。母鸡就巢性强，散养条件下，30日龄育雏率为75.66%。

（六）溧阳鸡

【产地与分布】中心产区位于江苏省溧阳市西南部，尤其以茶亭、戴埠、社渚等地最多，属于大型肉用品种。当地也称为“三黄鸡”或“九斤黄”，肉质鲜美，是江苏省西南丘陵山区的著名鸡种。

【外貌特征】溧阳鸡体型较大，体躯略呈方形；羽毛、喙和脚有黄色、麻黄色和麻栗色几种，但多为黄色。公鸡单冠直立，冠齿5个。耳叶、肉垂较大，颜色鲜红。背羽为黄色或橘黄色，主翼羽有黑色和半黑半黄色之分，副翼羽为黄色和半黑，主尾羽呈黑色，胸羽、梳羽、蓑羽呈金黄色或橘黄色，有的羽毛有黑镶边。母鸡鸡冠有单冠直立和倒冠之分，眼大，虹膜呈橘红色，全身羽毛平贴体躯，绝大多数羽毛呈草黄色，少数黄麻色。

【生产性能】一般散养条件下，溧阳鸡生长速度比较慢。90日龄，半净膛屠宰率，公鸡为82.0%，母鸡为83.2%；全净膛屠宰率，公鸡为71.9%，母鸡为72.4%。成年鸡，半净膛屠宰率，公鸡为87.5%，母鸡为85.4%；全净膛屠宰率，公鸡为79.3%，母鸡为72.9%。

成年公鸡平均体重为3300克，母鸡平均体重为2600克。母鸡平均开产日龄为243天，年产蛋量145枚，平均蛋重57.2克，蛋壳褐色。母鸡就巢性强，公、母配种比例为1：13，种蛋受精率为95.3%，受精蛋孵化率为85.6%，一般5周龄育雏率为96%。

（七）河田鸡

【产地与分布】主要产区是福建省龙岩市长汀、上杭两县，以长汀的河田镇为中心，向连城、武平等县部分地区辐射。河田鸡属于优良的肉用型品种，具有肉质细嫩、肉味鲜美的特点。

【外貌特征】具有“三黄”特征，即黄羽、黄喙、黄脚。体型近似方形，颈粗、躯短、胸宽、背阔。河田鸡有大型与小型之分（但大型鸡较少，多数是小型鸡），两者体型外貌相同，仅有体重和体尺的区别。小型鸡羽毛生长快，性成熟比大型鸡早1个月左右。成年鸡主要特征为冠叶后部分裂成叉状冠尾。皮肤白色或黄色。公鸡单冠直立，冠齿约5个，冠叶前部为单片，后部分裂成叉状冠尾，颜色鲜红；喙基部褐色，喙尖呈浅黄色。耳叶椭圆形，红色。颜面鲜红，无明显皱纹。公鸡羽色较杂，头、颈羽棕黄色，背、胸、腹羽淡黄色，尾羽黑色；蓑羽呈鲜艳的浅黄色，镰羽不发达，主翼羽黑色，有浅黄色镶边。母鸡冠部基本与公鸡相同，但是比较矮小。羽毛以黄色为主，颈羽的边缘呈黑色，颈部深黄色，腹部丰满。

【生产性能】河田鸡具有屠体丰满、皮薄骨细、肉质细嫩、肉味鲜美的特点。150日龄公、母鸡平均体重分别为1295克和1094克。河田鸡屠宰率低。据测定，120日龄半净膛屠宰率，公鸡为85.8%，母鸡为87.08%；全净膛屠宰率，公鸡为68.64%，母鸡为70.53%。

母鸡开产日龄在180天左右，母鸡具有极强的就巢性，年产蛋量100枚，蛋重42.89克，蛋壳颜色以浅褐色为主，少数灰白色。散养公、母配比为1∶15，种蛋受精率为90%；舍饲公、母配比为1∶10，种蛋受精率为82%～97%，人工蛋孵化率为67.75%。

（八）霞烟鸡

【产地与分布】原产于广西壮族自治区玉林市容县石寨镇下烟村，当地为土山丘陵，物产丰富，群众喜爱硕大黄鸡，霞烟鸡是该地区中较大的鸡种。原名下烟鸡，又名肥种鸡，是国内优良的地方鸡种。

【外貌特征】霞烟鸡体躯短宽，腹部丰满，外形呈方形。成年鸡头部较大，单冠，肉垂、耳叶均呈鲜红色，虹膜橘红色。喙基部深褐色，喙尖浅黄色。颈部显得粗短，羽毛略疏松。骨骼粗。皮肤白色或黄色。公鸡羽毛呈黄红色，梳羽颜色比胸背羽颜色深，主副翼羽带黑斑或白斑，有些公鸡蓑羽和镰羽有极浅的横斑纹，尾羽不发达。性成熟的公鸡腹部皮肤多呈红色。母鸡羽毛呈黄色，背平、胸宽，龙骨略短，腹部丰满。临近开产的母鸡，耻骨与龙骨末端之间能并容3指，是该品种的重要特征。

【生产性能】90日龄公鸡平均体重为922克，母鸡平均体重为776克。150日龄公、母鸡平均体重分别为1596克、1293克。半净膛屠宰率，公鸡为82.4%，母鸡为87.89%；全净膛屠宰率，公鸡为69.19%，母鸡为81.16%。霞烟鸡由于肌间和皮下沉积脂肪，具有肉质好、肉味鲜的特点，特别是经过育肥后，肌脂丰满，屠体美观，肉质嫩滑，很受消费者欢迎。

母鸡的开产日龄为170～180天，年产蛋量80～150枚；平均蛋重43.6克，蛋壳浅褐色。一般公、母配比为1∶（8～10），种蛋受精率为78.46%，受精蛋孵化率为80.5%。

（九）文昌鸡

【产地与分布】文昌鸡最早出自海南省文昌市潭牛镇天赐村，此村盛长榕树，树籽富含营养，当地鸡啄食，体质极佳，成为海南省地方优良肉鸡品种。

【外貌特征】文昌鸡体型紧凑、匀称，呈楔形。羽色有黄、白、黑色和芦花等。头小，喙短而弯曲，呈淡黄色或浅灰色。单冠直立，冠齿6～8个。冠、肉髯呈红色。耳叶以红色居多，少数呈白色。虹膜呈橘黄色。皮肤呈白色或浅黄色。胫呈黄色。公鸡羽毛呈枣红色，颈部有金黄色环状羽毛带，主、副翼羽呈枣红色或暗绿色，尾羽呈黑色，并带有墨绿色光泽。母鸡羽毛多呈黄褐色，部分个体背部呈浅麻色，胸部羽毛呈白色，翼羽有黑色斑纹。少数鸡颈部有环状黑斑羽带。

【生产性能】150日龄文昌鸡体重约为1500克，毛色鲜艳，翅短脚矮，身圆股平，皮薄滑爽，肉质肥美。全群产蛋率为5%，日龄为138天，68周龄产蛋量约160枚。文昌鸡120～126日龄开产，500日龄年产蛋量120～150枚。种蛋受精率为94.2%，受精蛋孵化率为94.9%。散养条件下母鸡就巢性较强，笼养条件下就巢性约为2.3%。

（十）石岐杂鸡

【产地与分布】原产于广东省中山市三角镇沙栏村，目前主要分布于中山市，此外，佛山市顺德区、广州市番禺区也有分布。又称中山沙栏鸡或三角鸡，属中小型肉用品种。

【外貌特征】石岐杂鸡头部大小适中，冠型多为单冠直立，冠齿6～7个。耳叶、肉髯鲜红色，虹膜橙黄色。躯体丰满，胸肌发达。公鸡羽毛多为黄色或枣红色，主翼羽有黑色，有的以羽轴为界，外侧枣红色，内侧黑色，紧靠羽轴两边为黑色，也有全身黑色而羽尖部分呈枣红色；尾羽多为黑色，也有无主尾羽。母鸡羽毛有黄色、麻色，尤其以麻色居多，背部羽毛有麻黄色、麻褐色、麻棕色三种，头、颈、胸和腹部羽毛对应背部颜色，背部麻黄色的为黄色，背部麻褐色的为褐色，背部麻棕色的为棕色，形成黑花点披肩。皮肤有黄色、白玉色，以白玉色居多。胫部颜色有黄色和白玉色，以黄色居多。

【生产性能】石岐杂鸡平均初生重为32克，70日龄平均体重为723克，150日龄平均体重为1111克；成年公鸡平均为2150克，母鸡平均为1550克。半净膛屠宰率，成年公鸡平均为86.16%，母鸡为85.93%；全净膛屠宰率，成年公鸡平均为81.12%，母鸡为78.82%。

母鸡平均开产日龄为165天，平均年产蛋量80枚，平均蛋重45克，蛋壳多为褐色、浅褐色，蛋形指数为1.34。公鸡平均性成熟期为105天。公、母配比为1∶（15～20）。平均种蛋受精率为92%，平均受精蛋孵化率为91%。母鸡有就巢性，公、母鸡利用年限为1～2年。

（十一）丝毛乌骨鸡

【产地与分布】原产于江西省吉安市泰和县，福建省泉州市、厦门市和闽南沿海等地均有分布且饲养量较大。以其体躯披有白色的丝状羽，皮肤、肌肉及骨膜皆为黑色而得名，被国际上认为是标准品种，称为丝羽鸡。国内在不同的产区有不同的命名，如江西称泰和鸡、武山鸡，福建称白绒鸡，广东、广西称竹丝鸡等。除作为肉用鸡之外，丝毛乌骨鸡由于体型外貌独特，在世界各地动物园中多用作观赏性鸡种。

【外貌特征】丝毛乌骨鸡被国际列为观赏用鸡，头小、颈短、脚矮，体小轻盈。其外貌与其他品种有较大区别。标准的丝毛乌骨鸡可概括为以下十大特征(又称“十全”):桑葚冠、缨头、绿耳、胡须、丝羽、五爪、毛脚、乌皮、乌肉、乌骨。

【生产性能】150日龄公、母鸡平均体重，在福建分别为1460克、1370克，在江西分别为913.8克、851.4克。半净膛屠宰率，公鸡为88.35%，母鸡为84.18%；全净膛屠宰率，公鸡为75.86%，母鸡为69.5%。屠宰率显著高于一般肉鸡，肉质细嫩，肉味醇香。

福建、江西两地，丝毛乌骨鸡平均开产日龄分别为205天、170天，年产蛋量分别为120～150枚、75～86枚，平均蛋重分别为46.85克、37.56 克，受精率分别为87%、89%，受精蛋孵化率分别为84.53%、75%～86%。公、母配比一般为1∶（15～17）。母鸡就巢性强，年平均就巢4次，平均持续期为17天。

（十二）岭南黄鸡

【产地与分布】岭南黄鸡是广东省农业科学院畜牧研究所家禽研究室利用现代遗传育种技术选育成功的优质、节粮、高效的黄羽肉鸡新品种，包括优质黄羽矮小型肉鸡品系四个、优质黄羽正常型肉鸡品系五个，均不含有隐性白羽血缘。为了达到节粮高效的目的，岭南黄鸡生产配套的基本模式是父本侧重生长速度，母本侧重产蛋性能。目前，推出的配套系有岭南黄鸡Ⅰ、Ⅱ、Ⅲ号，Ⅰ号为中速型，Ⅱ号为快大型，Ⅲ号为优质型。岭南黄鸡在全国参加测试的14个黄羽肉鸡品种中是生长速度和饲料转化率最好的黄鸡配套系，产品质量达到国内领先水平，适合于南北方各地市场。

【生产性能】父母代饲养成本低，产蛋多；商品代饲料转化率高，初生雏能自辨雌雄，准确率达99%。经国家家禽生产性能测定站检测，42日龄公、母鸡平均体重为1302.94克，料肉比为1.83：1，成活率为98.9%。

（十三）江村黄鸡（土鸡型）

【产地与分布】江村黄鸡是由广州市江丰实业股份有限公司培育的优良品种，既适合大规模集约化饲养，也适合小群散养。

【外貌特征】鸡冠鲜红直立，嘴黄而短，全身羽毛酝黄，被毛紧贴，体形短而宽，肌肉丰满，肉质细嫩，鸡味鲜美，皮下脂肪适中，抗逆性好，饲料转化率高。

【生产性能】种鸡68周龄年产蛋量约达155枚，商品代100日龄母鸡平均体重为1400克，料肉比为3.2：1。

（十四）康达尔黄鸡

【产地与分布】康达尔黄鸡是由深圳市康达尔（集团）养鸡有限公司选育而成的优质黄鸡配套系，既有地方品种三黄鸡肉质嫩滑、口味鲜美的优势，又有增重较快、胸肌发达、早熟、脚矮、抗病力强的遗传特性。

【外貌特征】商品代公鸡羽毛呈金黄色，单冠大而鲜红，有部分侧枝，胸广背平，胫粗短，体形呈圆桶状。母鸡全身羽毛由深黄色至浅黄色，背毛、颈羽、主翼羽为呈部分黑色的麻黄色羽。体躯丰满，早熟，蛋壳浅褐色。耳叶白色，“三黄”（毛黄、胫黄、皮黄）特征明显。

【生产性能】商品鸡16周龄上市，公鸡平均体重为2300克，母鸡平均体重为1860克，料肉比为3.2：1。

（十五）新浦东鸡

【产地与分布】新浦东鸡是由上海市农业科学院畜牧兽医研究所主持培育而成的土著肉用鸡种，保留了浦东鸡的体型大和肉质鲜美的特点，克服了早期发育和羽毛生长缓慢的缺点，是用作肉鸡生产和活鸡出口较为理想的品种。

【外貌特征】新浦东鸡黄羽，黄脚，黄趾，肤色微黄，喙部色泽不一，眼睑、耳朵呈黄色。鸡冠为单冠。

【生产性能】成年公鸡平均体重为4300克，母鸡平均体重为3400克。26周龄开产，500日龄年产蛋量140～152.5枚；种蛋合格率为85%～95%，平均受精率为90%，受精蛋孵化率为80%。料肉比（0～70日龄）为（2.6～3.0）：1。

二、肉蛋兼用型品种

（一）固始鸡

【产地与分布】原产于河南省信阳市固始县，主要分布在淮河流域以南和大别山脉以北的广大地区，相邻的安徽省的金寨等县也有分布。其因外观秀丽、肉嫩汤鲜、风味独特、营养丰富等特点而驰名海内外，是我国优良的肉蛋兼用型鸡种。经过20多年艰苦细致的育种工作，成功地选育出固始鸡高产品系、快速品系。以快速品系为父本、高产品系为母本生产的固始鸡商品代（青脚系、乌骨系），生产性能大幅度提高，综合性能达到国内同类研究先进水平。

【外貌特征】固始鸡个体中等，外观清秀灵活，体型细致紧凑，结构匀称，羽毛丰满，尾形独特。按外貌可分为青脚系和乌骨系两类。青脚系固始鸡外貌特征是青脚、青嘴、快羽、白皮肤，母鸡羽毛有麻黄色，公鸡一般为红羽、黑尾。乌骨系固始鸡的外貌特征是乌脚、乌冠、乌皮、乌骨，母鸡毛色以中麻和麻黄为主，公鸡毛色深红。初生雏鸡绒羽呈黄色，头顶有深褐色绒羽带，背部沿脊柱有深褐色绒羽带，两侧各有四条黑色绒羽带。

成年鸡冠型有单冠和豆冠两种，以单冠者居多。冠直立，冠后缘冠叶分叉。冠、肉垂、耳叶和脸均呈红色。眼大且略向外突出。虹膜呈彩栗色。喙短略弯曲，呈青黄色。胫呈青色。尾型分为佛手状尾和直尾两种。佛手状尾尾羽向后上方卷曲，悬空飘摇，是该品种的特征。

公鸡羽色呈深红色和黄色，镰羽多带黑色而富铜色光泽。母鸡的羽色以麻黄色和黄色为主，白色、黑色很少。该品种鸡性情活泼，敏捷善动，觅食能力强。

【生产性能】固始鸡早期生长速度慢，公、母鸡60日龄平均体重为266克； 90日龄平均体重，公鸡为488克，母鸡为355克；180日龄平均体重，公鸡为1270克，母鸡为967克。150日龄半净膛屠宰率，公鸡为81.76%，母鸡为80.16%；全净膛屠宰率，公鸡为73.92%，母鸡为70.65%。

平均开产日龄为170天，平均年产蛋量150.5枚，平均蛋重50.5克，蛋形偏圆。繁殖种群，公、母配比为1：（12～13），平均种蛋受精率为90.4%，受精蛋孵化率为83.9%。供种单位有固始县三高集团和中国农业科学院。

（二）狼山鸡

【产地与分布】原产地在长江三角洲北部的江苏省南通市如东县，南通市通州区也有分布。该品种鸡以体型硕大、羽毛纯黑、冬季产蛋多、蛋大而著称于世，是我国古老的兼用型鸡种。

【外貌特征】狼山鸡体格健壮，头昂尾翘，背部较凹，羽毛紧密，行动灵活。按体型可分为重型（公鸡体重为4000～4500克，母鸡为3000～3500克）与轻型（公鸡体重为3000～3500克，母鸡为2000克）。按羽毛颜色可分为纯黑、黄色和白色3种，其中黑色最多，黄色次之，白色最少，而杂毛鸡甚为少见。每种颜色按头部羽冠和胫趾部羽毛的有无，分为光头光脚、光头毛脚、风头毛脚和风头光脚四个类型。

狼山鸡头部短圆细致，俗称“蛇头大眼”。单冠，冠齿

5～6个。脸部、耳叶及肉垂均呈鲜红色。虹膜以黄色为主，间混有黄褐色。喙黑褐色，头端稍淡。胫黑色，较细长。羽毛紧贴躯体，当年育成的新鸡富有黑绿色光泽。成年黑色狼山鸡多呈纯黑色，有时第9～10根主羽翼呈白色。刚出壳的雏鸡，额部、腹及翼尖等处均呈淡黄色，一直到中雏换羽后才全部变成黑色。狼山鸡的皮肤呈白色。

【生产性能】狼山鸡属肉蛋兼用型品种，虽然个体较大，但前期生长速度不快。初生鸡平均重40克，90日龄公、母鸡平均体重分别为1070克和940克，150日龄公、母鸡平均体重分别为2423克和1673克，6.5月龄公、母鸡半净膛屠宰率分别为82.8%和80.1%，6.5月龄公、母鸡全净膛屠宰率分别为76.9%和69.4%。

成年平均公鸡体重为2840克，母鸡平均体重为2283克，平均开产日龄为208天。平均年产蛋量135～175枚，最高达252枚；平均蛋重58.7克；蛋壳浅褐色。公、母配种比例为1：(15～20)，散养条件下可达1：（20～30）。种蛋受精率为90%左右，最高可达96%。受精蛋孵化率为80.8%。供种单位有中国农业科学院家禽研究所、江苏如东县狼山鸡种鸡场。

（三）萧山鸡

【产地与分布】又称萧山大种鸡、越鸡。产于浙江省杭州市萧山区。具有成熟早、生长快、体型肥大、肉质细嫩、产蛋率高等特点。胸部肌肉特别发达，两脚粗壮结实，性情活泼好动，喜觅活食。近年来，当地建立了种鸡场，进行复壮提纯，解决鸡种杂和退化问题。

【外貌特征】萧山鸡属肉蛋兼用型良种。其体型肥大，外形近似方而浑圆。公鸡体格健壮，羽毛紧密，头昂尾翘。单冠红而直立，中等大小。肉垂、耳叶红色，眼球略小，虹彩橙黄色。喙稍弯曲，端部红黄色，基部褐色。全身羽毛有红色、黄色两种，二者颈、翼、背部等羽色较深，尾羽多呈黑色。羽毛、喙部和脚胫均呈金黄色，故又称三黄鸡。母鸡体态匀称，骨骼较细。全身羽毛基本黄色，但麻色者也占一定比例。颈、翼、尾部间有少量黑色羽毛。单冠红色，冠齿大小不一。肉垂、耳叶红色。眼球蓝褐色，虹彩橙黄色。喙、胫黄色。

【生产性能】萧山鸡早期生长速度快，特别是2月龄阉割以后的生长速度更快，体型高大。屠体皮肤黄色，皮下脂肪较多，肉质好而味美。鸡肉脂肪含量较普通鸡少。据测定，100克鸡肉中含蛋白质23克，脂肪仅1克左右。初生鸡平均重38.5克，90日龄公、母鸡平均体重分别为1247.9克和793.8克，150日龄公、母鸡平均体重分别为1785.8克和1594.1克，5月龄公、母鸡半净膛屠宰率分别为84.7%和85.6%，5月龄公、母鸡全净膛屠宰率分别为76.5%和66.0%。

萧山鸡的开产日龄为170天左右，开产体重约1800千克。平均年产蛋量为120枚左右。萧山鸡蛋的品质很好，与其他地方鸡种相比，其蛋黄颜色的级别最高，蛋的密度也很高。据测定，其平均蛋重为56克，蛋壳为褐色，约0.31毫米厚，蛋形指数为1.39。蛋白占蛋重的55.8%，蛋黄占32.44%，蛋壳占11.76%。萧山鸡的繁殖力较好，鸡群的公、母比例通常为1∶12。据杭州市农业科学研究所的测定，其受精率都在90%以上，受精蛋的孵化率为87%左右。萧山鸡的就巢性强，对产蛋量的影响较大。母鸡每年平均就巢4次，有的高达8次；每次就巢时间约为10天，长的可达1月有余。供种单位为中国农业科学院。

（四）寿光鸡

【产地与分布】原产于山东省潍坊市寿光市的稻田镇，以慈家村、伦家村饲养的鸡最好，所以又称慈伦鸡。寿光鸡历史悠久，分布广泛，邻近的昌乐、青州、广饶等县（市）均有分布。

该品种鸡具有体型硕大、蛋大的特点。属肉蛋兼用的优良地方鸡种。寿光鸡蛋大而皮红，国内闻名；肉质细嫩，味道鲜美，世界著称。

【外貌特征】寿光鸡有大型和中型两种，还有少数是小型。大型寿光鸡外貌雄伟，体躯高大，体形近似方形。

寿光鸡的初生雏多数为黑色。少数个体在眼睑与喙角处有黄白斑，头顶、背颈与腰部均为黑色，体侧、颈侧与尾部呈灰色，喙部全黑或喙尖呈黄白色，颌下、颈下为淡黄色，部分个体的翼尖全黑，胫与趾为灰色，而爪与皮肤为白色。

寿光鸡的头形多为平头。大型鸡的头较大，眼大且稍凹陷，虹膜为黑褐色；脸部较粗糙；单冠，大而直立；喙为灰黑色，略弯且短，尖部颜色稍淡；冠、肉垂、耳叶与脸部均呈鲜红色。中型鸡的头大小适中，脸平滑清秀。寿光鸡具有斗鸡体型的特点。其大型鸡的骨骼粗壮，体躯高大，体长，胸深，胸部丰满，胫高而粗，体躯近似方形。成年鸡全身披黑色羽毛，除腹部等少数部位的毛色为黑灰色外，鸡体重要部位均为深黑色并闪绿色光泽。寿光鸡为白皮肤鸡种，胫、趾为黑灰色，以黑羽、黑腿、黑嘴的“三黑”特点而著称。

【生产性能】寿光鸡个体高大，屠宰率高。成年母鸡脂肪沉积能力强。初生鸡平均重42.4克，90日龄公、母鸡平均体重分别为1310克和1056.6克，150日龄公、母鸡平均体重分别为2582.5克和2059克，6月龄公、母鸡半净膛屠宰率分别为82.45%和85.44%，6月龄公、母鸡全净膛屠宰率分别为77.13%和80.7%。

成年平均体重，大型公鸡为3610克，母鸡为3305克；中型公鸡为2875克，母鸡为2335克；平均开产日龄，大型鸡240天以上，中型鸡145天；平均产蛋量，大型鸡年产蛋量117.5枚，中型鸡122.5枚；平均蛋重，大型鸡为65～75克，中型鸡为60克。在繁殖性能上，大型鸡公、母配比为1∶（8～12），中型鸡为1∶（10～12）。种蛋受精率为90%，受精蛋孵化率为81%。供种单位为山东省寿光市慈伦种鸡场。

（五）北京油鸡

【产地与分布】原产于北京市安定门和德胜门外的近郊地带，以朝阳区的大屯和洼里两地最为集中，邻近的海淀区也有分布。北京油鸡属肉蛋兼用型品种，以肉味鲜美、蛋质佳良著称，是一个优良的地方品种。北京市农业科学院畜牧兽医研究所等单位相继从民间收集油鸡的种鸡，进行了繁殖、提纯、生产性能测定和推广等工作，在大兴榆垡种鸡场进行该品种的保种工作。

【外貌特征】北京油鸡体躯中等。其中，羽毛呈赤褐色（俗称紫红毛）的鸡，体型较小；羽毛呈黄色(俗称素黄色)的鸡，体型略大。初生雏鸡全身披着淡黄色或土黄色绒羽，冠羽、胫羽、髯羽也很明显，体格浑圆。成年鸡羽毛厚密而蓬松，羽毛为黄色或黄褐色。公鸡的羽毛色泽鲜艳光亮，头部高昂，尾羽多呈黑色；母鸡的头尾微翘，胫部略短，体态敦实。其尾羽与主、副翼羽中常夹有黑色或以羽轴为中界的半黑半黄的羽片。

北京油鸡具有冠羽和胫羽，有些个体兼有趾羽。不少个体的颌下或颊部生有髯须，人们常将这“三羽”性状看作是北京油鸡的主要外貌特征。冠型为单冠，冠叶小而薄，在冠叶的前端常形成一个小的“S”状褶曲，冠齿不甚整齐。凡具有髯羽的个体，其肉垂很少或全无，头较小，冠、肉垂、脸、耳叶均呈红色。眼较大，虹膜多呈棕褐色。喙和胫呈黄色，喙的尖部稍微显褐痕。少数个体分生5趾。

【生产性能】北京油鸡生长速度缓慢，初生鸡平均体重38.4克，4周龄平均体重220克，8周龄平均体重549.1克，12周龄平均体重959.7克。成年平均体重，公鸡为2049克，母鸡为1730克。

北京油鸡屠体皮肤微黄，紧凑丰满，肌间脂肪分布良好，肉质细腻，肉味鲜美。料肉比为3.5∶1。北京油鸡尤其适合山区散养。成年公、母鸡半净膛屠宰率分别为83.5%、70.7%，全净膛屠宰率分别为76.6%、64.6%。

北京油鸡性成熟较晚。母鸡平均210日龄开产，年产蛋量为110～125枚，平均蛋重为56克，蛋壳厚度为0.325毫米，蛋壳褐色，个别呈淡紫色，蛋形指数为1.32。公、母配比为1:（8～10），种蛋受精率为95%，受精蛋孵化率为90%。部分个体有抱窝性。雏鸡成活率高， 2月龄的成活率可达97%。

（六）庄河鸡（大骨鸡）

【产地与分布】主产于辽宁省大连市庄河市，分布于大连市金州区、普兰店区、瓦房店市及凤城市等地。因该鸡体躯硕大，腿高粗壮，结实有力，故名大骨鸡。目前饲养量达450万只以上，并被推广到吉林、黑龙江、山东、河南、河北、内蒙古等省（自治区）。

【外貌特征】属肉蛋兼用型品种。庄河鸡体型魁伟，胸深且广，背宽而长，腿高且粗壮，腹部丰满，敦实有力，以体大、蛋大、口味鲜美著称。觅食力强。公鸡羽毛棕红色，尾羽黑色并带金属光泽。母鸡多呈麻黄色，头颈粗壮，眼大明亮，单冠，冠、耳叶、肉垂均呈红色。喙、胫、趾均呈黄色。

【生产性能】初生鸡平均体重42.4克，90日龄公、母鸡平均体重分别为1039.5克和881.0克，150日龄公、母鸡平均体重分别为1771.0克和1415.0克，全净膛屠宰率为70%~75%；成年平均体重，公鸡为2900～3750克，母鸡约为2300克。平均开产日龄为213 天，平均年产蛋量164枚左右，高的可达180枚以上。蛋大是庄河鸡的一个突出优点，平均蛋重62～64克，有的可达70克以上。蛋壳深褐色，壳厚而坚实，破损率低。蛋形指数1.35。公、母配种比例一般为1：（8～10），种蛋受精率约为90%，受精蛋孵化率为80%，就巢率为5%～10%，就巢持续期为20～30天，60日龄育雏率达85%以上。

（七）卢氏鸡

【产地与分布】主产于河南省三门峡市卢氏县境内。2001年，该品种鸡被列入河南省畜禽品种资源保护名录，且所产的绿壳蛋蛋清浓，蛋黄呈橘红色，经检测具有“三高一低”的优势，即高锌、高碘、高硒，低胆固醇，被誉为“鸡蛋中的人参”。2006年5月成为受国家原产地保护的地理标志产品。该产品被国家质检总局认证为有机食品。

【外貌特征】属小型肉蛋兼用型鸡种，体型结实紧凑，后躯发育良好，羽毛紧贴，颈细长，背平直，翅紧贴，尾翘起，腿较长，冠型以单冠居多，少数凤冠。喙以青色为主，黄色及粉色较少。胫多为青色。公鸡羽色以红黑色为主，占80%，其次是白色及黄色。母鸡以麻色为多，占52%，分为黄麻色、黑麻色和红麻色，其次是白色和黑色。

【生产性能】成年公鸡平均体重1700克，母鸡平均体重1110克。180日龄半净膛屠宰率79.7%，全净膛屠宰率75.0%。平均开产日龄为170天，年产蛋量110～150枚，平均蛋重47克，蛋壳呈红褐色和青色，红褐色占96.4%。

（八）正阳三黄鸡

【产地与分布】分布在河南省驻马店市正阳、汝南、确山三县交界一带。具有许多稳定遗传的有利经济性状，是培育和创造我国新鸡种的宝贵基因库，有重要的保存利用及科学研究价值。由于在正阳县分布广、数量多、品质好，被《河南省地方优良畜禽品种志》定名为正阳三黄鸡。正阳三黄鸡的肉、蛋不仅味道好，还具有补气、养血、利尿的功能，素有三黄药鸡、中华名贵鸡种之称，系我国稀少的特优型地方良种鸡之一。

【外貌特征】三黄鸡因具有嘴黄、毛黄、爪黄的“三黄”特征而得名。

【生产性能】正阳三黄鸡具有生长快、产蛋多、耐粗饲、适应性广、抗病能力强、肉质鲜美等特点。一般情况下，一只母鸡150日龄体重可达1750克，公鸡可达2000克，一只母鸡一年可产蛋180~220枚，而且所产鸡蛋都是红壳。

（九）汶上芦花鸡

【产地与分布】主要分布于山东省济宁市汶上县及附近地区。

【外貌特征】体表羽毛呈黑白相间的横斑羽，俗称“芦花鸡”。体型一致，体形呈“元宝”状。横斑羽，全身大部分羽毛呈黑白相间、宽窄一致的斑纹状。母鸡头部和颈羽边缘镶嵌橘红色或土黄色，羽毛紧密。公鸡颈羽和鞍羽多呈红色，尾羽呈黑色带有绿色光泽。单冠最多，双重冠、玫瑰冠、豌豆冠和草莓冠较少。喙基部为黑色，边缘及尖端呈白色。虹膜橘红色。胫色以白色为主。爪部颜色以白色最多。皮肤白色。

【生产性能】成年公鸡体重为1400克±13克，母鸡1260克±18 克。6月龄屠宰测定：半净膛屠宰率公鸡为81.2%，母鸡为80%；全净膛屠宰率公鸡为71.2%，母鸡为68.9%。开产日龄为150~180天。年产蛋量130~150枚，较好的饲养条件下产蛋量180~200枚，高的可达250枚。平均蛋重为45克，蛋壳颜色多为粉红色，少数为白色。蛋形指数为1.32。

（十）茶花鸡

【产地与分布】原产于云南省西部、西南部、南部和东南部。因其鸣叫声似当地语音“茶花两朵”而得“茶花鸡”名。

【外貌特征】茶花鸡体型矮小，羽毛紧贴，肌肉结实，骨骼细致，体躯匀称，近似船形，性情活泼，机灵胆小，好斗性强，能飞善跑。该鸡头部清秀。冠大多呈红色单冠，少数呈豆冠和羽冠。喙黑色，少数黑色中带黄色。眼大有神。虹膜黄色居多，也有褐色和灰色。肉垂红色。皮肤白色者多，少数浅黄色。胫趾黑色，少数黑色带黄色。公鸡羽毛除主翼羽、尾羽、镰羽为黑色或黑色镶边外，其余为红色，梳羽、蓑羽有鲜艳光泽。母鸡除翼羽、尾羽多为黑色外，其余为麻褐色，翼羽比一般家鸡略微下垂。

【生产性能】成年公鸡体重1200～1500克，母鸡体重1000～1200克。一般年产蛋量为100枚左右，平均蛋重38.2克，蛋壳深褐色。蛋形指数为1.35。蛋的重量组成，蛋白占51.1%，蛋黄占37.6%，蛋壳占11.3%，说明茶花鸡蛋黄大，蛋壳较厚重。公、母配比为1：15，种蛋受精率90%左右。

（十一）吐鲁番鸡

【产地与分布】分布于新疆吐鲁番市鄯善县、托克逊县一带。

【外貌特征】吐鲁番鸡属斗鸡型，毛色较杂，有黑色、浅麻色、栗褐色三种毛色。体大、魁梧、健壮，羽毛丰满、光泽而美丽。头顶宽平而长。喙短弯曲粗壮强劲有力。冠为复冠，矮小，冠色为深红色。耳垂、肉髯红色。胸部带有黑色或混有红色的羽毛，尾羽短，公鸡镰羽高翘，尾羽大多数为黑色并带有青绿色光泽。胫长而直，呈肉色，胫部外侧有羽毛。

【生产性能】初生鸡平均体重39克，成年公鸡体重为4000～4500克，母鸡体重为3000～3500克。40周龄屠宰测定：公鸡全净膛率为80.9%，母鸡全净膛率为73%（注：无半净膛率指标）。210～270天开产，年产蛋量60～80枚，平均蛋重65克，最高达85克。蛋壳多为浅棕色。

（十二）静宁鸡

【产地与分布】主产地在甘肃省平凉市静宁、庄浪两县，毗邻的其他县市亦有分布。

【外貌特征】体形呈长方形，近似肉蛋兼用型鸡的体型。公鸡头颈高举，尾羽耸立，胸部发达，背宽而长，足粗壮有力，鸡冠大鲜红，多为核桃冠，少数为单冠；肉髯及耳叶大，呈鲜红色；毛色以红棕色及酱红色为主，主翼羽、主尾羽为黑色，闪闪有光，瑶羽发达，外观美丽；嘴、趾叶青灰色，皮肤为白色，少数有胫羽和趾羽，俗称穿裤子鸡。母鸡头小清秀。冠型多为核桃冠，少数为单冠（5～9个冠蜂）；冠、肉垂、耳叶为鲜红色；嘴、足、趾呈青灰色，皮肤为白色。毛色以黄色为主（占60%），麻色次之（占25%），黑色及其他色甚少。

【生产性能】平均年产蛋量为117枚，最高可达218枚，平均蛋重51.6克。产肉性能亦较好，公鸡6月龄平均体重1430克，半净膛屠宰率为75%；全净膛屠宰率为68.7%；母鸡9月龄平均体重可达1510克，半净膛屠宰率74.6%，全净膛屠宰率69.1%。具有较好的产蛋、产肉性能和良好的适应性，肉质鲜嫩，鸡汁鲜美，口感上乘，风味独特，具有良好的地方特色。

（十三）鹿苑鸡

【产地与分布】原产于江苏省张家港市，属肉蛋兼用型品种。

【外貌特征】体型大，胸部较宽深，羽毛紧贴全身，两腿间距较宽。小单冠，红耳叶。喙、脚和皮肤均为黄色。羽色以黄色为主。公鸡颈羽红色，尾羽黑色，母鸡草黄色。

【生产性能】成年公鸡平均体重3000克，母鸡平均体重2300～2700克，平均开产日龄为180天，年产蛋量140～150枚，平均蛋重55克，蛋壳褐色。

（十四）峨眉黑鸡

【产地与分布】原产于四川省乐山市峨眉山市、峨边彝族自治县等沿大渡河的丘陵山区，属肉蛋兼用型。

【外貌特征】峨眉黑鸡体型较大，体态浑圆。全身羽毛黑色，有金属光泽。大多呈红色单冠，少数有红色豆冠或紫色单冠或豆冠。喙、胫黑色，皮肤白色，偶有乌皮。公鸡梳羽和镰羽发达。

【生产性能】成年公鸡平均体重3000克，母鸡平均体重2200克。开产日龄为210天左右，平均年产蛋量120枚，平均蛋重54克，蛋壳褐色。

（十五）南丹瑶鸡

【产地与分布】原产于广西壮族自治区河池市南丹县的里湖、八圩两个乡，是经当地白裤瑶族捕猎后驯化繁育而成的优良地方品种。

【外貌特征】南丹瑶鸡单冠直立，冠齿6~8个，喙黑色或石板青色，脸、冠、肉垂均为红色，耳叶红色或蓝绿色。公鸡羽色以金黄色、棕红色为主，黄黑色次之；母鸡羽色有麻黑色、麻黄色两种。胫细长，胫、脚趾为石板青色，脚距发育较早，约有40%具有胫羽，少数有趾羽。体躯呈梭形，胸骨突出。

【生产性能】南丹瑶鸡肉细味鲜，富含人体所需的多种氨基酸，干肌肉氨基酸含量达84.88%，鲜肌肉中精蛋白质达24.4%，有着极高的食疗保健和滋补作用。南丹瑶鸡公鸡性成熟期为90~100日龄，母鸡开产为120~140日龄。成年母鸡年均产蛋量100枚，平均蛋重41~54克，种蛋合格率为97%，种蛋受精率为93%，受精蛋孵化率为91%。公鸡90日龄体重达1500克，母鸡115日龄体重达1300克。南丹瑶鸡瘦肉多，皮下脂肪少，皮脆肉香。

（十六）广西麻鸡

【产地与分布】广西麻鸡在灵山县称为灵山香鸡，在马山县称为里当鸡，属肉蛋兼用型地方品种。广西麻鸡具有耐粗饲、善飞翔、觅食能力强等特点。

【外貌特征】广西麻鸡的特征可概括为“一麻、两细、三短”。“一麻”是指母鸡体羽以棕黄麻羽为主；“两细”是指头细、胫细；“三短”是指颈短、体躯短、胫短。公鸡头昂尾翘，片状羽，羽色以棕红色为主，其次为棕黄色或红褐色。

【生产性能】13周龄公鸡平均体重1380克，母鸡平均体重1087克。平均130日龄开产，开产体重1300～1650克，平均开产蛋重29.5克，平均蛋重41.9克，66周年产蛋量120～130枚。种蛋受精率为91%～93%，受精蛋孵化率为92%～94%。母鸡就巢性强，每年就巢4～5次。用广西麻鸡制作的白切鸡、水蒸鸡、盐焗鸡肉质细嫩、气味香浓。

三、蛋用型品种

（一）仙居鸡

【产地与分布】又名梅林鸡，原产地为浙江省台州市，仙居县是重点产区，在其邻近的临海市、天台县、黄岩区等地亦有分布。是我国优良的小型蛋用鸡种。

【外貌特征】仙居鸡的头部大小适中，面部清秀。单冠，冠峰平均为6个。肉垂为中等大小，较薄，耳叶为椭圆形，均为鲜红色。虹膜多为橘黄色，也有灰黑色、金黄色或褐色者。公鸡的冠直立，高3～4厘米；母鸡的冠较矮，约为2厘米。

仙居鸡的体型结构紧凑，全身羽毛紧贴体躯，背部平直。公鸡的羽毛为黄红色，梳羽与蓑羽颜色较浅，且有光泽，主翼羽为红夹黑色，镰羽和尾羽均为黑色。母鸡的羽色以黄色为主，颈羽的颜色较深，主翼羽的羽片为半黄半黑色，尾羽为黑色。仙居鸡的皮肤为白色或浅黄色。胫、趾以黄色为主。近几年来，青色胫、趾与胫部有小羽者已经少见，但胫骨的粗、细仍有差异。

仙居鸡的体型轻小，体态匀称，骨骼纤细，具有蛋用型鸡的典型特征。该品种鸡善飞好动，反应敏捷，胆小易惊，也符合蛋用型鸡种的特点。

【生产性能】在较好的饲养管理条件下，仙居鸡的开产日龄为150天左右。而在农家散养条件下，则需约180天才能开产。与其他品种相比，该鸡是较早成熟的地方品种之一。

平均开产日龄为180天，年产蛋量为160～180枚，高者可达200枚，蛋重为42克左右，壳色以浅褐色为主，蛋形指数1.36。蛋黄的颜色，在初期较黄，但后期变为浅黄。配种能力强，公、母配比为1∶（16～20）。受精率可达94.3%，受精蛋的孵化率为83.5%。

仙居鸡属蛋用型鸡种，但其生长速度与鸡肉的品质也很好。公、母鸡初生平均体重分别为32.7克和31.6克。180日龄公鸡平均体重为1256克，母鸡平均体重为953克。3月龄公鸡半净膛屠宰率为81.5%，全净膛屠宰率为70.0%；6月龄公鸡半净膛屠宰率为82.7%，全净膛屠宰率为71%，母鸡半净膛屠宰率为82.96%，全净膛屠宰率为72.2%。供种单位有中国农业科学院家禽研究所地方鸡种开发中心、浙江仙居鸡种鸡场以及浙江省余姚市神农畜禽有限公司。

（二）白耳黄鸡

【产地与分布】又称白银耳鸡，是江西省上饶市的白耳鸡和浙江省江山市白耳鸡的统称。主产区为江西省上饶市广丰区和玉山县，以及浙江省衢州市江山市。这些地区为丘陵山区，具有良好的自然条件和丰富的物质资源，养鸡业有着悠久的历史。该鸡种因其全身黄羽和银白色的耳叶而得名，是我国珍稀的白耳鸡种。

【外貌特征】初生雏的绒羽以黄色为主。白耳黄鸡的头部适中，眼大有神，单冠直立，公鸡的冠峰为4～6个，母鸡的冠齿为6～7个。公鸡的肉垂薄而长，母鸡的肉垂较短，且均为红色。眼睛明亮，虹膜公鸡为金黄色，母鸡为橘红色。公鸡的喙较弯，呈黄色或灰黄色；母鸡的喙为黄色，有时端部为褐色。头部羽毛很短。其突出的特点是耳叶较大，呈银白色。

白耳黄鸡的体型矮小，体重较轻，羽毛紧密；全身羽毛呈黄色。公鸡体躯似船形，母鸡的体躯呈三角形。后躯均较发达，属蛋用鸡种的体型。白耳黄鸡的皮肤与胫部均为黄色，无胫羽。公鸡的梳羽为深红色，小镰羽为橘红色，大镰羽不发达，呈黑色带绿色光泽。母鸡全身羽毛均为较淡的黄色，但在主翼羽与尾羽中有黑色羽毛。

【生产性能】白耳黄鸡的产蛋性能很好。其平均开产日龄为151.75天，平均年产蛋量180枚。平均蛋重54.23克，蛋壳厚度为0.34～0.38毫米；蛋形指数(蛋的纵径与最大横径的比值)为1.35～1.38；蛋的哈氏单位（蛋白品质的指标）为88.3，蛋壳为深褐色。在地方鸡种中，属于蛋重较大的鸡种。种鸡群的公、母比例为1：（10～15），种蛋的受精率为92%，受精蛋的孵化率为94%。

白耳黄鸡的产肉性能也较好。150日龄公鸡平均体重1265克，母鸡平均体重1020克。成年半净膛屠宰率，公鸡为83.3%，母鸡为85.3%；全净膛屠宰率，公鸡为76.7%，母鸡为69.7%。

（三）绿壳蛋鸡

绿壳蛋是由遗传基因决定的。从营养上来说绿壳蛋和普通白壳蛋、褐壳蛋无区别，但是由于市场上比较少见，且鸡的生产性能低，所以价格较高。绿壳蛋鸡有多个品种，如表2–1所示。

1.东乡黑羽绿壳蛋鸡

【产地与分布】东乡黑羽绿壳蛋鸡由江西省农科院畜牧兽医研究所利用湖北华绿黑鸡、三峡黑鸡培育而成，主要分布在江西省萍乡市，是萍乡特产之一。

【外貌特征】羽毛全黑、乌皮、乌骨、乌肉、乌内脏，喙、趾均为黑色。母鸡羽毛紧凑，单冠直立，冠齿5~6个，眼大有神，大部分耳叶呈浅绿色，肉垂深而薄，羽毛片状，胫细而短。公鸡雄健，鸣叫有力，单冠直立，暗紫色，冠齿7~8个，耳叶紫红色，颈羽、尾羽泛绿光且上翘，体形呈"V"形。（视频2-1　东乡黑羽绿壳蛋鸡）

视频2-1　东乡黑羽绿壳蛋鸡

【生产性能】适应性强，产蛋性能较高，平均开产日龄152天，500日龄产蛋160～170个，蛋重50克，蛋壳呈浅绿色。蛋品质好，富含人体所必需的微量元素（钙、镁、锌、硒等）、维生素（维生素B、维生素D、维生素E等）、氨基酸、免疫球卵白、卵磷脂等种种营养物质；体型较小，母鸡成年体重1100~1400克，公鸡成年体重1400~1600克。成年鸡屠宰：公鸡半净膛率78.4%，母鸡半净膛率81.8%；公鸡全净膛率64.5%，母鸡全净膛率71.2%。

2.三凰绿壳蛋鸡

【产地与分布】三凰绿壳蛋鸡由中国农科院家禽研究所选育而成，其血缘均来自我国的地方品种。

【外貌特征】有黄羽、黑羽两个品系，单冠、黄喙、黄腿、耳叶红色。

【生产性能】开产日龄155～160天，开产平均体重1250克，300日龄平均蛋重45克，500日龄产蛋量180～185枚，父母代鸡群绿壳蛋比率97%左右；大群商品代鸡群中绿壳蛋比率93%～95%。成年公鸡体重1850～1900克，母鸡体重1500～1600克。

3.新杨绿壳蛋鸡

【产地与分布】新杨绿壳蛋鸡由上海新杨家禽育种中心培

育。父系来自我国经过高度选育的地方品种，母系来自国外引进的高产白壳或粉壳蛋鸡，经配合力测定后杂交培育而成，以重点突出产蛋性能为主要育种目标。

【外貌特征】商品代母鸡羽毛白色，但多数鸡身上带有黑斑；单冠，冠、耳叶多数为红色，少数黑色；60%左右的母鸡青脚、青喙，其余为黄脚、黄喙。

【生产性能】平均开产日龄140天（产蛋率5%），产蛋率达50%的日龄为162天；开产体重1000～1100克，500日龄入舍母鸡产蛋量达230枚，平均蛋重50克，蛋壳颜色基本一致，大群饲养鸡群绿壳蛋比率70%～75%。

4.昌系绿壳蛋鸡

【产地与分布】原产于江西省南昌县。

【外貌特征】该鸡种体型矮小，羽毛紧凑，未经选育的鸡群毛色杂乱，大致可分为4种类型：白羽型、黑羽型(全身羽毛除颈部有红色羽圈外，均为黑色)、麻羽型(麻色有大麻和小麻)、黄羽型(同时具有黄肤、黄脚)。头细小，单冠红色；喙短稍弯，呈黄色。

【生产性能】体重较轻，成年公鸡体重1300～1450克，成年母鸡体重1050～1450克，部分鸡有胫毛。开产日龄较晚，大群饲养平均为182天，平均开产体重1250克，平均开产蛋重38.8克，500日龄产蛋量89.4枚，平均蛋重51.3克，就巢率10%左右。

表2–1　绿壳蛋鸡品种

名称	特性
东乡黑羽绿壳蛋鸡	体型较小，产蛋性能较高，适应性强，羽毛全黑，乌皮、乌骨、乌肉、乌内脏，喙、趾均为黑色。该品种抱窝性较强，因而产蛋率较低

续表

名称	特性
三凰绿壳蛋鸡	三凰绿壳蛋鸡有黄羽、黑羽两个品系。单冠，黄喙，黄腿，耳叶为红色
新杨绿壳蛋鸡	商品代母鸡羽毛白色，但多数鸡身上带有黑斑；单冠，冠、耳叶多数为红色，少数黑色；60%左右的母鸡青脚、青喙，其余为黄脚、黄喙
昌系绿壳蛋鸡	体型矮小，羽毛紧凑，未经选育的鸡群毛色杂乱，大致可分为四种类型：白羽型、黑羽型、麻羽型和黄羽型

第三节　土鸡的品种选择

一、市场需求

土鸡养殖效益受到市场影响，应根据市场需求选择适销对路的品种，才能获得较好的效益。不同地区由于消费习惯不同，对土鸡外貌特征有不同要求，如南方市场喜欢混杂的土鸡，而河南市场喜欢固始鸡、卢氏鸡等地方纯种鸡，有的地方喜欢清远麻鸡等，所以选择品种时要考虑销售地区和消费对象的需求，选择他们喜爱的羽色和肤色的品种；有的地方喜欢年龄大的土鸡，土鸡成年后公鸡出售，母鸡产蛋（生产的蛋口味好、品质高）结束后上市肉用，可以选择肉蛋兼用型品种，既有较好的肉用性能，也有较好的产蛋量。

绿色健康和有特色的食品成为目前消费的主流，在果园林地散养土鸡的过程中应当注意选择那些有特色的优质品种，如固始鸡（产蛋多，蛋大壳厚，母鸡肉质细嫩，肉味鲜美，汤汁醇厚，营养丰富）、绿壳蛋鸡（其鸡蛋含有丰富的微量元素，并且胆固醇含量低）、卢氏鸡（经检测具有“三高一低”，即高锌、高碘、高硒，低胆固醇，被誉为“鸡蛋中的人参”）、北京油鸡（有特殊的外貌，即凤头、毛腿和胡子嘴，肉质细致，肉味鲜美，蛋质佳良）、丝毛乌骨鸡（保健和药用价值较大）、霞烟鸡和庄河鸡（屠体美观、肉质鲜嫩）等品种。

二、土鸡的生产性能

土鸡品种类型众多，通常未经系统地选育，并且各地的生态环境和养殖方式也不尽相同。因此，不但不同品种间生产性能差异较大，而且群体内不同个体间生产性能也很不一致。由于土鸡未经系统的选育提纯，且人们重开发、轻选育，因此真正能够开展土鸡选育的种鸡场很少。市场上种鸡来源混杂，群体整齐度较差，羽色、体貌、生产性能和体重大小不够整齐。因此，在选择品种时应注意选择体型外貌一致、生产性能较好的品种，否则会对生产造成不利影响。土鸡的体重、体型大小要适中。散养鸡的选择以中、小型鸡为主，应当选择那些体重偏轻、体躯结构紧凑、体质结实、个体小而活泼好动、对环境适应能力强的品种。对于大型鸡种来说，体躯硕大、肥胖，行动笨拙，不适于山林、果园等野外散养。

三、适应能力

散养鸡散养阶段是在野外，外界环境条件不稳定，如温度、气流、光照等变化大，还会遭受雷鸣闪电、大风大雨或其他动物侵袭等一些意想不到的刺激，应激因素很多，再加上管理相对粗放，所以散养的鸡必须具有较强抵抗力和适应能力，否则在散养时就可能出现较多的伤亡或严重影响生产性能的发挥；散养的优点在于能够改善产品品质和节约饲料资源。野外可采食的物质包括青草和昆虫等。这些物质作为饲料资源，一方面可以减少全价饲料的使用，节约资金；另一方面这些物质所含的成分能够改善鸡产品的品质，如提高蛋黄颜色和降低产品中胆固醇含量。要充分利用这些饲料资源，鸡只必须活泼好动，觅食能力强。同时，野生的饲料资源中含有较多的植物饲料，粗纤维含量高，散养鸡还应具有较强的消化能力，提高粗纤维的消化利用率。

四、散养地条件

散养地的种类多种多样，如林地散养、园地散养、草地散养、大田散养、山地散养等，散养地不同，散养条件也有差异，这些都影响散养鸡的品种选择。果园、林地或山地散养要求选择腿细长，奔跑能力、觅食力和抗病力强，肉质好的小体型鸡（最大能长到500～1500克）。这种鸡觅食活动范围能达到几百米远，身体灵活能逃避敌害生物，尽管生长慢一些，但因为成活率高，市场售价高，饲养收入要大于其他鸡种。而要圈养，可以选择利用杂交方式选育的一些黑羽红冠带有土鸡特点的品种鸡（这些品种鸡生长速度相对比较快，体重比较大，但觅食能力和活动能力差，仅适合集中饲喂条件下的圈养）。

第三章　土鸡的营养需要及日粮配制

第一节　土鸡的消化系统及采食特点

一、土鸡的消化系统

土鸡的消化系统由喙、口腔、咽、食道、嗉囊、腺胃、肌胃、肠道、泄殖腔及消化腺(肝和胰)等器官共同组成。土鸡的消化系统无论是构造还是消化过程，与家畜都有显著的不同。

1.喙和口腔

喙是禽类共有的器官。土鸡的喙尖而硬，根部粗壮，喙形略弯，适合地面采食，可撕裂较大食物，也可采食地面生长的嫩草和蔬菜。土鸡口腔无齿，而且颊部退化，无咀嚼功能，食物在口腔中停留的时间很短。另外，土鸡的唾液腺不发达，唾液中含有少量的淀粉酶，在消化食物上所起的作用不大。土鸡舌肌不发达，舌较硬，舌黏膜上无味觉乳头，饲料的味道对采食量影响较小。影响采食的主要因素为饲料形状和颜色。

2.食道和嗉囊

食道位于颈部皮下，气管的右侧很容易扩张，有利于饲料通过，很少发生食道阻塞。食道上接咽部，下与腺胃相连，在进入胸腔前形成膨大的嗉囊，嗉囊可以储存食物，嗉囊内侧腺体分泌的黏液可以软化较干的饲料。饲料在嗉囊中停留时间长短与饲料的种类有关，嗉囊中的饲料在微生物和淀粉酶的作用下进行初步的消化。

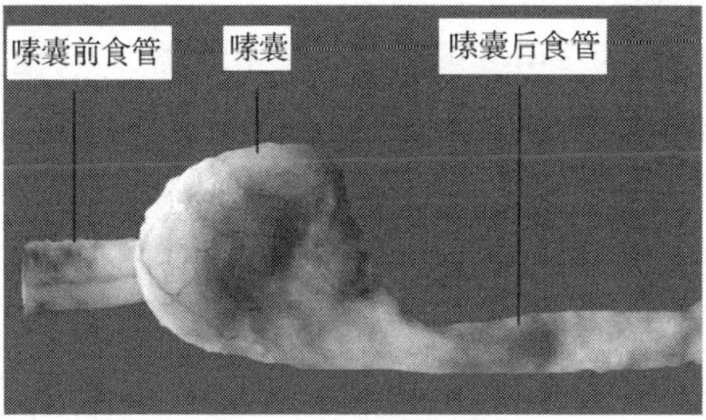

图3-1　食道和嗉囊

3.腺胃和肌胃

腺胃（前胃）呈纺锤形，胃壁厚，内腔不大。腺胃的主要功能是分泌消化液，并且与饲料充分混合。食物在腺胃中停留的时间很短，很快进入肌胃。肌胃紧接腺胃之后，体积为腺胃的2～3倍，略呈扁圆形。肌胃胃壁大部分由厚厚的平滑肌构成，收缩时能产生巨大压力，加上坚硬的内层角质膜和肌胃腔中的沙砾，可磨碎较大的饲料颗粒。因此，土鸡舍内饲养时一定要注意

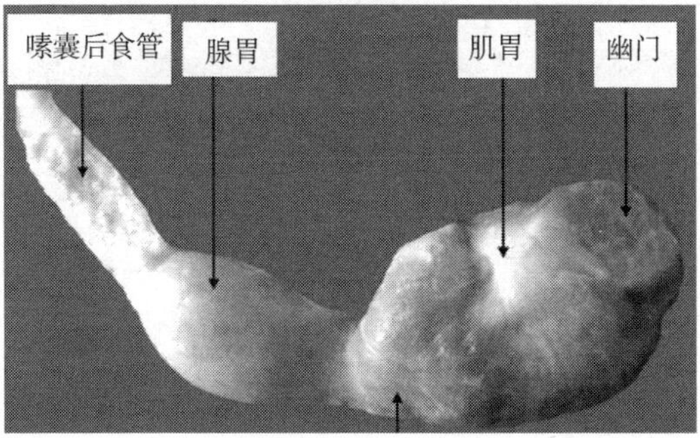

图3-2　腺胃和肌胃

在饲料中添加沙砾。

4.肠道和泄殖腔

土鸡肠道分为小肠和大肠两部分。鸡对饲料的消化和吸收大部分是在小肠内完成的。小肠与大肠交界处有一对细长分叉的盲肠，在微生物的作用下可消化分解粗纤维。土鸡的盲肠容积有限，只有6%～10%的饲料物质进入盲肠，因此其消化粗纤维的能力有限。鸡的大肠较短，可以吸收饲料中的水分，维持正常的粪便形态。鸡的肠道较短，仅为体长的5～6倍，食物通过消化道的速度比家畜快，仅需12小时左右，饲料的消化率较低。土鸡翻开肛门后即可露出泄殖腔，泄殖腔是消化、泌尿和生殖系统末端的共同通道。直肠通过泄殖腔将粪便排出体外，有时可见粪便上有白色的尿液。

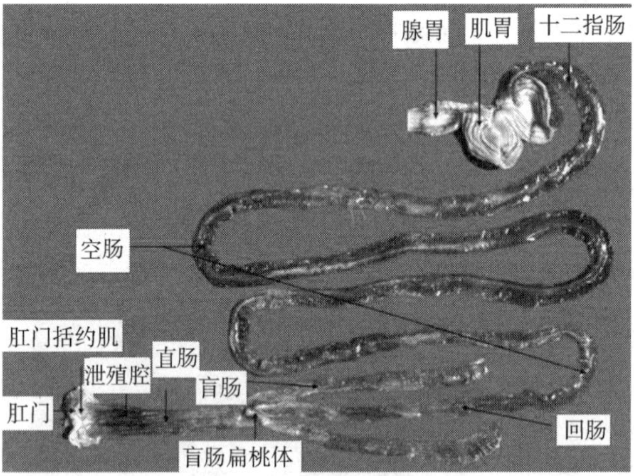

图3–3 肠道和泄殖腔

二、土鸡的采食特点

（一）食谱性广

土鸡觅食力强，食谱广泛，可以自行觅食自然界中各种昆虫、嫩草、植物种子、浆果、嫩叶、籽实等食物。可以充分利用草场、草坡、林间、果园等自然资源进行散养，减少精饲料消耗，降低生产成本，生产绿色产品。在配制土鸡饲料时，要因地制宜，利用当地各种动、植物饲料资源，做到饲料原料多样化。

（二）采食同步

土鸡喜欢群居生活，同步采食、饮水；土鸡采食行为都是白天（有光照）进行的，而雏鸡要在晚上人工光照时补料。雏鸡每天的采食次数为30～50次，随着日龄的增大，采食次数明显减少，但每次采食的时间延长；自然光照条件下，成年土鸡每日采食有两个高峰，一是日出后2～3小时，二是日落前2～3小时。生产中要在这两个时段保证饲料供应，满足生长、产蛋的需求，同时要配足料槽、饮水器，满足均衡生长的需要。

（三）喜食粒状饲料

土鸡的喙便于啄食粒状饲料，所以土鸡喜欢采食粒状饲料（彩图34）。在不同粒度的饲料混合物中，土鸡首先啄食直径3～4毫米的颗粒饲料，最后剩下的是粉末饲料。所以加工饲料时要有一定粒度，而且粒度要均匀，有利于土鸡采食和满足均衡的营养需要。

第二节　土鸡的营养需要

一、土鸡需要的营养物质

土鸡需要的营养物质达几十种，主要有能量、蛋白质、维生素、矿物质和水。每一种营养物质都有其特定的生理功能，各种营养物质相互联系、相互作用，对土鸡产生影响。

（一）能量

土鸡的生存、生长和生产等一切生命活动都离不开能量。能量不足或过多，都会影响土鸡的生产性能和健康状况。饲料中的有机物——碳水化合物、脂肪和蛋白质都含有能量。

1.碳水化合物

碳水化合物是植物性饲料中的主要成分，主要包括淀粉、纤维素、半纤维素、木质素及一些可溶性糖类。它在鸡体内分解后（主要是淀粉和糖）产生热量，用以维持体温和供给体内各器官活动时所需要的能量。日粮中碳水化合物不足或过多时，都会影响土鸡的健康和生产。

【注意】鸡消化道中不分泌纤维素酶，对纤维素的消化能力低，配合饲料中的粗纤维不可过多；粗纤维过少时鸡的胃肠蠕动不充分，易引起便秘和啄癖。鸡的饲料中的粗纤维含量以2.5%～5%为宜。

2.脂肪

脂肪在体细胞的组成、激素合成、维生素运送、供能等方面具有重要作用。脂肪不但热能值高，而且消化利用所产热量低，所以，生产高能饲料时或炎热夏季一般会在饲料中添加脂肪。

3.蛋白质

当体内碳水化合物和脂肪不足时，多余的蛋白质可在体内分解、氧化供能，以补充热量的不足。过度饥饿时体蛋白也可能供能。但蛋白质供能不但不经济，而且容易加重机体的代谢负担。

饲料中各种营养物质的热能总值称为饲料总能。能量在鸡体内的转化过程见图3-4。一般情况下，由于鸡的粪尿排出时混在一起，因此，鸡饲料中的能量都以代谢能（ME）来表示，其表示方法是兆焦/千克或千焦/千克。

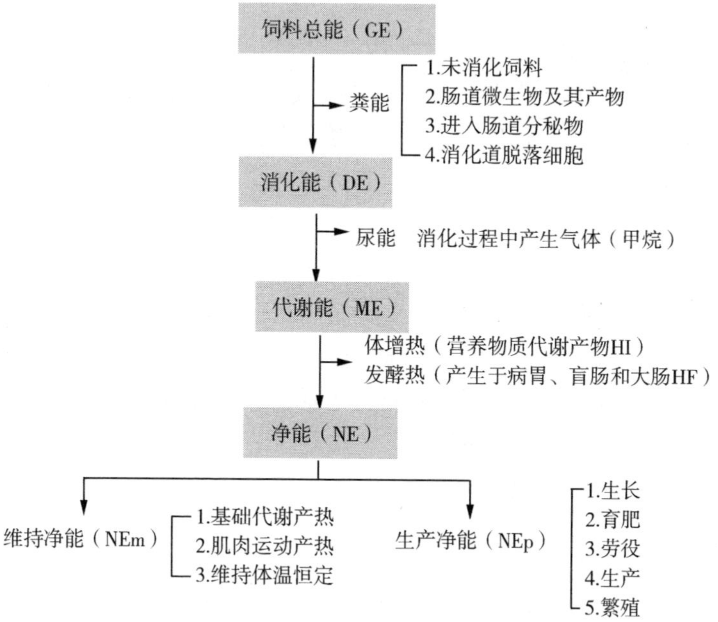

图3-4　能量在鸡体内的转化过程

【小资料】影响能量需要的主要因素有：一是体重大小。体重大，增重速度快，需要的能量多；反之，体重小，增重慢，需要的能量少。如果按单位体重来计算能量需要，体重小的鸡所需的能量小于体重大的鸡所需的能量。二是产蛋率和蛋重。产蛋率高和蛋重大，需要的能量多。三是饲养方式。散养比舍内饲养需要的能量多。散养比笼养需要的能量多。四是环境温度。环境温度影响采食量。28日龄以后土鸡的最佳生长温度是20～25 ℃，超过25 ℃时，饲料中能量应相应提高，以避免气温高影响采食量，导致能量摄入不足。环境温度低于20 ℃，饲料中的能量浓度可适当降低。对于土鸡来说，适宜的产蛋温度是12～30 ℃，适宜的生长期温度是18 ℃以上，42日龄以后可控制在12 ℃以上。

（二）蛋白质

蛋白质是构成鸡体的基本物质，是最重要的营养物质。土鸡的肌肉、血液、羽毛、皮肤、神经、内脏器官、激素、酶、抗体等主要由蛋白质构成。另外，鸡肉和鸡蛋的主要成分也是蛋白质。日粮中如果缺少蛋白质，会影响鸡的生长、生产和健康，甚至引起死亡。相反，日粮中蛋白质过多也是不利的，不但造成浪费，而且会引起鸡体代谢紊乱。饲料中蛋白质进入鸡的消化道，经过消化，分解成氨基酸之后被吸收，成为构成鸡体蛋白质的基础物质，所以蛋白质的营养实质上是氨基酸的营养。

1.蛋白质中氨基酸的组成

蛋白质构成及氨基酸关系见图3–5。

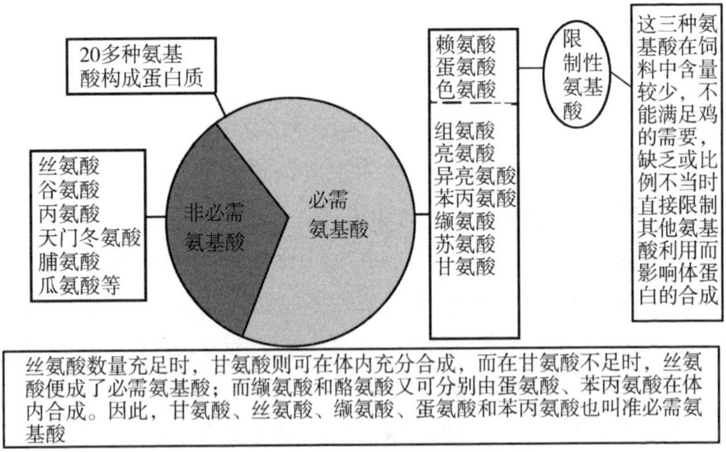

图3–5　蛋白质构成及氨基酸关系

2.氨基酸的平衡性

氨基酸的平衡性是指构成蛋白质的氨基酸之间保持一定的比例关系。氨基酸不平衡，会影响蛋白质的合成。氨基酸水桶平衡原理见图3–6。

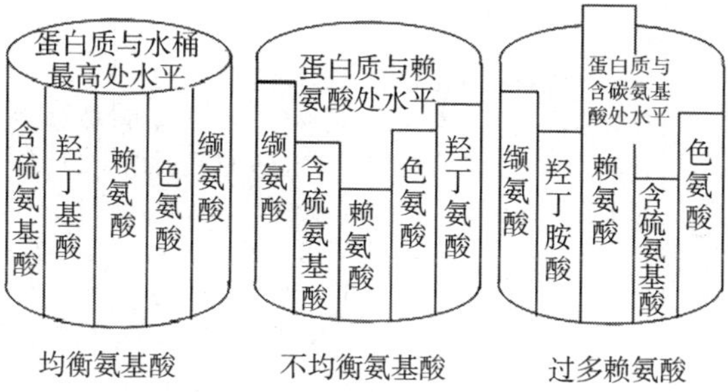

图3–6　氨基酸水桶平衡原理

3.氨基酸的互补性

不同饲料中的必需氨基酸含量有很大差异，如谷类含赖氨酸较少，含色氨酸较多，某些豆类含赖氨酸较多，色氨酸又较少。在使用饲料时，把这两种饲料混合，即可取长补短，提高营养价值，发挥氨基酸的互补作用。根据氨基酸在饲粮中存在的互补作用，可在生产中有目的地选择多种饲料原料，进行合理搭配，使饲料中的氨基酸相互补充，改善蛋白质的营养价值，提高利用率。

【提示】土鸡以植物性饲料为主。配备饲料时，最易缺乏的氨基酸为蛋氨酸、赖氨酸和色氨酸，要注意合理搭配饲料原料，饲料多样化可以使氨基酸得到相互补充。应适当添加动物性饲料（鱼粉、肉骨粉等），必要时添加氨基酸添加剂，可以提高饲料的利用率。

（三）矿物质

矿物质是构成骨骼、蛋壳、羽毛、血液等组织不可缺少的成分，对土鸡的生长发育、生理功能及繁殖系统具有重要作用。主要矿物元素的种类及作用见表3–1。

表3-1　主要矿物元素的种类及作用

种类		主要功能	缺乏症状	备注
常量元素（占体重0.01 %以上）	钙	形成骨骼和蛋壳，促进血液凝固，维持神经、肌肉正常机能和细胞渗透压	雏鸡易患佝偻病；成鸡鸡骨质松软易折断；产蛋鸡缺钙时出现软壳蛋和无壳蛋，蛋壳薄，易破碎（土鸡产蛋期饲料中钙含量达到3%～3.5%才能维持正常的蛋壳品质）	钙在一般谷物、糠麸中含量很少，在贝粉、石粉、骨粉等矿物质饲料中含量丰富；钙和磷比例应适当，生长期土鸡日粮的钙磷比例为（1～1.5）：1，产蛋土鸡为（4～5）：1
	磷	骨骼和卵黄卵磷脂的重要组成成分，参与许多辅酶的合成，是血液缓冲物质	鸡食欲减退，消瘦，雏鸡易患佝偻病，成鸡易骨质疏松、瘫痪	来源于矿物质饲料、糠麸、饼粕类和鱼粉。鸡对植酸磷利用能力较低，为30%～50%。对无机磷利用能力高达100%
	钠、钾、氯	三者对维持鸡体内酸碱平衡、细胞渗透压和调节体温起重要作用，还能改善饲料的适口性。食盐是钠、氯的主要来源	缺乏钠、氯，可导致消化不良、食欲减退、啄肛啄羽等；缺钾时，肌肉弹性和收缩力降低，肠道膨胀，热应激时，易发生低血钾症（土鸡饲料中食盐的添加量为0.2%～0.4%）	食盐摄入量过多，轻者饮水量多，便稀，重者会导致鸡中毒甚至死亡，如长期喂高盐饲料（盐含量超过2%）会引起中毒。动物饲料中钠含量丰富，植物饲料中钾含量丰富。饮水中加入1%～2%的食盐，连用1～2天，可以防治鸡的啄癖症
	镁	镁是构成骨质必需的元素，它与钙、磷和碳水化合物的代谢有密切关系	镁缺乏时，鸡神经过敏，易惊厥，出现神经性震颤，呼吸困难。雏鸡生长发育不良，产蛋鸡产蛋率下降	青绿饲料、糠麸和饼粕类中含量丰富。过多会扰乱钙磷平衡，导致下痢

续表

种类		主要功能	缺乏症状	备注
常量元素（占体重0.01 %以上）	硫	硫是蛋白质中不可缺少的无机元素，存在于蛋氨酸、胱氨酸、半胱氨酸中，同时参与某些维生素(维生素B_{12}、生物素)和碳化合物的代谢	缺乏时，表现为食欲降低，体弱脱羽，多泪，生长缓慢，产蛋减少（羽毛中含硫2%）	日粮中蛋白质含量充足时，鸡一般不会缺硫。日粮中以硫酸钠、硫酸锌、硫酸镁的形式添加。添加量的多少以饲料含量来定，或按说明书进行使用
微量元素	锰	镁作为磷酸酶、焦磷酸酶、ATP酶的主要成分，在糖代谢和蛋白质代谢中起一定的作用。镁还与钙、磷代谢有关，并保持神经、肌肉及器官的正常机能	土鸡缺锰时，雏土鸡骨骼发育不正常，患滑腱症，表现为跛行，生长受阻，体重下降，种鸡体重减轻，蛋壳变薄，孵化率降低	摄入量过多，会影响钙、磷的利用率，引起贫血。氧化锰、硫酸锰，青绿饲料、糠麸中含量丰富。饲料中要求镁的含量为400～600毫克/千克
	铁	铁是构成血红蛋白、肌红蛋白、细胞色素和多种氧化酶的重要无机元素，参与氧的输送	日粮中铜不足时影响铁吸收，影响钙和磷的正常代谢，鸡表现为贫血、四肢软弱无力、跛腿、瘫痪、生长缓慢、产蛋率下降，孵化过程中胚胎死亡数增加。日粮中的铜超过350毫克/千克，则会引起中毒	三者参与血红蛋白形成和体内代谢，并在体内起协同作用，缺一不可，否则就会产生营养性贫血。铁在鸡体内的一些功能都需要铜的存在方可完成。铜在鸡体内的作用与铁、钙、磷均有一定的关系。铁、铜、钴来源于硫酸亚铁、硫酸铜和钴胺素、氯化钴
	铜	铜参与血红蛋白的合成、造血过程、色素形成、骨骼的生长及某些氧化酶的合成和激活		
	钴	钴是维生素B_{12}的组成部分，是合成维生素B_{12}不可缺少的元素，参与碳水化合物和蛋白质的代谢	饲料中缺钴时，则会影响铁的代谢，并引起贫血和维生素B_{12}缺乏症，土鸡表现为食欲不振、精神萎靡、生长停滞、消瘦	

续表

种类		主要功能	缺乏症状	备注
微量元素	碘	碘是构成甲状腺必需的元素，对营养物质代谢起调节作用	缺乏时，会导致鸡甲状腺肿大，代谢机能降低	植物饲料中的碘含量较少，鱼粉、骨粉中含量较高。主要来源是碘化钾、碘化钠及碘酸钙
	锌	锌是鸡生长发育必需的元素之一，有促进生长、预防皮肤病的作用	缺乏时，肉鸡食欲不振，生长迟缓，腿软无力	可用氧化锌、碳酸锌类饲料补充
	硒	硒是谷胱甘肽过氧化物酶的组成部分，而且影响维生素E的利用。硒与维生素E相互协调，可减少维生素E的用量。能保护细胞膜完整，起保护心肌作用	土鸡缺硒时，产生胰腺纤维化，并使脂肪酶、胰蛋白酶原减少，肌肉萎缩，出现渗出性素质病，心肌损伤，心包积水，雏鸡胸部皮下积水	一般饲料中硒含量及其利用率较低，需额外补充，一般多用亚硒酸钠。硒过量时，雏土鸡生长受阻，羽毛蓬松，神经过敏，种鸡性成熟推迟，产蛋减少，孵化率降低，胎位异常

【提示】无机元素是土鸡新陈代谢、生长发育和产蛋必不可少的营养物质，但过量对鸡体可产生毒害作用。因此，在生产实践中一定要按营养需要配备，切不可过分强调它们的作用而随意加大剂量使用，以防造成中毒。

（四）维生素

维生素是一组化学结构不同，营养作用、生理功能各异的低分子有机化合物，土鸡对其需要量虽然很少，但生物作用很大。维生素的种类很多，但归纳起来分为两大类，一类是脂溶性维生素，包括维生素A、维生素D、维生素E及维生素K等，另一类是水溶性维生素，主要包括B族维生素和维生素C。维生素的种类及功能见表3–2。

表3-2　维生素的种类及功能

名称	主要功能	缺乏症状	备注
维生素A	可以维持呼吸道、消化道、生殖道上皮细胞或黏膜的结构完整与健全，促进雏鸡的生长发育和蛋鸡产蛋，增强鸡对环境的适应力和抵抗力	导致上皮组织干燥和角质化，眼角膜上皮变性，发生干眼病，严重时造成失明；雏鸡消化不良，羽毛蓬乱无光泽，生长速度缓慢；母鸡产蛋量和种蛋受精率下降，胚胎死亡率高，孵化率降低等	存在于青绿饲料、黄玉米、鱼肝油、蛋黄、鱼粉中；维生素A和胡萝卜素性质均不稳定，在饲料的加工、调制和储存过程中易被破坏，而且环境温度愈高，破坏程度愈大
维生素D	参与钙、磷的代谢，促进肠道钙、磷的吸收，调整钙、磷的吸收比例，促进骨的钙化是形成正常骨骼、喙、爪和蛋壳所必需的	雏鸡生长速度缓慢，羽毛松散，趾爪变软、弯曲，胸骨弯曲，胸部内陷，腿骨变形；成年鸡缺乏时，蛋壳变薄，产蛋率、孵化率下降，甚至发生产蛋疲劳症	包括维生素D_2（麦角钙化醇）和维生素D_3（胆钙化醇），由植物内麦角固醇和动物皮肤内7-脱氢胆固醇经紫外线照射转变而来，维生素D_3活性要比维生素D_2高约30倍。鱼肝油含有丰富的维生素D_3，日晒的干草中维生素D_2含量较多，市场上有维生素D_3制剂
维生素E	抗氧化剂和代谢调节剂，与硒和胱氨酸有协同作用，对消化道和体组织中的维生素A有保护作用，能促进鸡的生长发育和繁殖率的提高	雏鸡发生渗出性素质病，形成皮下水肿与血肿、腹水，引起小脑出血、水肿和脑软化；成鸡繁殖机能紊乱，产蛋率和受精率降低，胚胎死亡率高	在麦芽、麦胚油、棉籽油、花生油、大豆油中含量丰富，在青绿饲料、青干草中含量也较多。市场上有维生素E制剂

续表

名称	主要功能	缺乏症状	备注
维生素K	催化合成凝血酶原（具有活性的是维生素K_1、维生素K_2和维生素K_3）	皮下出血形成紫斑，而且受伤后血液不易凝固，流血不止以致死亡	维生素K在青绿饲料和鱼粉中含有，一般不易缺乏。雏鸡断喙时常在饲料中补充人工合成的维生素K。市场上有维生素K制剂
维生素B_1（硫胺素）	参与碳水化合物的代谢，维持神经组织和心肌正常，有助于胃肠的消化机能	易发生多发性神经炎，表现头向后仰、羽毛蓬乱、运动器官和肌胃肌肉衰弱或变性、两腿无力等，呈仰头“观星”状；食欲减退，消化不良，生长缓慢。雏鸡对维生素B_1缺乏敏感	维生素B_1在糠麸、青绿饲料、胚芽、草粉、豆类、发酵饲料和酵母粉中含量丰富，在酸性饲料中相当稳定，但遇热、遇碱易被破坏。市场上有维生素B_1制剂
维生素B_2（核黄素）	构成细胞黄酶辅基，参与碳水化合物和蛋白质的代谢，是鸡体较易缺乏的一种维生素	雏鸡生长慢、下痢，足趾弯曲，用跗关节行走；种鸡产蛋率和种蛋孵化率降低；胚胎发育畸形，萎缩、绒毛短，死胚多	维生素B_2在青绿饲料、干草粉、酵母、鱼粉、糠麸和小麦中含量丰富。市场有维生素B_2制剂
维生素B_5（泛酸）	是辅酶A的组成成分，与碳水化合物、脂肪和蛋白质的代谢有关	生长受阻，羽毛粗糙，食欲下降，骨粗短，眼睑黏着，喙和肛门周围有坚硬痂皮。脚爪有炎症，育雏率低；蛋鸡产蛋量减少，孵化率下降	泛酸在酵母、糠麸、小麦中含量丰富。泛酸不稳定，易吸湿，易被酸、碱和热破坏

续表

名称	主要功能	缺乏症状	备注
烟酸（维生素B_3）	某些酶类的重要成分，与碳水化合物、脂肪和蛋白质的代谢有关	雏鸡缺乏时食欲减退，生长慢，羽毛发育不良，膝关节肿大，腿骨弯曲；蛋鸡缺乏时，羽毛脱落，口腔黏膜、舌、食道上皮发生炎症。产蛋减少，种蛋孵化率低	烟酸在酵母、豆类、糠麸、青绿饲料、鱼粉中含量丰富。市场上有烟酸制剂。雏鸡需要量高
维生素B_6（吡哆醇）	是蛋白质代谢的一种辅酶，参与碳水化合物和脂肪代谢，在色氨酸转变为烟酸和脂肪酸的过程中起重要作用	鸡缺乏时发生神经障碍，从兴奋而至痉挛，雏鸡生长发育缓慢，食欲减退	维生素B_6在一般饲料中含量丰富，又可在体内合成，很少有缺乏现象
生物醇（维生素H）	以辅酶形式广泛参与各种有机物的代谢	鸡缺乏时的典型症状是骨粗短。鸡喙、趾发生皮炎，生长速度降低，种蛋孵化率低，胚胎畸形	生物素在鱼肝油、酵母、青绿饲料、鱼粉及糠麸中含量较多
胆碱	胆碱是构成卵磷脂的成分，参与脂肪和蛋白质代谢是蛋氨酸等合成时所需的甲基来源	鸡缺乏时易患脂肪肝，发生骨短粗症，共济运动失调，产蛋率下降（过多时，鸡蛋产生鱼腥味）。鸡日粮中添加适量胆碱，可提高蛋白质利用率	胆碱在小麦胚芽、鱼粉、豆饼、甘蓝等饲料中含量丰富。市场上有氯化胆碱

续表

名称	主要功能	缺乏症状	备注
叶酸（维生素B_{11}）	以辅酶形式参与嘌呤、嘧啶、胆碱的合成和某些氨基酸的代谢	生长发育不良，羽毛不正常，贫血，种鸡的产蛋率和孵化率降低，胚胎在最后几天死亡	叶酸在青绿饲料、酵母、大豆饼、麸皮和小麦胚芽中含量较多
钴胺素（维生素B_{12}）	以钴酰胺辅酶形式参与各种代谢活动，如嘌呤、嘧啶的合成，甲基的转移及蛋白质、碳水化合物和脂肪的代谢。有助于提高造血机能和日粮蛋白质利用率	缺乏时，雏鸡生长停滞，羽毛蓬乱，种鸡产蛋率、孵化率降低	维生素B_{12}在动物肝脏、鱼粉、肉粉中含量丰富，鸡舍内的垫草中也含有维生素B_{12}
维生素C（抗坏血酸）	具有可逆的氧化性和还原性，广泛参与鸡体的多种生化反应；能刺激肾上腺皮质合成；促进肠道内铁的吸收，使叶酸还原成四氢叶酸	易患坏血病，生长停滞，体重减轻，关节变软，身体各部位出血、贫血，适应性和抗病力降低	维生素C在青绿饲料中含量丰富，生产中多使用维生素C添加剂；提高抗热应激能力的饲料用量为50～300毫克/千克

（五）水

水是土鸡体内一切细胞和组织的组成成分（鸡体内含水量为50%～60%），广泛分布于各器官、组织和体液中。水参与体内物质运输（体内各种营养物质的消化、吸收、转运和大多数代谢废物的排泄，都必须借助水），参与生物化学反应（如水解、水合、氧化还原，有机物的合成和所有聚合和解聚作用都伴有水的结合或释放），参与体温调节（动物体内新陈代谢过程中所产生的热，被吸收后通过体液交换和血液循环，经皮肤中的汗腺和肺部呼气散发出来）。土鸡和其他动物一样，失去所有的脂肪和一半蛋白质仍能活着，但失去体内水分的1/10多数就会死亡（雏鸡含水85%，成鸡含水55%），所以水是鸡体必需的营养物质。

【注意】如果土鸡饮水不足，饲料消化率和鸡的生长速度就会下降，严重时会影响健康，甚至引起死亡。高温环境下缺水，后果更为严重。因此，必须供给充足、清洁的饮水。

二、土鸡的营养需要量（饲养标准）

为了合理地饲养土鸡，使其正常地生长发育，充分发挥其生产潜力，又不至于浪费饲料，以最少、最经济的饲料消耗获得较好的产品，人们根据鸡的品种、性别、日龄、生理阶段和生产力水平，经过长期的科学试验和生产实践，制定了不同的土鸡对日粮中能量、蛋白质、矿物质和维生素等的需求标准，以便以此标准配制鸡的日粮，这一标准被称为鸡的饲养标准。

土鸡参考饲养标准见表3-3至表3-9。

表3–3　土鸡的饲养标准

项目	后备鸡/周龄			产蛋鸡及种鸡产蛋率/%			商品肉鸡/周龄	
	0～6	7～14	15～20	>80	65～80	<65	0～4	≥5
代谢能/（兆焦/千克）	11.92	11.72	11.30	11.50	11.50	11.50	12.13	12.55
粗蛋白质/%	18.00	16.00	12.00	16.50	15.00	15.00	21.00	19.00
钙/%	0.80	0.70	0.60	3.50	3.40	3.40	1.00	0.90
总磷/%	0.70	0.60	0.50	0.60	0.60	0.60	0.65	0.65
有效磷/%	0.40	0.35	0.30	0.33	0.32	0.30	0.45	0.40
赖氨酸/%	0.85	0.64	0.45	0.73	0.66	0.62	1.09	0.94
蛋氨酸/%	0.30	0.27	0.20	0.36	0.33	0.31	0.46	0.36
色氨酸/%	0.17	0.15	0.11	0.16	0.14	0.14	0.21	0.17
精氨酸/%	1.00	0.89	0.67	0.77	0.70	0.66	1.31	1.13
维生素A/国际单位	1500.00	1500.00		4000.00		4000.00	2700.00	2700.00
维生素D/国际单位	200.00	200.00		500.00		500.00	400.00	400.00
维生素E/国际单位	10.00	5.00		5.00		10.00	10.00	10.00
维生素K/国际单位	0.50	0.50		0.50		0.50	0.50	0.50
维生素B_1/毫克	1.80	1.30		0.80		0.80	1.80	1.80
维生素B_2/毫克	3.60	1.80		2.20		3.80	7.20	3.60
泛酸/毫克	10.00	10.00		2.20		10.00	10.00	10.00
烟酸/毫克	27.00	11.00		10.00		10.00	27. 00	27.00
吡哆醇/毫克	3.00	3.00		3.00		4.50	3.00	3.00
生物素/毫克	0.15	0.10		0.10		0.15	0.15	0.15
胆碱/毫克	1300.00	900.00		500.00		500.00	1300.00	850.00
叶酸/毫克	0.55	0.25		0.25		0.35	0.55	0.55
维生素B_{12}/微克	9.00	3.00		4.00		4.00	9.00	9.00
铜/毫克	8.00	6.00		6.00		8.00	8.00	8.00
铁/毫克	80.00	60.00		50.00		30.00	80.00	80.00
锰/毫克	60.00	30.00		30.00		60.00	60.00	60.00
锌/毫克	40.00	35.00		50.00		65.00	40.00	40.00
碘/毫克	0.35	0.35		0.30		0.30	0.35	0.35
硒/毫克	0.15	0.10		0.10		0.10	0.15	0.15

表3-4　土用种公鸡的参考饲养标准

项目	0～4周龄	5～8周龄	9～19周龄	20～68周龄
粗蛋白质/%	20	18	16	14
代谢能/（兆焦/千克）	12.122	12.122	11.495	11.286
粗纤维/%	3.5	3.5	5～6	6
钙/%	1.0	1.0	1.0	1.0
有效磷/%	0.46	0.46	0.46	0.45
盐/%	0.36	0.36	0.37	0.37
赖氨酸/%	0.9	0.9	0.7	0.7
蛋氨酸/%	0.4	0.4	0.3	0.3

注：①微量元素和维生素可参照种母鸡的用量使用。②由于缺乏种公鸡的饲养标准，许多鸡场只好以产蛋母鸡日粮饲喂种公鸡，带来较大危害，一是高钙、高蛋白质日粮必然给消化系统和泌尿系统，尤其是肝、肾等实质器官带来沉重的代谢负担，造成肝、肾损伤，使种公鸡体况下降，精液品质变差；二是高钙、高蛋白质日粮，大大超过了种公鸡对钙和蛋白质的需要，多余的蛋白质在体内经脱氨基作用而转变为脂肪储存于体内，使种公鸡日益变肥，体重迅速增加，性机能减退，精液品质下降；另外，多余的蛋白质在体内降解，尿酸生成增多，与钙等形成尿酸盐，极易造成痛风症而引起死亡，也增加生产成本。表3-4是根据动物营养学理论和大量实践初步确定的土用种公鸡的参考饲养标准，按此标准饲养的种公鸡性欲旺盛，射精量和精子密度都很好。种蛋受精率一般都稳定在91%～95%。

表3-5　中华人民共和国地方品种黄鸡的饲养标准

项目	0～5周龄	6～11周龄	12周龄以上
代谢能/（兆焦/千克）	11. 72	12. 13	12. 55
粗蛋白质/%	20. 0	18. 0	16. 0
蛋白能量比/（克/兆焦）	17. 06	14. 84	12. 75

注：①其他营养指标参照生长期蛋用鸡和肉用仔鸡饲养标准折算；②适用于广东三黄胡须鸡、清远鸡、杏花鸡等，不适用于石岐杂鸡以及各种肉用黄鸡型杂交种。

表3-6　黄羽肉种鸡的营养标准（优质地方品种）

项目	后备鸡阶段/周龄			产蛋期/周龄
	0～5	6～14	15～19	>20
代谢能/(兆焦/千克)	11.72	11.3	10.88	11.30
粗蛋白质/%	20.00	15.00	14.00	15.50
蛋白能量比/(克/兆焦)	17.00	13.00	13.00	14.00
钙/%	0.90	0.60	0.60	3.25
总磷/%	0.65	0.50	0.50	0.60
有效磷/%	0.50	0.40	0.40	0.40
食盐/%	0.35	0.35	0.35	0.35

表3-7　黄羽肉仔鸡的饲养标准（优质地方品种）

项目	0～5周龄	6～10周龄	11周龄	11周龄以后
代谢能/（兆焦/千克）	11.72	11.72	12.55	13.39～13.81
粗蛋白质/%	20.00	18.00～17.00	16.00	16.00
蛋能比/（克/兆焦）	17.00	16.00	13.00	13.00
钙/%	0.90	0.80	0.80	0.70
总磷/%	0.65	0.60	0.60	0.55
有效磷/%	0.50	0.40	0.40	0.40
食盐/%	0.35	0.35	0.35	0.35

注：①我国还没有统一的土仔鸡饲养标准，表3-7标准适用于广东三黄胡须鸡、清远鸡、杏花鸡等少数地方黄羽鸡品种。我国的土鸡品种繁多，它们分布于不同的

特定区域，其生长速度、上市体重各异，也不可能制定一个适用于所有土鸡的饲养标准。土鸡养殖场(户)引进雏鸡时，可向供苗场或公司索取引进鸡的饲养标准，供设计饲料配方参考。②由于公、母鸡生长速度有差异，对各种营养成分要求也不同，公、母鸡分群饲养时应设计和使用不同的饲料配方。

表3-8　乌骨鸡种鸡的营养标准

项目	雏鸡（0～60日龄）	育成鸡（61～150日龄）	产蛋率>30%	产蛋率<30%
代谢能/（兆焦/千克）	11.91	10.66～10.87	12.28	10.87
粗蛋白质/%	19.00	14.00～15.00	16.00	15.00
钙/%	0.80	0.60	3.20	3.00
有效磷/%	0.50	0.40	0.50	0.50
盐/%	0.35	0.35	0.35	0.35
赖氨酸/%	0.32	0.25	0.30	0.25
蛋氨酸/%	0.80	0.50	0.60	0.50

表3-9　新浦东鸡的饲养标准

项目	育雏期（0～10周龄）	育成期（11～24周龄）	成年期（25～72周龄）
代谢能/（兆焦/千克）	11.72～12.13	12.13～12.55	12.13～12.55
粗蛋白质/%	19.00～21.00	16.00～17.00	17.00～18.00
钙/%	0.80～1.00	0.80～1.00	3.00
有效磷/%	0.40～0.50	0.40～0.50	0.40～0.50

第三节　土鸡的饲粮配制

一、土鸡的常用饲料

凡是含有畜禽所需要的营养成分而不含有害成分的物质都

称为饲料。土鸡的常用饲料有几十种，各有其特性，营养含量差异也较大。

（一）土鸡常用的饲料种类

1.能量饲料

凡干物质中粗纤维含量不足18%，粗蛋白质含量低于20%的饲料均属能量饲料，能量饲料富含碳水化合物和脂肪。这类饲料主要包括禾本科的谷实饲料（如玉米、高粱、小麦、大麦、燕麦）及其加工后的副产品（麦麸、米糠、高粱糠等糠麸类及糟渣类），块根、块茎和瓜类，动植物油脂（如豆油、玉米油、菜籽油、棕榈油、鱼油、猪油、牛油等），脂肪含量高的原料（如膨化大豆、大豆磷脂等）和糖蜜等，是鸡用量最多的一种饲料，占日粮的50%～80%，其功能主要是供给鸡所需要的能量。

（1）玉米。玉米含蛋白质8%~9%，能量高达13.59~14.21兆焦/千克，矿物质和维生素不足。适口性好，消化率90%以上，价格适中，是主要的能量饲料。玉米中含有较多的胡萝卜素，有益于蛋黄和鸡的皮肤着色。不饱和脂肪酸含量高，粉碎后易酸败变质。玉米含水量较高时，易感染黄曲霉菌。霉变玉米、螟虫侵害和真菌感染的玉米禁用。

【提示】玉米在饲料中占50%～70%。使用中注意补充赖氨酸、色氨酸等必需氨基酸。培育的高蛋白质玉米、高赖氨酸玉米等饲料用玉米，营养价值更高，饲喂效果更好。饲料要现配现用，可使用防霉剂。

（2）高粱。高粱代谢能为12~13.7兆焦/千克，蛋白质含量高于玉米，钙多磷多。鞣酸（单宁酸）含量较多，会使味道发涩，适口性差。含有较多鞣酸，可使含铁制剂变性，应注意增加铁的用量。育成鸡和成鸡日粮中的高粱控制在20%以下。

（3）小麦。小麦代谢能约为12.5兆焦/千克，粗蛋白质含量在禾谷类中最高（12%~15%），且氨基酸比其他谷类丰富。缺乏赖氨酸和苏氨酸。B族维生素丰富，钙、磷比例不当。因小麦内含有较多的非淀粉多糖，用量过大，会引起消化障碍，影响鸡的生产性能。在配合饲料中小麦用量可占10%～20%，添加β-葡聚糖酶和木聚糖酶的情况下，可占30%～40%。

（4）大麦。大麦的能值低，约为玉米的75%，但B族维生素含量丰富。抗营养因子方面主要是鞣酸和β–葡聚糖，鞣酸可影响大麦的适口性和蛋白质的消化利用率。配合饲料中大麦用量为20%～30%。因其皮壳粗硬，需破碎或发芽后少量搭配饲喂。

（5）麦麸。麦麸粗蛋白含量为13.5%~15.5%，代谢能为7.11~7.94兆焦/千克，各种成分比较均匀，且适口性好，是鸡的常用饲料。麦麸的粗纤维含量高，容积大，具有轻泻作用，故用量不宜过多。麦麸在配合饲料中的比例，育雏期占5%～15%，育成和产蛋期占10%～30%。

（6）糠类。米糠是稻谷加工后的副产品，其成分随加工大米精白的程度而有显著差异，含有丰富的B族维生素和磷、镁、锰等，钙含量低，粗纤维含量高，但能量较低，鸡不宜多食。通常雏土鸡和育肥期土鸡日粮中，糠类用量不宜超过8%，育成鸡不超过20%，产蛋鸡不超过15%。必须指出，各类糠的营养差别很大，故配合日粮时要特别注意。饲喂糠饼时，搭配40%～50%的玉米较好。由于米糠含油脂较多，故久贮易变质。一般在配合饲料中用量可占8%～12%。高粱糠的粗蛋白质含量略高于玉米，B族维生素含量丰富，但含粗纤维量高、能量低，且含有较多的鞣酸，适口性差，一般在配合饲料中不宜超过5%。

（7）油脂类。油脂类包括各种动植物油脂，如豆油、玉米油、菜籽油、棕榈油、鱼油、猪油、牛油等和脂肪含量高的原料，如膨化大豆、大豆磷脂等，能量是玉米的2.25 倍。油脂饲料可作为脂溶性维生素的载体，还能提高日粮能量浓度，减少料末飞扬和饲料浪费。添加大豆磷脂能保护肝脏，提高肝脏解毒功能，保护黏膜的完整性，提高鸡体免疫系统活力和抵抗力。植物性油脂的品质比动物性油脂高，亚油酸含量很高（占总脂肪酸的50%以上)，但因价格高，限制了其在饲料中的应用。

【提示】日粮中添加3%～5%的脂肪，可以提高雏鸡的日增重，保证蛋鸡夏季能量的摄入量和减少体增热，降低饲料消耗。但添加脂肪的同时，要相应提高其他营养素的水平。

（8）块根、块茎和瓜类。马铃薯、甜菜、南瓜、甘薯、胡萝卜等含碳水化合物多，适口性好，产量高，易贮藏，也是鸡的优良饲料，喂饲时注意矿物质的平衡。这类饲料含水多，营养物质的浓度较低，体积大，影响营养物质摄入。南瓜富含胡萝卜素，各种养分比较完全，消化利用率高，味甜，适口性好，可代替优质青绿饲料饲喂。马铃薯、甘薯煮熟后饲喂消化率高；发芽的马铃薯因含有毒物质，应去芽后再饲喂，并倒掉清洗和煮沸马铃薯的水，以免鸡体中毒。甘薯、芋头的淀粉含量高，应该蒸煮后拌于其他饲料中喂给，也可以制成干粉或打浆后与糠麸混拌。甘薯须去皮、浸水去毒后饲喂。这类饲料占日粮比例不宜超过40%，干粉可代替20%的谷物饲料。如果用这类饲料配合日粮时，要十分注意矿物质和蛋白质的平衡。

（9）糟渣类。酒糟、糖浆、甜菜渣也可作为土鸡的饲料。酒糟和甜菜因纤维含量高，不可多用。糖浆含糖量丰富，并含大约7%的可消化蛋白质，成鸡每天可喂15克左右，喂时用水稀释，但应注意品质新鲜，幼鸡应少喂。

2.蛋白质饲料

蛋白质饲料是指在干物质中粗纤维含量低于18%而粗蛋白质含量高于20%的一类饲料，一般在日粮中占10%～30%。包括植物性蛋白质饲料，如大豆（饼）粕、花生（饼）粕、棉籽（饼）粕、菜籽（饼）粕、芝麻（饼）粕、葵花（饼）粕，以及和动物性蛋白质饲料（如鱼粉、血粉及肉骨粉、蚕蛹粉、羽毛粉等）。

（1）大豆（饼）粕。大豆因榨油方法不同，其副产物可分为豆饼和豆粕两种类型，含粗蛋白质40%～45%，赖氨酸含量高，适口性好。经加热处理的豆饼是鸡最好的植物性蛋白质饲料。一般在配合饲料中用量可占15%～25%，由于豆（饼）粕的蛋氨酸含量低，故与其他饼粕类或鱼粉等配合使用效果更好。

【注意】大豆（饼）粕的蛋白质和氨基酸的利用率受加工温度和加工工艺的影响，温度不足生产的大豆（饼）粕含有抗胰蛋白酶、皂角素、尿素酶等有害物质，会影响蛋白质利用率，温度过高时生产的大豆（饼）粕，蛋白质的活性物质受到破坏，氨基酸利用率下降。

（2）花生（饼）粕。粗蛋白质含量略高于豆饼，为42%～48%，精氨酸和组氨酸含量高，赖氨酸含量低，适口性好于豆饼。一般在配合饲料中用量可占15%～20%，与豆饼配合使用效果较好。

【注意】花生（饼）粕脂肪含量高，不耐贮藏，易染上黄曲霉而产生黄曲霉毒素，这种毒素对鸡危害严重。因此，生长黄曲霉的花生（饼）粕不能喂鸡。

（3）棉籽（饼）粕。带壳榨油的称棉籽（饼）粕，脱壳榨油的称棉仁（饼）粕，前者粗蛋白质含量为17%～28%，后者粗蛋白质含量为39%～40%。

【注意】在棉籽内，含有棉酚和环丙烯脂肪酸，对畜禽健康有害，喂前应采用脱毒措施。未经脱毒的棉籽（饼）粕使用量不能超过配合饲料的3%～5%。生产中可选择低棉酚棉花品种生产的棉籽（饼）粕。

（4）菜籽（饼）粕。粗蛋白质含量为35%～40%，赖氨酸比豆饼低50%，含硫氨基酸高于豆饼14%，粗纤维含量为12%，有机质消化率为70%。可代替部分豆饼喂鸡。

【注意】由于菜籽（饼）粕中含有毒物质（芥子酶），饲喂前宜脱毒。未经脱毒处理的菜籽（饼）粕要严格控制饲喂量，产蛋鸡用量不超过5%，如用到10%时，蛋鸡的死亡率增加，产蛋率、蛋重及哈氏单位下降，甲状腺明显肿大。

（5）芝麻（饼）粕。芝麻（饼）粕是芝麻榨油后的副产物，粗蛋白质含量为40%左右，蛋氨酸含量高，适当与大豆（饼）粕搭配喂鸡，能提高蛋白质的利用率，一般在配合饲料中用量可占5%～10%。由于芝麻（饼）粕脂肪含量多而不宜久贮，最好现粉碎现喂。

（6）葵花（饼）粕。葵花（饼）粕有带壳和脱壳两种。优质的脱壳葵花（饼）粕含粗蛋白质40%以上、粗脂肪5%以下、粗纤维10%以下，B族维生素含量比大豆（饼）粕高，可代替部分大豆（饼）粕喂鸡，一般在配合饲料中用量可占10%～20%。带壳的葵花饼不宜饲喂蛋鸡。

（7）鱼粉。蛋白质含量高达45%～60%，氨基酸齐全平衡，富含赖氨酸、蛋氨酸、胱氨酸和色氨酸。鱼粉中含有丰富的维生素A和B 族维生素，特别是维生素B_{12}以及钙、磷、铁、未知生长因子和脂肪。另外，鱼粉中还含有钙、磷、铁等。用它来弥补植物性饲料中限制性氨基酸的不足，效果很好。一般在配合饲料中用量可占5%～15%。

【注意】由于鱼粉的价格较高，掺假现象较多，使用时应仔细辨别和化验。

（8）血粉及肉骨粉。肉联厂的下脚料及病畜的废弃肉经高温处理制成的血粉和肉骨粉，是一种良好的蛋白质饲料。血粉粗蛋白含量80%以上，赖氨酸含量为6%～7%，但蛋氨酸和异亮氨酸含量较少。血粉的适口性差，日粮中用量过多，易引起腹泻，一般占日粮的1%～3%；肉骨粉粗蛋白质含量达40 %以上，蛋白质消化率高达80%，赖氨酸含量丰富，蛋氨酸和色氨酸较少，钙、磷含量高，比例适宜。肉骨粉易变质，不易保存，一般在配合饲料中用量在5%左右。

（9）蚕蛹粉。蚕蛹粉含粗蛋白质约68%，且蛋白质品质好，限制性氨基酸含量高，是鸡的良好蛋白质饲料。但脂肪含量高，不耐贮藏，在配合饲料中用量可占5%～10%。

（10）羽毛粉。水解羽毛粉含粗蛋白质近80%，但蛋氨酸、赖氨酸、色氨酸和组氨酸含量低，使用时要注意氨基酸平衡问题，应该与其他动物性饲料配合使用。一般在配合饲料中用量为2%～3%，过多会影响鸡的生长和生产。饲料中添加羽毛粉可以预防和减少啄癖。

（11）微生物蛋白质饲料。微生物蛋白质饲料是指利用各种微生物制成的蛋白质饲料，包括酵母、非病原菌、原生动物及藻类。在饲料中使用较多的是酵母饲料。

3.矿物质饲料

矿物质饲料是为了补充植物性和动物性饲料中某种矿物质元素的不足而利用的一类饲料。矿物质饲料种类及特性见表3-10。

表3–10　矿物质饲料种类及特性

种类	特性	使用说明
骨粉或磷酸氢钙	含有大量的钙和磷，而且比例合适，主要用于磷不足的饲料	在配合饲料中用量可占1.5%～2.5%
贝壳粉、石粉、蛋壳粉	属于钙质饲料。贝壳粉是最好的钙质矿物质饲料，含钙量高，又容易吸收；石粉价格便宜，含钙量高，但鸡吸收能力差；蛋壳粉可以自制，将各种蛋壳经水洗、煮沸和晒干后粉碎即成，吸收率也较好	一般在鸡配合饲料中用量情况为：育雏及育成阶段1%～2%，产蛋阶段6%~7%。使用蛋壳粉严防传播疾病
食盐	食盐主要用于补充鸡体内的钠和氯，保证鸡体正常新陈代谢，还可以增进鸡的食欲	用量可占日粮的3%～3.5%
沙砾	有助于鸡胃中饲料的研磨，起到“牙齿”的作用。沙砾要不溶于盐酸	舍养鸡或笼养鸡要注意补给。据研究，鸡吃不到沙砾，饲料消化率要降20%～30%
沸石	是一种含水的硅酸盐矿物，在自然界中多达40多种。沸石中含有磷、铁、铜、钠、钾、镁、钙、银、钡等20多种矿物质元素，是一种质优价廉的矿物质饲料	在配合饲料中用量可占1%～3%。可以降低鸡舍内有害气体含量，保持舍内干燥

4.维生素饲料

维生素饲料可以提供维生素，包括青菜类、块茎类、青绿饲料和草粉等。维生素饲料的种类及特点见表3–11。

表3-11　维生素饲料的种类及特点

种类	特点
青菜类	白菜、通心菜、牛皮菜、甘蓝、菠菜等各种青菜，无毒的野菜，均为良好的维生素饲料。芹菜是一种良好的喂鸡饲料，每周喂芹菜3次，每次50克左右。用南瓜作辅料喂母鸡，产蛋量可显著增加，且蛋大、孵化率高
胡萝卜	胡萝卜素含量高，容易贮藏，适于秋冬季节饲喂的维生素饲料。胡萝卜应洗净后，切碎，用量占精料的20%～30%
水草类	生长在池沼和浅水中的藻类等也是较好的青绿饲料，水草中含有丰富的胡萝卜素，有时还带有螺蛳、小鱼等动物
草粉、叶粉	含有大量的维生素和矿物质，对土鸡的产蛋、蛋的孵化品质均有良好的作用。苜蓿干草含有大量的维生素A、维生素B、维生素E等，并含蛋白质14%左右。树叶粉（青绿的嫩叶）也是良好的维生素饲料，如槐叶粉来源广阔，我国大面积种植有刺槐，是丰富的资源，利用时应和林业生产相结合，选择适合的季节采集，合理利用。饲料中添加2%～5%的槐叶粉，可明显地提高种蛋和商品蛋的蛋黄品质。其他豆科干草粉(如红豆草、三叶草等)与苜蓿干草的营养价值大致相同。干粉用量可占日粮的2%～7%
青绿饲料	常用的青绿饲料有豆科牧草(苜蓿、三叶草、沙打旺、红豆草等)、鲜嫩的禾本科牧草和饲料作物鲁梅克斯、聚合草等。青绿饲料在土鸡的饲养中占有很重要的地位，鸡饲喂一定量的青绿饲料会使抗病力增强，肉味鲜美，鸡蛋风味独特。因此，利用青绿饲料饲喂土鸡，或在牧草地上散养土鸡均可收到良好的效果

【提示】喂青绿饲料应注意其质量，其幼嫩时期或绿叶部分含维生素较多。饲用时应防止腐烂、变质、发霉等，并在鸡群中定时驱虫。一般用量占精料的20%～30%。

5.饲料添加剂

为了满足鸡的营养需要，完善日粮的全价性，需要在饲料中添加原来含量不足或不含有的营养物质和非营养物质，以提高饲料利用率，促进鸡生长发育，防治某些疾病，减少饲料贮藏期间营养物质的损失或改进产品品质等，这类物质称为饲料添加剂（表3–12）。饲料添加剂可分为营养性添加剂和非营养性添加剂。

表3–12　饲料添加剂的种类及特点

种类	特点
微量元素添加剂	补充微量元素不足。有无机盐微量元素添加剂（如硫酸盐类、碳酸盐类、氧化物、氯化物等）和有机微量元素（指微量元素与有机物以化学键或物理键结合而成的盐类，如氨基酸蛋白微量元素、有机酸微量元素等）
维生素添加剂	补充饲料中维生素不足。有单一制剂(如维生素A、维生素D、维生素K等) 和复合制剂(包含有氯化胆碱、维生素A、烟酸、维生素E、维生素D、维生素K、维生素B_1、维生素B_2、泛酸、维生素B_{12}等)。由于大多数维生素都不稳定、易因氧化或被破坏失效，所以要进行特殊加工处理和包装
氨基酸添加剂	补充氨基酸的不足或提高饲料营养价值。添加人工合成的赖氨酸、蛋氨酸及色氨酸、苏氨酸。如以大豆饼为主要蛋白质来源的日粮，添加蛋氨酸可以节省动物性饲料用量，豆饼不足的日粮添加蛋氨酸和赖氨酸，可以大大强化饲料的蛋白质营养价值，在杂粕含量较高的日粮中添加氨基酸可以提高日粮消化利用率
中草药添加剂	中草药作为饲料添加剂，毒副作用小，不易在产品中残留，且具有多种营养成分和生物活性物质，兼具有营养和防病的双重作用。其天然、多能、营养的特点，可起到增强免疫、抗应激等作用
酶制剂	酶是促进蛋白质、脂肪、碳水化合物消化的催化剂，并参与体内各种代谢过程的生化反应。在鸡饲料中添加酶制剂，可以提高营养物质的消化率。目前，在生产中应用的有单一酶和复合酶。单一酶制剂，如淀粉酶、脂肪酶、蛋白酶、纤维素酶和植酶等。复合酶制剂由一种或几种单一酶制剂为主体，加上其他单一酶制剂混合而成， 或者由一种或几种微生物发酵获得，复合酶制剂可以同时降解饲料中多种需要降解的抗营养因子，可最大限度地提高饲料的营养价值

续表

种类	特点
酸制剂	用以增加胃酸，激活消化酶，促进营养物质吸收，降低肠道pH，抑制有害菌感染。目前，国内外应用的酸化剂包括无机酸化剂(有硫酸、盐酸和磷酸，磷酸是弱酸，既可作为酸化剂，又可以提供磷，生产中常用)、有机酸化剂（有柠檬酸、延胡索酸、甲酸、乙酸、乳酸、苹果酸等）和复合酸化剂（是将无机酸和有机酸、酸和盐类配合使用的酸化剂，各种成分协同作用，效果良好）
微生态制剂	是将动物体内的有益微生物经过人工筛选培育，再经过现代生物工程工厂化生产，专门用于动物营养保健的活菌制剂。其内含有十几种甚至几十种畜禽胃肠道有益菌，如加藤菌、EM、益生素等，也有单一菌制剂，如乳酸菌制剂
植物提取物	是指从植物中提取的活性成分明确、可测定、含量稳定，对动物和人类没有任何毒副作用，可改善动物生产性能和产品品质的物质。植物提取物富含生物碱、多酚、黄酮、多糖、皂苷和挥发油等成分，具有抗菌、抑菌、抗氧化和调节机体免疫功能，可以维持动物肠道健康，刺激食欲、改善产品品质和风味等作用
其他添加剂	防霉剂（如丙酸、山梨酸、苯甲酸、脱氢乙酸及其盐类，富马酸二甲酯、富马酸二乙酯、富马酸二丁酯等有机酸酯类以及乙酯、丙酯、丁酯等对羟基苯甲酸酯类）、抗氧化剂（L- 抗坏血酸、丁羟甲苯、丁羟甲氧苯、生育酚、乙氧基喹啉等）、增色剂（如玉米蛋白粉、苜蓿草粉、万寿菊花瓣粉、辣椒粉等含有大量的叶黄素，使用效果较好）、驱虫保健剂（抗菌肽、大蒜素等）

（二）土鸡的常用饲料营养成分

见附录1。

（三）土鸡的饲料开发

果园林地散养土鸡可在散养地觅食青草、树叶和各类昆虫等天然的资源。如果天然饲料量不足时会严重影响鸡的生长或生产，消耗较多的精饲料，增加生产成本。所以，应该充分利用牧地开发饲料资源，生产更多的绿色饲料，降低饲养成本。当然，开发饲料资源应注意开发成本。

1.青绿饲料的利用

青绿饲料是指草、茎叶类及非淀粉质的块根、块茎、瓜果类。青绿饲料含有丰富的胡萝卜素和B族维生素，并含有一些微量元素，适口性好，对鸡的生长、产蛋及维持健康均有良好的作用。

常见的青绿饲料有白菜、甘蓝、野菜（如苦荬菜、鹅食菜、蒲公英等）、苜蓿草、洋槐叶、胡萝卜、牧草等。冬春季没有青绿饲料时，可喂苜蓿草粉、洋槐叶粉、松针粉或芽类饲料，同样会收到良好效果。芹菜是一种良好的喂鸡饲料，每周喂芹菜3次，每次50克左右。用南瓜作辅料喂母鸡，产蛋量可显著增加，且蛋大、孵化率高。

2.树叶的开发利用

我国有丰富的林业资源，大多数树叶都可以作为饲料。树叶营养丰富，经加工调制后，饲喂土鸡效果很好。树叶的营养成分因树种而异。豆科树种、榆树叶、松针中粗蛋白质含量高达20%以上，氨基酸种类多。槐树、柳树、梨树、桃树、枣树等树叶的有机物质含量、消化率、能值较高。树叶中维生素含量很高，柳、桦、榛、赤杨等青叶中，胡萝卜素含量为110～132毫克/千克，针叶中的胡萝卜素含量高达197～344毫克/千克，此外还含有大量的维生素C、维生素E、维生素K、维生素D和维生素B_1等。鲜嫩叶营养价值高，青落叶次之，可饲喂土鸡。

【注意】核桃、桃、橡、李、柿、毛白杨等树叶中含鞣酸，有苦涩味，必须经加工调制后再饲喂。有的树叶有剧毒，如夹竹桃等，应禁喂。

（1）树叶的采收方法。采集树叶应在不影响树木正常生长的前提下进行。对生长繁茂的树木，如洋槐、榆、柳、桑等树种，可分期采收下部的嫩枝、树叶；对分枝多、生长快、再生力强的灌木，如紫穗槐等，可采用青刈法；对需适时剪枝或耐剪枝的树种，如道路两旁的树木和各种果树，可采用剪枝法。

（2）采收时间。松针在春秋季节松针含松脂率较低的时期采集；紫穗槐、洋槐叶，北方地区一般在7月底至8月初采集，最迟不要超过9月上旬；杨树叶在秋末刚刚落叶即开始收集，而不能等落叶变枯黄再收集；还可以收集修枝时的叶子末。

（3）树叶的加工方法。

1）针叶的加工利用。松针粉中含有多种氨基酸、微量元素，能有效刺激蛋鸡的排卵功能，提高产蛋率和饲料利用率（如蛋鸡日粮中添加3%～5%的松针粉，产蛋量提高6.1%～13.8%，饲料利用率提高15.1%，蛋重提高2.9%），蛋黄颜色较深；松针粉中含有植物杀菌素和维生素，具有防病抗病功效，可提高成活率，促进增重（在雏鸡日粮中添加2%的松针粉，成活率、增重率和饲料转化率则分别提高7.1%、11.1%和28.4%，生长期缩短10天），明显改善啄癖、皮肤、腿和爪的颜色，使之更加鲜黄美观。

针叶采集后要保持其新鲜状态，含水量为40%～50%。原料储存时要求通风良好，不能日晒雨淋，采收到的原料应及时运到加工场地，一般从采集到加工不能超过3天，以保证产品质量。对树枝上的针叶，应进行脱叶处理。脱叶分手工脱叶和机械脱叶。手工脱下的针叶含水量一般为65%左右，杂质含量(主要指枝条)不超过35%；机械脱下的针叶含水量为55%左右，杂质的含量不超过45%。用切碎机将针叶切成3～4厘米，以破坏针叶表面的蜡质层，加快干燥速度。可采用自然阴干或烘干。烘干温度为90 ℃，时间为20分钟。干燥后应使针叶的含水量从

40%～50%降到20%，以便粉碎加工和成品的储存运输。用粉碎机将针叶加工成2毫米左右的针叶粉，针叶粉的含水量应低于12.5%。加工好的针叶粉的外观为浅绿色，有针叶香味。

针叶粉要用棕色的塑料袋或麻袋包装，防止阳光中紫外线对叶绿素和维生素的破坏。另外，储存场所应保持清洁、干燥、通风，以防吸湿结块。在良好的储存条件下，针叶粉可保存2～6个月。

饲喂针叶浸出液，不仅能促进家禽的生长，而且还能降低畜禽支气管炎和肺炎的发病率，增加食欲和抗病能力。因此，又称针叶浸出液为保健剂。将针叶粉碎，放入桶内，加入70～80 ℃的温水（针叶与水的比例为1：10）。搅拌后盖严，在室温下放置3～4小时，便得到有苦涩味的浸出液。

针叶粉作为添加饲料适用于各类畜禽，可直接饲喂或添加到混合饲料中。针叶粉应周期性地饲用，连续饲喂15～20天，然后间断7～10天，以免影响禽产品质量。松针粉含有松脂气味和挥发性物质，在畜禽饲料中的添加量不宜过高。一般在肉鸡饲料中的添加量为3%，蛋鸡和种鸡为5%；针叶浸出液可供家畜饮用，也可与精料、干草或秸秆混合后饲喂。家禽对浸出液有一个适应过程，开始应少量，然后逐渐加大到所要求的量。

2）阔叶的加工利用。一是粉碎直接利用。叶粉可作为配合饲料的原料，在鸡饲料中掺入的比例为5%～10%。二是糖化发酵。将树叶粉碎，掺入一定量的谷物粉，用40～50℃温水搅拌均匀后，压实，堆积发酵3～7天。发酵可提高阔叶的营养价值，减少树叶中鞣酸的含量。糖化发酵的阔叶饲料饲喂鸡效果良好。三是蒸煮。把阔叶放入金属筒内，用蒸汽加热（180℃左右）15分钟后，树叶的组织受到破坏，利用筒内设置的旋转刀片将原料切成类似“棉花”状物。除上述方法外，还可进行膨化，压制成颗粒或青贮。

3.动物性蛋白质饲料的开发利用

动物性蛋白质饲料对于提高散养鸡生长速度和生产性能具有良好效果，特别是在冬季补饲中作用更大。解决动物性蛋白质不足问题，饲养者可以利用人工方法生产一些昆虫类、蚯蚓、黄粉虫等动物性蛋白质喂鸡，既保证充足的动物性蛋白质供应，促进生长和生产，降低饲料成本，又能够提高产品质量。

（1）诱捕昆虫。在鸡棚附近安装几个诱捕昆虫灯或照明灯，昆虫就会从四面八方飞来，被等候在棚下的鸡群吃掉。鸡吃饱后关灯让鸡休息。

（2）养殖蚯蚓。

1）蚯蚓的习性。蚯蚓（或地龙）为夜行性环节动物。蚯蚓由于长期生活在土壤的洞穴里，其身体的形态结构对穴居生活环境具有相当的适应性。在自然界，蚯蚓以生活在土壤上层15～20厘米深度者居多，越往下层越少，蚯蚓喜欢温暖、潮湿和安静的环境。一般蚯蚓的活动温度为5～30℃，生长繁殖最适温度为15～25℃，在0～5℃则停止生长发育，进入休眠状态，0℃以下或40℃以上常导致死亡。蚯蚓喜居安静的环境，怕噪声或震动。蚯蚓对光线非常敏感，喜阴暗，怕强光，常逃避强烈的阳光、紫外线的照射，但不怕红光，趋向弱光。蚯蚓的活动表现为昼伏夜出，即黄昏时爬出地面觅食、交尾，清晨则返回土壤中。

蚯蚓的食性很广，各种畜粪、污泥、腐烂的水果、果皮、蔬菜、秸秆、杂草、垃圾以及工业下脚料（如造纸厂、制糖厂、食品厂和酒厂的下脚料）等，经过充分发酵腐烂后，均可作为蚯蚓的饲料。

蚯蚓为雌雄同体，异体交配。由于品种、地区、饲料和生活环境不同，生活周期也不一样。据试验，赤子爱胜蚓在室温

22～30℃环境下，以发酵的马粪为饲料，湿度60%～70%，从产卵到孵化为21天。幼蚓从孵出到性成熟为56天，性成熟到开始产卵一般为1～12天；整个生活周期最短47天，最长128天，平均2.5～5个月。

2）利用价值。蚯蚓的主产品是蚓体，副产品为蚓粪。蚯蚓具有解热镇痛、通络平喘、解毒利尿的功能，能治疗多种疾病，含有丰富的蛋白质（干蚯蚓含蛋白66.5%），适口性好、诱食性强，是畜、禽、鱼类等的优质蛋白饲料。蚯蚓粪不仅是优质的肥料，也可作为动物的饲料。蚯蚓粪中有22.5%的粗蛋白、丰富的粗灰分、钙、磷、钾、维生素和17种氨基酸，报道称，把90%蚯蚓粪、10%蚯蚓粉和少量微生物配成生物饲料，按1%～5%的最佳添加量，可以使肉鸡球虫病、呼吸道、消化道疾病减少50%，蛋鸡产蛋高峰期延长25天左右。鸡蛋个大、味香、红心。

3）蚯蚓品种及特性。适合人工养殖的蚯蚓品种及特性见表3–13。

表3–13　蚯蚓品种及特性

名称	特性
威廉环毛蚓	一般长90～250毫米，宽5～10毫米，背面青黄色、灰绿色或灰青色，背中线青灰色，环带14～16节。目前在江苏、上海一带人工养殖较多，在自然界中常栖于树林草地较深土层和村庄周围肥土中
湖北环毛蚓	体细长，长70～220毫米，宽3～6毫米，体节110～133节，全身草绿色，背中线紫绿色或深绿色，常见一红色的背血管。腹面灰色，尾部体腔液中常有宝蓝色荧光。环带3节，乳黄色或棕黄色，是繁殖率较高和适应性较广的品种，常栖于湿度较大的沟渠近水处和山沟阴湿处，较耐低温，秋后可在落水的绿肥田中散养
参环毛蚓	个体较大，长120～400毫米，宽6～12毫米，背面紫灰色，后部颜色较深，刚毛圈稍白，为中药材常用蚯蚓，分布于湖南、广东、广西、福建等地，较难定居，在优质土壤的草地和灌溉条件较好的果园和苗圃中养殖较好

续表

名称	特性
白颈环毛蚓	长80～150毫米，宽2.5～5毫米，背面中灰色或栗色，后部淡绿色。环带3节（位于第14～16节），腹面无刚毛。分布于长江中下游一带，具有分布较广、定居性较好的特点，宜在菜地、红薯等作物地里养殖
赤子爱胜蚓	长60～130毫米，宽3～5毫米，成熟体重0.4～1.2克，全身80～110个环节，环节带位于第25～33节。背孔自4、5节开始，背面及侧面橙红或栗红色，节间沟无色，外观有明显条纹，尾部两侧姜黄色，愈老愈深，体扁而尾略成鹰嘴钩，喜在厩肥、烂草堆、污泥、垃圾场生活，具有趋肥性强、繁殖率高、定居性好、肉质肥厚及营养价值高等优点

4）蚯蚓的养殖技术要点。

一是保证适宜的环境条件。温度20℃左右（15～30℃），饵料湿度70%～75%；孵化湿度50%～60%。pH为6～8，通气良好，无光或暗光、红光，严禁紫外光照射，适宜的密度和丰富的营养。夏天注意防高温和日光直射，冬天防冻。

二是搭配和处理好饵料。饵料既是蚯蚓的食物，又是其生活环境。因而，饵料搭配和处理至关重要。下面几个饵料配方，仅供参考。配方1：牛粪20%，猪粪20%，鸡粪20%，稻草屑40%，混配后充分发酵；配方2：废纸浆污泥80%，干牛粪20%；配方3：沼气池残渣60%，垃圾20%，秸秆或食用菌渣20%；配方4：牛粪20%，羊粪10%，活性泥40%，垃圾30%。无论选择什么饵料都要进行科学的加工处理。如作物秸秆或粗大的有机废物应切碎，垃圾则应分选过筛，除去金属玻璃、塑料、砖石和炉渣，再经粉碎后发酵；家畜粪便和木屑，则可不进行加工，直接进行发酵处理。饵料要混合均匀，之后加水拌匀，含水量控制在40%～50%，即堆积后堆底边有水流出为止。堆成梯形或圆锥形，最后堆外面用塘泥封好或用塑料薄膜覆盖，以保温保湿。经4～5天，堆内的温度可达50～60℃，待温度由高峰开始下降时，要翻堆进行第二次发酵，将上层的料翻到下层，四周翻到中间，使之充分发酵腐熟，达到无臭味、无酸味，质地松软不沾手，颜色为棕褐，然后摊开放置。使用前，先检查饲料的酸碱度是否合适，一般pH在6.5～8都可使用。过酸可添加适量石灰，过碱用水淋洗，这样有利于过多盐分和有害物质的排除。饲用前，先用少量蚯蚓试验饲养，如无不良反应，即可应用。实践中发现，在饵料中添加香蕉皮、烂苹果、烂梨等，效果很好。

三是选择适宜养殖方式。生产中养殖方式有多种，主要介绍三种，见表3–14。

表3–14　生产中蚯蚓的养殖方式

养殖方式	具体做法
简易养殖	这种方法包括箱养、坑养、池养、棚养、温床养殖等，其具体做法就是在容器、坑或池中分层加入饲料和肥土，料土相同，然后投放种蚯蚓。这种方法可利用鸡舍前后等空地以及旧容器、砖池、育苗温床等，来生产动物性蛋白质废饲料，加工有机肥料，处理生活垃圾。其优点是就地取材、投资少、设备简单、管理方法简便，并可利用业余或辅助劳力，充分利用有机废物，但饲养量小
田间养殖法	选用地势比较平坦，能灌能排的桑园、菜园、果园或饲料田，沿植物行间开挖宽40～50 厘米、深20～25 厘米的沟槽，施入腐熟的有机肥料，上面用土覆盖10～15厘米，放入蚯蚓进行养殖（1亩散养蚓种15 000～25 000条），注意经常灌溉或排水，保持土壤含水量在30%左右。冬天可在地面覆盖塑料薄膜保温，以便促进蚯蚓活动和繁殖能力。由于蚯蚓的大量活动，土壤疏松多孔，通透性能好，可以实行免耕。此种养殖方式季节性强，可在散养鸡的牧地养殖，适于投放耐旱和抗逆性强的蚓种。平时注意保持湿度，雨天注意排水，并及时采收
工厂化养殖	此法适于养殖生产性能较高的蚓种，如赤子爱胜蚓、红色爱胜蚓等。可利用普通房间、塑料大棚或半地下温室，进行周年生产。养殖床宽1.5米、深0.4米左右；亦可用竹、木、塑料制的箱子作为养殖床，大小以2个人能搬动为宜，一般为长60 厘米 × 宽30 厘米或40厘米 × 20 厘米，立体叠放，可放4～5层

四是加强种蚓的选育。蚯蚓雌雄同体，异体交配，繁殖力很强，但也容易造成近亲退化。必须重视种蚓的选育工作。规模较大的养殖场可将蚓群分成3个部分：种子群、繁殖群和生产群。种子群是关键，应选择个体粗大、性状一致、活动力强、生产性能高和具有本品种特征的成蚓。其繁殖的后代作为繁殖群。种子群要不断进行选择和淘汰，并注意同一品种不同群体间进行血缘更新。繁殖群是种子群产生的优秀后代，繁殖力强，为生产群提供大量的卵块。其卵块孵出后即为生产群，长成后便为商品蚓。

五是及时采收及分离。当养殖床内的蚯蚓大多数达到400毫克，而且密度较大时（1.5万～2万条/米^2），应及时采收部分成蚓。室内床养、箱养或池养，可采用光照下驱法。根据蚯蚓的避光性，从上至下一层一层刮粪，使成蚓钻到最下部，最后聚集成团。将其放在5毫米的大筛子上，筛子下面放容器，光照使之钻到下面的容器内。田间养殖可利用其夜间爬到地表采食和活动的习性，在夜间3时至4时携带红光或弱光电筒采收。也可用水灌法，驱使蚓大量爬出捕捉。工厂化养殖，要使茧粪分离，可先将成蚓收集，剩余的粪及茧重新孵化。经过30～40天，卵茧全部孵化，并长到一定程度，但尚未产卵时采集即可。

六是预防天敌与疾病。蚯蚓的天敌很多，如鼠类、鸟类、蛇、蛙、蟾蜍、蚂蚁、螳螂、蜘蛛、蜈蚣等，应有针对性地预防。蚯蚓的病害不多，主要是饲料酸化造成的蛋白质中毒症，应予以注意。

（3）养殖蝇蛆。

1）生活习性。成蝇白天活泼好动，夜间栖息，3天后性成熟，雌雄开始交尾产卵，1～8日龄为产卵高峰期，到25日龄基本失去产卵能力。蝇卵4～8小时孵化成蛆，蛆在猪、鸡粪中培育，一般第五天变蛹。温度及饵料养分对蛆的生长发育有很大影响，一般室温在20～30℃，其营养含量越高，蛆生长发育越快，变成的蛹也越大。

在室温20～30℃、相对湿度60%～80%的条件下，蛹经过5天发育变为成蝇。成蝇羽化1小时以后，展开翅膀开始吃食和饮水。家蝇在自然条件下，一般1年可繁殖7～8代。在人工饲养条件下，1年可繁殖25代以上。卵期1～2天，幼虫期4～6天，蛹期约5天，成蝇寿命可达1～2个月，越冬蝇寿命可长达4～5个月。苍蝇的1个世代，约为28天。人工饲养条件下，完成1个世代约需15天，生产蝇蛆只需要4～5天。

2）利用价值。蝇蛆含粗蛋白59%～65%、脂肪2.6%～12%（油脂中不饱和脂肪酸占68.2%，必需脂肪酸占36%），含有动物所需要的17种氨基酸，赖氨酸、蛋氨酸、苯丙氨酸、色氨酸等限制氨基酸含量都很丰富，粗蛋白和多种氨基酸的含量均高于鱼粉。蝇蛆还含有多种生命活动所需要的微量元素，如铁、锌、锰、磷、钴、铬、镍、硼、钾、钙、镁、铜、硒、锗等。同时，蝇蛆体内还含有脂溶性维生素A、维生素D和水溶性B族维生素等。此外，据研究，蝇蛆中还含有多种生物活性成分如抗菌活性蛋白、凝集素、溶菌酶等，是营养成分全面的优质蛋白资源。使用蝇蛆生产的虫子鸡，肌肉纤维细，肉质细嫩，口感爽脆，香味浓郁，补气补血，养颜益寿。虫子鸡的蛋俗称安全蛋，是当代最为理想的食疗珍禽和理想的营养滋补佳品，被誉为“蛋中极品”。

3）蝇蛆的养殖技术要点。

一是建造蛆棚。选择光线明亮、通风条件好的地方建造蛆棚，根据养殖规模，蛆棚的面积一般为30～100平方米。棚内挖置数个5～10平方米的蛆池，池四周砌放20厘米高的砖，用水泥抹光。门和窗安装玻璃和纱窗，以利于调温。壁上安装风扇，以调节空气。房内宜有加温设备，使冬天温度保持20～23℃，房内相对湿度保持60%～70%。

二是驯化种蝇。把新鲜鸡粪放入蛆池，堆放数个长400厘米、宽40厘米的小堆。蛆棚的门在白天打开，让苍蝇飞入产卵，傍晚时关闭棚门让苍蝇在棚内歇息。野生蝇在产卵后要将其用药剂杀死，蝇蛆化蛹后，把蛹放在5%的EM菌液中浸泡10～20分钟，当蛹变成苍蝇时，再堆制新鲜鸡粪，诱使新蝇产卵，产卵后将苍蝇杀死。如此重复三五次，即可将野生蝇驯化成产卵量高、孵出蝇蛆杂菌少、个头大的人工种蝇。

三是收取蝇蛆。进入正常生产后，每天要取走养蛆后的残堆，更换新鲜鸡粪。经人工驯化的苍蝇产卵后10个小时即可孵化出蝇蛆，3～4天成熟的蝇蛆就会爬出粪堆，当它们沿着池壁爬行寻找化蛹的地方时，会全部掉入光滑的塑料收蛆桶内。每天可分两次取走蝇蛆，并注意留足五分之一的蝇蛆，让其在棚内自然化蛹，以保证充足的种蝇产卵。分离出的蝇蛆经洗涤后可以直接用来饲喂，也可在200～250℃烘干15～20分钟，储存备用。实践证明，用此方法养殖蝇蛆，每1000千克新鲜鸡粪可产活蛆400千克以上，成本极其低廉。

（4）养殖黄粉虫。黄粉虫俗称面包虫，是人工养殖最理想的饲料昆虫。生长速度快，对饲料要求不高，不能飞翔，便于人工养殖。黄粉虫营养丰富，幼虫含粗蛋白质51%～60%，各种氨基酸齐全（赖氨酸5.72%、蛋氨酸0.53%），含脂肪11.99%，钙1.02%、磷1.11%，碳水化合物7.4%。另外，还含有磷、铁、钾、钠等矿物质及糖类、维生素、激素、酶等。用3%～6%的鲜虫代替等量的国产鱼粉饲养肉鸡，增重率和饲料报酬均有较大提高。以5%的黄粉虫幼虫粉替代等量的进口鱼粉饲喂产蛋高峰期的蛋鸡，产蛋率和蛋重均有提高。

1）种虫。养殖黄粉虫最重要的是种虫。成龄幼虫、蛹、成虫都可作种虫，其中以成龄幼虫为最佳。饲养到不同虫期，按黄粉虫的养殖技术，认真挑选蛹、成虫，除去病虫，筛好卵，使各虫期的虫同步繁殖，达到提纯复壮。买到成龄幼虫后，将其放入盛有麦麸的木盘中喂养，添加新鲜菜，认真观察，待蛹羽化为成虫。每0.5千克蛹先放在一个盛有麦麸的筛盘中，再放在盛有饲料的木盘中，编号上架，待其羽化，注意清除死蛹。每隔7天，将成虫筛出换盘。筛下的饲料中混有卵，放在木盘中，继续孵化。

2）房舍和设备。养殖黄粉必须用饲养房。饲养房要透光、通风，冬季要有取暖保温设备。饲养房的大小，可视黄粉虫的多少而定。一般情况下，每20平方米一间房能养300～500盘。饲养盘用木盘制作：抽屉状木盘，一般为长方形，长50厘米，宽40厘米，高8厘米，板厚为1.5厘米，底部用纤维板钉好。筛盘也是长方形，它要放在木盘中，规格是45厘米×35厘米×6厘米，板厚为1.5厘米，底部为12目铁筛网，并用三合板条钉好。制作饲养盘的木料最好是软杂木，而且没有异味。为了防止虫往外爬，要在饲养盘的4个框上边贴好塑料胶条。摆放饲养盘的木架根据饲养量和饲养盘数的多少制作。用方木将木架连接起来固定好，防止歪斜或倾倒。然后就可以按顺序把饲养盘排放上架。筛盘、筛子需用粗细不同的铁筛网，12目大孔的可以筛虫卵，30目中孔的可以筛虫粪。60目的小孔筛网，可筛1～2龄幼虫。饲养房内部要求温度冬夏都要保持在15～25℃。低于10℃，虫不食也不生长。超过30℃，虫体发热会烧死。湿度要保持在60%～70%，地面不宜过湿。冬季要取暖。如冬季不养可自然越冬。夏季要通风。室内应备有温度计、湿度计。

3）饲料。黄粉虫的主要饲料是麦麸，也可辅以糠麸等。玉米面过细，不透气，不宜用作黄粉虫饲料。菜类主要是白菜、萝卜、甘蓝等青叶菜。这些饲料可以满足虫对蛋白质、维生素、微量元素及水分的需要。为了提纯复壮种群，加快繁殖生长，可在饲料中添加少量葡萄糖粉、鱼粉等。

4）饲养管理要点。

成虫期管理。蛹羽化成虫的过程为3～7天，头、胸、足、翅先羽出，腹、尾后羽出。因为是同步挑蛹羽化，所以几天内可全部完成羽化。雄雌成虫群集交尾时一般都在暗处，交尾时间较长。产卵时雌虫尾部插在筛孔中产出，这个时期最好不要随意搅动。发现筛盘底部附着一层卵粒时，可以换盘。这时将成虫筛卵后放在盛有饲料的另一盘中，拨出死虫，5～7天换1次卵盘。成虫存活期在50天左右。产卵期的成虫需要大量的营养和水分，所以必须及时添加麦麸和鲜菜，也可增加点鱼粉。若营养不足，成虫间会互相咬杀，造成损失。

卵期管理。成虫产卵在盛有饲料的木盘中，将筛卵后盛卵的木盘上架，即可自然孵化出幼虫。要注意观察，不宜翻动，防止损伤卵粒或伤害正在孵化中的幼虫。当饲料表层出现幼虫皮时，一龄虫已经诞生了。

幼虫期管理。幼虫从卵孵化出至化蛹前这段时间称为幼虫期。成虫产卵的盘，孵化7～9天后，待虫体蜕皮体长达0.5厘米以上时，再添加麦麸和鲜菜。每个木盘中放幼虫1千克，密度不宜过大，防止因饲料不足、虫体活动挤压而相互咬杀。要随着幼虫的逐渐长大，及时分盘。麦麸是幼虫的主要饲料，同时也是栖身之地，因此饲料要保持自然温度。在正常情况下，当温度较高时，幼虫多在饲料表层活动，温度较低时，则钻进下层栖身。木盘中饲料的厚度在5厘米以内。当饲料逐渐减少时，再用筛子筛掉虫粪，添加新饲料。1～2龄幼虫筛粪，要选用60目筛网，防止幼虫从筛孔漏掉。要先准备好盛放新饲料的木盘，边筛边将筛好的幼虫放入木盘上架。

黄粉虫幼虫生长要突破外皮(蜕皮)，经过一次次蜕皮才能长大。幼虫期要蜕7次皮。每蜕皮1次，幼虫长1龄，虫体长大。幼虫平均9天蜕皮1次。幼虫蜕皮时，表皮先从胸背缝裂开，再到头、胸、足部，然后腹、尾渐渐蜕出。幼虫蜕皮一般都在饲料表层，蜕皮后又钻进饲料中。刚蜕皮的幼虫是乳白色，表皮细嫩。

蛹期管理。幼虫在饲料表层化蛹。在化蛹前幼虫爬到饲料表面，静卧后虫体慢慢伸缩，在最后一次蜕皮过程中完成化蛹。化蛹可在几秒钟之内结束。刚化成的蛹为白黄色，蛹体稍长，腹节蠕动，随后蛹体逐渐缩短，变成暗黄色。幼虫个体间均有差异，表现在化蛹时间的先后，个体能力的强弱。刚化成的蛹与幼虫混在一个木盘中生活。蛹容易被幼虫在胸、腹部咬伤，吃掉内脏而成为空壳。有的蛹在化蛹过程中受病毒感染，化蛹后成为死蛹。这需要经常检查，发现这种情况可用0.3%漂白粉溶液喷洒，以消毒灭菌，同时将死蛹及时挑出处理掉。挑蛹时将在2天内化的蛹放在盛有饲料的同一筛盘中，坚持同步繁殖，集中羽化为成虫。

5）注意事项。禁止非饲养人员进入饲养房。进入室内的人员，必须在门外用生石灰消毒。在黄粉虫的生活史中，四变态（卵、幼虫、蛹、成虫）是重要的环节，掌握好每个环节变态的时间、形体、特征，就能把握养殖的技术。饲料要新鲜，要确保糠麸不变质，青菜不腐烂。在幼虫期，每蜕皮一次就要更换饲料，及时筛粪，添加新饲料。在成虫期饲料底部有卵粒和虫粪，容易发霉，要及时换盘。为了加快繁殖生长，幼虫和羽化后的成虫的饲料中应适当添加葡萄糖粉或维生素粉、鱼粉，每天都要喂其鲜菜；饲养人员每天都要察看各虫期的情况，如发现病虫、死虫，应及时清除，防止病菌感染。

（5）养殖蝗虫。

1）生活习性。蝗虫主要以小麦、玉米、高粱等作物和鲜嫩饲草为食。蝗虫在我国有1000余种，其中只有少数适合人工饲养，如东亚飞蝗、棉蝗、中华稻蝗、中华蚱蜢等。这些品种各有优缺点，要综合考虑其生长周期、代数、味道、食料、个头大小等因素，并结合当地的气候、食料来源等情况选择养殖品种。蝗虫为卵生，有成虫、卵和若虫3种形态。雄成虫体长18～27毫米，雌成虫体长25～60毫米，体绿色、黄绿色或褐绿色；卵长约3.5毫米，宽1毫米，深黄色；若虫也称蝗蝻，有6个龄期。蝗虫对温度反应敏感，随着温度的升高，取食逐渐旺盛。最佳生活环境为：温度25～30℃，湿度80%～85%。蝗虫生长期内至少需经历日平均气温25℃以上达30天时，才能完成发育和生殖。成蝗虫在土壤中产卵时对土壤的硬度与含水量有一定的选择性，一般成虫喜欢在比较坚硬的土壤中产卵，产卵最适合的土壤含水量为10%～20%。

2）蝗虫的营养价值。蝗虫性味辛、甘、温，具有止咳平喘、定惊止抽、解毒渗透、消肿止痛、滋补强壮等功效，可以入药。蝗虫营养丰富，高蛋白、低脂肪、低胆固醇，矿物质及维生素含量与种类丰富，除为人类食用外，还是各种畜禽的优良饲料。鲜品含水分约65.9%、蛋白质25.5%、脂肪2%、碳水化合物1.4%、灰分2.3%及维生素A、维生素C、维生素B等。干品约含水分20%、蛋白质64%、脂肪2.3%及少量维生素A、维生素B和约3.3%灰分（磷、钙、铁、铜、锰等）。中华稻蝗必需氨基酸含量占氨基酸总量的47.73%，蛋氨酸含量（0.75%）与半胱氨酸含量（1.3%）之和超过了畜禽的饲养标准，完全可以利用蝗虫作为添加饲料为畜禽补充氨基酸。

3）蝗虫的养殖技术要点。

一是准备饲养设施与器具。饲养蝗虫要选择空旷、阳光充足、平整地块作饲养场，地面最好是不易结块的沙壤土，便于产卵和取卵。建造养殖棚，长方体形框架结构或拱形、梯形蔬菜大棚式的养殖棚都可以，一般以长方体形养殖棚为佳。养殖棚一般高1.5～2米，一侧纱网上留门。纱网质地要结实，目数要适宜，孔眼不能太大，否则会导致低龄若虫的逃逸。一般民房或废弃厂房均可作为饲养室。饲养笼一般为1米×1米×（2～3）米的长方体。每笼饲养密度500只左右。饲养笼上部用窗纱密封，下部地面铺设潮湿的沙土以供蝗虫产卵，前部留一个双层纱帘门，以便于饲喂和打扫。

二是加强蝗虫孵化和若虫期饲养管理。孵化蝗虫时需要选择新鲜的卵块，并将其放置在清洁培养皿中，卵块下面垫上湿润的滤纸，30℃恒温孵化。待蝗虫若虫即将孵化时取出培养皿，直到若虫孵化出来全身变硬带黑后再转移至饲养笼中。

若虫期温度以25～30℃为宜，光照12小时以上。饲养笼中要放置足够的枝条，以供若虫攀跃和蜕皮之用。若虫期要及时供应优质的鲜嫩饲草，并且要随着若虫龄的增大，逐渐增加饲喂量，尤其是到了3龄以上时要保证饲养笼里有充足的食物，防止自相残杀。

三是注意成虫期饲养管理。5龄以上蝗虫即将羽化，此时要多加枝条和新鲜饲料，以创造适宜的羽化场所，促进蝗虫生长成熟和交尾。性成熟后4～7天开始交尾，15～20天内开始产卵。雌蝗平均产卵4～5块，每块含60～80粒卵。产卵时最适宜的土壤含水量为10%～20%，土壤pH为7.5～8。准备第二年孵化的越冬卵，需要及时从饲养笼地面土中收集，用湿度10%～15%的土按一层土一层卵的顺序分层覆盖并密封，于5℃保存。

（6）其他育虫方法。可以在放养鸡的地方育虫，直接让鸡啄食。简单的育虫方法见表3–15。

表3–15　简单的育虫方法

育虫方法	具体做法
稀粥育虫法	在牧地不同区域选择多个小地块作为育虫地，轮流在地上泼稀粥，然后用草等盖好，2天后草下尽生小虫子，让鸡轮流到各地块上去吃虫子即可。育虫地块注意防雨淋，防水浸
稻草米糠育虫法	在牧地挖1个宽0.6米、深0.3米、长度适当的长方形土坑，将稻草切成6～7厘米长，用水煮2小时，捞出倒入坑内，上面盖6～7厘米厚的污泥（水沟泥或塘泥）、垃圾等，再用污泥压实，每天浇1盆米水。经过8天坑内即可生虫子，翻开压盖物，让鸡啄食即可。鸡每次吃完后，需再盖好污泥等，再浇1盆洗米水，可继续生虫子供鸡食用
粪便发酵育虫	每500千克猪粪晒至七成干后加入20%肥泥和3%麦糠或米糠拌匀，堆成堆后用塑料薄膜封严发酵7天左右。挖一个深50厘米土坑，将以上发酵料平铺于坑内30～40厘米厚，上用青草、草帘、麻袋等盖好，保持潮湿，20天左右即生蛆、虫、蚯蚓等；在牛粪中加入10%米糠和5%麦糠拌匀，倒在阴凉处的土坑里，上盖杂草、秸秆等，最后用污泥密封，经过20天即可生虫子；在较潮湿的地块上挖1个长和宽各1～2米、深0.3米的土坑，坑底铺一层碎杂草，草上铺一层马粪，粪上再撒一层麦糠。如此一层一层铺至坑满为止，最后盖一层草。坑中每天浇水一次，经一周左右即可生虫子。在放牧场内利用杀菌消毒和发酵处理过的猪、鸡粪加20%的肥土和3%的糠麸拌匀堆成堆后，覆膜发酵7天左右，将发酵料铺在砖砌地面或50厘米宽、70厘米长、30厘米深的坑中，用草盖好，保持潮湿，20天左右即可生蛆、虫、蚯蚓等，每天将发酵料翻撒一部分，供鸡食用，可节约饲料30%
杂物育虫法	将鲜牛粪、鸡毛、杂草、杂粪等物混合加水，调成糊状，堆成1米高、1.5米宽、3米长的土堆，堆顶部及四周抹一层稀泥，堆顶部再用草等盖好，以防阳光晒干。过7～15天即生虫子
腐草育虫法	在较肥沃的地块挖宽1.5米、长1.8米、深0.5米的土坑，底铺一层稻草，其上盖一层豆腐渣，然后再盖一层牛粪，粪上盖一层污泥，如此铺至坑满为止，最后盖一层草。经1周左右即可生虫子

续表

育虫方法	具体做法
豆腐渣育虫法	把1～2千克豆腐渣倒入缸内，再倒入一些洗米水，盖好缸口。过5～6天即可生虫子，再培育3～4天即可让鸡采食。用6只缸轮流育虫，可满足50只鸡食用
豆饼育虫法	把少量豆饼敲碎后与豆腐渣一起发酵，再与秕谷、树叶等混合，放入20～30厘米深的土坑内，上面盖1层稀污泥，再用草等盖严实，经过6～7天即生虫子
酒糟育虫法	酒槽10千克加豆腐渣50千克混匀，在距离房屋较远处堆成长方形，过2～3天即生虫子，5～7天后可让鸡采食
麦（米）糠育虫法	在庭院角落处堆放两堆麦糠，分别用草泥（碎草与稀泥混合而成）封闭起来，数天后即可生虫子。或在鸡舍附近堆放几堆米糠，分别用草泥（碎草与稀泥巴混合而成）糊起来，数天后即生虫，轮流让鸡采食虫，食完后再将麦糠等集中成堆，依旧糊草泥，又可生虫

二、土鸡的饲料配制方法

（一）土鸡配合饲料的种类

配合饲料有全价配合饲料、浓缩饲料和添加剂预混合饲料。其中浓缩饲料和添加剂预混合饲料是半成品，不能直接作为饲粮饲喂土鸡，全价配合饲料是最终产品，是土鸡的全价营养饲粮。三者关系如图3–7所示。

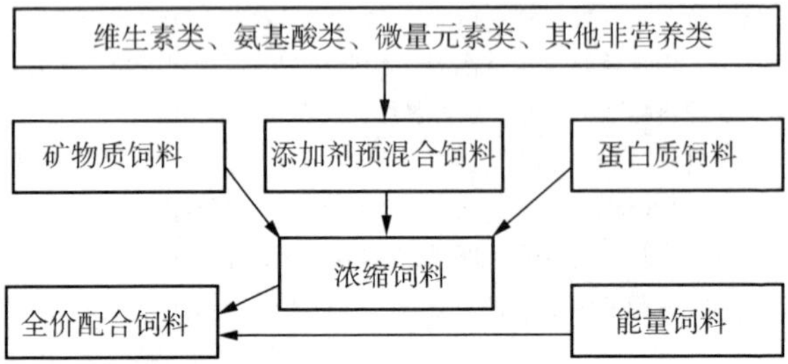

图3–7　添加剂预混合饲料、浓缩饲料和全价配合饲料之间的关系

（二）饲料配制的原则

1.灵活应用饲养标准

配合日粮时，必须以鸡的饲养标准为依据，合理应用饲养标准来配制营养完善的全价日粮，才能保证鸡群健康并很好地发挥生产性能，提高饲料利用率，降低饲养成本，获得较好的经济效益。但鸡的营养需要是个极其复杂的问题，饲料的品种、产地、保存好坏会影响饲料的营养含量，鸡的品种、类型、饲养管理条件等也会影响营养的实际需要量，温度、湿度、有害气体、应激因素、饲料加工调制方法等也会影响营养的需要和消化吸收。因此，在生产中原则上既要按饲养标准配合日粮，也要根据实际情况做适当的调整。

2.注意饲料的适口性

土鸡比较挑食，对饲料的适口性要求较高，否则采食量下降，影响生长和产蛋。玉米、豆粕、鱼粉等是土鸡最喜欢的饲料原料。健康养殖土鸡所用的饲料应品质良好，保证日粮无毒、无害、不苦、不涩、不霉、不污染。对某些含有毒有害物质或抗营养因子的饲料最好进行处理或限量使用。另外，土鸡喜食颗粒较大的饲料，不要粉碎太细。饲料发霉、酸败、虫蛀会降低其适口性。

3.尽量利用和发掘当地的饲料资源

同样的饲料原料，使用当地原料没有运输费用，价格便宜，可以大大降低饲料成本。所以，大力发掘当地可以利用的饲料资源，能提高饲养效益。如槐树叶、松树叶、草粉、小米糠等，可作为非常规饲料原料。

4.饲料原料要多样化

配合日粮时，应注意饲料原料的多样化，尽量多用几种饲料进行配合，这样有利于充分发挥各种饲料中营养的互补作用，提高日粮的消化率和营养物质的利用率。特别是蛋白质饲料，选用2～3种，通过合理的搭配以及添加氨基酸、矿物质、维生素，可以减少鱼粉、豆粕等价格较高的饲料原料用量，既能满足鸡的全部营养需要，又能降低饲料价格。

5.饲料配方要相对稳定

频繁变动饲料配方和原料会造成土鸡消化不良，进而影响生长和产蛋。因此，饲料原料要有稳定可靠的来源，若由于原料价格变化很大，确需改动饲料配方时，要逐步进行，避免对土鸡造成大的影响。

（三）饲料配方的设计

饲料配方设计的方法有很多种，大体上可分为手工计算法和Excel表格计算法两类。

1.手工计算法

现以土种鸡产蛋期饲料配方的设计、计算为例，进行说明。

第一步，根据饲养对象、生理阶段和生产水平，选择饲养标准，见表3–16。

表3–16　土种鸡产蛋期（产蛋率>80%）营养标准

营养素	代谢能/（兆焦/千克）	粗蛋白/%	钙/%	有效磷/%	蛋氨酸/%	赖氨酸/%	胱氨酸/%	食盐/%
含量	11.5	16.5	3.5	0.33	0.36	0.73	0.35	0.35

第二步，结合本地饲料原料来源、营养价值、饲料的适口性、毒素含量等情况，初步确定选用饲料原料的种类，从鸡的常用饲料成分及营养价值表中查出所选用原料的营养成分含量，初步计算粗蛋白质的含量和代谢能，见表3–17。

表3-17　各种饲料的养分含量

饲料名称	代谢能/（兆焦/千克）	粗蛋白/%	钙/%	磷/%	蛋氨酸/%	赖氨酸/%	胱氨酸/%
玉米	13.56	8.7	0.02	0.05	0.13	0.27	0.20
小麦麸	5.65	14.3	0.10	0.33	0.22	0.56	0.31
豆粕	10.00	44.2	0.33	0.16	0.59	2.68	0.65
棉粕	8.49	43.5	0.28	0.26	0.58	1.97	0.68
菜粕	7.41	38.6	0.65	0.25	0.63	1.32	0.87
花生粕	11.63	44.7	0.25	0.16	0.39	1.32	0.38
骨粉			36.4	16.4			
石粉			35.0				

第三步，初拟配方。根据饲养经验，初步拟订一个配合比例，然后计算能量、蛋白质含量。鸡饲料中，能量饲料占50%～70%，蛋白质饲料占25%～30%，矿物质饲料占3%～10%，添加剂饲料占0～3%。根据各类饲料的占用比例和饲料价格，初拟的配方和计算结果如表3-18。

表3-18　初拟配方及配方中能量、蛋白质含量

饲料及其比例	代谢能/（兆焦/千克）	粗蛋白/%
玉米62%	8.407	5.394
小麦麸3%	0.17	0.429
豆粕18%	1.8	7.956

续表

饲料及其比例	代谢能/（兆焦/千克）	粗蛋白/%
棉粕2%	0.17	0.87
菜粕2%	0.148	0.772
花生粕3%	0.349	1.341
石粉8%		
骨粉1%		
土鸡预混合添加剂0.5%		
合计	11.044	16.762
标准	11.5	16.5

第四步，调整配方，使能量和蛋白质符合营养标准。由表中可以算出能量比标准少0.466兆焦/千克，蛋白质多0.262%。用能量较高的猪油替代麸皮，每替代1.45%可增加代谢能0.471兆焦/千克，减少蛋白质0.207%。替代后，能量为11.515兆焦/千克，蛋白质为16.55%，与标准接近。

第五步，计算矿物质和氨基酸的含量，见表3–19。

表3–19　矿物质和氨基酸含量

饲料及其比例	钙/%	有效磷/%	蛋氨酸/%	赖氨酸/%	胱氨酸/%
玉米62%	0.012	0.033	0.085	0.167	0.124
小麦麸1.65%	0.002	0.005	0.004	0.009	0.005
豆粕18%	0.059	0.029	0.106	0.482	0.117
棉粕2%	0.006	0.005	0.012	0.039	0.014

续表

饲料及其比例	钙/%	有效磷/%	蛋氨酸/%	赖氨酸/%	胱氨酸/%
菜粕2%	0.013	0.005	0.013	0.026	0.017
花生粕3%	0.008	0.005	0.012	0.04	0.011
石粉8%	2.8				
骨粉1%	0.364	0.164			
土鸡预混合添加剂0.5%					
合计	3.264	0.246	0.232	0.763	0.288
标准	3.5	0.33	0.39	0.85	0.35

根据上述配方计算得知，饲粮中钙比标准低0.236%，有效磷低0.084%。因骨粉中含有钙和磷，所以先用骨粉满足钙和磷。增加0.084%的磷需要添加骨粉0.51%（$0.084 \div 0.164 \times 1\%$）；0.51%的骨粉可以提供0.186%的钙，基本满足需要。赖氨酸含量低于标准约0.087%，补充0.1%赖氨酸。蛋氨酸与标准差0.39%-0.232%=0.158%，胱氨酸与标准差0.062%，用蛋氨酸补充，添加0.22%蛋氨酸即可。食盐添加0.35%，则配方的总百分比是99.32%，少0.68%，增加在玉米中。一般能量饲料调整不大于1%的情况下，日粮中的能量、蛋白质指标引起的变化不大，可以忽略。

第六步，列出配方和主要营养指标。

饲料配方：玉米62.68%，小麦麸1.65%，豆粕18%，棉粕2%，菜粕2%，花生粕3%，骨粉1.51%，石粉8.0%，食盐0.35%，蛋氨酸0.22%，赖氨酸0.09%，维生素和微量元素添加剂

0.5%，合计100%。

营养水平：代谢能11.51兆焦/千克，粗蛋白16.54%，钙3.48%，有效磷0.33%，蛋氨酸+胱氨酸0.74%，赖氨酸0.85%。

2. Excel表格计算法

在Excel表格中输入所需原料与所占比例，调试后可快速得到合适的饲料配方，与烦琐的人工计算相比，节省了时间，具有很大优势。利用Excel表格计算法设计饲料配方的步骤如下：

（1）输入配制的饲料各个营养元素的标准值。在Excel表格前两行输入配制的饲料各个营养元素标准值。如土种鸡（产蛋率大于80%）营养标准中代谢能11.5兆焦/千克，粗蛋白质16.5%，钙3.5%，总磷0.6%，有效磷0.33%，赖氨酸0.73%，蛋氨酸0.36%，胱氨酸0.35%，输入Excel表格中，见图3-8。第2行为计算得到的配方结果。

	A	B	C	D	E	F	G	H	I	J
1	饲料标准		代谢能	粗蛋白质	钙/%	总磷	有效磷	赖氨酸	蛋氨酸	胱氨酸
2			11.5	16.5	3.5	0.6	0.33	0.73	0.36	0.35
3	配方结果									
4	饲料名称		代谢能	粗蛋白质	钙/%	总磷	有效磷	赖氨酸	蛋氨酸	胱氨酸

图3-8　Excel表格中配制饲料的各种营养元素标准值

（2）输入饲料原料的营养成分。根据本地区或本场的饲料原料情况，将需要的饲料原料及各种营养成分，以“饲料名称+与饲料标准对应的成分”的格式将其复制粘贴到Excel表格的第4行及以下行数中。注意要空出B列，以填写该原料在整体饲料配方中的所占比例。见图3-9。

（3）建立算法。分别在C3、D3、E3、F3、G3、H3、I3、J3表格中输入算法，即计算公式。

C3中输入公式：=SUM（B5*C5+B6*C6+B7*C7+B8*C8+…+B24*C24）/100

	A	B	C	D	E	F	G	H	I	J
1	饲料标准		代谢能	粗蛋白质	钙/%	总磷	有效磷	赖氨酸	蛋氨酸	胱氨酸
2			11.5	16.5	3.5	0.6	0.33	0.73	0.36	0.35
3	配方结果									
4	饲料名称		代谢能	粗蛋白质	钙/%	总磷	有效磷	赖氨酸	蛋氨酸	胱氨酸
5	玉米		13.56	8.7	0.02	0.27	0.05	0.24	0.18	0.2
6	大麦(裸)		11.21	13	0.04	0.39	0.12	0.44	0.14	0.25
7	糙米		14.06	8.8	0.03	0.35	0.13	0.32	0.2	0.14
8	稻谷		11	7.8	0.03	0.36	0.15	0.29	0.19	0.16
9	次粉		12.51	13.6	0.08	0.48	0.17	0.52	0.16	0.33
10	小麦麸		5.65	14.3	0.1	0.93	0.33	0.56	0.22	0.31
11	全脂大豆		15.69	35.5	0.32	0.4	0.1	2.2	0.53	0.57
12	骨粉		0	0	15.9	0	24.58	0	0	0
13	石粉		0	0	35.84	0	0	0	0	0
14	棉籽粕		8.49	43.5	0.28	1.04	0.26	1.97	0.58	0.68
15	菜籽粕		7.41	38.6	0.65	1.02	0.25	1.3	0.63	0.87
16	酵母		9.92	24.3	0.32	0.42	0.14	0.72	0.52	0.35
17	花生仁粕		10.88	47.8	0.27	0.56	0.17	1.4	0.41	0.4
18	大豆粕		10	44.2	0.33	0.62	0.16	2.68	0.59	0.65
19	玉米蛋白粉		14.27	56.3	0.04	0.44	0.15	0.92	1.14	0.76
20	亚麻仁粕		7.95	34.8	0.42	0.95	0.24	1.16	0.55	0.55
21	芝麻饼		8.95	39.2	2.24	1.19	0.31	0.82	0.82	0.75
22	国产鱼粉		12.13	53.5	5.88	3.2	3.2	3.87	1.39	0.49
23	猪油		38.11							0
24	肉骨粉		9.96	50	9.2	4.7	4.3	2.6	0.67	0.33

图3-9 饲料的主要营养成分

D3中输入公式：= SUM（B5*D5+B6*D6+B7*D7+B8*D8+…+B24*D24）/100

E3中输入公式：= SUM（B5*E5+B6*E6+B7*E7+B8*E8+…+B24*E24）/100

F3中输入公式：= SUM（B5*F5+B6*F6+B7*F7+B8*F8+…+B24*F24）/100

G3中输入公式：= SUM（B5*G5+B6*G6+B7*G7+B8*G8+…+B24*G24）/100

H3中输入公式：= SUM（B5*H5+B6*H6+B7*H7+B8*H8+…+B24*H24）/100

I3中输入公式：= SUM（B5*I5+B6*I6+B7*I7+B8*I8+…

+B24*I24）/100

J3中输入公式：= SUM（B5*J5+B6*J6+B7*J7+B8*J8+…+B24*J24）/100

C3中输入公式见图3-10，其他公式输入可参考C3。

	A	B	C	D	E	F	G	H	I	J
1	饲料标准		代谢能	粗蛋白质	钙/%	总磷	有效磷	赖氨酸	蛋氨酸	胱氨酸
2			11.5	16.5	3.5	0.6	0.33	0.73	0.36	0.35
3	配方结果		=SUM(B5*C5+B6*C6+B7*C7+B8*C8+B9*C9+B10*C10+B11*C11+B12*C12+B13*C13+B14*C14+B15*C15+B16*C16+B17*C17+B18*C18+B19*C19+B20*C20+B21*C21+B22*C22+B23*C23+B24*C24)/100							
4	饲料名称									
5	玉米		[illegible]	[illegible]	0.02	0.27	0.05	0.24	0.18	0.2
6	大麦(裸)		11.21	13	0.04	0.39	0.12	0.44	0.14	0.25
7	糙米		14.06	8.8	0.03	0.35	0.13	0.32	0.2	0.14
8	稻谷		11	7.8	0.03	0.36	0.15	0.29	0.19	0.16
9	次粉		12.51	13.6	0.08	0.48	0.17	0.52	0.16	0.33
10	小麦麸		5.65	14.3	0.1	0.93	0.33	0.56	0.22	0.31
11	全脂大豆		15.69	35.5	0.32	0.4	0.1	2.2	0.53	0.57

图3-10　计算结果行的算法输入

（4）配方设计和调整。将选择的饲料原料比例填入B列（确定饲料原料要预留预混合饲料、盐、蛋氨酸、赖氨酸等所占比例，大致为1.5%左右），调整B列各种原料的比例，使配方结果行的数值与营养元素标准值相符。见图3-11。

	A	B	C	D	E	F	G	H	I	J
1	饲料标准		代谢能	粗蛋白质	钙/%	总磷	有效磷	赖氨酸	蛋氨酸	胱氨酸
2			11.5	16.5	3.5	0.6	0.33	0.73	0.36	0.35
3	配方结果		11.53978	16.54202	3.502042	0.348042	0.33612	0.663304	0.257028	3.191
4	饲料名称		代谢能	粗蛋白质	钙/%	总磷	有效磷	赖氨酸	蛋氨酸	胱氨酸
5	玉米	60.46	13.56	8.7	0.02	0.27	0.05	0.24	0.18	0.2
6	大麦(裸)		11.21	13	0.04	0.39	0.12	0.44	0.14	0.25
7	糙米		14.06	8.8	0.03	0.35	0.13	0.32	0.2	0.14
8	稻谷		11	7.8	0.03	0.36	0.15	0.29	0.19	0.16
9	次粉		12.51	13.6	0.08	0.48	0.17	0.52	0.16	0.33
10	小麦麸	0	5.65	14.3	0.1	0.93	0.33	0.56	0.22	0.31
11	全脂大豆	12	15.69	35.5	0.32	0.4	0.1	2.2	0.53	0.57
12	磷酸氢钙	1.05	0	0	15.9	0	24.58	0	0	0
13	石粉	9	0	0	35.84	0	0	0	0	0
14	棉籽粕	6	8.49	43.5	0.28	1.04	0.26	1.97	0.58	0.68
15	菜籽粕	4	7.41	38.6	0.65	1.02	0.25	1.3	0.63	0.87
16	酵母		9.92	24.3	0.32	0.42	0.14	0.72	0.52	0.35
17	花生仁粕	6	10.88	47.8	0.27	0.56	0.17	1.4	0.41	0.4
18	大豆粕		10	44.2	0.33	0.62	0.16	2.68	0.59	0.65

图3-11　配方设计和调整

（5）列出饲料配方：玉米60.4%，全脂大豆12%，棉籽粕6%，菜籽粕4%，花生仁粕6%，磷酸氢钙1.05%，石粉9%，盐0.32%，蛋氨酸0.13%，赖氨酸0.1%，预混合饲料1%。

营养水平：代谢能11.53兆焦/千克，粗蛋白16.53%，钙3.55%，有效磷0.33%，赖氨酸0.73%，蛋氨酸0.36%，胱氨酸0.35%。

【注意】①Excel表格计算法可以先根据经验确定一个原料比例，确定各种原料的比例要预留盐、氨基酸和预混合饲料所占比例，然后根据配方结果值对原料比例进行调整。②先将能量、粗蛋白、钙、磷调整符合标准后，再添加人工合成的氨基酸，使配方达到要求。③Excel表格计算法也可以用于浓缩饲料配方的设计，将各营养元素的标准值更换为浓缩料饲料的标准值［浓缩料的标准值=（全价料营养浓度–非浓缩饲料的营养含量）÷浓缩饲料的比例］，即可进行设计计算。

（四）饲料配方举例

1.蛋用、种用土鸡的饲料配方

具体见表3–20至表3–27。

表3–20　0~6周龄蛋用土鸡饲料配方

原料和营养配比	配方1	配方2	配方3	配方4	配方5	配方6	配方7	配方8	配方9
玉米/%	67.33	60.2	55	67.24	61.87	62	67.46	66	66.1
高粱/%					3	3			
小麦/%	0	5	5			2			
大麦(裸) /%	0				1				
糙米/%			5		1	1			
小麦麸/%	1.15	5.85	3.58	2	1.45	0.35	3.5	4	3
全脂大豆/%	0	4	4		2	2	1	1	1

续表

原料和营养配比	配方1	配方2	配方3	配方4	配方5	配方6	配方7	配方8	配方9
大豆饼/%	0	5		5	4	4			
大豆粕/%	13		5	10	9	9	13	20	24
骨粉/%	2	1.45	1.85	1.8	2.2	2.2	1.5	1.8	2.5
石粉/%	0						0.1		
棉籽粕/%	5	5	5	5	5	3	3		
菜籽粕/%	4	4	4	2.5	3	3	3	1	1
花生仁饼/%	0	5							
鱼粉/%		3		1	1	1	4	3	
花生仁粕/%	5		5	2	2	2	2	1	1
亚麻仁饼/%			5	2	2	2			
芝麻饼/%						2			
食盐/%	0.35	0.35	0.35	0.35	0.35	0.35	0.35	0.35	0.35
蛋氨酸/%	0.06	0.04	0.05	0.04	0.05	0.04	0.04	0.04	0.05
赖氨酸/%	0.11	0.11	0.16	0.07	0.07	0.09	0.02	0	0
混合料添加剂/%	1	1	1	1	1	1	1	1	1
代谢能/（兆焦/千克）	11.92	11.92	11.81	11.85	11.89	11.85	11.92	11.99	11.87
粗蛋白/%	18	18	17.95	17.98	18	17.72	18	18.1	18
钙/%	0.84	0.81	0.80	0．80	0.83	0.81	0.81	0.81	0.85
有效磷/%	0.40	0.42	0.40	0.40	0.4	0.37	0.40	0.41	0.40
赖氨酸/%	0.85	0.85	0.85	0.85	0.85	0.85	0.85	0.88	0.87
蛋氨酸/%	0.30	0.30	0.30	0.30	0.30	0.30	0.30	0.31	0.33

表3-21　7～15周龄蛋用土鸡饲料配方

原料和营养配比	配方1	配方2	配方3	配方4	配方5	配方6	配方7	配方8	配方9
玉米/%	63.64	63	64.66	64.71	64.72	66.96	69.39	70	70
小麦/%			3						
稻谷/%		3	3	3	3	3			
大麦(裸)/%	3	5		3	3				
糙米/%	3								
小麦麸/%	6	5	5	5	5	6	6	6	6
酵母/%	1	1							2
全脂大豆/%			1	1	1	1		1	
大豆粕/%	8	10	6	6	6	6	11		
棉籽粕/%	2	3	5	3	4	4	4	4	4
菜籽粕/%	2.5	2.44	2	5	5	5	3	3.79	3.89
花生仁粕/%	2	2	3	3	3	3	3	3	2
亚麻仁饼/%	2	2	2	1				3	3
芝麻饼/%	2							3	3
肉骨粉/%	2		2	2	2	2		4	4
鱼粉/%									
磷酸氢钙/%	0.7	1	0.9	0.85	0.85	0.8	1	0.35	0.31
石粉/%	0.8	1.2	1	1	1	0.8	1.2	0.35	0.35
食盐/%	0.35	0.35	0.35	0.35	0.35	0.35	0.35	0.35	0.35
蛋氨酸/%	0.01	0.01	0.08	0.07	0.07	0.07	0.06	0.06	0.05
赖氨酸/%			0.01	0.02	0.01	0.02		0.08	0.05
混合料添加剂/%	1	1	1	1	1	1	1	1	1
代谢能/（兆焦/千克）	11.65	11.63	11.76	11.7	11.70	11.74	11.74	11.84	17.79

续表

原料和营养配比	配方1	配方2	配方3	配方4	配方5	配方6	配方7	配方8	配方9
粗蛋白/%	15.99	15.9	16.1	16	16.1	16.0	16.1	16.2	16.4
钙/%	0.69	0.68	0.72	0.72	0.72	0.69	0.68	0.68	0.68
有效磷/%	0.36	0.35	0.40	0.39	0.39	0.38	0.34	0.36	0.35
赖氨酸/%	0.64	0.65	0.63	0.65	0.65	0.65	0.66	0.66	0.65
蛋氨酸/%	0.27	0.27	0.27	0.27	0.27	0.27	0.27	0.27	0.27

表3-22　15～20周龄蛋用土鸡饲料配方

原料和营养配比	配方1	配方2	配方3	配方4	配方5	配方6	配方7	配方8	配方9
玉米/%	61.83	60.83	62.82	61.82	60.78	69.5	67.4	66	66
高粱/%				5	5	0	2	2	2
稻谷/%	0	3	3	3	0	0	0	0	0
大麦(裸)/%	5	5	5	0	4	0	0	0	0
米糠/%	5	6	6	6	6	6	6	6	7
小麦麸/%	13	14	12	13	13	13	13	13.5	14
碎米/%	3	0							
大豆粕/%	1	1	1	1	1	0.5	0.5	0	0
棉籽粕/%	2	4	3	4	4	4	4	0	3.5
菜籽粕/%	2	0	2	3	0	3.78	3.83	3.83	2.84
花生仁粕/%	1	0	0	0	0	0	0	1.36	1.36
亚麻仁饼/%	0	0	0		2				
芝麻饼/%	2	2	2		1				
向日葵仁粕/%	1	1	0	0	0	0	0	4	0
磷酸氢钙/%	0.8	0.75	0.75	0.75	0.75	0.75	0.75	0.75	0.75
石粉/%	1	1.05	1.05	1.05	1.1	1.1	1.15	1.15	1.15

续表

原料和营养配比	配方1	配方2	配方3	配方4	配方5	配方6	配方7	配方8	配方9
食盐/%	0.35	0.35	0.35	0.35	0.35	0.35	0.35	0.35	0.35
蛋氨酸/%	0	0							0.01
赖氨酸/%	0.02	0.02	0.03	0.03	0.02	0.02	0.02	0.06	0.03
混合料添加剂/%	1	1	1	1	1	1	1	1	1
代谢能/（兆焦/千克）	11.45	11.3	11.44	11.4	11.4	11.5	11.4	11.4	11.4
粗蛋白/%	12.5	12.2	12.1	12.0	12.1	12.1	12.1	12.1	12.1
钙/%	0.59	0.59	0.6	0.57	0.59	0.58	0.6	0.6	0.6
有效磷/%	0.31	0.3	0.3	0.3	0.3	0.3	0.3	0.3	0.3
赖氨酸/%	0.45	0.45	0.45	0.45	0.45	0.45	0.45	0.45	0.45
蛋氨酸/%	0.22	0.22	0.22	0.22	0.22	0.22	0.22	0.22	0.22

表3-23　蛋用土鸡（产蛋率>80%）饲料配方

原料和营养配比	配方1	配方2	配方3	配方4	配方5	配方6	配方7	配方8	配方9
玉米/%	62.48	63	62.65	64.4	56.7	55.3	67.14	63	60.75
大麦(裸) /%	0	0	2	0	0	0	0	4.49	0
碎米/%	4				6	6			
淀粉/%	0			0	0	0	0	0	5
小麦麸/%	1	2.99	1.5	1.5	1.5	0	0	0	0
全脂大豆/%	1	6	6	4	5	5	1	1	1
酵母/%	3	3	3	3	0	0	0	0	0
大豆粕/%	14.5	11	6.5	5	7.5	8.2	8.5	8.5	8.51
棉籽粕/%	0	0	2.4	3	1	0	2	1.14	1.5
菜籽粕/%	0	0	0	1	0	3.7	0	0	1.4
花生仁粕/%	0	0	1.9	3	3	4.5	7.5	7.5	7.5

续表

原料和营养配比	配方1	配方2	配方3	配方4	配方5	配方6	配方7	配方8	配方9
亚麻仁饼/%					3	3	0	0	0
芝麻饼/%	0			0	0	0	0	0	0
向日葵仁粕/%	0	0	0	0	3	0	0	0	0
肉骨粉/%	4.2	4.2	4.2	2	0	0	0	0	0
鱼粉/%	0			3.3	3.3	4.4	4	4	4
磷酸氢钙/%	0.2	0.25	0.22	0.2	0.5	0.4	0.5	0.5	0.47
石粉/%	8.2	8.2	8.2	8.2	8.2	8.1	8.45	8.45	8.45
食盐/%	0.37	0.37	0.37	0.37	0.37	0.37	0.37	0.37	0.37
赖氨酸/%	0.05	0.05	0.05	0.03	0.02	0.03	0.04	0.05	0.05
混合料添加剂/%	1	1	1	1	1	1	1	1	1
代谢能/（兆焦/千克）	11.44	11.48	11.54	11.51	11.47	11.48	11.58	11.45	11.4
粗蛋白/%	16.4	16.57	16.55	16.5	16.55	16.5	16.55	16.4	16.5
钙/%	3.48	3.49	3.48	3.46	3.35	3.35	3.46	3.45	3.46
有效磷/%	0.32	0.34	0.33	0.33	0.33	0.33	0.33	0.34	0.33
赖氨酸/%	0.87	0.9	0.85	0.85	0.83	0.85	0.80	0.79	0.8
蛋氨酸/%	0.35	0.36	0.36	0.36	0.35	0.35	0.36	0.36	0.36

表3–24　蛋用土鸡（60%<产蛋率<80%）饲料配方

原料和营养配比	配方1	配方2	配方3	配方4	配方5	配方6	配方7	配方8	配方9
玉米/%	58.2	56.90	56.36	63.51	65.9	69.82	70.57	69.5	68
大麦(裸) /%	5	5	2	2	0	0	0	0	0
小麦麸/%	0	0	3	0	0				0
酵母/%	3	3	3	3	0	0	0	0	3

续表

原料和营养配比	配方1	配方2	配方3	配方4	配方5	配方6	配方7	配方8	配方9
大豆粕/%	7.43	5.23	5.23	5.23	8.13	8.13	9.13	10.4	8.4
棉籽粕/%	3.4	4.4	4.4	3.4	3.4	2.7	2.7	0	2.3
菜籽粕/%	3.12	4.12	4.12	3.12	3.12	1	0	1.3	1.3
花生仁粕/%	5	5	5	5	5	5	5	5.5	0
亚麻仁饼/%	0	3	3	1	0				3
肉骨粉/%	0	0	0	0	3.5	3.5	2.5	3.5	3.5
国产鱼粉/%	1.9	0	0	1.90	0				0
磷酸氢钙/%	0.9	0.9	0.85	0.65	0.35	0.35	0.55	0.35	0.35
石粉/%	8.7	8.7	8.8	8.6	8.2	8.15	8.1	8.15	8.15
猪油/%	2	2.4	2.94	1.25	1.0				0.7
食盐/%	0.3	0.3	0.3	0.3	0.3	0.3	0.3	0.3	0.3
蛋氨酸/%	0.05	0.05	0.0	0.03	0.05	0.05	0.05	0.04	0.03
混合料添加剂/%	1	1	1	1	1	1	1	1	1
代谢能/（兆焦/千克）	11.53	11.5	11.45	11.52	11.53	11.57	11.52	11.5	11.51
粗蛋白/%	15	15	15	15	15	15	15	15	15
钙/%	3.4	3.4	3.4	3.4	3.4	3.4	3.3	3.54	3.4
有效磷/%	0.32	0.32	0.32	0.32	0.32	0.32	0.33	0.32	0.33
赖氨酸/%	0.71	0.68	0.69	0.71	0.70	0.69	0.7	0.71	0.75
蛋氨酸/%	0.32	0.32	0.32	0.32	0.32	0.32	0.32	0.32	0.32

表3–25　蛋用土鸡（产蛋率<60%）饲料配方

原料和营养配比	配方1	配方2	配方3	配方4	配方5	配方6	配方7	配方8	配方9
玉米/%	60.4	66.28	65.5	65.95	57.5	56.90	57.20	62.48	66.91
高粱/%	0	0	0	0	0	5	6	0	0
稻谷/%	0	0	0	0	5	5	4	4	0
大麦(裸) /%	5	0	0	0	5	0	0	0	0
酵母/%	3	0	2	2	0	0	0	0	0
大豆粕/%	7.43	11	9	9	9	9	10	13	0
棉籽粕/%	3.4	3	2.2	2	2	2	3	3	3
菜籽粕/%	2.12	3	2.2	2	2.2	2.2	2	2	2
花生仁粕/%	5	0	2.5	2.5	2.5	3	3	3	5
亚麻仁饼/%	0	0	0	0	0	0	0	0	3
芝麻饼/%	0	0	0	0	2	2	0	0	3
向日葵仁粕/%	0	3	3	3	1	1	1	0	3
肉骨粉/%	0	2	2	2	2	2	2	0	3
国产鱼粉/%	1	0	0	0	0	0	0	0	0
猪油/%	2	1.3	1.2	1.1	1.56	1.56	1.38	1.4	1
磷酸氢钙/%	0.8	0.58	0.58	0.58	0.55	0.55	0.55	0.9	0.4
石粉/%	8.75	8.48	8.5	8.5	8.4	8.4	8.5	8.85	8.2
食盐/%	0.3	0.3	0.3	0.3	0.3	0.3	0.3	0.3	0.3
蛋氨酸/%	0.07	0.06	0.06	0.06	0.06	0.06	0.07	0.07	0.06
赖氨酸/%	0.03		0.01	0.02	0.02	0.03	0		0.13
混合料添加剂/%	1	1	1	1	1	1	1	1	1

续表

原料和营养配比	配方1	配方2	配方3	配方4	配方5	配方6	配方7	配方8	配方9
代谢能/（兆焦/千克）	11.5	11.51	11.51	11.5	11.46	11.5	11.47	11.48	11.46
粗蛋白/%	15.1	15.1	15.2	15	15	15	15.1	15	15
钙/%	3.4	3.4	3.4	3.4	3.4	3.4	3.4	3.4	3.4
有效磷/%	0.3	0.3	0.3	0.3	0.3	0.3	0.3	0.3	0.31
赖氨酸/%	0.62	0.64	0.62	0.62	0.62	0.62	0.62	0.64	0.62
蛋氨酸/%	0.31	0.31	0.31	0.31	0.31	0.31	0.31	0.31	0.31

表3-26　土鸡父母代种鸡饲料配方

原料和营养配比	雏鸡	育成期	产蛋前期	高峰期	产蛋后期	种公鸡
	0～8周龄	9～19周龄	20～24周龄	25～45周龄	46周龄至淘汰	20周龄至淘汰
玉米/%	62.65	62	64	65	66	62
麸皮/%	6.05	13.5	5	2.5	3.8	15.3
豆粕/%	18	9	13	13	11.2	6.5
菜籽粕/%	3	5.5	5	5	6	5.5
鱼粉/%	6.8	2	4	4	3	2.5
骨粉/%	1.4	2	2.1	2.2	2.2	2.2
石粉/%	—	—	1.5	3	2.5	—
贝壳粉/%	0.8	0.7	4	4	4	0.7
食盐/%	0.3	0.3	0.3	0.3	0.3	0.3
预混料/%	1	5	1	1	1	5
代谢能/（兆焦/千克）	12.06	11.19	11.53	11.53	11.53	11.12
粗蛋白/%	19.75	14.53	16.37	16.1	15.28	13.4

续表

原料和营养配比	雏鸡	育成期	产蛋前期	高峰期	产蛋后期	种公鸡
	0～8周龄	9～19周龄	20～24周龄	25～45周龄	46周龄至淘汰	20周龄至淘汰
钙/%	1.06	1.02	2.75	3.3	3.1	1.058
磷/%	0.48	0.45	0.47	0.51	0.46	0.46

注：此套配方适用于河南省地区，饲养的土著鸡父母代种鸡。

表3-27　种用土鸡的饲料配方

原料和营养配比	0～6周龄			7～14周龄			15～20周龄			土鸡产蛋期		
	配方1	配方2	配方3	配方1	配方2	配方3	配方1	配方2	配方3	配方1	配方2	配方3
玉米/%	65	63	60	65	65	65	70.4	66	65	64	64.6	62
麦麸/%	0	2	0	6	7.3	6	14	13.4	13.5	0	0	0
米糠/%	0	0	0	0	0	0	0	5	8	0	0	0
豆粕/%	22	21.9	23	16.3	14	13	6	0	0	15	15	14
菜籽粕/%	2	0	2	4	4	2	2	6	5	0	2	0
棉籽粕/%	2	2	2	3	0	2	2	2	2	0	0	0
花生粕/%	2	2	2.6	3	3	6	0	0	0	4	4	8
芝麻粕/%	2	6	2.6	0	3	6	0	2	2	2	1	2.7
鱼粉/%	2	2	0	0	1	0	0	0	0	3.1	2	2
石粉/%	1.22	1.2	1.2	0	1.2	1.2	1.1	1.1	1.1	8	8	8
磷酸氢钙/%	1.3	1.4	1.8	1.2	1.2	1.5	1.2	1.2	1.1	1	1.1	1.0

续表

原料和营养配比	0～6周龄			7～14周龄			15～20周龄			土鸡产蛋期		
	配方1	配方2	配方3	配方1	配方2	配方3	配方1	配方2	配方3	配方1	配方2	配方3
微量元素添加剂/%	0.1	0.1	0.1	1.2	0	0	0	0	0	0	0	0
复合多维/%	0.04	0.04	0.04	0	0	0	0	0	0	0	0	0
食盐/%	0.26	0.3	0.3	0.3	0.3	0.3	0.3	0.3	0.3	0.3	0.3	0.3
杆菌肽锌/%	0.02	0.02	0.02	0	0	0	0	0	0	0	0	0
氯化胆碱/%	0.06	0.04	0.04	0	0	0	0	0	0	0	0	0
预混料/%	0	0	0	3	3	3	3	3	3	2	2	2
代谢能（兆焦/千克）/%	12.1	11.9	11.8	11.7	11.7	11.7	11.5	11.7	11.4	11.3	11.3	11.3
粗蛋白质钙/%	19.4 1.10	19.5 1.00	18.3 1.00	16.4 0.92	16.35 0.90	16.5 0.92	12.5 0.78	16.35 0.90	12.3 0.79	16.5 3.5	16.0 3.4	17.1 3.5
有效磷/%	0.45	0.04	0.41	0.36	0.35	0.36	0.31	0.35	0.32	0.38	0.36	0.38

2.肉用土鸡饲料配方

具体见表3-28至表3-31。

表3–28 肉用土鸡饲料配方

原料和营养配比	0~4周龄			5~12周龄				12周龄以上			
	配方1	配方2	配方3	配方1	配方2	配方3	配方4	配方1	配方2	配方3	配方4
玉米/%	47	45	61.8	48	51	59.7	65.98	48	55	65	66.95
碎米/%	7	10.3		10	6			12	6		
小麦/%	10	8		9.5	10	4		12	10		
麸皮			8			10	12	4.2		12	13
花生饼/%	8	12	4	8	14	4	2	7	13	16	1
豆饼/%	11.7	13	16	7		15	13	7			14
草粉/%	2	2		2	2			2	2		
鱼粉/%	14			11				7			
进口鱼粉/%		9	8		9	5	5		6	4	3
贝壳粉/%	0.3	0.7		0.5	0.7		1	0.8	1		
食盐/%	0.3	0.3		0.3	0.3	0.2	0.2	0.3	0.3	0.2	
预混料/%	0.5	0.5	0.5	0.5	0.5	0.5	0.5	0.5	0.5	0.5	0.5
代谢能（兆焦/千克）/%	12.2	12.26	12.13	12.2	12.18	12.13	12.13	12.26	12.26	12.13	12.13
粗蛋白/%	21	21.2	19.2	18.1	18.1	17.3	17	16.2	16.2	15.8	15
钙/%	0.94	0.89	0.97	0.94	0.94	1.10	1.06	0.88	0.88	1.06	0.97
鳞/%	0.74	0.60	0.62	0.66	0.67	0.55	0.54	0.60	0.62	0.52	0.50
赖氨酸/%	1.04	0.95	0.93	0.83	0.69	0.81	0.76	0.71	0.57	0.77	0.63
蛋氨酸/%	0.37	0.34	0.34	0.31	0.32	0.28	0.55	0.26	0.26	0.35	0.51

表3–29　肉用地方黄鸡饲料配方

原料和营养配比	0~4周龄			5~12周龄		
	配方1	配方2	配方3	配方1	配方2	配方3
玉米/%	20	26	59.51	66.3	35	26
碎米/%		20				20
大麦/%		17				17
小麦粉/%	8.5				8	
稻谷粉/%	39				27.5	
大豆粕/%	20	14	14	12	19	14
棉仁饼/%		10	15	12		10
鱼粉/%	10	10	9	7	8	10
骨粉/%	1.5		0.5	0.4	1.5	
碳酸钙/%		1				1
磷酸氢钙/%		0.7	0.5	0.9		0.7
食盐/%		0.3	0.2	0.16		0.3
蛋氨酸/%			0.11	0.09		
赖氨酸/%			0.18	0.15		
预混料/%	1	1	1	1	1	1
代谢能/（兆焦/千克）/%	12.41		12.41	12.83	11.95	11.58
粗蛋白/%	19.7		24	21	18.4	
钙/%	1.02		0.89	0.88	0.94	
总磷/%	0.81		0.63	0.62	0.76	
蛋氨酸/%	0.36		0.47	0.41	0.32	
赖氨酸/%	1.9		1.29	1.19	1.06	
蛋+胱氨酸/%	0.69				0.63	

注：配方2适用于选育的快大型黄羽肉鸡。

表3-30　湖黄鸡肉鸡饲料配方

原料和营养配比	0~42日龄			43~90日龄			91日龄至出栏		
	配方1	配方2	配方3	配方1	配方2	配方3	配方1	配方2	配方3
玉米%	28	56	26	30	65	35	30	71	41
碎米%	30		30	35		30	40		30
豆粕%	22	21	21	21	24	24	17	20	20
小麦麸%	12	12	12	9	5	5	9	5	5
鱼粉%	3	3	3	2	3	3	1	1	1
酵母%	2	5	5	0	0	0	0	0	0
预混料%	3	3	3	3	3	3	3	3	3

表3-31　三黄鸡饲料配方

原料和营养配比	0～42日龄		43～90日龄		91日龄至出栏	
	配方1	配方2	配方1	配方2	配方1	配方2
玉米%	60	60	59	47	53	55
豆粕%	28	26	16	15	20	19
DDGS%			15	13	15	13
棕榈粕%			5	5	4	
膨化大豆%	8	7				5
米糠%				15		
肉骨粉%		3				
豆油%			1	1	4	4
预混料%	4	4	4	4	4	4
合计%	100	100	100	100	100	100

第四章　土鸡场的场址选择和鸡舍建设

第一节　果园林地散养土鸡的散养地选择

一、选择原则

（一）隔离防疫原则

疾病特别是疫病，是影响鸡群生产性能和鸡场效益的主要因素。土鸡场的环境及附近的隔离卫生和防疫条件好坏，对疾病的传播和发生有重大的影响，要减少或避免疾病发生，在鸡场建设时必须遵循隔离防疫原则。对拟建场地要进行详细的调查，了解历史疫情和污染状况；场地要远离污染源，有良好的隔离条件；对场地要进行合理的规划布局，配备应有的隔离防疫设施，并能正常运行。

（二）生态原则

土鸡场场址的土壤土质、水源水质、空气、周围建筑环境应符合生产标准要求，避免受到重工业、化工工业等工厂的污染；选择场址时还应考虑粪便、污水等废弃物的处理和利用条件，如周围有大片农田、林地等，可以消化大量的废弃物，避免对鸡场环境和周边环境造成污染而影响长远发展；一定要根据饲养规模选择散养地或根据散养地的载畜量确定散养规模，防止过度放养鸡群破坏植被。

（三）经济实用原则

建设土鸡场要尽量节约土地。土地资源日益紧缺、紧张，场地（如土鸡种鸡场或孵化场）最好选择荒坡林地、丘陵或贫瘠的边次土地，少占或不占农田；鸡舍设计和建筑要科学、实用，在保证正常生产的前提下尽量减少固定资产投入。

二、场地选择

散养场地选择时一定要从交通、地势、土质、水质、电源、防疫及虫草等多方面综合考虑。水源地保护区、旅游区、自然保护区、环境污染严重区、发生重大动物传染病疫区，其他畜禽场和屠宰厂附近、候鸟迁徙途径地和栖息地、山谷洼地易受洪涝威胁地段、退化的草场和草山草坡等不适宜建场。

应选择地势高燥、向阳背风、远离沼泽地区，以避免寄生虫和昆虫的危害。地面开阔、整齐、平坦而稍有坡度，以便排水。地面坡度以1%～3%为宜，最大不得超过35%。这种场地阳光充足，地势高燥，洁净卫生。低洼积水的地方不宜建场。山区建场要注意地质构造情况，避开断层、滑坡和塌方地段，也要避开坡底、谷底及风口，以免受到山洪和暴雨的袭击。

场址附近必须有洁净充足的水源，取用、防护方便。应选在居民区的低处和下风处。但应避开居民污水排放口，更应远离化工厂、制革厂、屠宰场等易造成环境污染的企业。供电充沛，并保证能连续供电。

散养土鸡需要有良好的生态条件，除要求具有较为开阔的饲喂、活动场地外，还需有一定面积的果园、农田、林地、草场或草山草坡等，以供土鸡自行采食杂草、野菜、虫体、谷物及矿土等丰富的食料，满足其营养的需要，促进机体的发育和生长，增强体质，改善肉蛋品质。无论哪种散养地最好均有树木遮阴，在中午能为土鸡群提供休息的场所。（视频4-1　散养土鸡的山坡）

视频4-1　散养土鸡的山坡

（一）果园

果园的选择，以种植、主干略高的果树且农药用药少的果园地为佳，并且要求排水良好。最理想的果园是核桃园、枣园、柿园和桑园等。这些果园的果树主干较高，果实结果部位亦高，果实未成熟前坚硬，不易被鸡啄食。其次为山楂园，因山楂果实坚硬，全年除防治1～2次食心虫外，很少用药。在苹果园、梨园、桃园养鸡，散养期应躲过用药和采收期，以减少药害以及鸡对果实的伤害。（视频4-2-1　果园散养土鸡，视频4-2-2　山楂园散养土鸡）

视频4-2-1　果园散养土鸡

视频4-2-2　山楂园散养土鸡

（二）林地

选择树冠较小、树木稀疏、地势高燥、排水良好的地方，空气清新，环境安静，鸡能自由觅食、活动、休息和晒太阳。林地以中成林为佳，最好是成林林地。鸡舍坐北朝南，鸡舍和运动场地势应比周围稍高，倾斜度以10°～20°为宜，不应高于30°。树枝应高于鸡舍门窗，以利于鸡舍空气流通。

山区林地最好是果园、灌木丛、荆棘林或阔叶林等，土质以沙壤为佳，若是黏质土壤，在散养区应设立一块沙地。附近应有小溪、池塘等清洁水源。鸡舍建在向阳南坡上。

果园和林间隙地可以种植苜蓿，为散养鸡提供优质的饲草。据试验，在鸡日粮中加入3%～5%的苜蓿粉，不仅能使蛋黄

颜色变黄，还能降低鸡蛋胆固醇含量。（视频4-3 林地散养土鸡）

视频4-3 林地散养土鸡

（三）草场

草场养鸡，以自然饲料为主，生态环境优良，饲草、空气、土壤等基本没有污染。草场是天然的绿色屏障，有广阔的活动场地，烈性传染病很少，鸡体健壮，药物用量少，无论是鸡蛋还是鸡肉均属绿色食品，有益于人体健康。草场具有丰富的虫草资源，鸡群能够采食到大量的绿色植物、昆虫、草籽和土壤中的矿物质。近年来，草场蝗灾频频发生，越干旱蝗虫越多，养鸡灭蝗效果显著，再配合灯光、激素等诱虫技术，可大幅度降低草场虫害的发生率。选择草场一定要地势高燥，避免洼地，因洼地低阴潮湿，对鸡的健康不利。

草场中最好要有能为中午的鸡群提供遮阴或下雨时的庇护场所的树木，若无树木则需搭设遮阴棚。选择草山草坡散养土鸡一定要避开风口、泄洪沟和易塌方的地方，并将棚舍搭建在避风向阳、地势较高的地方。（视频4-4 草地散养土鸡）

视频4-4 草地散养土鸡

（四）农田

一般选择种植玉米、高粱等高秆作物的田地和棉田养鸡，要求地势较高，作物的生长期在90天以上，周围用围网隔离。农田散养鸡，以采食杂草、昆虫为主，这样就解除了除草、除虫之忧，减少了农药用量。鸡粪还是良好的天然肥料，可以降低农田种植业的投资。田间散养鸡，饲养条件简单，管理方法简便，但饲养密度不高，每亩地养土鸡不超过60只成年鸡或90只青年鸡。

田间养土鸡注意错开苗期，要在土鸡对作物不造成危害后再散养。作物到了成熟期，如果鸡还不能上市，可以半圈养为主，大量补精饲料催肥。（视频4-5-1 玉米地散养土鸡，视频

4-5-2　芝麻地散养土鸡）

视频4-5-1
玉米地散养土鸡

视频4-5-2
芝麻地散养土鸡

第二节　果园林地散养土鸡的鸡舍建设

一、鸡舍的建筑要求

（一）保温隔热

散养土鸡舍建在野外，舍内温度和通风情况随着外界气候的变化而变化，受外界环境气候的影响直接而迅速。尤其是育雏舍，鸡个体较小，新陈代谢机能旺盛，体温也比一般家畜高，需要人为提供适宜的育雏温度并保持温度稳定，否则育雏期间容易受冷、受热或过度拥挤，易引起大批死亡。所以，鸡舍（特别是雏鸡舍）要保温隔热。

【提示】最好建设固定的育雏舍，如果在散养地建设临时育雏舍，可以利用一些廉价的隔热材料如塑料布、彩条布等，设置天棚、隔离出小的空间等来增加鸡舍的保温性能。

（二）光照充足

光照分为自然光照和人工光照。自然光照主要对开放式鸡舍而言，充足的阳光照射，特别是冬季可使鸡舍温暖、干燥，有利于消灭病原微生物。因此，利用自然采光的鸡舍首先要选择好鸡舍的方位。另外，窗户的面积大小也要恰当，种鸡鸡舍窗户与地面面积之比以1∶5为好，商品鸡舍可相对小一些。

（三）位置适当

散养土鸡的鸡舍要建在地势较高的地方，下雨不会发生水灾且容易保持干燥，空气、水源无污染。

（四）布列均匀

如果饲养规模大而棚舍较少，或散养地面积大而棚舍集中在一角，容易造成超载和过度放养，影响鸡的正常生长，造成植被破坏，并易造成传染病的暴发。因此，应根据散养规模和散养场地的面积确定搭建棚舍的数量。鸡舍布局要均匀，根据散养场地情况分散建设鸡舍，每个鸡舍容纳鸡500只左右，鸡舍间距150～200米。每一棚舍能容纳300～500只的青年鸡或200～300只的产蛋鸡。鸡舍一侧留有运动场地，设置有料槽和水槽，供补饲时使用。

（五）隔离卫生

无论何种类型的棚舍，在设计建造时必须考虑以后便于卫生管理和防疫消毒。鸡舍内地面要比舍外地面高出30～50厘米，鸡舍周围30米内不能有积水，以防舍内潮湿滋生病菌。棚舍内地面要铺垫5厘米厚的沙土，并且根据污染情况定期更换。鸡舍的入口处应设消毒池。有窗鸡舍，窗户要安装铁丝网，以防止飞鸟、野兽进入鸡舍，避免引起鸡群应激和传播疾病。

二、鸡舍的类型及要求

果园林地散养鸡的鸡舍类型主要有育雏舍和散养鸡舍。育雏舍供出壳到3～6周龄的雏鸡使用，条件要求较高，必须保温、卫生和干燥。散养鸡舍供散养季节的青年鸡和产蛋鸡使用，建在农田、果园、林间。鸡舍作为鸡休息和避风雨、保温暖的场所，除了避风向阳、地势高燥外，整体要求应符合散养鸡的生活特点，并能适应野外散养条件。

（一）育雏舍

根据结构和材料不同，育雏舍可以分为普通舍和简易舍。无论什么形式的育雏舍，必须满足：一要有较好的保温隔热能力。鸡舍的保温隔热能力影响舍内环境，特别是温度。保温隔热能力好，有利于冬天的保温和夏季的隔热，有利于舍内适宜温度的维持。由于雏鸡需要较高的环境温度，育雏期需要人工加温，所以，对保温性能要求更高些。鸡舍的维护结构设计要合理，具有一定的厚度，设置天花板，精细施工。为减少散热和保温，可以缩小窗户面积（每间可留两个1米×1米的窗户）和降低育雏舍的高度。二要有良好的卫生条件。鸡舍的地面要硬化，墙体要粉刷光滑，有利于冲洗和清洁消毒。三要有适宜的鸡舍面积。面积大小关系到饲养密度，影响培育效果，必须有适宜的鸡舍面积。培育方式、鸡的种类、饲养阶段不同，需要的面积不同。鸡舍面积根据培育方式、种类、数量来确定。根据场地形状大小、笼具规格和饲养数量确定育雏舍的长宽，一般高度为2.2～2.5米。（视频4-6　保温隔热的育雏舍）

视频4-6　保温隔热的育雏舍

（二）散养鸡舍

散养鸡舍主要用于生长鸡或产蛋鸡散养期夜间休息或避雨、避暑。总体要求保温防暑性能及通风换气良好，便于冲洗排水和消毒防疫，舍前有活动场地。

1.普通鸡舍

如图4-1所示，普通鸡舍采用砖木结构，修建成单坡屋顶或双坡屋顶，墙体是开放式或半开放式。鸡舍跨度4～5米，高2～2.5米，长10～15米。舍内置栖架，每只鸡所占栖架的位置不低于17～20厘米，每一棚舍能容纳300～500只的青年鸡或300只

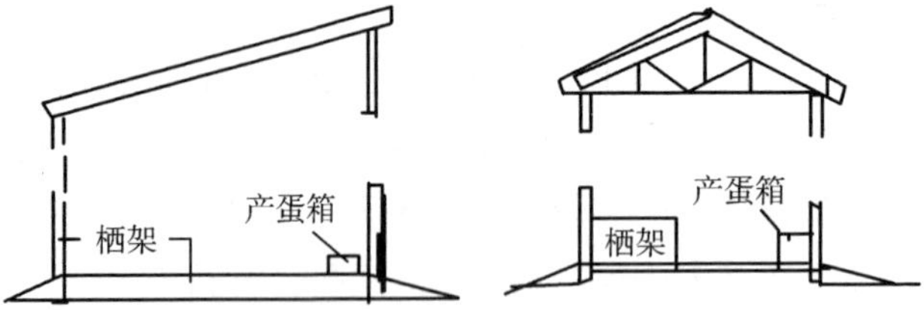

单坡和双坡鸡舍剖面图

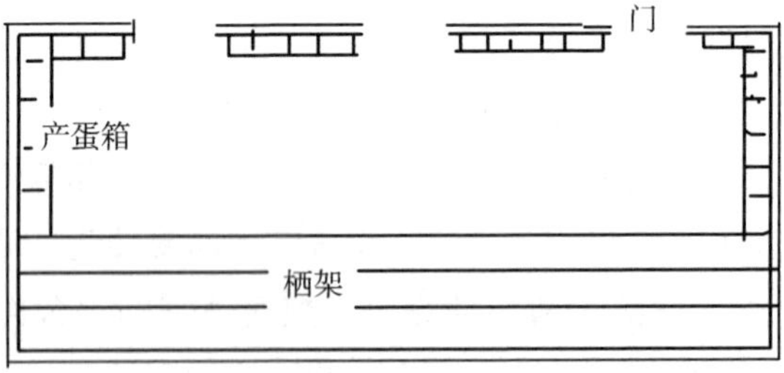

平面图

图4-1 普通鸡舍的剖面图和平面图

左右的产蛋鸡。产蛋鸡舍要求环境安静，防暑保温，每5只母鸡设1个产蛋窝。产蛋窝位置要求安静避光，窝内放入少许麦秸或稻草。开产时窝内放入1个空蛋壳或蛋形物，以引导产蛋鸡在此产蛋。散养鸡舍要特别注意通风换气，否则，舍内空气污浊，会导致生长鸡增重减缓、饲养期延长或导致疾病暴发。（视频4-7　普通鸡舍）

视频4-7　普通鸡舍

2.简易鸡舍

简易鸡舍可以分为一般简易鸡舍和塑料大棚鸡舍。

（1）一般简易鸡舍。在果园、林地等散养区，在一块地势较高、背风向阳的平地，用油毡、无纺布及竹木、茅草等，借势搭建成坐北朝南的简易鸡舍。可直接搭成金字塔形，棚门朝南，另外三边可着地，也可四周砌墙，其方法不拘一格。要求随鸡龄增长及所需面积的增加，鸡舍可以灵活扩展。棚舍能保温，能挡风，做到雨天不漏水、雨停棚外不积水，刮风棚内不串风即可。或用竹、木搭成人字形框架，棚顶高2米，南北檐高1.5米。扣棚用的塑料薄膜接触地面部分用土压实，棚的顶面用绳子扣紧。棚的外侧东、北、西三面要挖好排水沟，四周用竹片围起，做到冬暖夏凉，棚内安装电灯，配齐食槽、饮水器等用具。一般500只鸡为一个养鸡单位，按每平方米容纳15～20只鸡的面积搭棚。值班室和仓库建在鸡舍旁，方便看管和饲养。（视频4–8　简易鸡舍）

视频4–8　简易鸡舍

（2）塑料大棚鸡舍。简易塑料大棚的突出优点是投资少，见效快，不破坏耕地，节省能源。与建造固定鸡舍相比，资金的周转回收快；缺点是管理维护麻烦、不防火等。塑料大棚养鸡，在通风、取暖、光照等方面可充分利用自然能源：冬天利用塑料薄膜的“温室效应”，提高舍温、降低能耗。夏天棚顶盖厚1.5厘米以上的麦秸草或草帘子，中午最热时，可使舍内比舍外低2～3℃；如果结合棚顶喷水，可降低3～5℃。一般冬天夜间或阴雪天，适当提供一些热源，棚内温度可达12～18℃。塑料大棚（图4–2）饲养散养鸡设备简单，建造容易，拆装方

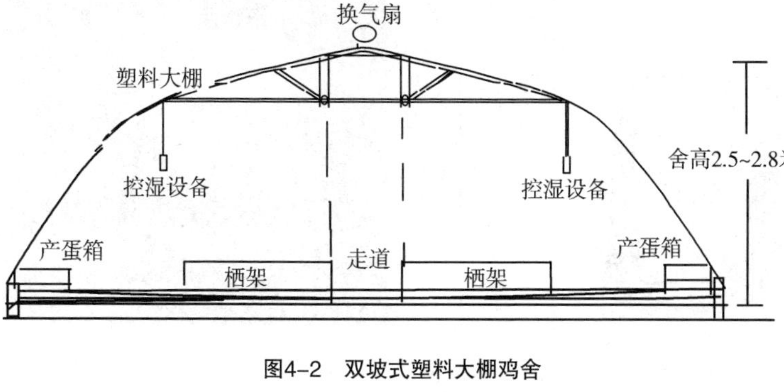

图4–2　双坡式塑料大棚鸡舍

便，适宜小规模冬闲田、果园养鸡或轮牧饲养法。只要了解塑料大棚建造方法和掌握大棚养鸡的饲养管理技术特点，就能把鸡养好，并取得较好的经济效益。

3.组装鸡舍

组装鸡舍适合建于喷洒农药和划区轮牧的棉田、果园、草场等场地，有利于充分利用自然资源和饲养管理，供散养期间的青年鸡或产蛋鸡使用。组装鸡舍整体结构不宜太大，要求相对轻巧且结构牢固，易于组装。其主要支架材料采用木料、钢管、角铁或钢筋，周围和隔层用铁丝网，夜间用塑料布、塑编布或靠布搭盖，注意要留有透气孔。舍内设栖架、产蛋窝。底架要求牢固。

第三节　果园林地散养土鸡常用的设备用具

一、供温设备

（一）煤炉供温

在育雏室内设置煤炉和排烟通道（图 4 – 3），燃料用炭

图4–3　煤炉供温

块、煤球、煤块均可，保温良好的房舍，每20～30平方米设置一个炉即可。为了防止舍内空气污染，可以紧挨墙砌煤炉，把煤炉的进风口和掏渣口设置在墙外。这种方法优点是省燃料，温度易上升；缺点是费人力，温度不稳定。该方式适用于专业户、小规模鸡场的各种育雏方式。（视频4–9　煤炉烟管供温）

视频4–9　煤炉烟管供温

（二）保温电热伞供温

育雏保温电热伞（图4–4）形状像伞，撑开吊起，伞内侧安装有加温和控温装置（如电热丝、电热管、温度控制器等），伞下一定区域温度升高，达到育雏温度。雏鸡在伞下活动，采食和饮水。伞的直径大小不同，养育的雏鸡数量不等。伞的材料多是耐高温的尼龙，可以折叠，使用比较方便。其优点是育雏数量多，雏鸡可以在伞下选择适宜的温度带，换气良好；不足之处是育雏舍内还需要保持一定的温度（需要保持24℃）。该方式适用于地面平养、网上平养的情况。

图4–4　育雏保温电热伞和应用场景

（三）烟道供温

根据烟道的设置场所，可分为地下烟道育雏和地上烟道育雏两种形式（图4–5）。地下烟道育雏：在育雏室，顺着房的后墙地下修建两个直通火道，烟道面与地面平，火门留在育雏室中央，烟道最后从育雏室墙上用烟囱通往室外。为了保温在烟道上设有护板，并靠墙挖一斜坡，护板下半部分都是活动的，可以支起来，便于打扫，这种地下烟道，可以使用当地任何燃料，经济实用，根据舍内温度，昼夜烧火，这是一种经济、简便、有效的供温设备，可广泛采用。地上烟道育雏：烟道设在育雏室的地面上，雏鸡活动在烟道下，这种烟道可使用任何燃料，也可根据舍温调整烧火次数，以保证适宜的舍温需要。

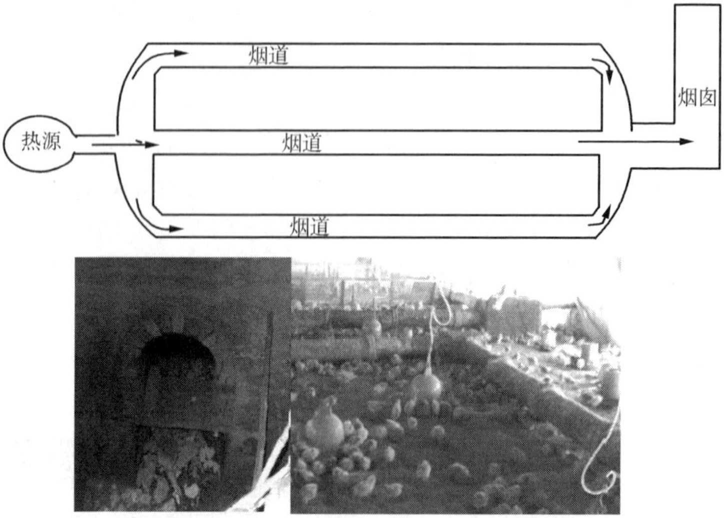

图4–5　烟道示意图和应用场景

（四）温控锅炉

温控锅炉（图4–6）燃烧燃料，使热水在舍内循环，通过管道和散热片将热量散失在舍内，洁净、卫生，温度稳定。

图4–6　温控锅炉及应用场景

（五）热风炉供温

热风炉（图4–7）利用燃料将空气加热后，送入育雏舍内，使舍内温度升高。

图4–7　热风炉及应用场景

（六）红外线加温

利用红外线加热，设备简单，但运行成本较高。（视频4–10　红外线灯供温）

视频4–10
红外线灯供温

二、通风设备

果园林地散养鸡舍可以利用舍内外温度差和自然风力进行舍内外空气交换，或利用无动力屋顶风机（如图4–8所示，是利用自然界空气对流原理，将任何平行方向的空气流动加速，并转变为由下向上垂直的空气流动，以提高舍内通风换气效果的一种装置。不用电，无噪声，可长期运行），进行自然通风。利用门窗开启的大小和鸡舍屋顶上的通风口或风机进行。通风效果取决于舍内外的温差、通风口大小和风力的大小，炎热夏季舍内外温差小，冬季鸡舍封闭严密等，都会影响通风效果。大型鸡舍夏季也可以安装风机（图4–9）进行机械通风。

图4-8　无动力屋顶风机及其安装位置

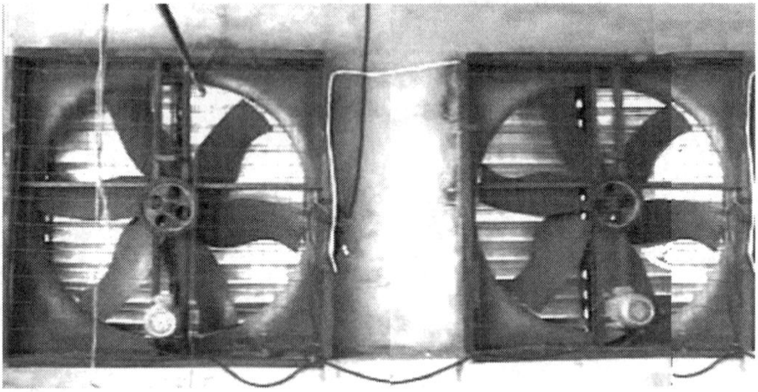

图4-9　常用的轴流式风机

三、照明设备

鸡舍必须安装人工光照照明系统。人工照明采用普通灯泡或节能灯泡，安装灯罩，以防尘和最大限度地利用灯光。根据饲养阶段采用不同功率的灯泡。如育雏舍用40～60瓦的灯泡，育成舍用15～25瓦的灯泡，产蛋舍用25～45瓦的灯泡。灯距为2～3米 。笼养鸡舍每个走道上安装一列光源。平养鸡舍的光源布置要均匀（图4-10）。

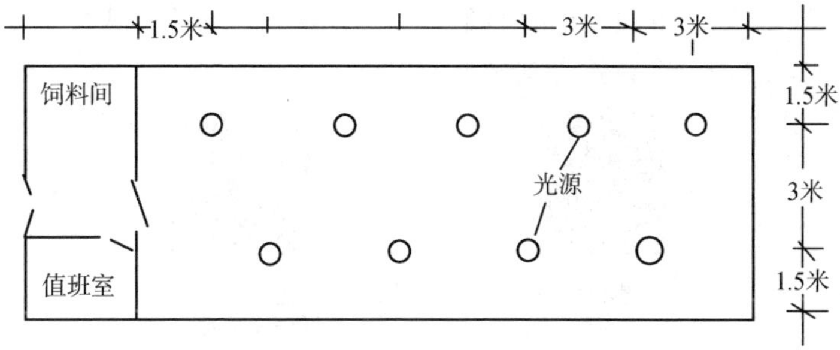

图4-10　平养鸡舍光源布局

四、笼具

果园林地散养土鸡，育雏期可以使用笼养。常见的是四层重叠育雏笼（图 4 -11）。该笼四层重叠，层高333毫米，每组笼面积为700毫米 × 1400毫米，层与层之间设置粪盘，全笼总高为1720毫米。一般采用6组配置，其外形尺寸为4404毫米 × 1450毫米 × 1720毫米，总占地面积为6.38平方米。可育至7周龄雏鸡800只，加热组在每层顶部内侧装有350瓦远红外加热板1块，由乙醚胀缩饼或双金属片调节器自动控温，另设有加湿槽及吸引灯，除与保温组连接一侧外，三面采用封闭式，以便保温。保温组两侧封闭，与雏鸡活动笼相连的一侧挂帆布帘，以便保温和雏鸡进出。雏鸡活动笼两侧挂有饲喂网格片，笼外挂饲槽或饮水槽。目

图4-11　重叠式育雏笼（左）和阶梯式育雏笼（右）

前多采用6～7组的雏鸡活动笼。（视频4-11-1　阶梯式育雏笼，视频4-11-2　重叠式育雏笼）

视频4-11-1
阶梯式育雏笼

视频4-11-2
重叠式育雏笼

五、喂料设备

（一）料盘

喂料盘主要供雏鸡开食及育雏早期（0～2周龄）使用，市场上销售的料盘有方形、圆形等不同形状（图4-12）。食盘上要盖料隔，以防鸡把料刨出盘外。料盘的面积大小视雏鸡数量而定，一般每只喂料盘可供80～100只雏鸡使用。

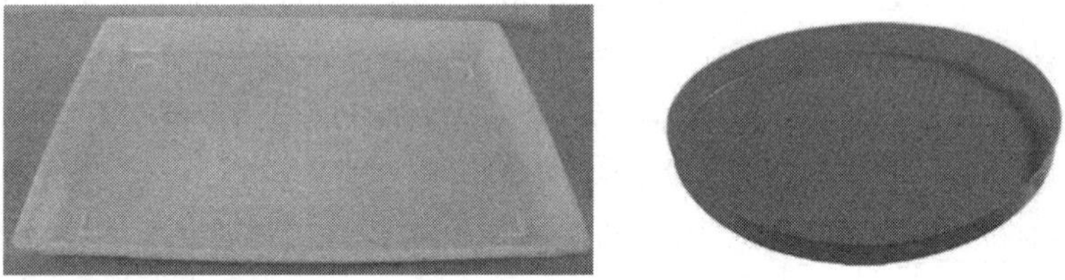

图4-12　雏鸡开食盘

（二）料桶

料桶可用于地面垫料平养或网上平养2周龄以后的小鸡或大鸡，其结构为1个圆桶和1个料盘（图4-13）。圆桶内装上饲料，鸡吃料时，饲料从圆桶内流出。它的特点是一次可添加大量饲料，储存于桶内，供鸡只不停地采食。目前市场上销售的饲料桶有4～10千克的几种规格。容量大，可以减少喂料次数，减少对鸡群的干扰，但由于布料点少，会影响鸡群采食的均匀度；容量小，喂料次数和布点多，可刺激食欲，有利于鸡加大采食量及增重，但增加工作量。一般每10只育成鸡或产蛋鸡一个大号料桶。料桶应随着鸡体的生长而提高悬挂的高度，要求料桶圆盘上缘的高度与鸡站立时的肩高相平即可。若料盘的高度过低，会因鸡挑食溢出饲料而造成浪费；料盘过高，则影响鸡的采食，从而影响其生长。

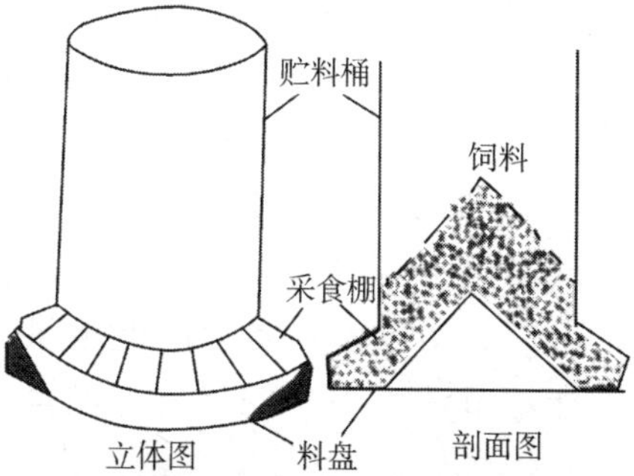

图4-13　料桶的立体图、剖面图和实物

（三）食槽

食槽适用于笼养或平养雏鸡、生长鸡、成年鸡，一般采用木板、镀锌板和硬塑料板等材料制作。雏鸡用料槽两边斜，底宽5～7厘米，上口宽10厘米，槽高5～6厘米，料槽长70～80厘米；生长鸡或成年鸡用料槽，底宽10～15厘米，上口宽15～18厘米，槽高10～12厘米，料槽长110～120厘米（图4-14）。要

图4-14　长型料槽

求食槽方便采食，不浪费饲料，不易被粪便、垫料污染，坚固耐用，方便清刷和消毒。为防止鸡只踏入槽内弄脏饲料，可在槽口上方安装一根能转动的横杆或盖料隔，使鸡不能进入料槽，以防止鸡的粪便、垫料污染饲料。每只鸡需要的料槽的长度，育雏期为4~5厘米，育成和产蛋期为8～10厘米。

六、饮水设备

散养鸡的活动半径一般在100～500米，活动面积相对较大；夏季天气炎热，又经常采食一些高黏度的虫体蛋白，饮水量较多。所以，对饮水设备要求既要供水充足、保证清洁，又要尽可能地节约人力，并且要与棚舍整体布局形成有机结合。

（一）水槽

水槽呈长条V形或U形，由镀锌铁皮或塑料制成，多用于笼养或网上平养，挂于鸡笼或围栏之前，可采用长流水供应。水槽结构简单，清洗容易，成本低，鸡喝水方便，但水易受到污染，易传播疫病。土鸡所占的槽位为1～2周龄1厘米/只，3～4周龄1.5厘米/只，5～8周龄2厘米/只。

（二）壶式饮水器

壶式饮水器（图4–15）由一个圆锥形或圆柱形的容器倒扣在一个浅水盘内组成。圆柱形容器浸入浅盘边缘处开有小孔，孔的高度为浅盘深度的1/2左右，当浅盘中水位低于小孔时，容器内的水便流出直至淹没小孔，容器内形成负压，水不再流出。壶式饮水器轻便实用，也易于清洗；缺点是容易污染，大鸡使用时容易翻倒。

图4-15　壶式饮水器

（三）自动饮水装置

野外大面积的散养土鸡场，饮水易受污染，费工、费力、费水，最好采用大型的自动饮水装置。比较适用的自动饮水装置有真空式自动饮水装置和碗（乳头）式自动饮水装置。

（1）真空式自动饮水装置。根据真空原理，利用铁桶或塑料桶作为储水器，储水器离地30～50厘米。地面放置长形水槽（也可将直径10～12厘米的塑料管沿中间分隔开），根据鸡群的活动面积铺设水槽的网络和长度，如图4-16所示。向储水器加水

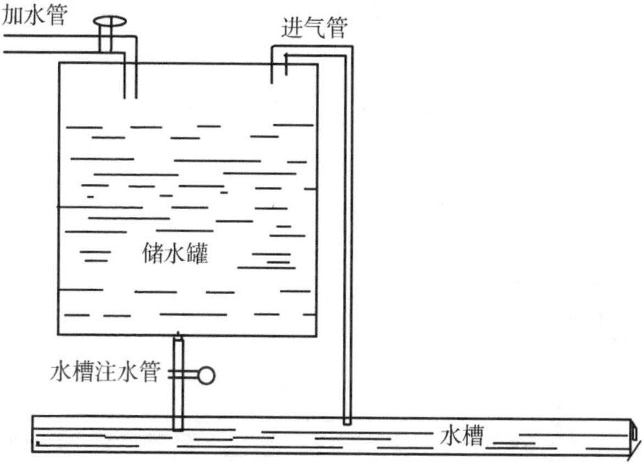

图4-16　真空式自动饮水装置

前关闭水槽注水管，加满水后关闭加水管，开启水槽注水管，进气管进气，水槽内液面升高，待水槽内液面升高至堵塞进气管口时，水桶内的气压形成负压。水槽注水管停止漏水；待鸡只饮用水槽内的水而使液面降低露出进气口后，进气管进气，水槽注水管漏水。如此反复直至达到为鸡群提供饮水的目的。本装置储水器一次储水为250升，可供500只鸡1天的饮水量，节省了人工，但是水槽连接要严密，水管放置要水平，否则容易漏水溢水。

（2）碗（乳头）式自动饮水装置。将一个水桶放于离地3米高的支架上，用直径2厘米的塑料管向鸡群散养场区内布管提供水源。每隔一定长度在水管上安置一个碗（乳头）式自动饮水器，该自动饮水器安装了漏水压力开关（图4–17）。当水槽内没有水时，自重较轻，弹簧将水槽弹起，漏水压力开关开启，水流入水槽。当水槽里的水达到一定量时，压力使水槽往下移动，推动压力弹簧，将漏水开关关闭。本装置用封闭的水管导水，污染程度相对较小，节约人工，且不容易漏水。（视频4–12–1 碗式饮水器，视频4–12–2 乳头式饮水器）

视频4–12–1
碗式饮水器

视频4–12–2
乳头式饮水器

散养土鸡的水槽尽量设置于树荫处，并及时清除水槽内的

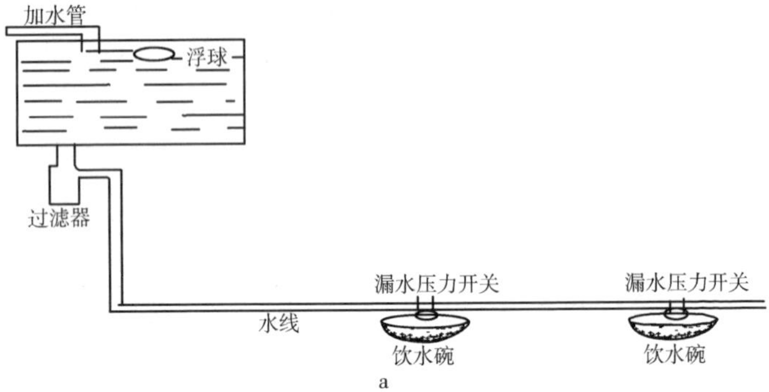

a

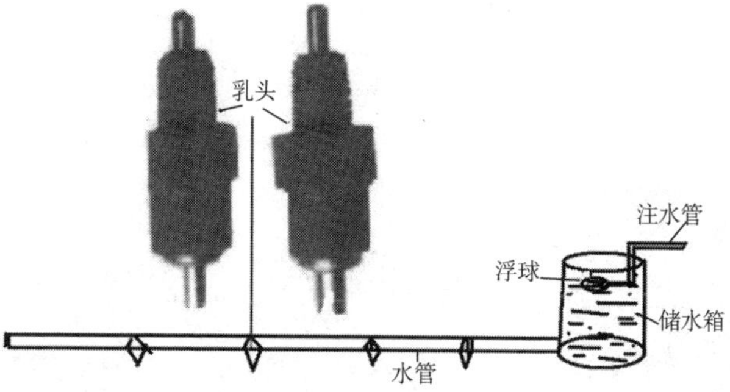

b

图4-17　碗式（a）和乳头式（b）自动饮水装置

污物，对堵塞进水口的水槽及时修理。

七、产蛋箱

图 4-18　产蛋箱

果园林地散养产蛋鸡，在开产初期就要驯导在指定的产蛋窝内产蛋，不然易造成丢蛋，或因发现不及时而造成鸡蛋品质无法保证。驯导方法是在产蛋窝内铺设垫草，并预先放入1个鸡蛋或空壳蛋，引导产蛋鸡在预置的产蛋窝产蛋。产蛋窝的材料和形状因地制宜，或根据饲养规模统一制作。简易的如竹篮、编筐、木箱等，统一制作可用砖瓦砌成统一规格的方形窝，离地面高度40～50厘米，一般设2～3层；窝内部空间，一般宽30～35厘米、深 35～40厘米、高30～35厘米。每5只鸡设1个产蛋箱，并且要设置在安静避光处（图4-18）。（视频4-13　栖架）

视频4-13　栖架

八、清洗消毒设施

鸡场大门设置消毒室和车辆消毒池，便于进出人员和车辆进行消毒。配备清洗机、喷雾器等清洗消毒设备（图4–19）。

高压清洗机　　脉冲式消毒器　　简易喷雾器

图4–19　清洗消毒设备

九、备用发电设备

鸡场对电力依赖性强，备用发电机组（图4–20）可以在停电时应急供电。

图4–20　备用发电机组

十、其他用具

其他用具（图4–21）包括：滴管、连续注射器、气雾防疫机等防疫用具，自动断喙器和称重用具，清粪用的小车、铁钎等，以及围栏。（视频4–14　围栏）

视频4–14　围栏

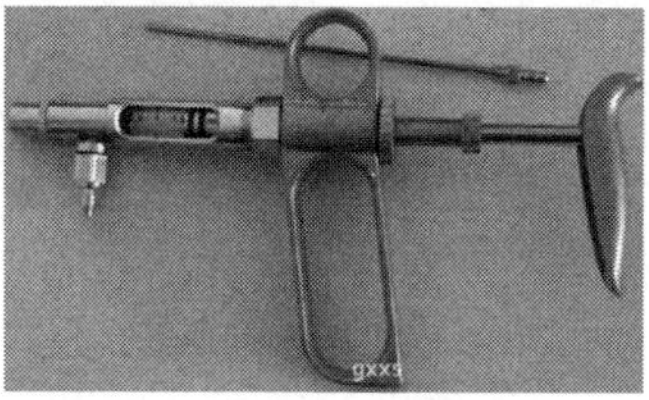

连续注射器

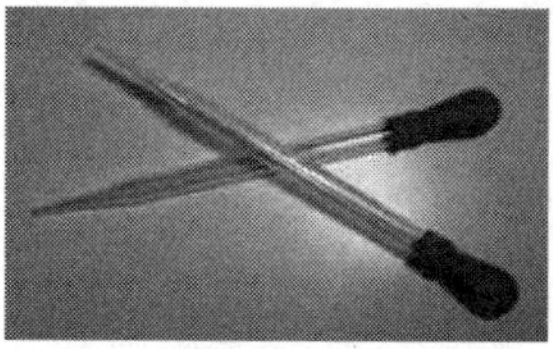

滴管

气雾防疫机

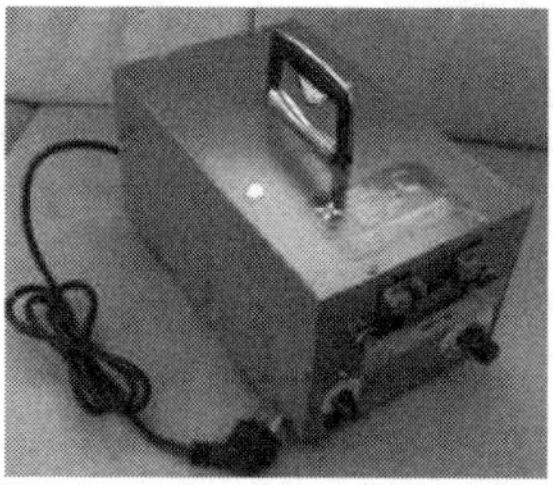

自动断喙器

图4-21　其他用具

第五章　土鸡育雏期的饲养管理

第一节　土雏鸡的生理特点

一、体温调节机能弱

初生的幼雏体小娇嫩，大脑的体温调节机能还没有发育完善（如刚出壳雏鸡体温低于成年鸡1～3℃，待3周龄左右才达到成年体温），热调节能力弱。雏鸡体重愈小，表面积相对愈大，散热愈多。加之雏鸡绒毛稀而短（刚出壳无羽毛，在4～5、7～8、12～13、18～20周龄分别脱换4次羽毛，直到产蛋结束再进行换羽），鸡体保温能力差。

【注意】对外界环境的适应能力很差，特别对低温的适应力极差，需要人工控制温度，为雏鸡创造温暖、干燥、卫生、安全的环境条件。

二、生长发育迅速

雏鸡发育迅速，如固始鸡出壳体重为32.8克左右，4周龄末达到100克左右，8周龄末体重250克左右，需要较多的营养物质。因此，育雏期的日粮中营养物质的含量要全面、充足和平衡，并创造有利的采食条件，如光线充足，饲喂用具合理配置。

由于雏鸡代谢旺盛，单位体重的耗氧量和废气排出量也大大高于成年鸡，因此必须保证充足的新鲜空气。

三、消化机能尚未健全

雏鸡代谢旺盛、生长发育快，但是消化器官容积小（消化道长度只是成年的2/3）、消化酶不充足，消化功能差。因此，雏鸡的日粮不但要求营养浓度高，而且要易于消化吸收。要选择容易消化的饲料配制日粮，对棉籽粕、菜籽粕等一些非动物性蛋白饲料，雏鸡难以消化，适口性差，利用率较低，要适当控制添加比例，增加玉米、豆粕、鱼粉等优质饲料的用量。饲喂时还要注意少喂勤添。

四、抗病能力差

雏鸡体质弱，对疾病抵抗力很弱，易感染疾病，如鸡白痢、大肠杆菌病、鸡传染性法氏囊病、球虫病、慢性呼吸道病等。育雏阶段要严格控制环境卫生，切实做好防疫隔离。

五、胆小怕惊

雏鸡比较敏感，胆小怕惊吓。雏鸡生活环境一定要保持安静，避免有噪声或突然惊吓。非工作人员应避免进入育雏舍。在雏鸡舍和运动场上应增加防护设备，以防鼠、蛇、猫、狗、老鹰等的袭击和侵害。雏鸡喜欢群居，便于大群饲养管理，有利于节省人力、物力。

六、群居性强

雏鸡模仿能力强，喜欢大群生活，一起采食、活动和休息，因此可以大群高密度饲养。但雏鸡对一些恶癖，如啄斗，也具有模仿性，生产中应加以严格管理，避免密度过高，光线过强，发现后要及时挑出，防止发生和蔓延。

【提示】0～6周龄的土鸡叫雏鸡。掌握雏鸡生理特点，为其提供最适宜的条件，可以更好地做好育雏工作。

第二节　育雏的方式

一、平面饲养

（一）地面育雏

（1）更换垫料育雏。一般把雏鸡养在铺有垫料的地面上，垫料厚3～5厘米，并注意经常更换。育雏前期可在垫料上铺上黄纸，有利于饲喂和雏鸡活动。换上料槽后可去掉黄纸，根据垫料的潮湿程度更换或部分更换，垫料可重复利用。这种方式的优点是简单易行，农户容易做到，但缺点也较突出，雏鸡经常与粪便接触，容易感染疾病，饲养密度小，占地面积大，管理不够方便，劳动强度大。常用的垫料有稻壳、花生壳、松木刨花、锯屑、玉米芯、秸秆等（图5-1）。

稻壳　刨花　锯屑　花生壳　玉米芯　秸秆

图5-1　常用的垫料

【提示】垫料要重量轻、吸湿性好、易干燥、柔软有弹性、廉价并适合做肥料。

（2）厚垫料育雏。厚垫料育雏指在地面上铺上10～15厘米厚的垫料，雏鸡生活在垫料上，以后经常用新鲜的垫料覆盖于原有垫料上，到育雏结束才一次性清理垫料和废弃物。这种方式的优点是劳动强度小，雏鸡感到舒适（由于原料本身能发热，雏鸡腹部受热良好），并能为雏鸡提供某些维生素（厚垫料中微生物的活动可以产生维生素B_{12}，有利于促进雏鸡的食欲和新陈代谢，提高蛋白质利用率）。（视频5-1　地面育雏）

视频5-1　地面育雏

（二）网上育雏

现阶段，大多数商品蛋鸡场的育雏采用这一方式，就是将雏鸡养在离地面80～100厘米高的网上。网面的构成材料种类较多，有钢制的（钢板网、钢编网）、木制的和竹制的，现在常用的是竹制的，将多个竹片串起来，制成竹片间距为1.2～1.5厘米的竹排，将多个竹排组合形成育雏网面，育雏前期在上面铺上塑料网，可以避免别断雏鸡脚趾，令雏鸡感到舒适。网上育雏的优点是粪便直接落入网下，雏鸡不与粪便接触，减少了病原感染的机会，尤其是大大减少了球虫病暴发的危险。同时，由于养在网上，提高了饲养密度，减少了鸡舍建筑面积，可减少投资，提高经济效益。（视频5-2-1　网上育雏网面的铺设，视频5-2-2　网上育雏）

视频5-2-1　网上育雏网面的铺设

视频5-2-2　网上育雏

二、立体育雏（笼养）

雏鸡养在多层笼内，可以增加饲养密度，减少建筑面积和占用土地面积，便于机械化饲养，管理定额高，适合于规模化饲养。育雏笼由笼架、笼体、料槽、水槽和托粪盘构成。规模不等，一般笼架长100厘米，宽60～80厘米，高150厘米。从离地30

厘米起，每40厘米为一层，可设三层或四层，笼底与托粪盘相距10厘米。（视频5-3　笼内育雏）

视频5-3　笼内育雏

第三节　育雏前的准备

一、制订育雏计划

育雏计划包括进雏时间、批次、数量，以及饲料、设备用具和人力的配备安排等。育雏计划的制订应考虑育雏舍大小、饲养方式及鸡群的整体周转安排等，原则上是做到全进全出，每批育雏后的空闲时间为1个月。这是防病和提高成活率的关键措施。首先应根据市场需求以及不同品种的生产性能、适应性等情况，确定饲养的品种。通过调查，选择非疫区、信誉好、正规的种鸡场，根据鸡舍面积、资金状况、饲养管理水平、散养场地的面积等确定进雏数量，然后根据市场供需、散养时间等确定进雏的时间。

二、育雏鸡舍的准备

（一）育雏舍的面积和要求

1.育雏舍的面积

育雏舍的面积根据育雏数量、育雏方式和育雏时间来确定。如饲养1000只鸡，饲养到6～8周龄，笼养，每平方米容鸡量为50只，需要20平方米的育雏舍；网上平养，每平方米容鸡量为18只左右，需要60平方米的育雏舍；地面平养，每平方米容鸡量为15只左右，需要70平方米的育雏舍。根据笼和网床设备的规格、摆放形式及场地状况确定育雏舍的长、宽规格。

2.育雏舍的要求

育雏舍不应靠近其他鸡舍，同其他鸡舍的间隔至少要有50米，鸡舍四周应有围墙隔离，出入围墙的大门应有消毒池，使车辆进出能经过此池消毒。育雏舍门口，设置消毒池，并保证池中有有效的消毒药；舍内安装好光照系统，保证光线明亮和均匀；有良好的排水和供水系统。

（二）育雏舍的清洁消毒

按照鸡的数量要求准备好育雏舍，并对鸡舍进行消毒。进鸡前对鸡舍进行彻底的清洁消毒。

1.清理、清扫

先移出鸡舍内的设备、用具，清理舍内垃圾、粪尿及一切杂物，然后进行彻底清扫。清扫前在舍内喷洒消毒液，可以防止尘埃飞扬。把舍内墙壁、天花板、地面的角角落落和不能移出的设备、用具清扫干净。

2.清洗

清扫后用高压水冲洗机清洗育雏舍的顶棚、墙壁、地面和笼具，不能冲洗的设备用具可以使用抹布擦拭干净。

3.消毒墙壁、地面和设备用具

用10%的石灰乳加5%的氢氧化钠溶液抹白墙壁，新建的育雏舍可用5%的氢氧化钠溶液或5%的福尔马林溶液喷洒。地面用5%的氢氧化钠溶液喷洒；把移出的设备、用具，如料盘、料桶、饮水器等清洗干净，用5%的福尔马林溶液喷洒或在消毒池内浸泡3～5小时，移入育雏舍。

4.熏蒸消毒

把消毒后的设备用具移入舍内后，封闭好鸡舍的门窗进行熏蒸消毒。常用的药品是福尔马林和高锰酸钾。根据育雏舍的污浊程度，选用不同的熏蒸浓度，见表5–1。

表5-1　不同熏蒸浓度的药物使用量

药品名称	Ⅰ	Ⅱ	Ⅲ
福尔马林（毫升/米^3）	14	28	42
高锰酸钾（克/米^3）	7	14	21

熏蒸步骤：

第一步，封闭育雏舍的窗和所有缝隙，根据育雏舍的空间分别计算好福尔马林和高锰酸钾的用量。

第二步，把高锰酸钾放入陶瓷或瓦制的容器内（育雏舍面积大时可以多放几个容器），将福尔马林溶液缓缓倒入，迅速撤离，封闭好门。

第三步，熏蒸效果最佳的环境温度是24℃以上，相对湿度75%～80%，熏蒸时间24～48小时。熏蒸后打开门窗通风换气1～2天，使其中甲醛气体逸出。不急用的可以不打开门窗，使用前再打开门窗通风。

【注意】熏蒸时，两种药物反应剧烈，因此盛装药品的容器尽量大一些；熏蒸后可以检查药物反应情况。若残渣是一些微湿的褐色粉末，则表明反应良好；若残渣呈紫色，则表明福尔马林量不足或药效降低；若残渣太湿，则表明高锰酸钾量不足或药效降低。

（三）育雏舍周围环境的清洁消毒

清除育雏舍外所有的垃圾、废物、杂草，用10%的甲醛或5%～8%的氢氧化钠溶液喷洒育雏舍周围和道路。进雏前1～2周和进雏前2天再各进行一次消毒。

（四）育雏舍的温度调试

安装好供温设备后要调试，观察温度能否上升到要求的温度，需要多长时间达到。如果达不到要求，要采取措施尽早解决。育雏前2天，要使温度上升到育雏温度且保持稳定。根据供温设备情况提前升温，避免雏鸡入舍时温度达不到要求而影响育雏效果。

三、其他准备

（一）人员准备

提前对饲养人员进行培训，以便其掌握基本的饲养管理知识和技术。育雏人员在育雏前1周左右到位并着手工作。

（二）饲料准备

不同的饲养阶段需要不同的饲料。育雏料在雏鸡入舍前1天进入育雏舍，每次配制的饲料不要太多，能够饲喂5～7天即可，饲料存放时间长易变质或造成营养损失。

（三）药品准备

准备的药品包括：疫苗等生物制品；防治白痢、球虫的药物（如球痢灵、三字球虫粉等）；抗应激剂（如维生素C、速溶多维）；营养剂（如糖、奶粉、多维电解质等）；消毒药（酸类、醛类、氯制剂等，准备3～5种消毒药交替使用）。

第四节　育雏条件

环境条件影响雏鸡的生长发育和健康，只有根据雏鸡生理特征和行为特点提供适宜的环境条件，才能保证雏鸡正常的生长发育。

一、温度

温度是饲养雏鸡的首要条件，温度不仅影响雏鸡的体温调节、运动、采食、饮水及饲料营养消化吸收和休息等生理环节，还影响鸡体的代谢、抗体产生、体质状况等。只有适宜的温度才有利于雏鸡的生长发育和成活率的提高。适宜的育雏温度见表5-2。

表5-2　育雏育成期适宜温度表

周龄	1～2天	1周	2周	3周	4周	5周	6周	7～20周
温度/℃	35～33	33～30	30～28	28～26	26～24	24～21	21～18	18～16

正确测定温度也很重要，如果温度计不准确或悬挂位置不当，导致测定的育雏温度不正确会直接影响育雏效果。温度计使用前要校对，其方法是：将一支标准温度计（体温计）和校对的温度计放入35～38℃的温水中，观察其差值，如果与标准温度计一致，说明准确；如果低于标准温度计A℃，可在校对的温度计上贴上白色胶布，并标注+A℃；如果高于标准温度计A℃，可在校对的温度计上贴上白色胶布，并标注-A℃。温度计的位置也要正确，温度计位置过高，测得的温度比要求的育雏温度低而影响育雏效果的情况在生产中常有出现。使用保温电热伞育雏，温度计应挂在距伞边缘15厘米，高度与鸡背相平（大约距地面5厘米）处。暖房式加温，温度计应挂在距地面、网面或笼底面5厘米高处。育雏期不仅要保证适宜的育雏温度，还要保证适宜的舍内温度。

注意观察雏鸡的行为表现来判断育雏温度是否适宜。温度适宜时，雏鸡在育雏舍内分布均匀，食欲良好，饮水适度，采食量每日增加。精神活泼，行动自如，叫声轻快，羽毛光洁整齐，粪便正常。饱食后休息时均匀地分布在保温电热伞周围或地面、网面上，头颈伸直，睡姿安详，育雏温度过高或过低时雏鸡的表现见表5-3。（视频5-4　育雏温度过低时雏鸡的表现）

视频5-4　育雏温度过低时雏鸡的表现

表5-3　育雏温度过高或过低时雏鸡的表现

	行为表现	危害
高温	幼雏远离热源，两翅和嘴张开，呼吸加深加快，发出吱吱鸣叫声，采食量减少，饮水量增加，精神差	雏鸡食欲减退，饮水增多，体质软弱，发育缓慢，易发生感冒、呼吸道病和啄癖，体重轻，均匀度差，羽毛生长不良。雏鸡对高温的适应能力强于低温，但在高温高湿和通风不良的情况下，雏鸡的代谢受到严重阻碍，导致其伸颈扬头或伏地频频喘气，瘫软不动，甚至衰竭死亡
低温	雏鸡拥挤叠堆，向热源靠近。行动迟缓，缩颈躬背，羽毛蓬松，不愿采食和饮水，发出尖而短的叫声。休息时不是头颈伸直，睡姿很安详，而是站立、雏体萎缩，眼睛半开半闭，不能安睡	雏鸡不愿采食和运动，拥挤叠堆易引起窒息死亡；雏鸡受冻下痢，易发生感冒；消化吸收发生障碍，卵黄吸收不良，腹部硬、大便发绿；不能很好地休息，体质衰弱，甚至死亡。育雏温度的骤然下降，会使雏鸡发生严重的血管反应，循环衰竭，窒息死亡

二、湿度

适宜湿度使雏鸡感到舒适，有利于健康和生长发育。育雏舍内过于干燥，雏鸡体内水分随着呼吸而大量散发，则腹腔内的剩余卵黄吸收困难，同时由于干燥饮水过多，易引起拉稀，脚爪发干，羽毛生长缓慢，体质瘦弱；育雏舍内过于潮湿，由于育雏温度较高，且育雏舍内水源多，容易造成高温高湿环境，在此环境中，雏鸡闷热不适，呼吸困难，羽毛凌乱污秽，易患呼吸道疾病，增加死亡率。一般育雏前期为防止雏鸡脱水，对相对湿度要求较高，为70%～75%，可以采用在舍内火炉上放置水壶、在舍内喷热水等方法提高湿度；10～20日龄，相对湿度降到65%左右；20日龄以后，由于雏鸡采食量、饮水量、排泄量增加，育雏舍易潮湿，所以要加强通风，更换潮湿的垫料和清理粪便，以保证舍内相对湿度为40%~55%。

三、通风

新鲜的空气有利于雏鸡的生长发育和健康。鸡的体温高，呼吸快，代谢旺盛，呼出二氧化碳多。加强通风换气可以驱除舍内污浊气体，换进新鲜空气。同时，通风换气还可以减少舍内的水蒸气、尘埃和微生物，调节舍内温度。通风换气的方法有自然通风和机械通风两种，自然通风的具体做法是：在育雏室设通风窗，气温高时，尽量打开通风窗（或通气孔），气温低时把它关好；机械通风多用于规模较大的养鸡场，可根据育雏舍的面积和所饲养的雏鸡数量选购和安装风机。

【注意】育雏舍既要保温，又要通风换气，保温与通气是互相矛盾的，应在保持温度的前提下，进行适量通风换气。育雏舍内空气以人进入舍内不刺激鼻、眼，不觉胸闷为适宜。通风时切忌间隙风，以免雏鸡着凉感冒。

四、饲养密度

饲养密度过大，雏鸡发育不均匀，易发生疾病，死亡率高，所以保持适宜饲养密度是必要的。育雏期饲养密度要求见表5–4。

表5–4　育雏期不同饲养方式的饲养密度

周龄	地面平养/（只/米^2）	网上平养/（只/米^2）	立体笼养/（只/米^2）
1 ~ 2	40 ~ 35	50~40	60
3 ~ 4	35~25	40~30	40
5 ~ 6	25~20	25	35
7 ~ 8	20~15	20	30

五、光照

育雏前3天，采用24小时的连续光照制度，光照强度为50勒克斯（相当于1平方米15～20瓦白炽灯），便于雏鸡熟悉环境，尽快学会采食，也有利于保温。4～7日龄，每天光照20小时，8～14日龄，每天光照16小时，以后采用自然光照，光线强度逐渐减弱。

六、卫生

雏鸡体小质弱，对环境的适应力和抗病力都很差，容易发病，特别是传染病。所以入舍前要加强对育雏舍和育成舍的消毒，加强环境和出入人员、用具设备消毒，经常带鸡消毒，并做好隔离，减少污染和感染。

第五节　雏鸡的选择和运输

一、雏鸡的选择

（一）公母雏鸡的选择

由于雌雄鉴别技术的推广应用，可以根据生产目的选择公母雏鸡，以降低生产成本，提高生产效率。如以产蛋为主，可以选择饲养母雏；以产肉为主可以选择饲养公雏；肉蛋兼用可以选择混合雏。（视频5-5　雌雄鉴别）

视频5-5　雌雄鉴别

（二）健康雏鸡的选择

由于土鸡的健康、营养和遗传等先天因素的影响，以及孵化、长途运输、出壳时间过长等后天因素的影响，初生雏中常出现有弱雏、畸形雏和残雏等，这些需要淘汰，因此选择健康雏鸡是育雏的首要工作，也是育雏成功的基础。初生雏的分级标准见表5–5。

表5–5 初生雏的分级标准

级别	健雏	弱雏	残次雏
精神状态	活泼好动，眼亮有神	眼小而细长，呆立嗜睡	不睁眼或单眼、瞎眼
体重	符合本品种要求	符合本品种要求或过小	过小，干瘪
腹部	大小适宜，平坦柔软	过大或较小，肛门粘污	过大或软或硬，青色
脐部	收缩良好	收缩不良，大肚脐，潮湿等	蛋黄吸收不完全，血脐，疗脐
绒毛	长短适中，毛色光亮，符合品种标准	长或短，质脆，色深或浅，粘污	火烧毛，卷毛，无毛
下肢	两肢健壮，行动稳健	站立不稳，喜卧，行走蹒跚	弯趾跛腿，站不起来
畸形	无	无	有
脱水	无	有	严重
活力	挣脱有力	软绵无力似棉花状	无

【注意】种用雏鸡除符合上面要求以外，还要在订购或接雏前做细致的调查，要求符合如下标准：一是品种纯正，外貌特征符合本品种要求；二是血缘清楚，符合本品种的配套组合要求；三是无垂直传染病和烈性传染病；四是母源抗体水平高且整齐。

（三）选择方法

选择方法可归纳为“一看”“二听”“三摸”“四问”。

“一看”，看雏鸡的精神状态。健雏活泼好动，眼亮有神，羽毛整洁光亮，腹部收缩良好。弱雏通常缩头闭眼，伏卧不动，羽毛蓬乱不洁，腹大松弛，腹部无毛且脐部愈合不好，有血迹、发红、发黑、疗脐、丝脐等。

“二听”，听雏鸡的叫声。用手轻敲雏鸡盒，发出响声，雏鸡受到惊吓会发出叫声。健雏叫声洪亮清脆。弱雏叫声微弱，嘶哑，或鸣叫不休，有气无力。

“三摸”，触摸雏鸡的体温、腹部等。随机抽取不同盒里的一些雏鸡，握于掌中，温暖、体态匀称、腹部柔软平坦、挣扎有力的便是健雏；鸡身较凉、瘦小、轻飘、挣扎无力、腹大或脐部愈合不良的是弱雏。

“四问”，询问种蛋来源，孵化情况以及马立克氏病疫苗注射情况等。来源于高产健康适龄种鸡群的种蛋，孵化过程正常，出雏多且整齐的雏鸡一般质量较好。反之，雏鸡质量较差。

二、雏鸡的运输

雏鸡出壳后，待一段时间绒毛干燥后，经挑选、雌雄鉴别、查数鸡只数量、注射马立克氏病疫苗等处理后就可以接运。

（一）装箱

运雏要使用专用雏鸡箱，现多采用的是长50～60厘米、宽40～50厘米、高18厘米的箱子，箱子四周有直径2 厘米左右的通气孔若干；箱内分4个小格，每个小格放25只雏鸡，每箱100只雏鸡。所有运雏用具和物品都要经过严格消毒之后方可使用。（视频5-6-1　专用雏鸡箱运雏，视频5-6-2　出雏箱运雏）

视频5-6-1
专用雏鸡箱运雏

视频5-6-2
出雏箱运雏

（二）运输工具

雏鸡的运输工具多种多样，选用情况由鸡的数量、路程远近和季节而定。汽车运输时间安排比较自由，又可直接送达养鸡场，中途不必倒车。火车、飞机也是常用的运输方式，适合长距离运输和夏、冬季运输，安全快速，但不能直接到达目的地。选用的工具要快速、便捷、平稳安全。

（三）证件齐全

雏鸡运输的押运人员应携带检疫证、身份证、合格证和种畜禽生产经营许可证、路单以及有关的行车手续。

（四）运雏人员选择

运雏人员必须具备一定的专业知识和运雏经验，还要有较强的责任心。最好是饲养者亲自押运雏鸡。

（五）运雏的适宜时间

初生雏鸡体内还有少量未被利用的蛋黄，可以作为初生阶段的营养来源，所以雏鸡在48小时内可以不饲喂。这是一段适宜运雏的时间。此外还应根据季节和天气确定启运时间。夏季运雏宜在日出前或傍晚凉快的时间段进行，冬天和早春则宜在中午前后气温相对较高的时间段启运。

（六）运输中的管理

1.保持适宜的温度

雏鸡的运输应防寒、防热、防闷、防压、防雨淋和防震动。雏鸡箱之间温度应保持在20～22℃，每摞箱子不要超过5个。冬季和早春运雏要带棉被、毛毯用品，夏季要带遮阳、防雨用品。特别注意早春和晚秋季节，使用棉被或毯子覆盖时，要避免因过于严密导致雏鸡出汗而引起感冒。

2.注意通风

运雏过程中，不注意通风，会使雏鸡受闷缺氧，严重的还会导致窒息死亡。因此，装车时要将雏鸡箱错开摆。箱周围要留有通风空隙，重叠高度不要过高；气温低时不要盖得太严；要避免因冷风直吹鸡体（一般运输工具的进风口留在后面）而引起雏鸡伤风感冒。

3.定时检查

运输人员要经常检查雏鸡的情况，通常每隔0.5～1小时观察1次。如见雏鸡张嘴抬头，绒毛潮湿，说明温度太高，要掀盖通风，降低温度。如雏鸡挤在一起，吱吱鸣叫，说明温度偏低，要加盖保温。当因温度低或是车子震动而使雏鸡出现扎堆挤压的时候，还需要将上下层雏鸡箱互相调换位置，以防中间、下层雏鸡受闷而死。

4.避免停车

装车后要立即启运，运输过程应尽量避免长时间停车。

【提示】接运的时间越短越好，即使是长途运输也不要超过48 小时，最好在24小时内将雏鸡送入育雏舍内，时间过长对鸡的生长发育都有较大的影响。

（七）雏鸡的入舍

先将雏鸡箱摞在地上，最下层要垫1个空箱或是其他东西，静置30分钟，让雏鸡从运输的应激状态中缓解过来，同时适应一下鸡舍的温度环境。然后再入舍、分群或装笼。

最好能根据雏鸡的强弱大小，分开安放。弱的雏鸡要安置在离热源最近、温度较高的地方。少数俯卧不起的弱雏，放在35℃的温热环境中特别饲养。（视频5-7　雏鸡入舍后放入笼内）

视频5-7　雏鸡入舍后放入笼内

第六节　雏鸡的饲养管理

一、饮水

水在鸡体内占有很高的比例，且是重要的营养素。鸡的消化吸收、废弃物的排泄、体温调节等都需要水，如果饮水不良，必然会影响鸡的生长发育。所以，育雏期必须保证供应充足饮水。

（一）入舍后的饮水

据研究，雏鸡出壳后24小时消耗体内水分的8%，48小时消耗15%，加之运输、入舍等，体内水分容易消耗，所以，一般应在出壳24～48小时内让雏鸡饮到水。雏鸡入舍后先饮水，可以缓解运输途中给雏鸡造成的脱水和路途疲劳，提高雏鸡的适应力。出壳过久饮不到水会引起雏鸡脱水和虚弱，而脱水和虚弱又直接影响雏鸡学会饮水和采食的进程。

【重要提示】为使雏鸡尽快恢复体力、消除运输应激，雏鸡入舍前1～3小时将灌有水的饮水器放入舍内，并最好在饮水中按5%的比例加入蔗糖或葡萄糖，或2%～3%的奶粉，也可以按厂家说明加入电解多维、维生素B_{12}、维生素C或其他抗应激剂等。

如果雏鸡不知道或不愿意饮水，应采用人工诱导或驱赶的方法（把雏鸡的喙浸入水中几次，雏鸡知道水源后会饮水，其他雏鸡也会学着饮水），使雏鸡尽早学会饮水（图5–2），对个别不饮水的雏鸡可以用滴管滴服。

图5–2　雏鸡饮水

（二）饮水器的位置

小型鸡使用小号饮水器，中型或大型鸡用中号饮水器。保温电热伞育雏，饮水器放在保温电热伞的边缘外的垫料上；暖房式育雏（整个育雏舍内温度达到育雏温度），饮水器放在网面上、地面上或育雏笼的底网上。饮水器放置处要温暖、明亮，靠近料盘（距料盘不超过1米），摆放均匀（图5-3），边缘高度与鸡背相平，每100只雏鸡应有2~3个饮水器。（视频5-8　雏鸡饮水器、料桶的摆放）

视频5-8　雏鸡饮水器、料桶的摆放

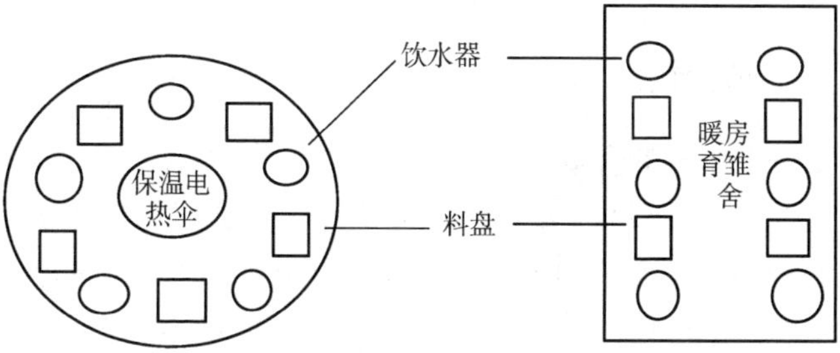

图5-3　饮水器和料盘的摆放位置

（三）饮水温度

0～3日龄雏鸡饮用温开水，水温为16～20℃，以后可饮洁净的自来水或深井水。

（四）饮水量

雏鸡的正常饮水量见表5-6。

表5-6　雏鸡的正常饮水量

周龄	1～2	3	4	5	6	7	8
饮水量/[毫升/（天·只）]	自由饮水	40～50	45～55	55～65	65～75	75～85	85～90

【注意】①将饮水器均匀放在育雏舍光亮温暖、靠近料盘的地方。②保证饮水器中经常有水，发现饮水器中无水，后立即加水，不要待所有饮水器无水时再加水（雏鸡有定位饮水习惯），

避免鸡群缺水后暴饮。③饮药水要现用现配以免失效，掌握准确药量，防止过高或过低，过高易引起中毒，过低则无疗效。④经常刷洗饮水器水盘，保持干净卫生。⑤饮水免疫的前后2天，饮用水和饮水器不能含有消毒剂，否则会降低疫苗效果，甚至使疫苗失效。⑥注意观察雏鸡是否都能饮到水，发现饮不到水的要查找原因，立即解决。若饮水器少，要增加饮水器数量，若光线暗或不均匀，要增加光线强度，若温度不适宜，要调整温度。

二、饲喂

（一）雏鸡的开食

雏鸡首次喂料称为开食。雏鸡开食要适时，原则上大约有1/3的雏鸡有觅食行为时即可开食。一般是幼雏进入育雏舍，休息、饮水后就可开食。最重要的是保证雏鸡出壳后尽快学会采食，学会采食时间越早，采食的饲料越多，越有利于早期生长和体重达标。

开食最合适的饲喂用具是大而扁平的容器或料盘。因其面积大，雏鸡容易接触到饲料和采食饲料。每个规格为40厘米×60厘米的开食盘，可容纳100只雏鸡采食。有的鸡场在地面或网面上铺上厚实、粗糙并有高度吸湿性的黄纸。开食料过去常用小米、玉米，南方也有用大米。如将小米煮七成熟后沥水即可。现在常用配合饲料，将全价配合饲料用温水拌湿，（手握成块一松即散）撒在开食盘或黄纸上面让鸡采食。湿拌料可以提高适口性，又能保证雏鸡采食的营养物质全面（因许多微量物质都是粉状的，雏鸡不愿采食或不易采食，拌湿后，粉可以粘在粒料上，雏鸡一并采食）。对不采食的雏鸡群要人工诱导其采食，即用食指轻敲纸面或食盘，发出小鸡啄食的声响，诱导雏鸡跟着手指啄食，只要有一部分小鸡啄食，很快就会全群采食。

【小知识】雏鸡的早期饲喂可以使雏鸡的消化道及早接触饲料，促进消化器官发育。同时，可以尽早为雏鸡提供营养。雏鸡孵出后虽然体内存留有7~8克卵黄，可以给雏鸡提供早期营养，但卵黄含有大量免疫球蛋白，作为营养利用会影响雏鸡抗病力。如果及早饲喂，雏鸡可以通过饲料获得营养，使卵黄更多地作为免疫球蛋白被利用，可增强雏鸡的抗病力和促进生长。

开食后，第一天喂料要少撒勤添，每1～2小时添料一次，添料的过程也是诱导雏鸡采食的一种措施。

开食后要注意观察雏鸡的采食情况，保证每只雏鸡都能吃到饲料，尽早学会采食。开食几小时后，雏鸡的嗉囊应是饱的，若不饱应检查其原因（如光线太弱或不均匀、食盘太少或撒料不匀、温度不适宜、体质弱或其他情况）并加以解决和纠正。开食好的鸡采食积极、速度快，采食量逐日增加。

【提示】雏鸡不食原因：一是突然更换饲料，如两种饲料的品质或饲料原料差异很大，突然更换，鸡只没有适应引起不食或少食；二是饲料的腐败变质，如酸败、霉变等；三是环境条件不适宜，如育雏期温度过低或过高、温度不稳定，育成期温度过高等；四是疾病，如鸡群发生较为严重的疾病。

（二）饲喂的要点

1.饲喂次数

在前两周每天喂6次，其中早晨5点和晚上10点各一次；3～4周每天喂5次；5周以后每天喂4次。育成期一般每天饲喂1～2次。

2.饲喂方法

进雏后的前3～5天，饲料撒在黄纸或料盘上，让雏鸡采食，以后改用料桶或料槽。前两周每次饲喂不宜过饱。幼雏贪吃，容易采食过量，引起消化不良，一般每次让其采食九成饱即可，采食时间约45分钟。3周以后可以自由采食。生产中要根据鸡的采食情况灵活掌握喂料量，下次添料时余料多或吃的不净，说明上次喂料量较多，可以适当减少一些，反之，应适当增加喂料量。既要保证雏鸡吃好，获得充足营养，又要避免饲料的浪费。（视频5–9–1　开食3~5天后用料桶饲喂，视频5–9–2　5日龄笼养雏鸡料桶及饮水器）

视频5–9 –1　开食3~5天后用料桶饲喂

视频5–9–2　5日龄笼养雏鸡料桶及饮水器

3.料中加入药物

为了预防沙门氏菌病、球虫病的发生，可以在饲料中加入药物。

【提示】料中加药时，剂量要准确，拌料要均匀，用药时间要适当，还要考虑雏鸡的采食量和体重，以防药物中毒。

4.定期饲喂沙砾

鸡无牙齿，消化食物靠肌胃蠕动和胃内沙砾研磨。4周龄时，每100只鸡喂250克中等大小的不溶性沙砾（不溶性是指不溶于盐酸，可以将沙砾放入盛有盐酸的烧杯中，如果有气泡则说明是可溶性的）。8周龄后，垫料平养每10只鸡每周补充450 ~ 500克不溶性沙砾，网上平养和笼养每100只鸡每4 ~ 6周补充450 ~ 500克不溶性沙砾（图5–4），粒径为3 ~ 4毫米，一天用完。

5.喂给青绿饲料

青绿饲料（图5–5）富含维生素，雏鸡从5 ~ 6日龄起，可以喂给青绿饲料。将青绿饲料切碎后混于粉状饲料中饲喂或单独饲喂，青绿饲料的用量占精饲料量的20%为宜，适用于小型养殖场（户）。规模化养殖场不饲喂青绿饲料，可在日粮中添加多种维生素。

图5-4　沙砾

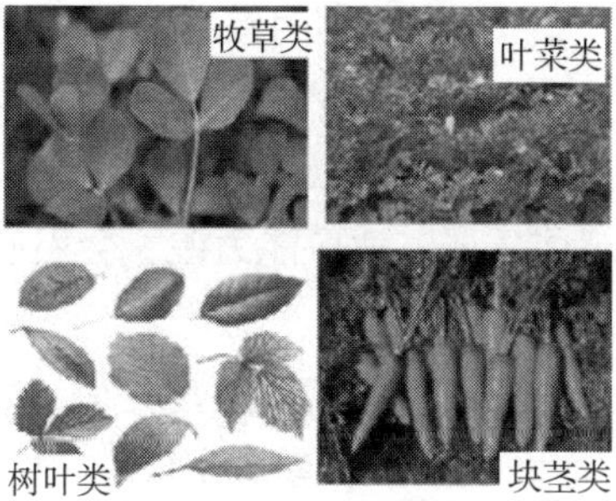

图5-5　青绿饲料

三、断喙

舍内饲养，特别是笼养的鸡，由于种种原因，如饲养密度大，光照强，通气不良，饲料不平衡及鸡体自身因素等，会引起鸡群之间相互叼啄，形成啄癖，包括啄羽、啄肛、啄翅、啄趾等。由于鸡的模仿性，一旦出现啄癖，轻则伤残，重则造成死亡，损失很大，所以生产中要对鸡进行断喙。同时，断喙可节省饲料，减少饲料浪费，使鸡群发育整齐。

果园林地散养土鸡时由于环境发生了很大变化，土鸡有充足的活动空间，饲养密度较小，可以自由觅食青绿饲料和一些矿物元素，并且有丰富的嬉戏空间和“玩具”，有利于减少恶癖。

【提示】果园林地散养的土鸡断喙与否，可以根据具体情况确定。如果饲养的是种鸡，母鸡可以断喙，而种公鸡则不可断喙；如果散养密度小，可以不断喙，散养密度大则可以断喙；如果散养的蛋鸡群有相互啄食的现象，可适当断喙。但散养鸡断喙的程度不应像舍内饲养或笼养鸡那样严重，轻微断喙即可，以免影响鸡的啄食。

（一）时间和用具

断喙时间应严格掌握，一般在6～9日龄断喙。断喙对雏鸡来说是较大的应激，断喙时间晚，喙质硬，不好断；断喙过早，雏鸡体质弱，适应能力差，会引起较严重的应激反应。较好的用具是自动断喙器。

（二）标准和方法

用拇指捏住鸡头后部，食指捏住下喙咽喉部，将上下喙合拢，放入断喙器的小孔内，借助灼热的刀片，在喙尖距鼻孔前端1/3处断掉（笼养鸡断喙略轻），并烧烙2～3 秒止血，防止感染。

（三）注意事项

1.雏鸡健康无病

断喙时要求鸡群健康状况良好，在鸡群发病前后，或接种疫苗前后，不宜断喙，以免因应激而致雏鸡发病死亡。

2.刀片的温度适宜

刀片温度在650～750℃为适宜（断喙器刀片呈暗红色）。温度太高，会将喙烫软变形；温度低则起不到断喙作用，即使断去喙，也会引起出血、感染。

3.操作准确

断过的喙应上短下长才符合要求（图5-6）。断喙不可过长，一则易出血不易止血，二则影响以后的采食，造成生长缓慢；刀不能接触鸡舌。断喙时，用拇指按住雏鸡头的上部或侧面，食指轻压雏鸡咽部使其缩舌，可避免舌与热刀接触。

断喙时热刀接触喙的时间为3秒，可使刃面完全止血，切面角端圆滑。注意：热刀接触喙的时间如果过短，不利于止血；接触喙的时间如果过长，则不利于雏鸡今后生长。

4.加强管理

断喙对鸡是一个较大应激，为减少应激，断喙前后2天内应在饮水或饲料中添加足量的抗应激剂；为防止断喙后出血，在断喙前后3天，料内加维生素K_3；断喙后食槽应有1～2厘米厚度的饲料，以避免雏鸡采食时与槽底接触引起喙痛，影响以后采食；断喙后要细致观察，如有出血应立即用热刀烙切面止血。

5.严格消毒

断喙器使用前要消毒，以防断喙时交叉感染。

图5-6　断喙操作（左）和断喙前后比较（右）

四、定期测定体重

第3～4周开始称测体重，每周或每2周称重一次。每周的同一天、同一时间称测。

（一）工具和取样

使用磅秤或较大的天平称重（图5-7），磅秤要精确，误差在15克之内。取样方法：平养时常采用对角线法，在对角线两端用折叠的铁丝网将鸡（圆圈内的鸡）包围起来，所围的鸡数应接近计划抽样称重的鸡只数，抽测鸡数不少于1%，分栏饲养每栏都称，最少称50只鸡；围起的鸡都要称重，逐只称重。

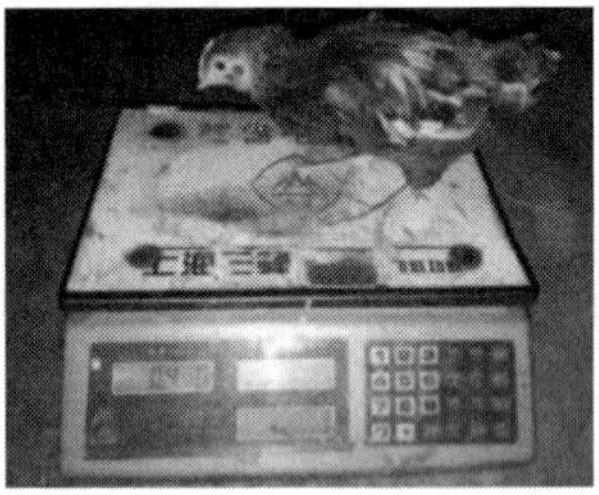

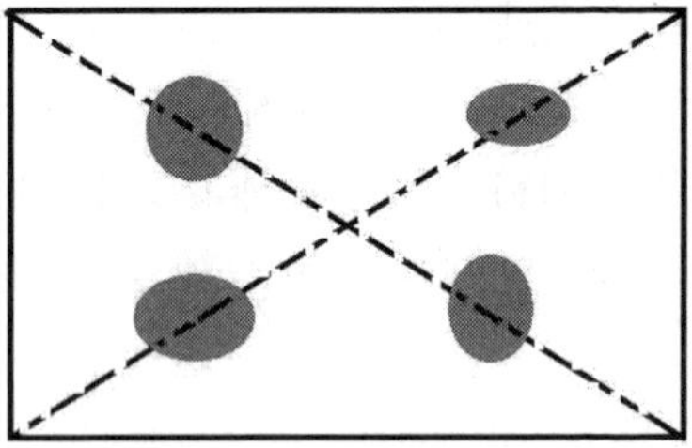

图5-7　称重工具（左）和取样示意图（右）

（二）计算平均体重

将称重鸡只的体重相加，求得总重量，然后将总重量除以称重鸡数，即可得出平均体重。计算公式：

$$X（抽样平均体重）=\frac{\sum（抽样的重量总和）}{N（抽样个体数）}$$

（三）计算体重均匀度

体重均匀度是指体重在鸡群平均体重 ± 10%范围内的鸡占鸡群总数的百分比，表征鸡群中每只鸡体重大小的均匀程度（图5-8）。它是鸡群生产性能和饲养管理技术水平的综合指标，体

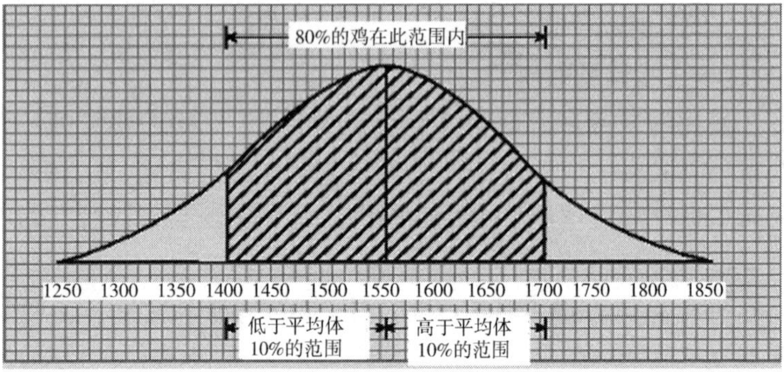

图5-8　体重均匀度

重均匀度若达不到标准，不仅影响种蛋产量，而且鸡群脱肛、啄肛多，死淘率高。

体重均匀度的要求见表5-8。影响体重均匀度的因素主要有开食饮水、分群、断喙、应激和舍内环境等。

表5-8　土鸡各周龄体重均匀度标准

周龄	体重均匀度/%
4~6周	≥85
7~11周	≥83
12~15周	≥80
16~19周	≥78
20周以上	≥75

（四）体重的调整

若体重超出标准，则下一周不增加喂料量，直至与标准相符再恢复喂料量；若体重低于标准，则下一周增加喂料量，平均体重与标准相差多少克，增加多少克饲料，并在2～3周内喂完。

（五）均匀度的调整

科学管理，如正确断喙，保持鸡舍空气新鲜和适宜的密度，减少应激，以及控制疾病等；保证采食均匀，采食位置充足，减少投料次数，快速投料及喂料后多次匀料等；分群管理，把鸡群内的鸡分为超标、达标和不达标三个群隔开饲养管理。超标的限制饲养，达标的正常饲养，不达标的提高营养水平，增加喂料量，使用抗生素、助消化剂和抗应激剂等，促进生长发育，使其尽快达标。

五、日常管理

保持良好的环境温度、湿度、通风、光照、饲养密度等环境条件是育雏成功的基础，除了控制好环境条件外，还应注意如下管理：

（一）加强对弱雏的管理

随着日龄增加，雏鸡群内会出现体质瘦弱的个体。注意及时挑出小鸡、弱鸡和病鸡，隔离饲养，可在饲料中添加糖、奶粉等营养剂，或加入维生素C或速溶多维等抗应激剂，必要时可使用土霉素、链霉素等抗菌药物等，并精心管理，以赶上整个鸡群的发育。

（二）注意观察鸡群

观察鸡群能及时发现问题，把疾患消灭于萌芽状态。所以每天都要细致地观察鸡群。观察从以下几个方面进行：

1.采食情况

正常的鸡群采食积极，食欲旺盛。触摸嗉囊饱满。个别鸡不食或采食不积极时应隔离观察。有较多的鸡不食或采食不积极，应高度重视，并及时找出原因。其原因一般有：一是突然更换饲料，如两种饲料的品质或饲料原料差异很大，突然更换，鸡只不适应而引起不食或少食；二是饲料的腐败变质，如酸败、霉变等；三是环境条件不适宜，如育雏期温度过低或过高、温度不稳定，育成期温度过高等；四是疾病，如鸡群发生较为严重的疾病。

2.精神状态

健康的鸡活泼好动；不健康的鸡会呆立一边或离群独卧、低头垂翅等。

3.呼吸系统情况

观察有无咳嗽、流鼻、呼吸困难等症状，在晚上夜深人静时，蹲在鸡舍内静听雏鸡的呼吸音，正常情况应该是安静，听不到异常声音。如有异常声音，应引起高度重视，并做进一步的检查。

4.粪便状态

粪便可以反映鸡群的健康状态，正常的粪便多为不干不湿的黑色圆锥状，顶端有少量尿酸盐沉着，发生疾病时粪便会有不同的表现。如鸡患白痢时排出的是白色带泡状的稀薄粪便，患球虫病时排出的是带血或肉状粪便，患传染性法氏囊病时排出的是稀薄的白色水样粪便等。粪便观察可以在早上开灯后进行，因为晚上鸡只卧在笼内或网上排粪，鸡群没有活动前粪便的状态容易观察。

（三）调教

喂鸡时给固定信号，如吹哨、敲盆等，声音一定要轻，以防炸群，久而久之，鸡就建立起条件反射，每当鸡听到信号就会过来采食，为以后散养做准备。

（四）卫生管理

笼养和网上育雏时，每2～3天清1次粪便，以保持育雏舍的清洁卫生。厚垫料育雏时，及时清除粘污粪便的垫料，更换新垫料；搞好环境卫生及环境和用具的消毒，定期用百毒杀、新洁尔灭等消毒。

（五）疾病预防

严格执行免疫接种程序，预防传染病的发生。每天早上要通过观察粪便了解雏鸡健康状况，主要看粪便的稀稠、形状及颜色等。2～7日龄，为防止肠道细菌性感染要进行预防投药。20日龄后，要预防球虫病的发生，尤其是地面散养的鸡群，可投喂抗球虫药物。

（六）记录和成本核算

认真做好各项记录。每天检查记录的项目如下：

（1）日常记录，包括雏鸡的精神状态、环境条件（温度、湿度、光照、通风换气、卫生等）、死亡淘汰情况、采食情况（饲料、饲喂时间、采食量、采食速度等）以及外界气候变化。

（2）用药防疫记录，包括使用药物的名称、含量、剂量、用药期和用药效果，疫苗的种类、生产厂家、有效期、使用剂量、接种时间和方法等，消毒药物的名称、有效成分、配比浓度、消毒时间和方法等，添加剂的名称、有效成分、添加的剂量和使用时间等。

（3）财务记录，包括人员配备及费用，使用饲料、药物和其他物资的数量、价格和费用，出售的产品收入等。

（4）雏鸡成本。

雏鸡成本=育雏期的总成本（元）÷成活的雏鸡数（只）

=（饲料费+人工费+医药费+折旧费+其他费用–粪便等收入）（元）÷成活的雏鸡数（元）

第六章　土鸡散养期的饲养管理

第一节　果园林地散养土鸡的活动规律

一、散养鸡的活动规律

早出晚归是散养条件下鸡的一般生活习性。鸡的外出和归舍与太阳活动有密切关系，散养鸡一般在日出前0.5～1小时离开鸡舍，日落后0.5～1小时归舍。一般季节，其采食的主动性在日落前后最强，早晨次之，中午多有休息的习惯，但冬季的中午活动比较活跃。

二、散养鸡的产蛋规律

散养鸡产蛋的时间80%左右集中在中午以前，以9时至11时为产蛋高峰期。但其产蛋时间持续全天，不如笼养鸡集中，这可能与散养条件下其营养获取不足有关。

三、散养鸡的活动范围

（一）一般活动半径

一般活动半径指80%以上鸡的活动半径。研究观察发现，不同饲养密度条件下，鸡的活动半径不同。随饲养密度的增加，鸡的活动半径逐渐增加，但80%以上的鸡活动半径在100米以内。

（二）最大活动半径

最大活动半径指群体中少数生命力较强的鸡超出一般活动范围，达到离鸡舍最远的活动距离。低密度条件下，最大活动半径在500米以内，随着饲养密度的增加，最大活动半径增加。高密度饲养条件下，最大半径可达到1000米。

土鸡散养的活动半径（范围）还受其他因素影响。鸡的一般活动半径和最大活动半径与草场植被和地势有关。植被较好较多的山场，鸡的活动半径较小，而退化山场，可食牧草较少，植被覆盖率较低，鸡的活动半径增大；高低不平的地块，无论下行还是往上爬行，鸡的活动半径均缩小。而在平坦的地块，鸡的活动半径增大。活动半径还与鸡舍门口位置、朝向、补料和管理有关。一般往鸡舍门口方向前行的半径大，背离门口方向的半径小。大量补充饲料会使鸡产生依赖性，从而使其活动半径缩小；经过调教后，一般活动半径会增大，但对最大活动半径没有明显影响。

【提示】饲养方式和环境条件的改变，会使土鸡的活动规律和活动方式发生一定变化。了解散养土鸡的活动规律，有利于确定鸡群散养密度、饲养规模和管理模式。

第二节　果园林地散养土鸡散养前的准备

视频6-1　饲养32日龄可以脱温散养的土鸡

当雏鸡养育到一定阶段，能够适应外界环境条件变化后，就可以在果园林地进行散养，生产优质的商品土鸡和鸡蛋。（视频6-1　饲养32日龄可以脱温散养的土鸡）由舍内饲养突然转移到放养地，环境发生了很大变化，饲养管理也发生变化，需要做好一些准备工作。

一、散养场地的选择

散养场地应符合《绿色食品产地环境质量》（NY/T 391—2021）的要求。有土鸡可食的饲料资源，如昆虫、饲草、野菜等，可选用山地、林地、果园、农田、荒地、草场、草山及草坡等，地势平坦或缓坡，背风向阳。一般每公顷散养100～400只。

二、散养模式确定

散养模式，是指散养鸡的周期性安排，如什么时间进雏，什么时间散养，饲养周期多长，以产肉还是产蛋为主，何时出栏等。散养模式的确定，不仅影响环境资源和饲料资源的利用，还影响产品的销售价格和养殖效益。

（一）散养模式确定的原则

1.气候特点

外界气候的变化对土鸡的生长和产蛋都有较大影响。由于育雏期需要额外供温，生长期和产蛋期需要一定的温度，所以，把生长期和产蛋的高峰期尽量安排在气候最适宜的时候，以充分利用自然资源；把出栏期安排在自然气候条件不适宜的季节内，如冬季。

2.资源特点

散养土鸡以自由采食野外自然饲草饲料为主，如野草、野菜、虫体、腐殖质等，而这些自然食物具有很强的季节性。从我国华北大多数地区的自然条件看，从每年的4月上旬至10月下旬均可获得数量不等的饲料，而最佳时期是6～10月份。因此，应将土鸡生长和产蛋的高峰期安排在这一季节，以通过大量采食优质的自然饲料，提高产品质量，降低投入，提高效益。

3.市场特点

鸡肉或鸡蛋作为一种特殊商品，有特定的消费群体，相关产品的消费是不均衡的，其价格在一年四季是不断波动的。应根据一般规律，将出栏时间或产蛋高峰期安排在需求量较大的节日或月份，以获得较高的收益率。

（二）合理的散养模式

北方地区，合理的散养模式如下：

模式一：年生产两批模式（生产肉土鸡）。即第一批，3月中旬进雏，4月下旬散养，7月中旬出栏；第二批，6月中旬进雏，7月中旬散养，9月底至10月初出栏。

一年在同一地块里出栏两批鸡。第一批在气候较温暖的4月上旬育雏。育雏结束后，野生饲料资源丰富，在整个散养期以散养为主，大量利用野生饲料，补充少量饲料，7月上旬后选择生长较快的公鸡先出栏，直至中旬全部出售。第一批全部出栏前1个月，开始第二批。第一批鸡出栏后，即可散养第二批鸡，使两批鸡散养有一定的时间间隔。由于此时气温很高，育雏只需要少量的供暖，1个月左右便可散养。出栏时间正值中秋节和国庆节两大节日，无论公鸡还是母鸡，全部出栏，市场价格高。鸡全部出栏后，也正赶上农忙季节，即秋收秋种，这时可腾出时间用于农活。

模式二：年生产一批模式。一种是产蛋产肉，1月上旬进雏（冬季育雏），3月散养（春季育成），6月上、中旬产蛋（牧草生产旺季产蛋），次年1月份淘汰。生产周期1年。年饲养一批，使产蛋期有充足的自然饲料资源，生产优质鸡蛋，降低饲养成本；并使鸡蛋的出售赶上国庆节、中秋节和元旦等几个大的节日。在产蛋高峰过后，也就是元旦期间，停止饲养，全部作为肉鸡淘汰，获得较高的效益。但这一模式育雏期和育成期是在较寒冷的季节进行，需要的投入较多，也要求较高的技术支撑。在鸡全部淘汰的同时，又引进下一年度的雏鸡，形成1年1个生产周期。另一种是肉土鸡。4月上旬进雏，5月上旬散养，到9月底至10月初出栏。年饲养一批，使散养期有充足的自然饲料资源和适宜的环境条件，生产出优质土鸡，降低饲养成本，并使土鸡的出售在国庆节前后。

模式三：500天散放模式（产蛋为主）。4月下旬至5月上旬进雏，6月中旬散养，10月上旬产蛋， 次年10月上旬作为肉用淘汰。育雏期安排在气候较温暖的5月份，由于外界温度较高，可以降低育雏成本；散养期在整个自然资源比较充足的季节，可以降低饲养成本；产品供应正值供求紧张的中秋节、国庆节、元旦和春节。市场产品价格较高。产蛋1年后淘汰，也恰好是在需求量大的中秋节和国庆节期。

三、搭建棚舍

根据散养场地的面积、散养土鸡的数量确定棚舍的面积和数量。每个棚舍能容纳300～500只青年鸡或200～300只产蛋鸡。多列棚舍要布列均匀，坐北朝南，间隔150～200米。

棚舍跨度4～5米，高2.5米；棚舍内设置栖架，每只鸡所占栖架的位置不低于17～20厘米；产蛋棚舍要环境安静，防暑保温；每5～6只母鸡设1个产蛋窝，安静避光，窝内放入少许麦秸或稻草。

棚舍材料可以使用砖瓦、竹竿、木辊、角铁、钢管、油毡、石棉瓦及篷布等；棚舍四周要留通风口；简易棚舍的主要支架要用铁丝，从东南西北4个方向拉牢固定。

四、围网筑栏

果园林地散养土鸡，散养场地比较大，要用尼龙网或铁丝网将散养场地围栏封闭：一是防止丢失土鸡。刚刚放牧的时候，可通过围网限制其活动范围，以防止丢失；以后逐渐放宽活动范围，直至自由活动。二是放牧均匀。当一个群体数量很大的时候，鸡有一定的群集性。由于鸡的活动半径较小（一般100米以内），众多的土鸡生活在较小的范围内，容易形成鸡经常活动的区域出现过牧现象，形成“近处光秃秃，远处绿油油”。通过围栏筑网，将较大的鸡群隔离成若干小的鸡群，防止出现这种现象。三是限制活动区域。果园或农田，病虫害是难免发生的。为了防治病虫害，需要使用农药。尽管目前推广的均为高效低毒农药，但为了保证安全，需要在喷农药期间停止放牧1周以上。若在果园或农田围栏筑网，喷施农药要有计划地进行，以便在没有喷施农药或喷施1周以上的地块散养土鸡。在农区或山区，农田、果园、山场或林地由家庭承包，在多数情况下农民承包的面积有限。在有限的地块养鸡，如果不限制鸡的活动，往往鸡的活动范围会超出自家。为了安全，同时为了防止鸡群对周围作物的破坏，减少邻里摩擦，往往采取围网的方式。四是有利于分区轮牧。散养鸡，是为了让鸡充分采食自然饲料，包括青草、昆虫和腐殖质等。但是，多数情况下，青草的生长速度低于鸡的采食速度，很容易出现过牧现象。为了防止过牧现象的发生，可将一个地块用围网分成若干小区域（一般3个左右），使鸡轮流在多个区域内采食，即分区轮牧，每个区域放牧1～2周，使土地休养生息结合，有利于资源开发和提高资源利用效率。（视频6-2　围栏及自动饮水器）

视频6-2　围栏及自动饮水器

五、设备用具准备

在散养场地安装好自动饮水装置，配备足够数量的饮水器，满足土鸡散养时的饮水需求。舍内安装栖架，产蛋舍安装产蛋箱。在鸡舍一侧可专门设置一个补料区，放置饲槽等用具。

六、免疫接种

按照制定的免疫程序，进行确切的免疫接种，为散养鸡提供良好的健康保证。

第三节　果园林地散养土鸡的分群管理

根据放牧条件和土鸡的具体情况，将不同品种、不同性别、不同年龄和不同体重的鸡分开饲养，以便于有针对性地采取有效管理措施，即分群。规模化散养，散养的数量多，通过科学的分群管理，可以提高成活率、提高生长速度和饲料效率，充分地利用自然资源，最大限度地提高劳动效率，获得较好的经济效益。

一、分群时间

分群可在从育雏室转到散养场地时进行。要在晚上进行，以减少应激发生。

二、分群方法

可以根据不同日龄、不同体重和不同生理阶段，将土鸡分为不同的群体，避免大小混养。不同日龄、不同体重和不同生理阶段的鸡，其营养需要、饲料类型、管理方式和疾病发生的种类及特点都不一样。如果将它们混养在一起，就无法有针对性地饲养和管理。例如，产蛋鸡和大雏鸡混养，饲料无法配制和提供。如果按照产蛋鸡补料，其含钙、磷过高，大雏鸡采食过多会造成疾病。如果按照大雏鸡的营养需要补料，产蛋鸡明显钙、磷不足而严重影响产蛋率和鸡蛋品质。特别是疾病预防，难以按照防疫程序执行，从而相互传染，导致疾病不断而无法控制。

一般同一批散养的鸡分群应与育雏阶段的分群相一致，即育雏室内每个小区内的雏鸡最好分在1个鸡舍内。根据散养场地每个简易鸡舍容纳鸡的数量，一次性放进足量的小鸡。如果散养场地简易鸡舍的面积较大，安排的土鸡数量较多，应将鸡舍分割成若干单元，每个单元容纳的鸡最好小于500只。

三、群体大小

（一）群体大小确定依据

依据品种、周龄、性别和放牧地的可食植被状况及鸡舍之间的距离、鸡舍大小确定群体大小。一般而言，土鸡活泼爱动，体质健康，适应性强，活动面积大，群体可适当小些；小鸡阶段采食量小，饲养密度和群体适当大些；而大鸡的采食量较大，在有限的活动场地散养的数量适当少些；植被状况良好，群体适当大些；植被较差，饲养密度和群体都不应过大，否则容易产生过牧现象；公、母鸡混养，公鸡的活动量大，生长速度快，可提前作为肉鸡出栏，群体可适当大些；若饲养鉴别母雏，一直饲养到整个生产周期结束，群体不宜过大。

（二）群体大小要适宜

群体过大，饲养效果差。第一，群体大，在较小的放牧面积内饲养过多的鸡，容易造成草地的过牧现象而使草地退化。第二，由于过牧，草生长受到严重影响，鸡在野外获取的营养较少，主要依靠人工饲喂。因此，更多的鸡在鸡舍附近活动，形成了采食依赖性，不仅增加了饲养成本，而且鸡的生长发育和产品品质都受到影响。第三，在较小的范围内有较多的鸡活动，饲养密度过大，疾病的发生率较高。第四，密度大，营养供应不足或营养单调，容易发生恶癖，如啄肛、啄羽和打斗等。群体过小，则管理不方便，容易造成资源浪费。

一般平原地区的草场、农田和果园等，以鸡舍为圆心，70%以上的鸡在半径 50米以内活动，90%以上在半径100 米以内活动。因此，群体大小应以50～100米为半径的圆面积为1个活动单元，根据牧草的情况，确定单位面积散养鸡的数量。如一般草地每亩容纳鸡的数量为20～30只，好的草场可达到40～50只，最高不宜超过80只。这样计算，1个饲养单元的面积应控制在7000～18 000平方米，一般群体应控制在300～500只。

第四节　果园林地散养土鸡的调教

调教是指在特定环境下给予特殊信号或指令，使之逐渐形成条件反射或产生习惯性行为，对土鸡的调教应该从小进行。调教是散养鸡饲养管理工作不可缺少的技术环节，包括喂食和饮水的调教、散养的调教、归巢的调教、上栖架的调教和紧急避险的调教等。

一、喂食和饮水的调教

散养鸡每天的补料量是有限的，因此，要保证每只鸡都获得足够的饲料，应在补充饲料时同一个时间段共同采食。在野外饮水条件有限时，为了保证饮水的卫生，尽量减少开放式饮水器暴露在外的时间，需要定时饮水，也需要统一同时进行。

喂食和饮水的调教应在育雏时开始，在散养时进一步强化，并使其形成条件反射。一般以一种特殊的声音作为信号。这种声音应该柔和而响亮，不可使用爆破声和模仿野兽的叫声，持续时间可长可短。生产中多用吹口哨和敲击金属物品的方式。

以喂食为例，调教前应使其有一定的饥饿时间，然后，一边给予信号（如吹口哨），一边喂料，喂料的动作尽量使鸡看得到，以便听觉和视觉双重感应，加速条件反射的形成。每天反复训练，一般3天以后鸡群即可建立条件反射。

二、散养的调教

很多鸡的活动范围很窄，尽管远处有丰富的饲草资源，但它宁可饥饿，也不远行一步。为使牧草得到有效利用，应当对鸡群进行调教。调教的方法是：一人在前面引导，即一边慢步前行，一边按照一定的节奏给予一定的语言口令（如不停地叫“走……”），一边撒扬少量的食物（作为诱饵）；后面一人手拿一定的驱赶工具，一边发出驱赶的语言口令，一边缓慢舞动驱赶工具前行，直至到达牧草丰富的草地。这样连续几日后，鸡群即可逐渐习惯往远处采食。

三、归巢的调教

土鸡具有晨出暮归的特性。每天日出前便离巢采食，出走越早、越远的鸡，采食越多，生长越快，抗病力越强。而日落前多数鸡从远处向鸡舍集中。个别鸡不能按时归巢，有的是由于外出过远，有的是由于迷失了方向，也有的在外面找到了适于自己夜宿的场所。当然，还有少数土鸡被别人捕捉。如果不予调教，以后不归的鸡可能越来越多，造成损失。因此，应于傍晚前，在放牧地的远处查看，是否有仍在采食的鸡，并用信号引导其往鸡舍方向返回。如果发现个别鸡在舍外的远处夜宿，应将其抓回鸡舍圈起来，将其营造的窝破坏。第二天早晨晚些时间将其放出采食，傍晚再检查其是否在外宿窝。如此几次后，便可按时归巢。

四、上栖架的调教

鸡具有栖居的特性，善于在高处过夜。但在野外散养条件下，有时由于鸡舍面积小，比较拥挤，有些鸡抢不到有利位置而不在栖架上过夜。野外鸡舍地面比较潮湿，加之粪便的堆积，长期卧地容易诱发疾病。因此，在开始转群时，要每天晚上打开手电筒，查看是否有卧地的鸡，有卧地的应及时将其抓到栖架上。经过几次调教之后，形成固定的位次关系，鸡群就会按时按次序上栖架过夜。

五、产蛋的调教

鸡喜欢在光线较昏暗、隐蔽性较好、较安静的地方产蛋，这样会有安全感，产蛋也较顺利。母鸡在产第一个蛋之前，往往表现出不安，寻找合适的产蛋地点。当鸡看到别的鸡已造好窝或产蛋箱内有蛋时，会产生认同感，认为此窝适宜产蛋，也容易把它当作自己的窝而在其中产蛋。鸡的产蛋具有定巢性，一般鸡的第一个蛋产在什么地方，以后仍到这个地方产蛋，如果这个地方被别的鸡占用，宁可在巢门口等候也不愿进入旁边的空巢，在等不及时，往往几只鸡同时挤在一个巢箱中产蛋，尽管受到正在产蛋母鸡的竭力排斥与驱逐也毫不在乎。因此，开产前的调教，极为重要。开产前一周左右，应放置好产蛋箱，让鸡熟悉产蛋箱内的环境。产蛋箱应背光放置或遮暗，保持产蛋箱处安静无干扰，产蛋箱要足够，一般要按照5只母鸡一个产蛋窝的原则。产蛋箱内应铺清洁干燥的垫料。

六、紧急避险的调教

在遇到不良天气和野生动物侵入时，如刮风、下雨、冰雹、老鹰或黄鼠狼侵害等，应在统一的指挥下进行规避。同时，也可避免相邻鸡群之间的混杂。

第五节　果园林地散养土鸡的补料、补草、供水和诱虫

一、补料

补料是指野外散养条件下人工补充精饲料。（视频6-3　散养土鸡补料）果园林地散养的鸡，仅仅靠野外自由觅食天然饲料是不能满足其生长发育需要的，无论是大雏鸡（生长期）、后备期，还是产蛋期，都必须补充饲料。应根据鸡的日龄、生长发育、草地类型和天气情况，决定补料次数、时间、类型、营养浓度和补料数量。

视频6-3　散养土鸡补料

（一）补料次数

补料次数多少对养好鸡非常重要。研究发现，补料次数越多，饲养效果越差。有的鸡场每天补料3次，甚至更多，这样会使鸡养成等、靠、要的懒惰恶习，不到远处采食，每天在鸡舍周围等主人喂料。越是在鸡舍周围的鸡，尽管它获得的补充饲料数

量较多，但生长发育最慢，疾病发生率也高。凡是不依赖喂食的鸡，生长反而更快，抗病力更强。

李英等试验，将相似地块不同的鸡群分为三组（均为同批孵化的80日龄生长鸡），第一组下午5时左右补料1次（每日每只喂料数量为27克）、第二组中午和傍晚补料2次（每日每只喂料数量为30克），第三组早、中、晚补料3次（每日每只喂料数量分别33克），饲喂1个月后发现，无论是生长速度，还是成活率，喂料3次的不如喂料2次的，喂料2次的不如喂料1次的。所以，散养土鸡每天补料1次最为适宜。如下雨、刮风、冰雹等不良天气或野生饲料严重不足，难以保证鸡在外面的采食量时，可临时增加补料次数。一旦天气好转或野生饲料充足，应立即恢复每天1次。

（二）补料时间

补料的时间安排在傍晚效果最好。其原因：一是早晨和傍晚是鸡食欲最旺盛的时候。如果早晨补料，鸡采食后就不愿意到远处采食，影响全天的野外采食量。鸡的食欲中午最低。中午是鸡的休息时间，应让其得到充分的休息。二是傍晚鸡的食欲旺盛，可在较短的时间内将补充的饲料采食干净，防止撒落在地面的饲料被污染或浪费。三是在傍晚补料，可根据一天的采食情况(看嗉囊的鼓胀程度和鸡的食欲)便于确定补料量。如果在其他时间补料，难以准确判断补料数量是否合理。四是鸡在傍晚补料后便上栖架休息，经过一夜的静卧歇息，肠道对饲料的利用率高。五是傍晚补料可配合信号的调教，诱导鸡回巢，减少窝外鸡。

（三）补料形态

饲料形态可大体分为粒料（原粮）、粉料和颗粒料。粒料即未经加工破碎的谷物，如玉米、小麦、高粱、谷子、稻子等；粉料即经过加工粉碎（单一、配合或混合）的原粮；颗粒料是将配合的粉料经颗粒饲料机压制后形成的颗粒饲料。

从鸡采食的习性来看，粒状是理想的饲料形态。粒料容易饲喂，鸡喜欢采食，消化慢，故耐饥饿，适于傍晚投喂。其最大缺点是营养不完善，不宜单独饲喂。

粉料的优点是加工费用较低，经过配合后营养较全面，鸡采食的速度慢，所有的鸡都能均匀采食。粉料适于各种日龄的鸡。但其缺点更为突出：第一，鸡不喜欢粉状饲料，采食速度慢，不利于促进其消化液的分泌。尤其是放养条件下，每天傍晚补料1次，如果采食速度过慢，日落后就不方便采食了。如果在傍晚前提前补料，将影响鸡在野外地采食。第二，粉料容易造成鸡的挑食，使鸡的营养不平衡。第三，投喂粉料必须增加料槽或垫布等饲具。大面积野外养鸡，饲具问题有时难以解决。第四，野外投喂粉料容易被风吹致飞扬散失，也容易采食不净而造成一定浪费。如果投喂粉料，细度应在1～2.5毫米。如果太细，鸡不容易下咽，适口性更差。

颗粒饲料的适口性好，鸡采食快，不易剩料和浪费，可避免挑食，保证了饲料的全价性。在制作颗粒饲料过程中，短期的高温使部分抗营养因子灭活，破坏了部分有毒成分，杀死了一些病原微生物，饲料比较卫生。但其也有一些缺点，如加工成本高，一部分营养（如维生素）受到一定程度的破坏等。总体来说，颗粒料饲养效果比较好。

（四）补料注意的问题

1.补料工具

为了防止饲料的浪费和饲料的污染，有条件的地方可在特定地方补料，不要到处乱撒料，减少浪费。

2.信号

每次补料应与信号相结合，尤其是在散养前期更应强化信号。一般是先给予明确的信号（吹哨或敲击金属器具），使在较远地方采食中的鸡能听到声音，促使其返回吃料。

3.补料数量

每次补料量应根据鸡采食情况而定。在每次撒料时，不要一次撒完，要分几次撒，看多数鸡已经满足，采食不急时，记录补料量，作为下次补料量的参考数据。一般是次日较前日稍微增加补料量。也可以定期测定鸡的生长速度，即每周的周末，随机抽测一定数量的鸡的体重，看其与标准体重的符合度。如果体重严重低于标准，应该逐渐增加补料量；如果体重超标，可适当减少补料量。

4.采食均匀度

补料时应观察整个鸡群的采食情况，防止胆子小的鸡不敢靠近采食。据此，可将部分饲料撒向补料场的外围，也可以延长补料时间，使每只鸡都能采食足够的饲料，以便发育整齐。

二、补草

一般情况下，在散养期间让鸡自由采食野草或野菜。但是，当经常放牧的场地野草或野菜生长不良，不能满足采食需要时，为减少对牧地生态的破坏，同时也为降低饲养成本，往往在其他地方采集野草或野菜喂鸡，从而提高养殖效益和效果（经常采食野草或野菜的鸡，其产品无论是鸡蛋还是鸡肉，质量均高于精料喂养的同类产品）。

人工采集野草或野菜喂鸡有三种方法。第一种，直接投喂法，即将采集到的野草或野菜直接投放在鸡的放养场地或集中采食场地，让其自由采食。这种方法简便，省工省力，但有一定浪费。第二种，剁碎投喂法，即将野草或野菜用菜刀剁碎后饲喂。一般将野草或野菜投放在饲料槽里，虽然花费了一定劳动，但浪费较少。第三种，打浆饲喂法，即将草或菜用打浆机打成浆，然后与一定的精饲料搅拌均匀饲喂。这种方式适合规模较大的鸡场，同时配备一定的人工牧草种植。虽然这种方式投入较大，但可有效利用草或菜，减少饲料浪费，增加鸡的采食量，饲养效果最好。（视频6-4-1　林下养鸡补草、视频6-4-2　散养鸡补草）

视频6-4-1　林下养鸡补草

视频6-4-2　散养鸡补草

三、供水

尽管鸡在野外散养可以采食大量的青绿饲料，但是水的供应也是必不可少的。没有充足的饮水，就不能保证鸡快速地生长、较高的产蛋率和健康的体质，以及饲料的有效利用，尤其是在植被状况不好、风吹日晒严重的牧地更应重视水的供应。

饮水以自动饮水器最佳，以减少饮水污染，保证水的随时供应。自动饮水应设置完整的供水系统，包括水源、水塔、输水管道、供水器（饮水器）等。输水管道最好在地下埋置，而终端饮水器应设在放牧地块，根据面积大小设置一定的饮水区域，最好与补料区域结合，以便鸡采食后饮水。饮水器数量应根据鸡的数量来设置。

【注意】很多的散养场地没有饮水系统，特别是水源（水井）的问题难以解决，一般采取异地拉水。对于这种情况，可制作土饮水器，即利用铁桶作为水罐，利用负压原理，将水输送到开放的饮水管或饮水槽。

四、诱虫

诱虫的目的有两个：一是通过诱虫，为鸡提供一定的动物蛋白，降低养殖成本，提高养殖效果。昆虫虫体不仅富含蛋白质和各种必需氨基酸，还含有抗菌肽及多种未知生长因子。二是消灭虫害，降低作物和果园的农药使用量，实现生态种植与养殖的有机结合。实践表明，若让鸡采食一定量的昆虫饲料，则生长发育速度快，发病率降低，成活率提高，可能由于昆虫体内存在的特殊抗菌物质。经常采食昆虫的鸡，对于一些特殊的疾病（如病毒性的马立克氏病）有一定的抵抗力，发病率较低。

生产中常用的诱虫方法有高压电网灭虫灯诱虫法和性激素诱虫法。

（一）高压电网灭虫灯诱虫法

高压电网灭虫灯（图6–1）由黑光诱虫灯、变压器、电网及保护指示器等组成。黑光灯发出的光波波长为3800纳米，大多数昆虫如飞蛾、蝗虫、螳螂、蚊蝇等，对波长为3000～4000纳米的光波极为敏感。黑光灯诱虫需要有220伏、50赫兹交流电源，规格有20瓦、30瓦、40瓦及高功率灯具等多种。40瓦黑光灯可以诱杀的面积为200平方米。工作时电网上有3000～5000伏高电压，黑光灯诱来的害虫触网即被电击杀死。夏季既是散养鸡的最佳季节，也是昆虫大量滋生的季节。利用昆虫的趋光性，使用黑光灯可大量诱虫。

安装时应在其上设1个防雨的塑料罩，可将黑光灯安装在果园一定高度的杆子上，或吊在离地面1.5～2米高的地方。安装要牢固，不要左右摇摆。傍晚开灯，昆虫会飞向黑光灯，碰到灯会掉落地面，可被鸡直接采食，或落入安装在灯管下面的虫体袋内，可在次日将收集在袋内的虫体喂鸡。使用9YH–20型黑光

图6-1　高压电网灭虫灯

灯，1盏20瓦的灯在6～9月份，平均每夜诱捕昆虫量在20千克左右。

黑光灯诱虫效果受天气影响较大，高温、无风的夜间虫子较多，而大风、雨天和降温的天气昆虫较少。因此，遇有不良天气时不必开灯。雨后1小时也不要开灯。灯具的周围不要使用其他强光灯具，以免影响应用效果。使用黑光灯一定要注意用电安全，灯具工作时不要用手触摸。

（二）性激素诱虫法

利用性激素诱虫（图6-2）也是农田和果园诱杀虫子的一种方法。相对于光线诱虫而言，其主要应用于作物或果树的虫情测报和降低虫害发生率（多数是捕杀雄性成虫，使雌性成虫失去交配机会而降低虫害的发生率）。生产中使用的性激素是人工合成的。利用现代分析化学的方法，将不同虫子的性激素成分进行解密，然后人工合成，其诱虫效果较自然激素还要高。

图6-2　诱杀剂灭蝇

资料显示，用人工方法制成了多种害虫的雌性激素信息剂，每逢害虫成虫盛发期，在散养地块里扎上高约1米的三脚架，架上搁1个盛大半盆水的诱杀盆，中央悬挂1个由性激素剂制成的信息球，此球发出的雌性信息比真雌虫还强，影响距离更远。当雄性成虫嗅到雌性信息后便从四面八方飞来，撞入水盆被淹死，然后作为鸡的饲料。

性激素诱虫的效果受到多种因素的制约，如性激素的专一性、种群密度、靶子害虫的飞行距离(即搜寻面积的大小)、性诱器周围的环境及气象条件，尤其是温度和风速。性诱器周围的植被也影响诱捕效率。

第六节　果园林地散养土鸡的兽害控制

老鼠、黄鼠狼和蛇等动物会伤害散养鸡群，必须采取措施防治兽害。

一、防鼠

老鼠对放牧初期的小鸡有较大的危害性。因为此时的小鸡防御能力差，躲避能力低，很容易受到老鼠的侵袭，即便大一些的鸡，夜间受到老鼠的干扰也会造成惊群。预防老鼠危害可采用毒饵法、鼠夹法、灌水法及养鹅驱鼠法。

（一）毒饵法

在散养前2周，在散养地投放一定的毒饵。一般每亩地块投放2～3处，并在投放位置设置明显的标志。每天在散养地块检查被毒死的老鼠，并及时将其捡出并深埋。连续投放1周后，将剩余的毒饵全部取走，一个不剩。然后继续观察1周，将毒掉的老鼠全部清除。

（二）鼠夹法

在散前7天，在散养地块里投放鼠夹等捕鼠工具（图6-3）。一般每亩投放2～3个捕鼠工具，每天傍晚投放，次日早晨观察。凡是捕捉到老鼠的鼠夹，应经过处理（如清洗）后再重新投放（曾经夹住老鼠的鼠夹，带有老鼠的气味，会使其他老鼠产生躲避行为）。但在散期间不可投放鼠夹。

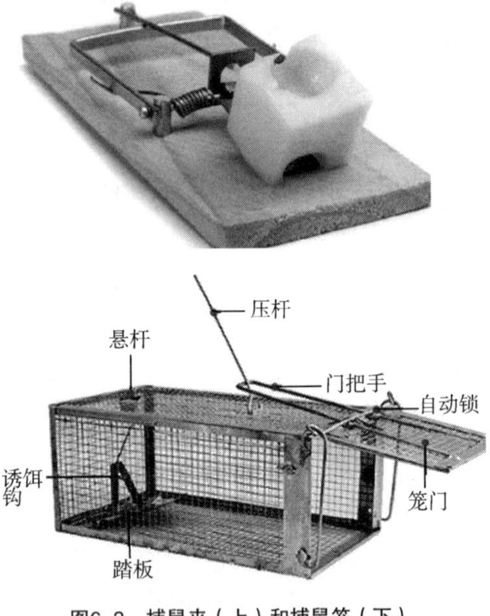

图6-3　捕鼠夹（上）和捕鼠笼（下）

（三）灌水法

在散养前，将经过训练的猫或狗牵到散养地，让其寻找鼠洞，然后往洞内灌水，迫使老鼠从洞内逃出，然后捕捉。注意防备部分鼠洞一洞多口而使老鼠从其他洞口逃出。

（四）养鹅驱鼠法

以生物方法驱鼠、避鼠是值得提倡的。实践中，鸡鹅结合，生态相克，防治天敌的生物防范兽害技术可以取得良好效果。在鸡舍外面搭个小棚，养几只鹅，当有动静的时候，鹅会鸣叫，人员可以及时起来查看。（视频6-5　养鹅防害）

视频6-5
养鹅防害

鹅是由灰雁驯化而来的，脚上有蹼，具有在水中游泳的本领，喜在水中觅食水草、水藻，在水中嬉戏、求偶、交配。鹅经人类长期驯化，大部分时间在陆地上活动、觅食。因此，鹅不但具有水陆两栖性，还具有群居性和可调教性，很容易与饲养人员建立友好关系。

利用鹅的警觉性、攻击性、合群性、草食性、节律性等特点，以鹅护鸡，可收到较好的效果。养鹅防范兽害的适宜鸡、鹅比为100：（2～3）。

二、防鹰类

鹰类是益鸟，具有敏锐的双眼、飞翔的翅膀和锋利强壮的双爪，可以灭鼠、捕兔。因此，人们将老鹰称为“草原的保护神”，其对控制农田和草场的鼠害和兔害，维护生态平衡起到非常重要的作用。但是，它们对于散养鸡（特别是草场散养鸡）具有一定的威胁。

鹰类总的活动规律基本上与鼠类活动规律相同，即初春和秋季活动多，盛夏和冬季活动相对较少；早晨（9时至11时）、下午（16时至18时）多，中午少；晴天多，大风天少。鼠类活动盛期，也是鹰类捕鼠高峰期。鼠密度大的地方，鹰类出现的次数和频率也高。鹰类在山区和草原出现较多，平原较少。无论在山区，还是平原，鹰类活动都会对鸡群造成一定伤害。

【提示】鹰类是益鸟，不能捕杀。在散养鸡的过程中，对它们只能采取驱避的措施。

（一）鸣枪放炮法

散养过程中有专人看管，注意观察鹰类的行踪。发现鹰类袭来，立即向鹰类方向的空中鸣枪，或向空中放两响鞭炮，使鹰类受到惊吓而逃跑。连续几次之后，鹰类便不敢再接近放放地。

（二）稻草人法

在散养地里，布置几个稻草人，尽量将稻草人扎得高一些，上部捆一些彩色布条，最上面安装1个可以旋转、带有声音的风向标，其声音和颜色及风吹的晃动，可对鹰类产生威慑作用，使其不敢凑近。

（三）人工驱赶法

散养时有专人看管，手持长柄扫帚或其他工具，发现鹰类接近，立即边跑边挥舞工具，并高声驱赶。如果配备牧羊犬效果更好。

三、防黄鼠狼

黄鼠狼（黄狼、黄鼬）身体细长，四肢短，尾毛蓬松，全身棕黄色，鼻尖周围、下唇有时连到颊部有白色，是我国分布较广的野生动物之一。

黄鼠狼生性狡猾，一般昼伏夜出，黄昏前后活动最为频繁，主食野兔、鸟类、蛙、鱼、泥鳅、家鼠及地老虎等。其在野生食物采食不足时，便对养鸡形成威胁，尤其是在野外散养鸡，经常会遭到黄鼠狼的侵袭，因此，应高度重视。对于黄鼠狼，可采取多种方法进行捕捉或驱赶。

（一）竹筒捕捉法

选择较黄鼠狼稍长的竹筒（60～70厘米），内径7厘米，筒内光滑无节。把竹筒斜埋于土中，上口与地面平齐或稍低于地面。筒底放诱饵如小鼠、青蛙、小鱼、泥鳅等，也可放昆虫等活动物（用网罩住）或火烤过的鸡骨。黄鼠狼觅食钻进竹筒后，会因无法退出而被活捉。

（二）木箱捕捉法

制作长100厘米、高16厘米、宽20厘米的木箱，两头为活闸门。闸门背面中间各钻1个小浅眼，箱体上盖中间钻1个小孔。闸门升起，浅眼与上盖面平齐。用与箱体等长细绳，两头各拴1根小钉插入闸门眼中，将闸门定住。细绳中间拴1条7～10厘米的短绳，穿入箱内；底端拴1个小钩，挂上诱饵。黄鼠狼拉食饵料，即带动小钉脱离闸门，闸门降下将其关住，遂被活捉。

（三）夹猎法

将踩板夹置于黄鼠狼的洞口或经常活动的地方，黄鼠狼一触即被夹获。还可在夹子旁放上鼠、蛙、鱼、家禽或其内脏等诱饵，待黄鼠狼觅食时将其夹住。

（四）猎狗追踪捕捉法

猎狗追踪黄鼠狼到洞口，如黄鼠狼在洞内，狗会不断摇尾巴并吼叫，这时在洞口设置网具，然后用猎杆从洞的另一端将其赶出洞，将其活捉。

（五）灌水、烟熏捕捉法

利用狗寻找黄鼠狼洞口，随后用网封住洞口，然后往洞内灌水，或往洞内吹烟，迫使黄鼠狼出洞而被活捉。采取这种办法时应注意黄鼠狼洞可能有多个洞口，防止其从其他洞口逃窜。

此外，养鹅护鸡对黄鼠狼也有较好的驱避效果。

四、防蛇

蛇属于爬行纲，蛇目。按照其毒性有无分为有毒蛇（如眼镜蛇、金环蛇、银环蛇、眼镜王蛇、蝮蛇、尖吻蝮、竹叶青、烙铁头等）和无毒蛇（各种游蛇）。蛇类的食性很广，主要以活体小型动物为主，如黄鳝、泥鳅、蛙类、鸟类、鼠类、蚯蚓等。不同蛇种对食物喜食程度不同。如银环蛇喜食黄鳝、泥鳅，眼镜蛇喜食青蛙和其他小蛇，蝮蛇喜食青蛙、蟾蜍、鸟类和鼠类。蛇不食死的、腐败的动物。蛇类的食量较大，一次可吞食比其身体重2～3倍的食物。蛇的耐饥性很强，一次饱餐后，十天半月可以不吃食物。蛇的消化能力也很强，除羽毛、兽毛不能消化外，连动物的骨头都能消化。

蛇是捕鼠的能手，对于保护草场生态起到重要作用。但是野外散养土鸡，蛇也是天敌之一，尤其在我国南部的省份为甚。其主要对育雏期和散养初期的小鸡危害大。养鹅是预防蛇害非常有效的手段，无论是大蛇小蛇，鹅均不惧怕，或将其吃掉，或将其驱出境。其他防蛇方法见表6-1。

表6-1　防蛇方法

方法		操作
捕捉	徒手捕捉法	要胆大心细，做到眼尖、脚轻、手快，切忌用力过猛或临阵畏缩。当发现蛇时，先悄悄地接近它，然后跺脚造成震动，使蛇突然受惊不动，然后趁势下蹲迅速抓住蛇颈，立即踏住蛇尾用力拉直蛇身，松动其脊椎骨，使蛇暂时失去缠绕能力并处于半瘫痪状态，再将蛇体卷好，用绳扎牢蛇颈和蛇体，然后放入容器中或用棍棒挑起
	引蛇出洞麻醉捕捉法	咖啡50克，胡椒25克，鸡蛋清3个，面粉50克，混合搅成糊团，放在有蛇的地方，能引诱到大量蛇群出洞。或在蛇经常出入的地方，将狗血洒在地上，人即远离。约过30分钟后，方圆200米内的大、小蛇类，不论毒蛇还是无毒蛇，凡闻到腥味都会向狗血处聚集。捕蛇前先用云香精配雄黄擦手，然后用云香精、雄黄水向蛇身上喷洒，蛇立即浑身发软乏力，不能行动。切记接近蛇群时既要隐蔽又要迅速

续表

方法		操作
捕捉	捕蛇工具捕捉法	一种是圈套法。一条打通的竹竿，用一根绳穿过其中，一边套成圈。看到蛇时，把圈套迅速套入蛇颈，立即拉紧绳子，这样蛇即被套住。另一种是钩压法。工具一头装有较尖锐的铁制蛇钩，用蛇钩把毒蛇的头部钩住压在地面上，再用另一只手去抓蛇的颈部
驱避方法	凤仙花（花梗）驱避法	凤仙花具有观赏、药用和食用等用途。对藓菌、金黄色葡萄球菌、溶血性链球菌、伤寒、痢疾杆菌等有不同程度的抑制作用。在民间，凤仙花常被用来治疗风湿疼痛、四肢麻木、月经不调、风湿性关节炎、跌打损伤、恶疮毒痈、毒蛇咬伤等。蛇对此花有忌讳，不愿靠近。在散养的地边种植一些凤仙花，可有效预防蛇害
	其他植物驱避法	七叶一枝花、一点红、万年青、半边莲、八角莲、观音竹等，均对蛇有驱避作用；还可在鸡场隔离区种些芋艿，不仅能避阴，而且，蛇碰到芋艿汁就会蜕一层皮，所以不敢靠近
	化学药物驱避法	用亚胺硫磷（果树农药）0.5千克加水拌匀，喷洒在散养地周围，蛇类闻到药味会唯恐避之不及，效果显著

第七节　果园林地散养土鸡的应激控制

应激是外界不利因素影响所引起的非特发性生物现象的总称，包括伤害和防卫。严寒酷暑、暴风骤雨、雷声、噪声及营养失调、饲喂方法突变、捕捉、驱虫、接种疫苗等因素会对鸡体造成影响，鸡体被迫做出某些生理的反应即应激反应。

果园林地散养的土鸡，受到外界气候、野生动物、饲料结构和环境条件等多种因素的变化影响较大，容易产生应激而影响到健康和生产，因此必须加强对应激的控制。

一、应激的主要因素

（一）气候因素

气候因素包括强风侵袭、雨淋日晒、严寒酷暑、雷鸣闪电等。

（二）环境因素

环境因素包括：高温、低温及气温突变（夏季超过28℃，冬季低于5℃，以及日温差10℃以上），冬季和夏季环境湿度过高等，舍内换气不良，饲养密度过大，突发性噪声恐吓，光照不适宜。

（三）饲养管理因素

饲养管理因素包括：饲料品质不良（饲料营养含量过低或霉变等），断料断水；长途运输、转群和移舍；断喙、捉鸡、注射疫苗；野兽侵袭；药物，如磺胺类药物、呋喃类药物、灭鼠药等使用不当。

【提示】引起应激反应的因素多种多样，有些因素的单独应激作用虽然不大，但多种因素同时作用就会造成大的应激，使鸡达不到理想的生产水平。因此，要引起高度重视。

二、防止应激的措施

（一）防止气候突变

果园林地散养土鸡，气候变化对鸡群的影响最大，包括突然降温、突然升温、大雨、大风、雷电和冰雹。突然降温造成的危害是鸡在鸡舍内容易扎堆，相互挤压在一起，发现不及时容易造成底部的鸡被压死或窒息。高温造成的危害是容易中暑。风雨交加或冰雹的出现，往往造成大批死亡。在几年生态散养鸡的实践中，我们对不同鸡场的鸡散养期死亡情况进行分析，发生因疾病死亡占非常小的比例，而由气候条件的变化造成的死亡占50%左右。

在散养期间，突遇大雨和大风，鸡来不及躲避，被雨水淋透。大雨必然伴随降温，受到雨水侵袭的鸡饥寒交迫，抗病力减退，如不及时发现，很容易继发感冒和其他疾病而死亡。若及时发现，应将其放在温暖的环境中，使其羽毛快速干燥，可避免死亡。

散养期间，雷电对鸡群的影响也很大。尽管很少有发生雷击现象，但打雷的剧烈响声和闪电的强烈光亮的刺激，往往会使鸡出现惊群现象，大批的鸡拥挤在一起，造成底部被压的鸡窒息而死；没有被挤压的鸡，由于受到强烈的刺激，几天后才能逐渐恢复。因此，若遇到这样的情况，必须观察鸡群，发现炸群，及时将挤压的鸡群拨开。散养土鸡，必须注意当地的天气预报，遇有不良天气，提前采取措施。

（二）创造适宜的生活环境

尽可能设法维持鸡舍内良好的环境。做好夏季防暑降温和冬季防寒保暖工作，尽量保持鸡舍最佳温度；鸡舍相对湿度保持在50%～60%；鸡舍通风良好，舍内空气新鲜；经常清除粪便，防止氨气含量超标；保持舍内安静，防止出现突然声响或噪声过大；保持适宜的光照，产蛋期实行16小时光照，光照强度以每平方米3～5瓦为宜，光照制度要稳定；保持合适的饲养密度，产蛋鸡地面散养或网上平养密度以每平方米6～8只为宜。

（三）科学饲养管理

1.稳定饲喂制度

饲喂制度，如饲喂时间、饮水时间、放牧时间或归牧时间等的改变都会对土鸡造成一定的应激，影响土鸡的生长和产蛋，所以要保持饲喂制度的稳定，不应轻易变更。

2.避免饲养人员更换

在长期的接触中，鸡对饲养人员形成了认可的关系。如果饲养人员突然被更换，对鸡群是一种无形的应激。因此，应尽量避免人员的更换。如果更换饲养人员，应该在更换之前让两个人共同饲养一段时间，使鸡对新的主人产生感情，确认其主人地位。

3.固定鸡舍和设备位置

在某一地点和环境中散养一段时间后，鸡群对其生活周围的环境比较熟悉，也逐渐适应，如果更换鸡舍（鸡棚）、饲喂和饮水用具的位置等，对鸡都有不良影响。通常，鸡群宁可在原来破旧的鸡舍承受恶劣的环境条件，也绝不到新建的鸡舍里过舒适生活。

4.科学捕捉

果园林地散养土鸡，转群移舍、免疫接种等许多操作环节都要捕捉鸡只，容易使鸡产生应激和伤亡（引起鸡骨折、挫伤甚至死亡）。只有科学捕捉，才能减少应激和伤亡。

（1）要尽量选在早、晚，光线较暗、温度较低时捉鸡。因为昏暗环境下鸡的活动减少，便于捕捉。

（2）捉鸡前要将地面或网上所有的设备，如料桶、饮水器等升高或移走，以免鸡在跑动过程中发生碰撞而致皮下出血或骨折。如果是鸡出栏，应在屠宰前12小时停食，以减少屠宰污染；但至抓鸡装笼时都不能停水，以防长时间缺水造成鸡体重下降。

（3）捉鸡前用隔网将鸡群分成小群，以减少惊吓、拥挤造成的死亡。用隔网围起的鸡群大小，应视鸡舍温度、鸡体重和捕捉人手多少而定。

（4）捕捉动作要轻柔而快捷。对于较小的鸡，可用手直接抓住其整个身体，但不可抓得太紧；对较大的鸡，可从后面握住其双腿，将其倒提起轻轻放入筐内，严禁抓翅膀和提一条腿，以免导致骨折。鸡出栏时，每筐装的鸡不可过多，以每只鸡都能卧下为宜。

5.严禁动物闯入

在散养期间，家养动物的闯入（以狗和猫为甚），对鸡群有较大的影响。特别是在植被覆盖较差的地块散养，鸡和其他闯入动物均充分暴露，动物的奔跑、吠叫，对鸡群造成较强的应激。应避免其他动物进入散养区。有条件的鸡场，可将散养区用网围住。

（四）饲喂抗应激添加剂

1.维生素类

遇到应激（如转群、免疫、散养和气候突变）的前后几天，在饲料或饮用水中加入100毫克的维生素C或复合维生素等预防应激；发生应激时可加倍饲喂。日粮中添加维生素C有助于热应激条件下的鸡维持正常体温。给热应激的鸡按0.02%～0.04%的比例添加维生素C，可以使血浆中的钠、蛋白质和皮质醇的浓度恢复正常。维生素E有保护细胞膜和防止氧化的作用，高水平的维生素E可降低细胞膜的通透性，减少应激时肌肉细胞中肌醇激酶的释放，从而防止过多的钙离子内流而造成对正常细胞代谢的干扰。维生素E还可缓解由于高温时肾上腺激素释放而引起的免疫抑制，提高抗病力。

2.微量元素

应激能造成鸡体内某些微量元素的相对缺乏或需要量增加，适当补充饲喂锌、碘、铬等元素可减轻应激反应。

3.药物

安定药有较强的镇静作用，能降低中枢系统机能的紧张度，使动物镇定和安宁，有抗应激效果。在鸡转群、断喙、接种疫苗前1～1.5小时，在每千克饲料中加入氯丙嗪30毫克，可降低鸡对应激的反应；某些天然中草药有抗应激效果，投喂抗惊镇静药，如钩藤、菖蒲、延胡索酸、枣仁等，能使鸡群避免骚动，保持安静；投喂清热泻火、清热燥湿、清热凉血的中草药，如石膏、黄芩、柴胡、板蓝根、蒲公英、生地、白头翁等，可缓解热应激；投喂开胃消食中药，如山楂、麦芽、神曲等，可维持鸡的正常食欲，提高其抵抗力。

4.其他添加剂

某些饲料添加剂能促进营养物质的消化吸收，增强畜禽抗病能力，均有抗应激作用，如杆菌肽锌、阿散酸、酶制剂、黄霉素等。

（五）做好疫病防治

保持鸡舍清洁，定期进行消毒，严格执行免疫程序，防止疾病发生。适时在饲料中投放驱虫药，预防寄生虫病。在鸡群转群、断喙、免疫接种或天气突变等强应激情况下，加饲喂抗菌药物，防止细菌感染。

第八节　果园林地散养土鸡育成期的饲养管理

一、土鸡育成期的生理特点

（一）适应能力强

育成阶段羽毛已经丰满，换羽已经长出成羽，体温调节能力健全，对外界适应能力强。

（二）消化能力强

消化能力增强，采食多，鸡体容易过肥；钙、磷的吸收能力不断提高，骨骼发育处于旺盛时期，此时肌肉生长最快。适当降低饲粮的蛋白质水平，保持微量元素和维生素的供给，育成后期增加钙的补充。

（三）性器官发育迅速

小母鸡从11周龄起，卵巢滤泡逐渐积累营养物质，滤泡渐渐增大；小公鸡12周龄后睾丸及附属性腺发育加快，精子细胞开始出现。由于12周龄以后鸡的性器官发育很快，对光照时间长短的反应非常敏感，应注意控制光照。

二、育成鸡的培育目标

体重符合品种要求；群体均匀整齐，体重均匀度≥80%，体质健壮，适时性成熟，抗体水平符合要求。

三、散养前的准备

育雏一般是在舍内进行，舍内的环境与散养环境有巨大的差异，不做好准备而突然进行果园林地散养，鸡群会不适应而造成不必要的损失。所以，散养前要做好一些准备工作。

（一）加强训练

1.消化机能训练

育雏期根据室外气温和青草生长情况而定，一般为4～8周。为了适应散养期大量采食青绿饲料和一定的虫体饲料的特点，应在育雏期进行消化机能适应性训练，即在放牧前1～3周，在育雏料中添加一定的青草和青菜，有条件的鸡场还可加入一定的动物性饲料，特别是虫体饲料（如蝇蛆、蚯蚓、黄粉虫等），使土鸡的消化机能得到应有的训练，减少散养后的饲料应激。青绿饲料的添加量，要由少到多逐渐添加，防止一次性增加过多而造成消化不良或腹泻。在放牧前，青绿饲料的添加量应占雏鸡饲喂量的50%以上。

2.适应外界温度的训练

散养对于雏鸡而言，环境发生了很大的变化。特别是由室内转移到室外，由温度相对稳定的育雏舍转移到气温多变的野外，温度容易发生剧烈变化而使土鸡产生应激。散养最初2周，鸡群是否适应散养环境的温度条件，在很大程度上都取决于放牧前温度的适应性锻炼。在育雏后期（散养前1～2周），应逐渐降低育雏室的温度，使舍内温度与外界气温一致，也可适当进行小范围变温的训练，使小土鸡具有一定的适应外界温度变化的能力，有利于提高散养初期的成活率。

3.活动的训练

育雏期雏鸡仅仅在育雏室内有限的地面上活动，活动范围小，活动量少，而放入果园林地后，活动范围突然扩大，活动量成数倍增加，很容易造成短期内的不适应，出现因活动量过大造成的疲劳和疾病。因此，在育雏后期，应逐渐扩大雏鸡的活动范围和增加运动量（必要时可以驱赶鸡群，加强运动），增强其体质，以适应空旷的散养环境。

（二）转变管理方式

舍内育雏，为了保证雏鸡成活率和良好的生长发育，必须进行精细的饲养管理，提供适宜的环境条件，科学地配制饲料并合理饲喂等。在育雏后期，为了提高土鸡适应野外生活的能力，在管理上要有所转变，逐渐由精细管理过渡到粗放管理。如在饲喂制度、饮水方式、管理形式、环境条件等方面接近散养下的状态，特别是注意调教，使其形成条件反射，为散养奠定良好的基础。

（三）减少应激

散养前和散养的最初几天，由于转群、脱温、环境变化等影响，会出现一定的应激，免疫力下降。为避免散养后出现应激性疾病，可在补饲饲料或饮水中加入适量维生素C或复合维生素，以预防应激。

四、育成期的饲养管理要点

果园林地散养土鸡育成期除了做好前面的一般饲养管理外，还要注意做好如下管理：

（一）散养过渡期的管理

由育雏室转移到野外放牧的最初1～2周是散养成功与否的关键时期。如果前期准备工作做得较好，过渡期管理得当，小鸡就会很快适应散养环境，不会因为饲养环境的改变而影响其生长发育。

选择在天气暖和的晴天转群。转群时间安排在晚上，当育雏舍灯光关闭后，鸡群稍微安静后可以开始转群。为减少鸡群的骚动和便于转群，可以使用手电筒，在手电筒头部蒙上红色布，或在舍内留一个功率较小的光源，用红色布或红纸包裹，使之放出暗淡的红色光，有利于鸡群保持安静。转群人员应抓住鸡脚，轻轻将鸡放到运输笼，然后装车。按照分群计划，一次性放入鸡舍，使鸡在散养地的舍内过夜，第二天早晨不要马上放鸡，要让鸡在鸡舍内停留较长的时间，以便熟悉其新居。待到9时至10时以后放出喂料，饲槽放在离鸡舍1～5米远，让鸡自由觅食，切忌惊吓鸡群。转群时动作要轻，避免粗暴而引起鸡的伤残。

转群后的饲料与育雏期相同，不要突然改变。开始几天，每天放鸡的时间可以短些，以后逐日增加散养时间。为了防止个别小鸡乱跑而不会自行返回，可设围栏限制，并不断扩大散养面积。1～5天内仍按舍饲喂量给料，日喂3次；5天后要限制饲料喂量。分两步递减饲料：首先是5～10天内饲料喂平常舍饲日粮的

70%；其次是10天后直到育成或出栏，饲料喂量减少1/2，只喂平常各生长阶段舍饲日粮的30%～50%，日喂1～2次（天气好时喂一次，天气不好的时候喂2次）。饲喂的次数越多效果越差，因为鸡有惰性和依赖性。

（二）补料和饮水

饲料的补充量不足，或者投料工具的实际有效采食面积小，会严重影响鸡的采食，使那些体小、体弱、胆小的鸡永远处于竞争的不利地位而影响生长发育。根据鸡在野外获得的饲料情况，满足其营养要求，合理补充饲料，并集中补料，增加采食面积，保证每一只鸡在相同时间内获得需要的饲料量。使用自动饮水装置饮水，饮水碗或水槽应靠近饲喂区，数量充足。育成期间一般不限制饮水，特别在夏季，要保证充足供水。料槽和饮水器每周要清洗消毒2～3次。

（三）饲养规模和密度

群体规模适中，过大的群体规模易造成群体参差不齐（规模过大，过小的和过弱的个体不易获得饲料营养，并且容易受到践踏，导致群体的差距越来越大）。一般来说，群体规模控制在500只左右，最多也不应超过1000只。对于数万只的鸡场，可以分成若干个小区隔离饲养。

散养密度是一个动态指标，它因地而异、因鸡而异、因季节而异。首先散养地的植被情况决定了散养密度，植被情况（品种和数量）良好，散养密度可大一些。根据经验，一般每100平方米草场面积可散养5只左右，稍好点的草场可散养8只左右，最好的草场也不能超过12只，某些次一点草场也就散养3只，有些植被很差的草场仅能散养1只，荒漠化草场连1只也做不到。

在刚刚开始的散养初期，因鸡的体重很小，采食量也不是很大，散养密度可高一些；随鸡只体重的增加，采食量及自主觅食半径的加大，散养密度也要随之下降。确定散养密度还要考虑季节因素，早春与初冬季节，地表上绿色植被很少，这时的散养密度要降下来；反之，在夏秋季节，植被丰富，昆虫也处于生长繁殖的旺季，这时的散养密度可相应提高。

（四）体重控制

育成新母鸡的体重与以后的产蛋关系密切，所以育成期应加强体重控制，保证育成结束时体重达标，为产蛋奠定良好基础。

1.体重测定

从育雏期开始至育成末期基本结束，每周或每2周抽测体重一次。测定体重的时间应安排在周末夜间同一时间进行。晚上关灯，鸡群安静以后，手持手电筒，蒙上红色布，使之发出较弱的红色光线。随机轻轻抓取鸡，使用电子秤逐只称重，并记录。设计固定记录表格，每次将测定数据记录在同一表格内，并长期保存。最后将体重绘制成完整的鸡群生长发育曲线。

测定体重抽取的样品应具有代表性，做到随机取样。在鸡舍的不同区域、栖架的不同层次，均要取样，防止取样偏差。每次抽测的数量依据群体大小而定。一般为群体数量的5%，大规模养鸡不低于群体数量的2%，小规模养鸡每次测定数不小于50只。

2.体重的调整

测定体重并计算平均数后，根据体重大小进行必要的调整。如果育成期发育缓慢，没有达到标准体重，应分析原因。如果营养不足，应根据体重的变化与标准的比较，酌情补料。育成期阶段是生长发育最快的时期，仅靠采食一些植物性青绿饲料，很难满足鸡自身快速生长的需要，不能满足能量和蛋白质总量的需求，必然影响生长发育。根据每周称测的体重情况调整补充饲料量，以满足育成鸡的营养，同时可避免饲料的浪费，并获得体重符合要求的新母鸡。

同时，要注意及时淘汰体重过小的鸡（又叫“拉腿鸡”）和体质过弱的鸡。这些鸡开产期非常晚，产蛋性能也差。

（五）减少散养丢失

一些鸡场在散养过程中鸡只数量越来越少，但并没有发现死亡和兽害，说明散养过程中不断丢失。这是由于没有进行有效的信号调教，也没有采取先近后远、逐步扩大散养范围的散养方法。

（六）注意观察

1.观察环境变化

注意观察气候变化，遇到气候的突然变化，要提前采取防范措施。如下大雨前要及早收鸡或不放土鸡出舍等，防止鸡被雨淋；注意观察有没有野生动物的入侵，可以借助摄像头、音响报警器等设备，避免鸡受到野兽侵害等；及时观察和了解散养场地状况，如有没有喷洒农药以及一些人为破坏的迹象，减少对鸡的伤害。

2.观察鸡群状况

对鸡群进行细致的观察是日常管理中的重要一环，通过观察能随时掌握鸡群状况，发现问题，及早处置，把问题处理在萌芽状态。主要观察鸡群的精神状态、采食情况、粪便状态、呼吸系统状况等。

（七）卫生管理

鸡栖息的棚舍及附近场地要坚持每天打扫、消毒；定期清洗料槽、水槽并消毒，保持清洁卫生；定期驱虫，8～9周龄，每只鸡0.5片鸡虫净，研磨拌料，一次投服，或0.03%～0.04%呋喃唑酮拌料使用5天。17～18周龄，每只鸡1片盐酸左旋咪唑，一次投服，连用两次。注意驱虫后要清理粪便，并进行堆积发酵处理。

第九节　果园林地散养商品土鸡的饲养管理

一、饲养管理要点

果园林地散养商品土鸡的饲养管理除了采用前面散养鸡的一般技术以外，还要注意如下几点：

（一）精选良种

选养皮薄骨细、肌肉丰满、肉质鲜美、抗逆性强、体型中小、有色羽的著名地方品种，根据当地的饲养习惯及市场消费需求，选育适合当地饲养的优良土鸡品种。如果在南方市场销售，可以选择饲养农村土杂鸡所产的蛋孵化的雏鸡，价格高并且好销售；如果在北方市场销售，可以饲养芦花鸡、固始鸡及麻鸡品种。

（二）适时散养

散养的商品土鸡在育雏室内育雏5周。一般夏季30日龄、春季45日龄、寒冬50～65日龄可以开始散养。竹园、果园、茶园、桑园等散养场地，要求地势高燥、避风向阳、环境安静、饮水方便、无污染、无兽害。鸡只可吃害虫及杂草，其粪便还可用于积肥。散养场地可设沙坑，让鸡沙浴。散养密度为40～60只／亩，每群规模约为500只为宜。散养场可设置围栏，放一批鸡换一个地方，既有利于防病，又有利于鸡只觅食。

（三）科学饲喂

优质土鸡育雏期应饲喂易消化、营养全面的雏鸡全价饲料。饲养中粗蛋白含量为16%～17%。散养期要多喂青绿饲料、农副产品、土杂粮，以改善肉质，降低饲料成本；一般仅晚归后补喂配合饲料。要保证育肥土鸡有充足的饮水，可给育成鸡添喂占饲料量10%～20%的青绿饲料。中后期配合饲料中不要添加人工合成色素、化学合成的非营养添加剂及药物等，应加入适量的橘皮粉、松针粉、大蒜、生姜、茴香、八角、桂皮等自然物质以改变肉色，改善肉质和增加鲜味。

（四）适当催肥

育成土鸡在13～14周龄时，生长速度较快，容易沉积脂肪，在饲养管理上应采取适当的催肥措施。采用原粮饲喂的，可适当增加玉米、高粱等能量饲料的比例；饲喂鸡饲料的，可购买肉鸡生长料。出售前3～4周，如鸡体较瘦，可增加配合饲料喂量，限制散养，进行适度催肥。

（五）严格防疫及驱虫

一般情况下，散养土鸡的抗病力强，生长较圈养快，大型肉鸡发病少。但因其散养于野外，接触病原体机会多，因此，要特别注意防治球虫病（一般在20~35日龄预防一次为好）、卡氏白细胞虫病及消化道寄生虫病。每月进行驱虫一次为佳。肉鸡中后期，防治疾病时尽可能不用人工合成药物，多用中药及生物防治法，以减少鸡肉中的药物残留，便于上市。

（六）适时销售

饲养期太短，鸡肉中水分含量多，营养成分积累不够，鲜味素及芳香物质含量少，达不到优质土鸡的标准；饲养期过长，肌纤维过老，饲养成本太大，不经济。

因此，小型公鸡100天、母鸡120天上市，中型公鸡110天、母鸡130天上市。此时上市鸡的体重、鸡肉中营养成分、鲜味素、芳香物质的积累基本达到成鸡的含量标准，肉质又较嫩，是体重、质量、成本三者的较佳结合点。

二、提高鸡肉风味的措施

鸡肉的风味影响人们的食欲和消费欲望。影响鸡肉风味的主要因素有遗传、饲料营养和环境等。遗传因素主要有品种、日龄、性别，营养因素主要是饲料，环境因素包括饲养管理和小气候因素等。在土鸡饲养过程中可以通过添加一些物质来提高鸡肉风味，见表6–2。

表6–2　提高鸡肉风味的物质

物质名称	效果
绿茶粉或废茶粉	饲料中添加3%，可显著增加鸡脯肉中维生素A和维生素E的含量，同时还可以增加鸡肉的鲜美感
党参、丁香、川芎、砂姜、辣椒、八角以及合成调味剂，鲜味剂（主要含谷氨酸钠、肌苷酸、核苷酸、鸟苷酸等）	饲喂后期肉鸡可使鸡肉中氨基酸及肌苷酸含量明显提高，从而增进其风味
杜仲、黄芪、白术等中药	按等量比例配伍饲喂鸡，可提高鸡肉中粗蛋白含量与脂肪的沉积能力，提高肉的营养价值和风味，改善肉的品质
生姜、大蒜、辣椒叶、艾叶、陈皮、茴香、花椒、桑叶、车前草、黄芪、甘草、神曲和葎草等13味中草药制成的中草药饲料	与益生菌添加剂结合配制成益生中草药合剂饲喂鸡，实验结果表明，鸡肉风味具有天然调味料的浓郁香味，口感良好，味道纯正，综合效益良好
女贞子水提物	添加0.4%，显著改善鸡肉的嫩度
大蒜、辣椒、肉豆蔻、丁香和生姜	混合物饲喂肉鸡，改善鸡肉品质，使鸡肉香味变浓
沙棘嫩枝叶	添加日粮中，提高鸡肉中氨基酸和蛋白质的含量，改善鸡肉品质，并能增强动物机体免疫能力

续表

物质名称	效果
大蒜	饲料中添加10%~20%的捣烂大蒜或0.2%的大蒜素，鸡肉的香味变得更浓，脚胫皮肤着色较黄
芦荟和蜂胶	作为饲料添加剂，具有提高蛋白质的代谢率、胸肌率、腿肌率和降低腹脂率的作用，从而改善鸡肉品质
桑叶粉	出栏前4周的肉鸡在饲料中添加3%桑叶粉，能大幅度提高肉鸡的品质，使肉质香味更浓
添加维生素(维生素E、维生素D等)、矿物质(钙、镁、硒等)	缓解动物应激，增强鸡体抗氧化能力，减少脂质氧化，改善肉的嫩度，减少滴水损失等

第十节　果园林地散养土鸡产蛋期的饲养管理

影响果园林地散养土鸡产蛋率高低的因素主要有两个方面，一方面是育成新母鸡的质量，另一方面就是产蛋期的饲养管理。在培育优质育成新母鸡的基础上，做好产蛋期的饲养管理工作，就可以获得良好的饲养效果。

一、土鸡产蛋规律

土鸡开产后产蛋率和蛋重的变化具有一定的规律性，饲养管理中应注意观察这一规律性，采取相应措施，增加产蛋量和提高蛋的质量。

（一）始产期

在农村少量散养时，由于营养水平偏低，土鸡的开产日龄较晚，而且各群差别明显。在规模化饲养下，配合饲料和人工光照的应用，土鸡一般在22～23周龄即可达到5%的产蛋率，到28周龄时，产蛋率可达到50%。我们把22～28周龄、产蛋率为5%～50%的这一时期称为始产期。始产期内产蛋规律性不强，各种畸形蛋比例较大，蛋重较小。

（二）主产期

从28周龄开始，产蛋率稳步上升，在31～33周龄时可达到最高产蛋率80%以上，维持80%以上产蛋率2～3个月后，产蛋率缓慢下降，在55周龄时，下降到60%左右。28～55周龄这一阶段称为土鸡主产期。主产期内，产蛋周期已经形成，蛋的重量逐渐达到最大。主产期产蛋的多少直接关系到整个产蛋期的产蛋量。

（三）终产期

55周龄以后，随着产蛋率的下降，蛋重逐渐增大，到68周龄时，产蛋率下降到45%～50%，一个产蛋年结束。这时种鸡可以淘汰或再利用1年。一般土鸡第2个产蛋年的产蛋率为第1年的80%左右。

二、土鸡产蛋期的饲养管理要点

土鸡产蛋期的饲养管理除了做好前面的散养准备、分群、调教、诱虫补草、兽害控制和应激控制外，还要做好如下方面的饲养管理工作。

（一）做好开产前的准备

开始产蛋的前一周，将产蛋箱准备好，让土鸡适应环境。每4～5只鸡准备1个产蛋箱，将产蛋箱放置在较暗的地方，并在箱中铺些垫草，放上假蛋。根据鸡群的免疫程序要求和抗体水平接种疫苗。安装好产蛋期需要的各种设备，进行全面彻底的消毒。

（二）科学补料

由于果园林地的野生饲料资源有限，不能完全满足土鸡产蛋的营养需要，为避免影响产蛋性能发挥，需要补充饲喂。

1.影响补料量的因素

影响果园林地散养土鸡产蛋期精料补充量的因素主要有品种、产蛋阶段和产蛋率、自然饲料资料状况和饲养密度。

（1）品种。不同品种的鸡适用能力和觅食能力不同，采食的野生饲料资源种类和数量不同，需要补充的饲料量也不同。土鸡的觅食力较强，觅食的范围较广，产蛋性能较低，补料量可以少一些。而培育的高产杂交品种鸡对野外生存环境的适应性较差，自我寻找食物的能力弱，加之生产性能较高，因此，饲料补充量需要多一些。

（2）产蛋阶段和产蛋率。土鸡产蛋前期产蛋率不断提高，体重和蛋重不断增加，需要的营养物质多，补充的饲料量也多；产蛋后期产蛋率不断下降，体重不再增加，需要的营养物质比较稳定，可以适当减少补充饲料量；产蛋高峰期，为保证产蛋率的稳定，要维持适宜的补料量。生产中发现，同样的鸡种，同一产蛋日龄，个体产蛋率差异也很大。有的高峰期产蛋率80%左右，需要较多的补料量，而有的仅仅40%，补料量就应该少。所以，应根据鸡群的具体情况灵活掌握补料量，对于不同的鸡群，饲料的补充量不能千篇一律。

（3）自然饲料资源状况和饲养密度。果园林地散养鸡主要依靠其自身在果园林地采食自然饲料，然后适当补充饲料满足营养需要。采食自然饲料的多少主要受自然饲料资源状况和饲养密度的影响。当散养地的自然饲料资源充足（可食牧草很多，虫体很多）时，同样的散养密度下，补饲的精料数量就可以少一些，否则，补饲的精料数量就要多一些；自然饲料资源一定，如果饲养密度较低，每天仅少量补充饲料即可，否则，就必须增加补料量。

2.补料量确定

由于散养鸡采食的饲料种类和数量难以确定，所以，很难给出一个绝对的补充饲料数量。在生产中，具体补充饲料数量的确定可根据如下情况灵活控制。

（1）体重变化。开产前通过科学饲养、分群等措施使体重达到标准，而且均匀整齐。如果体重不达标，要增加饲喂量，促进增重。刚开产，土鸡的体重应该有所增加，在40～45周体重达到最大，以后体重保持稳定。开产时应在夜间抽测鸡的体重。45周龄以前，土鸡体重稍有增加，说明管理恰当，补料适宜；体重降低或不变，说明营养不足，需要增加补料量。45周龄以后，体重应保持稳定，如果增重过多，说明营养过剩，应减少饲料补充量（在果园林地散养条件下，除了停产以外，很少出现鸡体过肥现象）；如鸡体重下降，说明营养不足，应提高补料质量和增加补料数量，以保持良好的体况。

（2）蛋重变化。初产蛋较小， 随着日龄增加，蛋重不断增加。如土鸡初产蛋一般只有35克左右，2个月后蛋增重达到42～44克，基本达到土鸡蛋标准。开产后蛋重不断增加，每千克鸡蛋应为23～24个，即每个鸡蛋重40克以上，说明鸡营养适当。营养不足时鸡蛋的重量小，如果每个鸡蛋不足40克，说明土鸡的营养不平衡或不足，或管理不当，需要增加补料量。

（3）蛋形变化。正常的蛋，蛋形圆满，大小端分明。若蛋大端偏小，大小两头没有明显差异，这是营养不足的表现。这样的鸡蛋往往重量小，需要增加补料量。

（4）产蛋率变化。开产后产蛋率上升很快，2个多月，最迟3个月达到产蛋高峰期（柴鸡60%以上），说明营养和饲料补充得当。如果产蛋率上升较慢、波动较大，甚至出现下降，可能在饲料的补充和饲养管理上出现了问题。

（5）产蛋时间分布。大多数鸡产蛋在中午以前，上午10时左右产蛋比较集中，12时之前产蛋占全天产蛋率的77%以上。如果产蛋率不集中，下午产蛋的较多，说明饲料补充不足。

（6）食欲情况。每天傍晚喂鸡时，鸡来得慢，不聚拢、争食、抢食，说明食欲差或已觅食吃饱，应少喂些。如果很快围聚争食，说明食欲旺盛，鸡对营养的需求量大，可以适当多喂些。

（7）行为表现。如果鸡群正常，没有发现相互啄食现象，说明饲料配合合理，营养补充满足。如果出现啄羽、啄肛等异常情况，说明饲料搭配不合理，必需氨基酸比例不合适，或饲料的补充不足，应查明原因，及时治疗。

3.补充饲料的营养浓度和参考配方

详见第三章。

4.饲料的更换

不同阶段饲喂不同的饲料，既可以降低饲料成本，又能满足营养需要。开产前要调整饲料中的钙含量。产蛋鸡对钙的需要量比生长鸡多3～4倍。笼养条件下，产蛋鸡饲料中一般含钙3%～3.5%，不超过4%。而散养鸡的产蛋率低于笼养鸡，此外，在散养场地鸡可获得较多的矿物质。因此，散养鸡的钙补充量低于笼养鸡。散养情况下，19周龄以后，饲料中钙的水平提高到1.75%，20～21周龄提高到3%。

散养土鸡产蛋鸡补钙要适量，如果给产蛋鸡喂过多的钙，不但抑制其食欲，也会影响磷、铁、铜、钴、镁、锌等矿物质的吸收。同时也不能过早补钙，补早了反而不利于钙在骨骼中的沉积。这是因为生长后期如饲料中含钙量少时，小母鸡体内保留钙的能力就较高，此时需要的钙量不多。生产中，散养土鸡产蛋鸡补钙的方法一般是：鸡群见第一枚蛋时，或开产前 2 周在饲料中加一些贝壳或碳酸钙颗粒，也放一些矿物质于料槽中，任开产鸡自由采食，直到鸡群产蛋率达5%，再将生长饲料改为产蛋饲料。

当产蛋率达到25%以上时，应将生长饲料更换为产蛋饲料。开产时增加光照时间要与改换日粮相配合，如只增加光照，不改换饲料，易造成生殖系统与整个鸡体发育的不协调。如只改换日粮不增加光照，又会使鸡体积聚脂肪，故一般在增加光照1周后改换饲料。

（三）环境控制

1.温湿度的控制

蛋鸡产蛋需要适宜的温湿度。舍外散养，注意气温低时晚放鸡，早收鸡；气温高时早放鸡，晚收鸡。夏季充分利用树木、植物遮阳，冬季由于外界气温低，可以舍内饲养。

2.光照的控制

光照是影响蛋鸡生产性能的重要因素。蛋鸡每日的光照时数和光照强度对其生产性能有决定性的作用，即对蛋鸡的性成熟、排卵和产蛋等均有影响。关于作用机制，一般认为，禽类有两个光感受器，一个为眼睛中的视网膜感受器，另一个位于下丘脑。光线的刺激经视神经叶的神经到达下丘脑。另外，光线也可以直接通过颅骨作用于松果体及下丘脑。下丘脑接受刺激后分泌促性腺激素释放激素。这种激素通过垂体门脉系统到达垂体前叶，引起卵泡刺激素和排卵激素的分泌，促使卵泡的发育和排卵。发育的卵泡产生雌激素，促使母鸡输卵管发育和第二性征显现。排卵激素则引起母鸡的排卵。规模化果园林地散养土鸡，应做好土鸡产蛋期的光照控制，提高其产蛋性能。

（1）土鸡的光照原则。光照时间的基本原则是育成期光照时间渐减或恒定，不能增加；产蛋期光照时间保持恒定或渐增，不能缩短。一般产蛋高峰期光照时间应控制在15~16小时，如果日自然光照时间不足时需要人工光照补足。产蛋期的光照强度要达到10~20勒克斯。

（2）土鸡的补光方法。土鸡的补光可以采取两头补光，即早晨和傍晚两次将光照时间补足到设计程序规定的时数。生产中，采取晚上补光比较好，这样可以配合喂料和进行光照诱虫，一举多得。

（3）光照程序的制定。见表6–3。

表6–3　果园林地散养土鸡产蛋期的光照程序

	顺季出雏时间（月份）						逆季出雏时间（月份）					
北半球	9	10	11	12	1	2	3	4	5	6	7	8
南半球	3	4	5	6	7	8	9	10	11	12	1	2
日龄/天	光照时数											
1 ~ 2	辅助自然光照补充到23小时						辅助自然光照补充到23小时					
3	辅助自然光照补充到19小时						辅助自然光照补充到19小时					
4 ~ 35	逐渐减少到自然光照						逐渐减少到自然光照					
36 ~ 140	保持14小时						自然光照					
141 ~ 147	增加0.5小时						增加0.5小时					
148 ~ 154	增加0.5小时						增加0.5小时					
155 ~ 161	增加0.5小时						增加0.5小时					
162以后	保持16 ~ 17小时（光照强度20 ~ 30勒克斯）						保持16 ~ 17小时（光照强度20 ~ 30勒克斯）					

【注意】一是熟悉当地自然光照情况。我国大部分地区自然光照情况是冬至到夏至期间，日照时间由短逐渐变长，称为渐长期；从夏至到冬至期间，由长逐渐缩短，称为渐短期。应从当地气象部门获取当地每日光照时间资料，以便制订每日的光照计划。二是人工补充光照，应尽量使光照基本稳定，促进产蛋性能相应提高。增加光照时间不要突然，应逐渐完成补光程序，一经固定下来，就不要轻易改变。21周龄开始逐渐增加光照。正如上面所述，增加光照与改换饲料相配合。

3.保持环境稳定、安静

产蛋高峰期最忌讳应激，特别是惊吓，如陌生人的进入，野生动物的侵入，剧烈的爆炸声和其他噪声等，易造成惊群。

（四）集蛋管理

果园林地养殖土鸡，虽然鸡蛋的内在品质提高，但如果管理不善，处理不当，也会出现一些问题，影响散养土鸡所产鸡蛋的外在品质，如出现窝外蛋多，蛋壳脏，污染严重，极大地影响鸡蛋的外观和保存期。所以要了解散养土鸡的产蛋习性，提供适宜的条件，加强集蛋管理，减少窝外蛋，提高土鸡蛋的内外品种。

1.产蛋习性

（1）喜暗性。鸡喜欢在光线较暗的地方产蛋，所以，产蛋箱要避开光源直射，应背光放置，放置在光线较暗的地方或遮掩，使土鸡能够安静地进入产蛋箱产蛋。

（2）定巢性。鸡的第一个蛋产在什么地方，以后就仍到此产蛋。如果这个地方被别的鸡占用，宁可在巢门口等候也不愿进入旁边的空巢，在等不及时往往几只鸡同时挤在一个产蛋箱内，这样就发生等窝、争窝现象，相互争斗和踩破鸡蛋，斗败的鸡就另寻去处或将蛋产在箱外。另外，等待时间过长会抑制排卵，推迟下次排卵而减少产蛋量。所以要设置充足的产蛋箱。

（3）色敏性。禽类的视觉较发达，能迅速识别目标，但对颜色的区别能力较差，只对红、黄、绿光敏感。有研究认为，母鸡喜欢在深黄色或绿色的产蛋箱内产蛋，配置这种颜色的产蛋箱效果较好。

（4）隐蔽性。鸡喜欢到安静、隐蔽的地方产蛋，这样有安全感，产蛋也较顺利。因此，产蛋箱的设置要有一定的高度和深度，鸡进入其中隐蔽性较好，能免受其他鸡的骚扰。饲养员在操作中要轻、稳，以免弄出突然的响声惊吓正在产蛋的鸡，而产生双黄蛋等异常现象。

（5）探究性。母鸡在产第一个蛋之前，往往表现出不安，寻找合适的产蛋地点。在临产前爱在蛋箱前来回走动，伸颈凝视箱内。认好窝后，轻踏脚步试探入箱，卧下后左右铺开垫料成窝形。离窝回顾，发出产蛋后特有的鸣叫声。因此，土鸡蛋箱的踏步高度应不超过40厘米。

2.产蛋箱放置

产蛋箱的数量、位置、高度及箱内垫料情况等，对鸡的产蛋行为和鸡蛋的外在质量影响较大。

（1）产蛋箱放置时间。开始产蛋的前1周（土鸡在20周龄左右），将产蛋箱准备好，让其适应环境。

（2）产蛋箱的数量。产蛋箱数量少，容易造成争窝现象，久而久之使争斗的弱者离开而到箱外寻找产蛋处。因此，配备足够数量的产蛋箱很有必要。由于散养土鸡的产蛋率较低，产蛋时间较分散，一般每5只母鸡配备1个产蛋箱。

产蛋箱要安置稳定，底板结实，维护良好，母鸡进出产蛋箱时不应摇晃或活动。进出产蛋箱的板条应有足够的强度，能同时承受几只鸡的重量。产蛋是鸡繁衍后代的行为。鸡喜欢在最安全的地方产蛋，否则将影响产蛋率。

（3）产蛋箱的摆放。产蛋箱放置应与鸡舍纵向垂直，均匀分布，即产蛋箱的开口面向鸡舍中央。产蛋箱应尽可能置于避光幽暗的地方，要遮盖好产蛋箱的前上部和后上部。开产前将产蛋箱放在地面上，鸡很容易熟悉和适应产蛋环境，避免了部分母鸡在产蛋箱下较暗的地方做窝产蛋。产蛋高峰期再将产蛋箱逐渐提高，此时鸡已经形成了就巢产蛋习惯，便不再在地面产蛋。

（4）产蛋箱中的垫料。产蛋箱中的垫料不仅影响土鸡窝外蛋的数量，还影响蛋的外在质量。垫料包括垫料的颜色、垫料卫生和垫料厚度等。

垫料颜色对窝外蛋的影响。垫料颜色会影响鸡的窝外蛋情况。产蛋鸡对垫料的颜色有选择性，灰色垫料明显地受母鸡偏爱。实验证明，开产时在灰色垫料产蛋箱中下蛋的母鸡产的窝外蛋较少，而褐色垫料组表现出较高的窝外蛋百分率。另外，灰色垫料产蛋箱中产蛋的母鸡产蛋总数增加（窝内蛋与窝外蛋总和），并且表现出较好的饲料转化率（整个40周龄）。这种增加可能有两个原因：一种是由于窝外蛋的减少，将所有的鸡蛋全部收集，没有遗漏损失；还有一种可能是母鸡找到了更适宜自己的产蛋环境而产较多的蛋。

垫料卫生和厚度对蛋品质的影响。鸡产出的蛋首先接触的便是产蛋窝内的垫料，如果垫料污浊和厚度不够，会引起蛋壳的污染和破裂，影响蛋品质量。由于刚产出的蛋表面有一层胶质层，比较湿润，容易黏附一些污浊物质，刚产出蛋的本身温度（鸡的体温是41℃，蛋的温度应该等于体温）与室温温差较大，表面细菌极易侵入，因此，要保证产蛋箱内垫料干燥、清洁，无鸡粪，及时清除窝内垫料中的异物、粪便或潮湿的垫料，经常更换新的、经消毒过的疏松垫料，垫料的厚度大约为产蛋窝深度的

1/3，带鸡消毒时对产蛋箱一并喷雾消毒。防止舍内垫料潮湿和饮水器具的“跑冒漏”现象，降低舍内湿度。

3.诱导窝内产蛋

鸡具有学习的本能，果园林地散养土鸡时要做好训练母鸡进入产蛋箱产蛋的工作。为了诱导母鸡进入产蛋箱，可在里面提前放入鸡蛋或鸡蛋样物——引蛋 (如空壳鸡蛋、乒乓球等)。鸡进入产蛋期后，饲养人员应经常在棚架区域内走动。早晨是母鸡寻找产蛋地点的关键时期，饲养员在舍内走动时密切关注母鸡的就巢情况。较暗的墙边、角落、台阶边、棚架边、钟形饮水器下方和产蛋箱下方比较容易吸引母鸡去就巢。饲养员应小心地将在这些地点筑窝的母鸡放到产蛋箱内，最好关闭产蛋箱，使其熟悉和适应这个产蛋环境，不再到其他地点筑窝。如果母鸡继续在其他地点筑窝，必要时可以用铁丝网进行隔开。通过几次干预，母鸡就会寻找比较安静的产箱内产蛋。发现地面或其他非产蛋箱处有蛋，应及时捡起。

4.捡蛋

捡蛋次数影响蛋的破损率和污染程度，捡蛋次数越多，蛋的破损率和污染程度越低。最好是刚产下时即捡走，但生产中捡蛋不可能如此频繁，这就要求捡蛋时间、次数要制度化。大多数鸡在上午产蛋，第一次和第二次的捡蛋时间要调节好，尽量减少蛋在窝内的停留时间。一般要求每天捡蛋3～4次，捡蛋前用0.1%的新洁尔灭洗手消毒，持经消毒的清洁蛋盘捡蛋。捡蛋时要净、污蛋分开，薄、厚蛋分开，完好蛋和破损蛋分开，将那些表面有垫料、鸡粪、血污的蛋和地面蛋，以及薄壳蛋、破蛋单独放置。在最后1次收集蛋后要将窝内鸡只抱出。

5.蛋的处理

捡蛋后，将脏蛋、破壳蛋、沙壳蛋、钢皮蛋、皱纹蛋、畸形蛋，以及过大、过小、过扁、过圆、双黄和碎裂的蛋挑出，单独放置。对有一定污染的鸡蛋（脏蛋），可先用细纱布将污物轻轻拭去，并对污染处用0.1%百毒杀进行消毒处理（不能用湿毛巾擦洗，这样做破坏了鸡蛋的表面保护膜，会使鸡蛋难以保存）。

6.优质蛋品的鉴别

（1）外在质量。优质蛋外表洁净光滑，无沙壳、裂纹、畸形等。

（2）新鲜度。果园林地散养鸡生产的蛋，多是鲜蛋销售，要求必须新鲜。鸡蛋新鲜度的鉴别包括：一是外观鉴别。观察蛋的外观形状、色泽、清洁程度，蛋壳干净、无光泽，壳上有一层白霜，色泽鲜明的蛋是新鲜鸡蛋；蛋壳表面的粉霜脱落，壳色油亮，呈乌灰色或暗黑色，有油样浸出，有较多霉斑的是陈旧蛋。二是耳听鉴别。相互碰击声音清脆，手握蛋摇动无声的是新鲜蛋；蛋与蛋相互碰击发出嘎嘎声的是孵化蛋、空空声的是水花蛋，手握蛋摇动时是晃荡声的是陈旧蛋。三是照蛋鉴别。在光线下观察钝端气室部位，如果只是一点阴影，气室很小，是新鲜蛋；如果气室明显，则是时间长的蛋。也可用专门的照蛋器（或用一箱子，上面挖一个小洞，箱子里放一盏灯泡，将需要检验的鸡蛋放在小洞上），通过从下射出的灯光观察鸡蛋内的结构和轮廓。新鲜鸡蛋一般里面是实的，没有气室形成，而陈旧鸡蛋气室已经形成，放的时间越长，气室越大。新鲜的鸡蛋呈微红色、半透明， 蛋黄轮廓清晰，而陈旧的鸡蛋发污，较浑浊，蛋黄轮廓模糊。

（五）卫生管理

果园林地散养土鸡，由于阳光中的紫外线作用，微生物分解和环境的自净作用强，除非发生传染性疾病，一般散养地不进行消毒。但是，必须注意鸡舍内的消毒。鸡舍地面、补料的场所每天打扫，定期消毒。水槽、料槽每天刷洗，清除槽内的鸡粪和其他杂物，保持水槽、料槽清洁卫生，散养场进出口设消毒带或消毒池。栖架定期清理和消毒。鸡场谢绝参观。散养地应实行全进全出制。每批鸡散养完后，应对鸡棚彻底清扫、消毒，对所用器具、盆槽等熏蒸1次。同时，散养场地安排1～2周的净化期。

（六）沙浴

鸡吃饱以后，喜欢在阳光的沐浴下，在沙土里翻滚，这是在用沙洗澡（沙浴）。通过沙浴，能驱除鸡身体上附着的一些鸡虱，翅膀羽毛上附着的羽虱、羽虫（这些鸡虱会吸食鸡身上的血，羽虱、羽虫会吃鸡翅膀上的毛）等。

鸡在泥沙中乱滚，摩擦自己的皮肤，并且把翅膀的羽毛竖起来，让沙土进入羽毛间有空隙的地方，这时附着在身上、翅膀上的鸡虱、羽虫、羽虱都会随着沙子一起被抖动下来。因此，在鸡场要准备一些沙土让鸡沙浴（图6–4），既可以供其洗澡驱除害虫，也可以供其吞食沙粒而帮助消化。

图6–4　土鸡沙浴及在地面上打滚

（七）注意观察鸡群

平时要认真观察鸡群的状况，发现个别鸡出现异常，及时分析和处理，防止传染性疾病的发生和流行。

1.观察精神状态

观察鸡群的精神状态，可及时发现病鸡，及时治疗和隔离，以免疫情传播。每天早晨放鸡时观察鸡群活动情况，健康鸡总是争先恐后向外飞跑，弱者常常落在后边，病鸡则不愿离舍或留在栖架上。每天补料时观察鸡的精神状态（图6–5），健康鸡特别敏感，往往显示出迫不及待感；病弱鸡不吃食或被挤到一边，或吃食动作迟缓，反应迟钝或无反应；病重鸡表现精神沉郁、两眼闭合、低头缩颈、翅膀下垂、呆立不动等。应及时挑出异常的鸡并严格隔离，如有死鸡，应送给有关技术人员剖检，以及时发现和控制病情。

图6–5　健康鸡（左）和病重鸡（右）

【小资料】鸡冠的变化（图6–6）也可以反映出产蛋鸡的状态：①红冠。冠颜色鲜红、温暖湿润，则鸡体健康。②冠色苍白，提示肠道机能失调或内脏出血。③冠蓝，提示大肠杆菌感染或病毒性疾病。④冠萎缩，为停产鸡或内脏有肿瘤、卵黄凝固等。

图6–6　鸡冠的变化

2.观察粪便变化

粪便变化能够反应出土鸡的健康状况，粪便异常的鸡群可能出现问题。正常的鸡粪便是软硬适中的堆状或条状物，小肠粪比较干燥，上面覆有少量的白色尿酸盐沉积物。盲肠粪较有光泽，呈糊状，深绿或深褐色。呈现白色乳样、绿色、黄色、橘红色或血便，以及粪便不够结实、太稀、起泡、含有饲料成分或饲料颜色（消化不良）等，都是异常粪便。若粪过稀，则为摄入水分过多或消化不良。如为浅黄色泡沫粪便，大部分是由肠炎引起的。白色稀便则多为白痢病。排泄深红色血便，则为鸡球虫病。白绿色稀便，可能是新城疫等。

3.观察呼吸系统状况

每天晚上观察鸡群的呼吸状况。晚上关灯后倾听鸡的呼吸是否正常，如果带有咯咯声，说明鸡群呼吸道有疾病。

4.观察产蛋情况

加强对鸡群产蛋数量、蛋壳质量、蛋的形状及内部质量等方面的观察，可以掌握鸡群的健康状态和生产情况。鸡群的健康和饲养管理出现问题，都会在产蛋方面有所表现。如营养和饮水供给不足、环境条件骤然变化、发生疾病等，都能引起产蛋下降和蛋的质量降低。

5.观察其他情况

（1）啄癖。产蛋高峰期，由于光照、环境或营养不足，可能出现个别鸡互啄（啄肛、啄羽等）现象。如果发现不及时，被啄的鸡会很快被啄死。鸡群中其他鸡对死鸡很感兴趣，这容易诱发鸡的啄癖，应立即清理死鸡（图6–7）；鸡群中会发生啄肛，开始比较轻微，但严重时可造成损伤和死亡（图6–8）。因此，应认真观察，及时隔离被啄鸡，并予以治疗。如果患啄癖的鸡比例较高，应查明原因，尽快纠正。

图6–7 啄癖

图6–8 啄肛

（2）羽毛情况。如果鸡周身掉毛，但鸡舍内未见羽毛，说明已被其他鸡吃掉，这是鸡体内缺硫所致，应采取补硫措施。鸡在换羽结束、开产前及开产前期羽毛是光亮的，如果此期羽毛不光亮是由于缺乏胆固醇，要补喂一些含胆固醇高的饲料。产蛋后期羽毛不光亮、污浊或背部掉毛的则为高产鸡。

（3）肛门污浊情况。鸡在产蛋期，肛门周围大都有粪便污染的痕迹。停产期及不产蛋鸡的肛门清洁，腹部羽毛丰满光滑。若肛门周围有黄色、绿色粪便或有黏液附着，并伴有其他异常表现，则表明鸡患有疾病。

（八）记录管理

散养期间，要做好各项记录，记录主要包括生产性能、饲料消耗量、死亡淘汰量、环境条件，以及气候变化、免疫接种、用药、消毒及其他各种消耗等，有利于进行经济核算和总结经验教训。

三、土鸡产蛋期的其他管理

（一）抱性鸡的催醒

抱性即就巢性，属禽类繁殖后代的一种正常生理现象。抱性的强弱与品种类型有直接关系。高产杂交蛋鸡由于长期的选育，几乎没有抱性，而土鸡仍具有较强的抱性。抱性与鸡体内激素变化有关，是下丘脑5-羟色胺活性增强和腺垂体催乳素分泌增加的结果，这些激素的产生会抑制排卵，所以抱性严重影响鸡群体的产蛋水平。

一般来说，母鸡抱窝与季节和气温有关。具备利于鸡孵化即繁衍后代的气候条件时，如春天、夏季、秋初容易发生抱窝现象。同时，环境因素也会诱发抱性。幽暗环境和产蛋窝内积蛋不取，可诱发母鸡就巢性。一旦一只鸡出现抱性，其声音和行为就会对其他鸡产生诱导作用。如果出现抱性，可以进行催醒。催醒方法见表6-4。

表6-4　催醒方法

方法	操作
丙酸睾酮法	肌内注射丙酸睾酮5～10毫克/只，用药后2～3天就醒抱，1～2周后即可恢复产蛋。丙酸酮素可抑制和中和催乳素，使体内激素趋于平衡而醒抱
异烟肼法	按抱窝母鸡每千克体重0.08克异烟肼口服，一般1次投药可醒抱55%左右；对没有醒抱的母鸡次日按每千克体重0.05克再投药1次。第二次投药后醒抱可达到90%，剩下的抱窝母鸡第三天再投药1次，药量也为每千克体重0.05克，可完全消除抱窝现象（当出现异烟肼急性中毒时，可内服大剂量维生素B以解毒，并配合其他方法对症治疗）
三合激素法	三合激素（即丙酸酮素、黄体酮和苯甲酸雌二醇的油溶液），对抱窝母鸡进行处理，按1毫升/只肌内注射，一般1～2天即可醒抱
水浸法	将抱窝母鸡用竹笼装好或用竹栏围好，放入冷水中，以水浸过脚。如此2～3天，母鸡便可醒抱。其原理在于鸡在水中加速降温和增加环境应激，抑制催乳素的分泌
悬挂法	将抱窝母鸡放入笼中，悬吊在树上，并使鸡笼不断地左右摇摆，很快就能促使其醒抱
易地法	将抱窝母鸡放入另一鸡群中，改变生活环境。由于环境陌生，并受到其他鸡的追逐，可促使母鸡醒抱

续表

方法	操作
解热镇痛法	服用安乃近或APC(复方阿司匹林)，取0.5克安乃近或0.42克APC，每只鸡1片喂服，同时喂给3～5毫升水，10 小时内不醒抱者再增喂1次，一般15天后即可恢复产蛋
硫酸铜法	每只鸡注射20%硫酸铜水溶液1毫升，促使其脑垂体前叶分泌激素，增强卵巢活动而离巢
针刺法	用缝衣针在其冠点穴，脚底深刺2厘米，一般醒抱鸡3天后可下窝觅食，很快恢复产蛋，若第三天仍没有醒抱，按上法继续进行3次就可见效
酒醉法	每只抱窝鸡灌服40~50度白酒3汤匙，促其醉眠，醒酒后即可醒抱
灌醋法	趁早晨空肚时喂抱窝鸡1汤匙醋，到晚上再喂1次，连续3～4天即可
清凉解热法	早、晚各喂人丹13粒左右，连用3～5天
盐酸麻黄素法	每只抱窝鸡每次服用0.025克盐酸麻黄素片，使其中枢神经兴奋，若效果不明显，第三天再喂1次，效果很好
剪毛法	把抱窝鸡大腿、腹部、颈部、背部的长羽毛剪掉，翅膀及尾部羽毛不剪。这样，鸡很快停止抱性，且对鸡的行动没有影响，1周内可恢复产蛋
复合药物法	将冰片5克、己烯雌酚2毫克、咖啡因1.8克、大黄苏打片10克、氨基比林2克、麻黄素0.05克，共研细末，加面粉5克、白酒适量，搓成20粒丸，每日每只喂服1粒，连喂3～5天
感冒胶囊法	发现抱窝母鸡，立即分早、晚2次喂其速效感冒胶囊，每次1粒，连喂2天便可醒抱。醒抱后的母鸡5～7天就可产蛋
磷酸氯喹片法	每天1次，每次0.5片(每片0.25克)，连喂2天，催醒效果在95%以上。用1～2粒盐酸奎宁丸有同样效果
清凉降温法	用清凉油在母鸡脸上擦抹，注意不要抹入眼内。热天还可以将鸡用冷水喷淋或每天直接浸浴3～4次，以降低体温，促其醒抱

（二）低产鸡的淘汰

鸡群中产蛋性能和健康状况有很大差别，特别是本地土鸡，缺乏系统选育，无论是体型外貌，还是生产性能，相差悬殊。如果将低产鸡、停产鸡、僵鸡以及软脚、有病的鸡及早淘汰，将高产健康的鸡选留后继续饲养，不仅生产性能进一步提高，而且可以消耗较少的饲料，增加抗风险能力，获得更大的效益。

1.低产、停产鸡形成的原因

一是品种质量差；二是育成的新母鸡体重小、群体不均匀；三是培育阶段光照时间增长或在自然光照渐增的季节内育成，使性成熟过早，开产早而产蛋疲劳和早衰；四是产蛋期环境应激，如突然停止光照、炎热、大风或雷鸣闪电等；五是疾病影响，如患卵黄性腹膜炎、马立克氏病、鸡传染性支气管炎、血液原虫病及其他寄生虫病等，造成停产或低产，或因难产脱肛或被其他鸡啄肛，失去正常产蛋能力。

2.低产鸡淘汰的时间

除了随时淘汰发现的低产鸡和停产鸡外，在生产周期内，应集中安排淘汰2～3次。第一次淘汰时间可安排在产蛋高峰初期（即30～32周龄）。此时可将一些因生理缺陷或发育差未开产的鸡进行淘汰，特别是在青年鸡阶段一些患过某些疾病的鸡，其生殖器官因严重受损（如患支气管炎后，输卵管萎缩、肿胀等）而发育不良，终生不能产蛋（有的叫“石鸡”）。第二次淘汰时间可安排在产蛋高峰过后（43～45周龄）。高产鸡经过产蛋高峰之后产蛋率逐渐下降，但其产蛋曲线并非陡降，而是稳中有降。而低产鸡产蛋率下降严重，也有一些鸡已经停产。第三次淘汰可在第二个产蛋年，即产蛋1周年左右（72～73周龄）进行。此期结合人工强制换羽，将没有饲养价值的鸡淘汰，选留部分优良鸡经过强制换羽后，继续饲养一段时间，挖掘其遗传潜力。

3.产蛋高低的鉴别

淘汰低产鸡首要的问题是怎样鉴别高产和低产或停产鸡、

健康与患病鸡。我国养鸡工作者在生产实践中积累了丰富的经验，可根据表型与生产性能的相关性，鉴别高产与低产、优与劣，见表6–5。

表6–5 高产与低产鸡的鉴定

项目	高产鸡	低产鸡或停产鸡
头部	眼睛明亮有神，鸡冠、肉髯大而红润、富有弹力，用手触之有温暖的感觉	眼神迟钝，鸡冠小而萎缩，苍白无光泽，以手触之有凉的感觉
羽毛	羽毛蓬松稀疏，比较粗糙、干燥，换羽晚，但换羽速度快	羽毛光滑，覆盖较严密，富有光泽、丰满，换羽早但换羽速度慢
肛门	宽大、湿润、扩张	肛门干燥而瘦小，无弹性
腹部	容积大，触摸皮肤细致，柔软有弹性，两耻骨末端柔软、有弹性	腹部容积小，触摸皮肤粗糙、发硬、无弹性，两耻骨末端坚硬
耻骨	耻骨之间分开有伸缩性，间距大	低产鸡耻骨之间间距小，停产鸡耻骨固定紧贴
色素	白色鸡种开产以后皮肤的黄色素从肛门、眼睑、耳朵、喙、脚(从脚前到脚后)、膝关节依次褪色	褪色较慢或仍为黄色（停产约3周的鸡喙呈黄色，停产约10天的鸡喙的基部为黄色）
反应	较温驯，活动不多，易捕捉	活动异常灵活、快捷而不易捕捉
出入窝	出窝早，归窝晚，采食勤奋	出窝晚，归窝早，食位不固定，常来回走动，随意性较大
粪便	早晨粪便松软成堆、量多	早晨粪便干成细条状（不产蛋鸡消化慢，消化道变形）
其他		可能出现啼鸣，趴窝不下蛋等

4.淘汰方法

根据外形可以选择淘汰比较明显的低产鸡和停产鸡。淘汰要在夜间进行，2人配合，一个人持手电筒并进行捉鸡，另一个人观察淘汰。鸡看到灯光就会抬起头，通过观察其冠、羽毛，触摸其耻骨等，或根据腿部标记的布条，将被淘汰的鸡轻轻捕捉，放在专用鸡笼内，集中运走。如果外形鉴别比较困难，可以在早上4～5时，手持手电筒，触摸鸡的子宫，凡是子宫内有蛋的鸡在其腿部系1根布条。经过3 天的检测，凡是有2～3根布条的鸡全部保留，没有布条的鸡全部淘汰，只有1根布条的酌情处理。这种方法尽管笨了些，但是非常可靠。

淘汰鸡的工作一定要细致，操作动作要轻，小心谨慎，防止惊群。在淘汰鸡的前后2天，在饮水中添加电解多维素，以降低淘汰过程对鸡群的影响。一般来说，淘汰鸡后的1～2天，鸡群的产蛋率略有下降，但很快恢复，并且产蛋率会出现新高峰（淘汰低产鸡和停产鸡的缘故）。

（三）羽毛脱落的处理

果园林地散养土鸡容易出现脱毛，影响销售和产蛋。羽毛脱落的原因和处理措施如下：

1.自然脱毛

脱毛是一个生理现象，包括现有羽毛的脱落和新羽毛生长的替代，通常伴随着蛋产量的减少甚至完全停产。自然脱毛后会长出成年羽毛，鸡生命过程要经历新旧羽毛交替的几次脱毛阶段。第一次换毛，绒毛被第一新羽替代，发生在6～8日龄至4周龄结束；第二次换毛，第一新羽被第二新羽替代，发生在7～12周龄；第三次换毛，发生在16～18周龄，这次换毛对生产是很重要的。在产蛋母鸡自然换毛发生在每年白昼变短的时期，如我国阳历冬至前后(约12月20日前后)，此时甲状腺的激素分泌决定了换毛过程。

脱毛的程度取决于家禽品种和家禽个体。脱毛持续的时间长短是可变的，较差的蛋鸡在6～8周龄间重新长出羽毛，而优良的蛋鸡则短暂停顿后(2～4周)较快地完成换毛过程。从生理上讲，产蛋停止使更多的日粮用于羽毛生长（自身合成主要蛋白质）。雌激素是产蛋过程中释放的一种激素，起阻碍羽毛形成的作用，产蛋的停止意味着雌激素水平降低。因此羽毛形成加快。

2.啄羽

严重的啄羽往往是由于过度拥挤、光照问题和营养不平衡的日粮所致，且会伤及鸡只。啄羽导致的受伤伴随着出血，会吸引更进一步的同类相残的啄食。为了防止同类相残，最好的办法是隔离病弱或受害的鸡只。应在受伤的鸡只伤口上撒消炎杀菌粉处理，伤口用深暗色的食品颜料或焦油涂抹，以减少进一步被其他鸡只啄食攻击，也可以撒些难闻的粉末于受伤的鸡身上。修喙或已断喙的鸡群将会减少啄羽或自相残杀的可能性，特别是与光线、饲养密度和营养有关的问题得到改进后。另外，也发现某些品种的鸡群更易发生啄羽现象（遗传特异性），啄羽的恶习一旦形成很难控制。因此，最好的治疗措施就是预防。

3.摩擦

脱羽也可能由于其他鸡只或环境摩擦所致，特别是鸡只在密闭的环境中。为了减少脱羽，鸡群密度应该降低，消除鸡舍内所有尖锐、粗糙的表面。

4.交配

如果是散养的种鸡，或将部分公鸡放入母鸡群，交配时，公鸡踩踏母鸡，母鸡的背部羽毛被公鸡的爪子撕扯掉。为了降低由此引起的羽毛脱落，雏鸡出壳后应该对公雏进行剪趾，即用剪刀将公雏鸡的内侧趾剪掉。

（四）人工强制换羽

自然换羽时间需要3～4个月，为了缩短换羽时间，可以采用人工强制换羽。

1.强制换羽前的准备工作

（1）合理确定强制换羽的时间。是否强制换羽，应根据实际情况确定。一般有下列情况时，可考虑实行强制换羽。一是当土鸡群产蛋率低于30%或约有10%的鸡开始自然换羽，该鸡群还准备继续饲养时，可考虑强制换羽；二是根据当地市场行情和养禽情况，目前蛋类价格太低（没有利润或利润太少），而预测一段时间后蛋类价格升高时，可考虑进行人工强制换羽；三是鸡群由于某些原因（如饲料更换、发生疾病、光照不足或欠规律、各种应激等）造成群体产蛋量突然下降，数日不能回升时，可考虑强制换羽。

（2）制订强制换羽的方案。根据鸡群的产蛋情况、季节，制订强制换羽方案，在方案实施过程中，非特殊情况，不要随便改变计划。

（3）整顿鸡群。强制换羽前，要详细认真挑选。应选择健壮无病、生产性能好、躯体发育良好的鸡。淘汰老、弱、病、残等无培养和无利用价值的鸡，这样的鸡在强制换羽过程中多数死亡，即便没有死亡，强制换羽后也没有多大的生产潜力。

（4）防疫注射。强制换羽开始前一周，要给予免疫注射，并进行驱虫、除虱，以保证鸡只适应强制换羽所造成的刺激，也可避免在下一个产蛋周期进行免疫注射和驱虫等造成应激。

（5）称重。在强制换羽前1天要称重，随机抽测3%～5%鸡只的体重，并算出体重平均值，以便了解强制换羽过程中鸡的失重率和体重的损失情况。

2.强制换羽的方法（表6–6）

表6–6 强制换羽的方法

方法	操作
化学法	在饲料中加入2.5%的氧化锌或3%的硫酸锌，连续饲喂5～7天后改用常规饲料饲喂。开始喂含锌饲料时光照保持8小时，喂常规饲料时逐渐恢复光照到16小时。此法换羽时间短，但不彻底，第二个产蛋年产蛋高峰不高
畜牧学法（饥饿法）	停水、停料、减少光照，引起鸡群换羽。第1～3天，停水，停料，光照减为8小时。第4～10天，供水，停料，光照减为8小时。第11天以后，供水，供料，给料量为正常采食量的1/5，逐日递增至自由采食，用育成饲料，光照每周递增1小时，至16小时保持恒定，产蛋时，改为产蛋饲料
综合法	将化学法和畜牧学法结合起来的一种强换方法。第1～3天，停水，停料，光照减为8小时。第4～10天，供水，喂给含2.5%硫酸锌饲料，光照减为8小时。以后恢复正常产蛋饲料和光照。此法应激量小，换羽彻底

3.衡量强制换羽效果的指标

（1）死亡率。强制换羽过程中鸡群的死亡率不超过3%，强制换羽结束时，死亡率应控制在5%范围内。

（2）体重失重率。强制换羽方法越严厉，鸡群失重越快，失重率越高，死亡率越高，鸡群的失重一般为25%左右，不应超过30%。

（3）再开产时间。强制换羽后，新的开产日龄过早或过晚都影响第二个产蛋期的产蛋情况，一般强制换羽开始到结束（产蛋率恢复至50%）的时间以50～60天为宜。

（4）主翼羽的脱换。强制换羽结束时，即产蛋率恢复至50%时，查一下主翼脱换根数，如果10根主翼羽有5根以上已脱换，说明强制换羽的方案是合理的，也是成功的；如果少于5

根，表明换羽不完全，方案不合理。

【注意】一是如果遇到鸡群患病或疫情，应停止强制换羽，改为自由采食。二是定期称重。强换开始后5~6天第一次称重，以后每天称重，掌握鸡群失重率，确定最佳的结束时间。三是停料一段时间后，供给饲料时，应逐渐增加给料量，切忌一次给料过多，造成鸡群嗉囊胀裂死亡。四是加强环境消毒，保持环境安静，避免各种应激因素，并密切观察鸡群，根据实际情况，必要时调整或中止强制换羽方案。五是加强强制换羽后期营养。为确保强制换羽效果，迅速恢复产蛋性能，强制换羽后期，可在日粮中加大微量元素的用量至正常标准的1~2倍，连用5~7天。同时，还应注意钙质和复合维生素的补充。

（五）提高蛋的品质

果园林地散养土鸡过程中，可采取一些措施，为优质蛋生产创造良好条件，极大提高蛋的质量。

1.提高蛋壳质量

蛋壳质量主要指蛋壳的厚度、蛋壳硬度和蛋壳的破损率，如果蛋壳质量差，必然影响土鸡蛋的价值。提高蛋壳质量的措施如下：

（1）注意品种选择。不同品种或品系对钙、磷的利用能力不同，而且沉积钙的能力也不同，进而蛋壳质量也不同。一般土鸡蛋比高产杂交蛋鸡的蛋的超微结构好，蛋壳厚度和蛋壳强度高，破蛋率低。

（2）保证营养全面平衡。饲料中的营养含量对蛋壳质量有重大影响。

1）饲料中钙的含量、品种、钙源的颗粒度和溶解度影响蛋壳质量。钙是蛋壳的主要成分，占蛋壳重量的38%~40%，蛋壳质量的好坏，取决于产蛋鸡饲料中钙的供应水平和吸收利用率，还与产蛋鸡髓骨中钙动员机制和蛋壳腺转运机制是否完善密切相关。土鸡在临近产蛋时，沉积钙的能力增强，血钙水平稳定升高，大量的钙沉积在骨髓中，可备日粮钙不足时动用（在母鸡开产前15 天提高日粮含钙量，对于提高蛋壳质量、降低破损率、瘫痪率和死亡率具有显著的效果）；可在傍晚单独补饲小颗粒钙。这些钙被吸收到血液中直接用于形成蛋壳，不必先沉积于骨髓中，因此利用率高，利于改善蛋壳质量。

2）磷是蛋壳形成的重要成分，钙决定蛋壳的脆性，磷则决定蛋壳的韧性和弹性。一枚蛋含磷160 毫克左右，其中蛋壳含磷约为20 毫克。每只蛋鸡日需有效磷约为400 毫克，考虑到植物性饲料中磷以植酸磷形式存在，计算日粮配方时，总磷和有效磷应分别维持在0.6%和0.4%。磷与蛋壳弹性和钙的代谢密切相关。磷过高或过低均影响饲料中钙、磷比例，导致钙的吸收障碍，使鸡蛋壳变薄、变软。微量元素锰、镁、锌等对蛋壳质量都有不同程度的影响，应保证微量元素的供给和平衡。

3）维生素D_3为合成钙结合蛋白、活化骨钙代谢、加强肠内磷吸收和肾内磷代谢所必需的，是决定蛋壳质量最重要的营养因素之一。如果不足，也会影响钙、磷的吸收和平衡，但过量的维生素D_3对蛋壳的钙含量和机体内钙质的储存都没有好处。土鸡体内能合成维生素C，故一般不需添加维生素C。但在热应激条件下，土鸡体内维生素C 的合成能力明显降低，不能满足需要，使产蛋量和蛋壳质量降低。

4）饲料的电解质平衡对蛋壳品质有重要意义。饲料中添加小苏打能提高蛋壳强度，减少蛋壳破损率。特别是在夏季，鸡通过喘气散热使二氧化碳排出过多，血液中碳酸氢根离子含量降低，碳酸钙水平降低，使软壳、薄壳蛋比例明显上升，在这种情况下，单纯补钙无效，可通过添加小苏打来补充碳酸氢根离子使蛋壳质量明显改善。补充小苏打时，应减少食盐用量，防止钠离子过量。

5）饲料中粗蛋白质水平能显著影响蛋壳质量。产蛋后期，适当降低饲料中粗蛋白质水平，可使蛋重减轻，蛋壳厚度相对提高，从而明显改善蛋壳质量。

6）确保饲料品质。饲料的霉变、黄曲霉毒素、农药及杀虫剂残留等均对蛋壳质量有不同程度的影响。

（3）保证充足的饮水。据报道，断水当天破蛋率为3.9%，第2天为32.7%，第 3 天为10.9%。

（4）环境条件适宜。环境条件不适宜，也会影响蛋壳质量。环境温度过高，蛋壳变薄变脆，破蛋率高。每逢夏天高温季节，蛋壳颜色变浅较为普遍，沙壳、软壳较多，同时产量下降。特别是夏季连续高温，鸡群发生中暑时，鸡的采食量减少，肠道对钙的吸收率降低，而且鸡的呼吸加快，排出的二氧化碳增多，使血液中钙离子与碳酸氢根离子浓度均下降，蛋壳质量更差。因此，要注意防暑降温。秋冬之际，当气温突然下降，使鸡只体温调节一时不能适应，影响钙、磷代谢，也会导致蛋壳颜色变浅。强烈的突然光照会使鸡只受到刺激，产破损蛋的比例增加。产蛋鸡所需的光照时间不能少于12小时，最长不能超过16～17小时，且光照时间和强度应保持恒定。产蛋期的鸡群对光照要求是比较敏感的，凡是光照不足或光照不规律，都会对产蛋造成不良影响，导致白蛋壳的出现。噪声超过50分贝，鸡蛋破损率增加，90分贝噪声持续3分钟，破损率达3.5%。因此要保持鸡舍周围环境安静，避免各种惊吓刺激。

（5）避免疾病发生。许多疾病都会影响蛋壳质量，如鸡群发生慢性新城疫、减蛋综合征、住白细胞原虫病、大肠杆菌病、巴氏杆菌病等，都会明显使蛋壳颜色变淡发白，蛋壳变薄变脆。病理性白蛋壳发生的原因，除一部分由于病原直接侵害生殖系统而产生白蛋壳外，还因为鸡群患病，引起消化功能紊乱而使钙、磷吸收受阻，造成蛋壳营养缺乏，从而色泽变浅，蛋壳变薄。

（6）加强产蛋后期的饲养管理。鸡随日龄增长对钙的吸收和存留能力降低，影响蛋壳质量。蛋壳薄脆，壳色变浅，破蛋率高。加强产蛋鸡后期的饲养管理对提高产蛋率和降低破损率十分重要。在饲料中添加0.01%～0.015%的维生素AD 粉，对促进产蛋鸡对钙的吸收很有必要。

（7）加强捡蛋管理。捡蛋次数影响破蛋率。据调查，每天捡蛋2次，破蛋率为5%～5.5%，捡蛋4次破蛋率降至1.11%～1.33%，所以每天要勤捡蛋，捡蛋3～4次。在夏季和对年龄大的鸡群，更应增加捡蛋次数。捡蛋时要轻拿轻放，将完整的和质量好的蛋放在蛋筐的下面，将质量不好的蛋，如薄壳蛋、沙壳蛋、浅壳蛋等和破蛋放在蛋筐的上面，将脏蛋另放，可以减少人为破蛋。同时运输过程中也要注意防止蛋的破损。

2.提高蛋的内在品质

（1）提高蛋黄色度。蛋黄颜色是评价蛋内在质量的一个最直观指标，评判标准目前多以罗氏公司（Roche）制造的罗氏比色扇进行评判。该比色扇按照黄颜色的深浅分成15个等级，分别用长条状面板表示，并由浅到深依次排列，一端固定，另一端游离，打开后好似我国传统的扇子，故而得此名。

测定方法：收集鲜蛋（生鸡蛋），统一编号；然后打破蛋壳，倒出蛋清，留下蛋黄；使用罗氏比色扇在日光灯下测定蛋黄颜色指数。将比色扇打开，使鸡蛋黄位于扇叶之间，反复比较颜色的深浅，最后将最接近比色扇的颜色定为该鸡蛋黄的色度。

为了防止由于不同测定者测定的误差，一般由3个人分别测定，取其平均数作为该鸡蛋蛋黄颜色的色度。蛋黄颜色指数读数准确到整数位，平均值保留小数点后1位。有时候为了检测在鸡饲料中是否添加人工合成色素，可采取测定熟鸡蛋的方法。每批鸡蛋取30枚以上，煮沸10秒，取出蛋置于凉水中，降温后连壳从中间纵向切开，由不同的测定者使用上述比色扇测定3次，取其平均数。

标准要求：国家规定，出口鸡蛋的蛋黄色度不低于8。散养条件下的土鸡生产的鸡蛋，一般蛋黄色度在10左右。

方法：鸡蛋蛋黄是由类胡萝卜素（叶黄素）的物质形成的。该类物质在蛋鸡体内不能自己合成，只能从饲料中得到补充。蛋鸡通过从体外摄取类胡萝卜素后，将其储存于体内脂肪，产蛋时再将存在于脂肪中的类胡萝卜素转移至输卵管以形成蛋黄。在饲料中补充富含类胡萝卜素的添加剂，则可实现增加蛋黄颜色和营养的目的。添加的物质见表6–7。

表6–7　提高蛋黄色度的方法

名称	添加方法	效果
万寿菊	采集万寿菊花瓣，风干后研成细末，加入饲料中喂鸡	使蛋黄呈深橙色，可使肉鸡皮肤呈金黄色
橘皮粉	将橘皮晾干磨成粉，在鸡饲料中添加2%～5%	使蛋黄颜色加深，可明显提高产蛋量
三叶草	将鲜三叶草切碎，在鸡饲料中添加5%～10%	蛋黄增色显著，可节省部分精饲料
海带或其他海藻	含有较高的类胡萝卜素和碘，粉碎后在鸡饲料中添加2%～6%	蛋黄色泽可增加2～3个等级，且可产下高碘蛋
万年菊花瓣	含有丰富的叶黄素，在开花时采集花瓣，烘干后粉碎（通过2毫米筛孔），按0.3%的比例添加饲喂	使蛋黄增色

续表

名称	添加方法	效果
松针叶粉	将松树嫩枝叶晾干粉碎成细颗粒，饲料中添加3%～5%	增色效果良好，可提高产蛋率
胡萝卜	含有丰富的叶黄素，取鲜胡萝卜洗净捣烂，按20%的添加量饲喂	使蛋黄增色
栀子	将栀子研成粉，饲料中添加0.5%～1%	使蛋黄呈深黄色，提高产蛋率
苋菜	将苋菜切碎，饲料中添加8%～10%	使蛋黄呈橘黄色，节省饲料和提高产蛋量
南瓜	将老南瓜剁碎，饲料中掺入10%	增强蛋黄色泽
玉米花粉	取鲜玉米花粉晒干，饲料中添加0.5%	增强蛋黄色泽
红辣椒粉	红辣椒粉碎，饲料中添加0.3%～0.6%	可增强蛋黄、皮肤和皮下脂肪的色泽；能增进食欲；提高产蛋量
聚合草	刈割风干后粉碎成粉，在饲料中添加5%	可使蛋黄的颜色从1级提高到6级；鸡皮肤及脂肪呈金黄色

（2）提高蛋白质量。

1）蛋清黏稠度。蛋清的黏稠度与卵黏蛋白（稠蛋白）含量有关，蛋清的黏稠度可用哈夫单位来表示。蛋清稀薄，且有鱼腥气味，多为饲料中菜籽饼或鱼粉配合比例过大。菜籽饼含有毒物质硫葡萄糖苷，在饲料中如超过8%～10%，就有可能使褐壳鸡蛋产生鱼腥气味(白壳鸡蛋例外)。饲料中的鱼粉特别是劣质鱼粉超过10%时，褐、白壳蛋都有可能产生鱼腥味，故在蛋鸡饲料中应当限制菜籽饼和鱼粉的使用量，前者应在6%以内，后者在

10%以下；去毒处理后的菜籽饼则可加大配合比例。若蛋清稀薄且浓蛋白层与稀蛋白层界限不清，则为饲料中的蛋白质或维生素B_2、维生素D等不足，应按实际缺少的营养物质加以补充。

2）蛋清颜色。鸡蛋冷藏后蛋清呈现粉红色，卵黄体积膨大，质地变硬而有弹性，俗称“橡皮蛋”；有的呈现淡绿色、黑褐色，有的出现红色斑点。这些与棉籽饼的质量和配合比例有关。棉籽饼中的环丙烯脂肪酸可使蛋清变成粉红色，游离态棉酚可与卵黄中的铁质生成较深色的复合体物质，促使卵黄发生色变。配合蛋鸡饲料应选用脱毒后的棉籽饼，配合比例应在7%以内。

3）蛋中异样血斑。若鸡蛋中有芝麻或黄豆大小的血斑、血块，或蛋清中有淡红色的鲜血，除因卵巢或输卵管微细血管破裂外，多为饲料中缺乏维生素K。在饲料中适量添加维生素K，则可消除这种现象。

（3）提高鸡蛋中微量元素含量。在一定范围内，蛋中的一些微量成分的含量受饲料影响比较明显。随着食物疗法的兴起，采用在饲料中添加一些特殊的药物、微量元素，以及控制饮水、水质等措施，就能生产出各种类型的保健蛋。鸡蛋的铁、铜、碘、锰和钙等矿物元素的含量也因其在饲粮中的含量变化而有相应改变，尤其是铁，从饲料进入禽蛋的能力特别强。鸡蛋中的维生素和矿物元素含量影响商品蛋的食用价值，对种蛋来说则影响其孵化性能和雏禽的生长发育。

1）高铁蛋。铁是人和动物机体营养代谢、生长发育及繁衍后代所必需的元素之一。缺铁性贫血不仅影响儿童的生长发育，还造成机体的免疫功能和智力开发的障碍。防治本病的方法就是提高膳食中铁的摄入量。在饲料中添加0.5%的硫酸亚铁或525毫克/千克的蛋氨酸铁，饲喂蛋鸡，经7～12天后可生产出高铁蛋。高铁蛋中含铁量可达1500～2000毫克/枚，比普通鸡蛋（800～1000毫克/枚）高0.5～1倍。食用高铁蛋可防治缺铁性贫血症，并对失血过多患者有滋补作用。

2）高锌蛋。高锌鸡蛋可防治儿童缺锌综合征、伤口久治不愈，成人性功能减退或不育症。在饲料中添加1%～2%的碳酸锌或硫酸锌，饲喂20天后，即可产出高锌蛋，蛋中含锌量为1500～2000毫克/枚，比普通蛋（400～800毫克/枚）高2～4倍。

3）高碘蛋。碘是人体必需的微量元素，缺碘会引起人单纯甲状腺黏液性水肿、粗脖子病、呆小病等。鸡蛋中碘主要沉积在蛋黄中，蛋黄中的碘直接与饲料中碘含量有关。高碘蛋提高了碘的生物学效价，不仅能预防缺碘病的发生，还可提高人体脂蛋白脂肪酶的活性，降低血液中胆固醇与甘油三酯的含量。据试验，日食2～3枚高碘蛋，40～60天为一个疗程，对缺碘甲状腺肿大症、甲状腺功能亢进、侏儒症、中老年心血管病、呆傻症、脂肪肝、糖尿病都有一定疗效。在蛋鸡饲料中添加海藻粉4%～10%或海带粉4%～6%，或在每100千克饲料中添加50克碘化钾或碘化钙，连喂15～21天，即可产出高碘蛋，同时还能提高产蛋率，增加蛋黄色泽。生产的高碘蛋中含碘量300～1000毫克/枚，而普通蛋为3～30毫克/枚。高碘蛋不仅大幅度提高了蛋中碘含量，同时降低胆固醇50%左右，提高维生素总量达30%，也是低胆固醇蛋。需要强调的是，用超量300～1000倍的碘饲喂母鸡，会导致母鸡暂时性停止产蛋，并且蛋的孵化率降低。

4）高硒蛋。硒是人体必需的微量元素，硒缺乏会引起多种疾病。目前防治与缺硒有关疾病的方法主要是使用亚硒酸钠和含硒酵母。鸡蛋中的硒是一种有机硒，吸收率高达80%，比无机硒（亚硒酸钠）吸收率高1.6倍。人食用高硒蛋每天1～2枚，连用30～40天，可抗癌，防治心绞痛、心肌梗死、脑血栓、风湿性关节炎、大骨节病，对某些毒物（镉、汞、砷）等有解毒作用，还有清除自由基、刺激免疫球蛋白、保护淋巴细胞、增强免疫功能、延缓衰老和促进儿童生长发育的作用。蛋的硒含量约为0.20毫克/千克。硒是剧毒元素，日粮添加2毫克/千克时引起产蛋量下降。添加有机硒比添加无机硒更易在蛋中沉积。饲料中添加硒酸钠或亚硒酸钠0.5毫克/千克，或硒酵母（10毫克/千克），连续饲喂15天后即可得到富硒蛋，含硒可达到30～50毫克/枚，而普通鸡蛋为4～12毫克/枚。需要注意，饲料中硒含量不能超过3毫克/千克，以免鸡中毒。

5）高铁高碘鸡蛋。据报道，日粮添加9%的沸石，鸡蛋黄中铁含量显著增加。日粮中添加碘化钾、蛋氨酸铁，含碘50 毫克/千克、铁525毫克/千克或含碘100毫克/千克、铁1025毫克/千克，引起产蛋鸡生产性能下降，蛋黄和蛋白的含水量、蛋白质含量及蛋黄磷脂含量均无明显变化，蛋黄碘含量增加13.95～17.62倍，蛋白碘含量增加1.21～1.87倍，蛋黄铁含量提高76.49%～124.34%，蛋白铁含量略有上升。表明日粮中碘和铁能有效地向蛋中转移，且不影响蛋的其他养分。

高碘高铁日粮会引起蛋鸡生产性能下降。曹盛丰等曾用含铁525毫克/千克的日粮饲喂罗曼蛋鸡，未发现生产性能变化。据报道，日粮中碘过高会导致产蛋率降低，这是因为生长中的卵对碘有显著的聚集能力，当卵内碘蓄积达到阈值时，会导致卵发育停止而发生退化。

6）高复合微量元素蛋。在蛋鸡饲料中加入0.4%的锌、铁、碘等微量元素，即可产出含锌、铁、碘较高的蛋。

（4）降低鸡蛋中的胆固醇含量。人类摄入胆固醇含量过高会诱发一系列的心血管疾病，因此，降低鸡蛋中的胆固醇含量成为提高鸡蛋品质的重要标准之一。在饲料中使用添加剂可以降低土鸡蛋中的胆固醇含量，见表6-8。

表6-8　添加剂的使用方法和效果

名称	使用方法	效果
维生素	在其他维生素含量相同的基础日粮上，每吨鸡日粮补充12.5克维生素E、0.15克生物素、40克烟酸及150克维生素C	可产出低胆固醇蛋
铜	用无水硫酸铜，日粮含铜125～250毫克/千克	可降低蛋黄胆固醇浓度30%～35%
铬	蛋鸡日粮中添加0.8毫克/千克有机铬	显著降低蛋黄中胆固醇含量
锗	在蛋鸡日粮中添加适量的β-羧乙基锗倍半氧化物	降低鸡蛋蛋黄中胆固醇含量
大蒜	饲料中添加1%～3%的大蒜	可使蛋中的胆固醇降低40%～55%
微生态制剂	饲料或饮水中添加0.3%	鸡蛋中胆固醇可降低20%以上
中药	党参80克，黄芪80克，甘草40克，何首乌100克，小杜仲50克，当归50克，山楂100克，白术40克，桑叶60克，桔梗50克，罗布麻80克，菟丝子50克，女贞子50克，麦芽50克，橘皮50克，柴胡50克，淫羊藿70克，共为细末，拌入500千克饲料中，连续饲喂	降低蛋中胆固醇含量
低聚木糖	每千克饲料中添加含35%的低聚木糖1克，连续饲喂	鸡蛋中胆固醇降低30%～60%

（5）改善鸡蛋风味。风味是指食品特有的味道和风格。绿色的食品具有良好的风味，不仅有助于身体健康，还可提高食欲，让消费者获得一种美的享受。

鸡蛋有其固有的风味。若在饲料或饮水中添加一定的物质（对鸡体和人类健康无害），可以增加其风味，或改变其风味，使之成为特色鲜明、风味独特的食品。沙棘果渣等组成的复方添加剂饲喂蛋鸡，能明显增加蛋黄颜色，且可以改善鸡蛋风味；54周龄商品蛋鸡饲料中添加1%的中草药添加剂（芝麻、蜂蜜、植物油、益母草、淫羊藿、熟地、神曲、板蓝根、紫苏）饲喂42天，可降低破蛋率，使蛋味变香，蛋黄色泽加深，延长产蛋期；日粮中添加10%亚麻籽或5%去皮双低菜籽，可用于高富集量n-3PUFA鸡蛋的生产。

第十一节　不同场地散养土鸡的饲养管理

一、山场

（一）山场散养土鸡的特点

我国的山区面积广阔（我国山区面积约占国土面积的2/3），自然饲料资源非常丰富。山场散养土鸡，不仅可以充分利用山场的资源，提高山地的经济效益，生产优质土鸡产品，而且能够使山区人民尽快致富。

（二）山场散养土鸡的饲养管理技术

1.科学选择山场

并非所有的山场都适合发展养鸡，必须选择适宜的场地。一般植被状况良好、可食牧草丰富、坡度较小的山场，特别是经过人工改造的山场果园和山地草场最适合养鸡；而坡度较大的山场、植被退化和可食牧草含量较少的山场、植被稀疏的山场等均不适于养鸡。因为在这样的环境下，鸡不能获得足够的营养而必须依靠人工补料，同时为寻找食物而对山场造成破坏。

2.适宜的饲养规模和饲养密度

山场养鸡的活动半径较平原农区小，因此，饲养的规模和饲养密度必须严格控制。为了获得较好的经济和生态效益，山场养鸡的饲养密度应控制在每亩20只左右，一般不超过30只。一个群体的数量应控制在500只以内（100～300只的规模效果最好）。因此，可在一个山场增设若干个小区，实行小群体大规模。为避免鸡用爪刨食，使山场生态遭到破坏，要及时补料，补充的饲料量必须根据鸡每天采食情况而定。

3.预防兽害

山区野生动物较平原更多，饲养过程中要严加防范。

4.搞好服务

山区交通闭塞、信息不灵，人们的文化科技素质和经营观念相对比较落后，要保证养好土鸡，并能够及时销售，获得较好的养殖效益，必须搞好产前、产中和产后等一系列服务，保证鸡苗、饲料、疫苗、药品的供应和产品的销售。

二、林地

（一）林地散养土鸡的特点

1.产品品质好

林地不仅有普通的植物性饲料和虫类等动物性饲料，而且中草药、野生饲料资源十分丰富。树林内空气新鲜，很少使用农药。所以，在林地散养土鸡，土鸡的产品质量好，具有较强的市场竞争力。

2.生产成本低

林地散养土鸡可以充分利用林地的野生饲料资源，极大地减少补充饲喂的饲料量，减少饲料成本。据覃桂才（1999）调查，林地养鸡62.39万只，增重耗料比1∶3.86，比庭院散养鸡减少用料8.75%。同时，林地养土鸡，劳动生产率高，设备投入少（夏天可以有效地防暑），所以，生产成本大大降低。

3.鸡群成活率高

林地冬暖夏凉，空气清新，阳光充足，天然的隔离环境，少有的应激因素，有助于鸡体健康和疾病的预防。树林密集的树冠，为土鸡的生活提供了遮阴避暑、防风避雨的环境。同时，土鸡在林丛中觅食，可躲避鹰类的侵袭。据有关资料报道，林地养鸡的总死亡率为5.02%，而庭院养鸡的死亡率为10.7%。

4.林木生长好

树林为土鸡的生存和生产提供了舒适的环境，土鸡的饲养也促进了林木的生长。一是土鸡捕捉一定的林地害虫，减少了病虫害；二是土鸡将粪便直接排泄在林地，为林木生长提供了优质肥料。据测定，鸡粪含有的氮素相当于人粪尿的1.5倍，磷为3倍，钾为2.3倍。每100只育成鸡可产鲜粪2500千克，相当于16.7千克磷、167千克过磷酸钙和33千克氯化钾所含有的养分，对于改良林地土壤和促进林木生长起到重要作用。

（二）林地散养土鸡的饲养管理要点

1.修建棚舍

应选择背风、向阳、地势高燥、平坦的地方建棚，就地取材，搭建简易棚舍，只要白天能避雨遮阴，晚上能适当保温就行。

2.分区轮牧

林木树冠大，树下光线弱，长期形成潮湿的地面。林地养土鸡，鸡的粪便排到地面，自净作用弱。为了有效地利用林地，也给林地一个充分自净的时间，平时要分区轮牧，全进全出。上一批鸡出栏后，根据林地的具体情况留出较长一段时间的空白期。

3.设置围网

散养林地应根据管理人员的放牧水平决定是否围网。围网可采用网眼为2厘米×2厘米的渔网即可，网高1.5～2米。在散养期间应时常巡视，发现网破了应即时修补，预防鸡走失。

4.谢绝参观

林地养鸡，环境幽静，对鸡的应激因素少，疾病传播的可能性也少。但应严格限制非生产人员的进入。一旦将病原菌带入林地，其根除病原菌的难度较其他地方要大得多。

5.预防兽害

林地养土鸡，尽管鹰类的伤害在一定程度上可以降低，但是野生动物较其他地方多，特别是狐狸、黄鼠狼、獾、老鼠等，对土鸡的伤害严重。除了一般的防范措施以外，可考虑饲养和训练猎犬护鸡。

6.保持适宜密度

根据林下饲草资源情况，合理安排饲养密度。考虑林地的长期循环利用，饲养密度不可太大，每亩林地散养30～50只，以防止林地草场的退化。林地养土鸡，群体也不宜过大，每群300～500只为宜。

7.林下种草和养殖昆虫

为了给鸡提供丰富的营养，在林下植被不佳的地方，应考虑人工种植牧草。如林下草的质量较差，可考虑进行牧草更新；可以在林下养殖蚯蚓等昆虫，也可以用灯光诱虫。

8.定期驱虫

长期在林地饲养，鸡群体内多有寄生虫病，应定期驱虫。

（视频6-6-1　林地散养土鸡①，视频6-6-2　林地散养土鸡②）

视频6-6-1　林地散养土鸡①

视频6-6-2　林地散养土鸡②

三、果园

（一）果园散养土鸡的特点

1.降低生产成本

果园养土鸡可以降低生产成本，其表现在两个方面：一是降低养鸡成本。果园中有大量的自然饲料资源，如昆虫、害虫、杂草、落枝的果实等，都可以作为土鸡的饲料，减少精饲料的消耗量，降低饲料成本。同时，鸡群在果园内活动、觅食，管理简单，可以降低劳动力成本等。二是降低果品生产成本。鸡群在果园里活动，捕捉害虫，减少农药使用量。土鸡采食果园内的杂草，起到了除草机的作用，同时，排出的粪便直接肥园，为果树的生长提供优质的有机肥料。

2.提高产品质量

果园养土鸡，不仅可以提高果品质量，还可以提高鸡产品的质量。果树在生长期间有不少害虫，而鸡群在果园内活动可以捕捉这些害虫。一般来说，害虫是以蛹的形式在地下越冬，而羽化后变成成虫，从地面飞到树上。在其刚刚羽化还不具备坚强的飞翔能力时，即可被鸡采食。1个月左右的小鸡，每天可捕食大量的金龟子、蝼蛄、天牛等害虫，1只1年生以上的成鸡，每天可捕食各类大、小害虫近2800条。按每亩10只鸡的数量在果园散养，便可以控制果园虫害。同时，减少果园喷打农药，使果品少受化学污染，提高果品质量。

果园散养的鸡，不仅吃果园中的虫卵，也吃幼虫，还具有追逐捕食成虫的习性，同时对有些怕惊的害虫成虫具有驱逐作用。果园养鸡，平均每株树上有金龟子3.1只、桃小食心虫2.5只、梨星毛虫2.1只；而未养鸡，平均每株树上有桃小食心虫83.6只、金龟子75.1只、梨星毛虫101.8只，虫口密度远远高于养鸡果园数倍。养鸡果园的虫果率为3.66%，而未养鸡的几个果园虫果率可以达到21%～46%，明显高于养鸡的果园。由于在果园中散养的鸡捕食害虫，蛋白质、脂肪供应充分，所以生长迅速，较常规农家庭院养殖鸡的生长速度快33%，日产蛋量多18%，而且节约饲料成本60%以上。昆虫不仅含有高质量动物蛋白，同时其体内含有抗菌肽，鸡采食之后可增强抗病能力。实践表明，凡是采食较多昆虫的鸡，其体质健壮，发病率低，生长发育速度快，生产性能高。

3.减少鸡病发生

果园散养土鸡，鸡有充足的活动空间，受到阳光的照射，体格发育好，体质健壮；果园是天然的屏障，对于降低疾病的传播和发生起到重要作用。果园内空气新鲜，环境优越，加之捕捉采食昆虫的协助抗病作用，因而，在果园内养鸡疾病的发生率很低。

4.避免鸡群受害

果园内庞大的树冠，炎热季节起到遮阴避暑作用，风雨天可遮风挡雨；同时，鹰类在果园内难以发现目标，有助于鸡躲避鹰类的袭击。因此，发生鹰害的可能性较其他草地要少得多。

（二）果园养鸡的饲养管理要点

1.分区轮养

根据果园大小将果园围成若干个小区，进行逐区轮流放养。一方面可避免因果园防治病虫害时喷洒农药而造成鸡的农药间接中毒；另一方面，轮流放养有利于牧草的生长和恢复。此外，因放养范围小，便于特殊情况，如气候突变及其他应激情况的管理。将果园划分几个小区，小区间用尼龙网隔开。每个小区轮流喷药，而土鸡也在小区间轮流放牧，果园喷药7 天后再放牧（果园内放养土鸡，一般虫害发生率很低，喷洒适量的低毒农药，对鸡群危害不大）。

2.保持适宜密度和规模

果园内饲料资源有限，如果散养土鸡的数量多、密度大，会造成过牧现象，使鸡舍周围的土地寸草不长，光秃一片，甚至地面被刨出一个个深坑。鸡舍在果园均匀分布，保持适宜的密度和规模，每群300～500只，饲养密度为10～20只/亩，可以充分地、科学地利用果园，提高养殖效益。

3.严防兽害

果园一般都在野外，可能进入果园内的野生动物很多，如黄鼠狼、老鼠、蛇、鹰、野狗等，这些野生动物对不同日龄的土鸡都有可能造成危害。因此，果园散养土鸡必须防范这些野生动物，否则会造成很大的损失。防范野生动物，可以在鸡舍外面悬挂几个灯泡，使鸡舍外面通夜比较明亮；在鸡舍外面搭个小棚，养几只鹅，当有动静的时候，鹅会鸣叫，人员可以及时起来查看；管理人员住在鸡舍旁边，也有助于防止野生动物靠近。

4.加强管理

散养前要严格淘汰劣次小鸡，减少死亡。每天散养时间不能过早，过早天气寒冷，鸡的抵抗力差，容易死亡。密切注意天气情况，遇有天气突变，在下雪、下雨或起风前及时将鸡赶到树荫下或赶回鸡舍，不可在太阳下暴晒太久，防止中暑。每天太阳落山前应将鸡圈回鸡舍。散养过程中进行散养训导，以建立鸡的补食、回舍等条件反射。

5.避免应激

无论白天或是夜间，都应该尽可能防止鸡群受惊，一旦惊群，鸡只可能四处逃散，有的鸡会飞窜到果园外面，或晚上不愿回鸡舍而在圈内栖息。

6.不用除草剂

土鸡在果园内的主要营养来源是地下的嫩草。因此，在果园内养土鸡，其草必须保留，不能喷施除草剂。否则，没有草生长，鸡将失去绝大多数营养来源。

7.灯光诱虫

果园养土鸡，由于果树树冠较高，影响了对害虫的自然捕捉率。要达到生态种养的目的，应将土鸡自然捕虫与灯光诱虫相结合。

8.重视病防

做好免疫接种工作和鸡舍的清洁卫生；定期消毒，每周对鸡舍和周边环境以及饲喂饮水用具消毒一次。每批鸡出栏后彻底清除鸡舍内的鸡粪，地面经清洗后用2%～3%的氢氧化钠水溶液泼洒消毒，然后每平方米用28毫升福尔马林与14克高锰酸钾熏蒸消毒。果园场地的鸡粪采用翻土20厘米以上，然后地面上用生石灰或石灰乳泼洒消毒，以备下批饲养。果园养鸡2年应换场地，以便给果园场地一个自然净化的时间。

视频6–7　桃园散养土鸡

四、草场

我国拥有大面积的天然草场和人工草场，草场养鸡是一条可行的途径。

（一）草场养鸡的特点

1.牧鸡灭蝗

草场蝗灾是多年来草场的一大灾害。通过草场养鸡，以鸡灭蝗，生物防治虫害，是最理想的途径（喷洒农药在一定程度上可以控制蝗灾，但农药使用增加费用，污染牧草和草地，甚至破坏生态环境）。青藏高原自然条件严酷，草原蝗虫危害十分严重，给草地畜牧业生产造成了很大损失。牧民们通过在高寒草场牧鸡治蝗取得成功，达到了预定的目标。每只鸡每天可捕食2～3龄蝗虫1600～1800只，解剖捕食半天蝗虫的鸡，嗉囊中平均有2～3龄蝗虫300～400只，平均灭治率为90%，其中最高为97%，最低为82%，灭蝗效果良好。据报道，喀左县十二德堡镇乱泥塘子村的天然草场和人工草场多次发生不同程度的蝗虫危害。草场散养鸡后，草地蝗害得到有效控制。未牧鸡的草地平均每平方米生存小型蝗虫6～8头，经牧鸡的草地，蝗虫存留数下降为每平方米1～2头。

2.提高草产量

蝗虫啃食破坏牧草，影响牧草产量和草地有效利用年限，而且威胁着周围农田作物。草场散养鸡后，可以大量灭蝗，减少对草地的危害，同时，以草养鸡，鸡粪为草提供养分，促进草的生长和产量提高，天然草场每亩产干草可增加到30 千克，增产20%，人工草地每亩产干草250 千克，增加50 千克，增产25%。

3.提高产品质量

草场牧草营养丰富，为土鸡的生长和生产提供了优质的营养。草场在养鸡条件下一般可不使用任何农药，因此，鸡的产品，无论是鸡肉还是鸡蛋，其质量上乘，属无公害食品，乃至绿色食品。凡是草场上饲养的鸡，其产品价格较一般产品高，有时甚至高出1倍以上。

（二）草场养鸡的饲养管理要点

除了与其他地方散养鸡的共性问题外，还应特别注意一些技术环节。

1.搭建棚舍

与其他散养地方相比，草场的遮阴状况不好，特别是退化的草场，在炎热的夏季会使鸡暴露在阳光下，雨天没有可躲避的地方。应根据具体情况增设简易棚舍来遮阴防雨。

2.轮放和刈割

鸡喜欢采食幼嫩的草芽和叶片，不喜欢粗硬老化的牧草。因此，在草场养土鸡时，应将放养和刈割相结合。将草场划分为不同的小区，轮流放养和刈割，使鸡经常可采食到愿意采食的幼嫩牧草。

3.注意昼夜温差

草原昼夜温差大。在放养初期、鸡月龄较小的时候以及春季和晚秋，一定要注意夜间鸡舍内温度的变化，防止温度骤然下降而导致鸡群患感冒和其他呼吸道疾病。必要的时候应增加增温设施；秋季晚上气温低，早晨草叶表面带有露水，对鸡的健康不利。因此，遇有这种情况应适当晚放养。

4.严防鸡产窝外蛋

草场辽阔，土鸡的活动半径大，适于营巢的地方多。应注意鸡在外面营巢产蛋和孵化。

5.预防兽害

与其他地方散养鸡相比，草场的兽害最为严重，尤其是鹰类、黄鼠狼、狐狸、老鼠以及南方草场的蛇。应采取针对性的措施预防兽害。

五、棉田

（一）棉田养土鸡的特点

棉花是我国一些省份的主要经济作物和油料作物，种植面积很大，但病虫危害严重。利用散养土鸡来生物治虫，一举两得。

1.灭虫和除草

鸡在棉田散养，可捕捉棉田的绝大多数害虫。与果园不同，棉花植株较低，各种害虫的成虫飞翔的高度正好在鸡的捕食范围。其幼虫在棉花叶片爬行时，也将被鸡发现而捕捉。因此，养鸡的棉田，虫口密度很低。一般情况下，少量进行预防性喷药即可有效防止虫害的大发生，即使不喷施农药，棉铃虫、盲蝽蟓的发生率也很低，鸡可以采食棉田里大量的杂草，可以极大减少棉田农药和除草剂的使用量。

2.避免鸡群受害

棉花植株长成之后，整个田间郁闭，也正值炎热的夏季，土鸡可以以棉株遮阴。鸡在田间采食，隐蔽于棉株之下乘凉，同时可躲避鹰类等飞翔天敌的侵害。

3.生产效益好

棉田养土鸡，可以充分利用生态资源。棉花是在阳光充足、气温较高的季节生长，而棉田杂草伴随棉花的生长而生长。此时在棉田养土鸡，充分利用了大气的温度、棉花的遮蔽作用和棉田杂草的旺盛生长期以及害虫的生长发育期，因此，棉田养鸡的投入更少。在棉田养鸡，棉花种植的投入减少（药物和肥料使用减少，鸡排出的粪便可以直接肥田。资料显示，在棉田养鸡，可少追肥1～2次），可获得较好的经济效益和生态效益。

（二）棉田养土鸡的饲养管理要点

1.适时散养

散养时间要根据棉花生长情况而定。一般待棉株长到30 厘米左右时放养较好。如果放养较早，棉株较低，小鸡可能啄食棉心，对棉花的生长有一定的影响。棉花一般是春季播种，播种前可以育雏，待棉株长到一定高度后可以在棉田散养。

2.地膜处理

为了提高棉花产量和质量，提前播种和预防草害，目前多数棉田实行地膜覆盖。棉株从地膜的破洞处长出，地膜下面生长一些小草和小虫，小鸡往往从地膜的破洞处钻进，越钻越深，有时不能自行返回而被闷死。因此，在铺地膜的棉田，可用工具将地膜全部划破，避免意外伤亡。

3.适宜密度

棉田养土鸡，适宜的密度为每亩散养30～40只，一般不应超过50只。这样的密度既可有效控制虫害的发生，又可充分利用棉田的杂草等营养资源，还不至于造成过牧现象，仅少量补料即可满足鸡的营养需要。

4.分区轮放

棉田散养鸡，可有效控制虫害。不使用农药或少量喷药即可。虽然目前使用的多是高效低毒或无毒农药，对鸡的影响不大，但为确保安全，在喷施农药期，采取分区轮放，7 天后在喷施农药的区域散养。如果棉田的地块较小，要在地块周围设置围网，把土鸡固定在特定的区域。

5.避免伤害

棉田不具备避雨作用，如遇有大雨，小鸡被雨淋，容易感冒和诱发其他疾病。如果地势低洼，地面积水，可造成批量小鸡被淹死。为了避免水害，第一，选择的棉田应有便利的排水条件，防止棉田积水；第二，鸡舍要建筑在较高的地方，防止鸡舍被淹；第三，加强调教，及时收听当地天气预报，遇有不良天气时，及时将鸡圈回；第四，大雨过后，及时寻找没有及时返回的小鸡，并将其放在温暖的地方，使羽毛尽快干燥。

棉花收获后主要预防老鹰，在散养的初期主要预防老鼠和蛇，中期和后期主要预防黄鼠狼；棉田不应施用除草剂。

6.诱虫与补饲

在棉田利用高压电弧灭虫灯，可将周围的昆虫吸引过来，每天傍晚开灯3～4小时，既减少30%左右的补充饲料，又实现了生态灭虫。为了使鸡早日出栏，在快速生长阶段适当增加饲料的补充量在经济上是合算的。

7.棉花收获后的管理

秋后棉花收获，地表被暴露，此时蚂蚱等昆虫更容易被捕捉，可利用这短暂的时间放养。但是，由于没有棉花的遮蔽作用，此时很容易被天空飞翔的老鹰等发现。因此，应跟踪放养，防止老鹰的偷袭。短暂的放牧之后，气温逐渐降低，如果饲养的是育肥鸡，应尽早出售。若饲养的是商品蛋鸡或种鸡，应逐渐增加饲料的补充。

六、大田

我国大田面积广阔，在适宜的时间将脱温后的鸡放于田间，让其自由觅食，可以充分利用多种饲料资源，减少精饲料消耗，获得较好效益。

（一）大田养土鸡的特点

大田养土鸡，土鸡在田间采食的范围很广，采食面积很大，食物多种多样，如各种害虫、青草、草籽等，基本可以满足其营养需要，可以极大地降低生产成本。土鸡在田间可以呼吸清新的空气，又有充足的活动空间，体质健壮，疾病发生率低，生产的产品质量好。

（二）大田养土鸡的饲养管理要点

1.散养时间

散养时间宜选择在春季天气变暖、雏鸡满 8 周龄后开始，待秋作物收获后将其带回舍内饲养。散养时间不能过早或过晚，如果散养过早，天气寒冷，土鸡抵抗力差，难以成活；如果散养过晚，则大田养鸡的时间短，效果不明显。

2.搭栖架或简易鸡舍

土鸡散养前，首先要在散养地的地头搭一个栖架或简易鸡舍，栖架或简易鸡舍最好设在树下，以利于遮阴。栖架搭建比较简单，首先用较粗的树枝或木棒栽两个桩，然后顺桩上搭横木，横木数量及桩的长度根据鸡的数量而定，最下边的一根横木距地面不要过近，以免兽害，栖架上要搭棚，用以挡雨。搭建简易的封闭性鸡舍效果更好，如果鸡数量少也可用竹篾编的鸡笼。平时要注意晚上关闭好鸡舍。

3.设置围网

散养地块四周围上1.5米高的渔网、纤维网或丝网，网眼要小，使鸡只不能通过，防止丢失。

4.注意防疫

鸡散养在田间后，要根据当地鸡群传染病发生情况进行必要的防疫。如在2月龄注射接种鸡新城疫Ⅰ系苗和禽流感疫苗。如果当地传染病发生很少，其他疫苗可以不接种。

5.适当补料

每亩散养100～120只，晚上适当补饲些粉碎的原粮(按配方搭配其他原料，如麸皮、豆饼、鱼粉、骨粉、石粉等)。在阴雨大风等恶劣天气条件下，鸡不能外出觅食，要及时供食。在最初散养的几天内，对于少部分觅食能力差、体质弱的鸡要另外补喂饲料。

6.充足供水

大田饲养过程中，要放置足够的水盆或水槽并定期清洗，经常保持不断水，供给清洁的饮水。

7.减少危害

大田散养鸡容易受到兽害和药害。大田散养地块一般不需喷药防治虫害。如确需喷药，可喷生物农药；或在喷药期间，将鸡关在棚舍内喂养，待药效过后再散养。（视频6-8-1　玉米地散养土鸡，视频6-8-2　芝麻地散养土鸡，视频6-8-3　麦茬地散养土鸡）。

视频6-8-1　玉米地散养土鸡

视频6-8-2　芝麻地散养土鸡

视频6-8-3　麦茬地散养土鸡

第十二节　果园林地散养土鸡的季节管理

春夏秋冬季节不同，气候条件不同，自然饲料资源差别巨大，所以，散养的土鸡饲养管理也有差异。

一、春季

春季气温逐渐升高，自然光照逐渐延长，是鸡的繁殖季节，产蛋率高，种蛋质量好。但春季也存在一些不利因素，如由于气温逐渐上升，温度不断增高，各种病菌（细菌、病毒、真菌等病原微生物）也会随着适宜的温度而大量繁殖；春季气候多变，温度变化幅度大，鸡体应激强烈，影响鸡体的免疫机能和抗病能力；春季自然饲料资源比较短缺。根据春季的特点必须做好如下管理工作：

（一）搞好防寒

春季气温渐渐上升，但是其上升的方式为螺旋式。早春三月的天气变化无常，昼夜温差较大，甚至会出现“倒春寒”。应时刻注意气候的变化，防止气温突然降低影响鸡的生产性能或诱发疾病。

（二）注意放牧时间

春季培育的雏鸡放牧时间，北京以南地区一般应在4月中旬以后，此时气温较高而相对稳定。但对于成年鸡而言，温度不是主要问题，散养地的自然饲料资源是放养的限制因素。早春，野生饲料资源不丰盛，土鸡不可能获得需要的营养。如果草地散养，由于草没有充分生长便被采食，草芽被鸡迅速一扫而光，造成草场的退化，牧草以后难以生长。因此，春季放养应根据当地气温、散养地的饲料资源情况，确定适宜的散养时间。

（三）补充营养

春天是蛋鸡产蛋上升较快的时段，同时早春又严重缺乏野生饲料和青绿饲料。要保证产蛋率的快速上升和生产优质的鸡蛋，必须保证土鸡的营养需要，一方面要增加精饲料的补充量，另一方面补充一定数量的青绿饲料。如果此时青草不能满足，可补充一定数量的青菜。还要注意维生素和微量元素的补给。

（四）控制疾病

春季温度升高，阳光明媚，也是病原微生物复苏和繁衍的时机。鸡在这个季节最容易发生传染疾病。因此，要做好隔离、卫生和消毒工作，加强疫苗接种和药物预防，避免疾病的发生。

二、夏季

夏季果园林地散养土鸡，管理不善容易发生问题，如中暑（由天气炎热、简易棚舍内鸡群密度过大、通风不良和鸡群挤压等造成）、应激（由雷阵雨突然降临或天气湿、热等造成）、兽害（蛇、鹰、野兽、虱等天敌的侵扰和伤害）、机体代谢障碍（由饮水供应不充足、不及时而造成）和疾病等，造成较大损失。夏季的管理必须注意如下方面：

（一）适时整群

入夏前及时整顿鸡群，将已达到上市体重的公鸡及时出售上市，将欲留下产蛋的母鸡中的弱小、有病者、抱窝者及时淘汰，以减少饲料费用，降低饲养密度。鸡棚内鸡群密度控制在每平方米8～10只。

（二）注意防暑

鸡无汗腺，体内产生的热主要依靠呼吸散失，因而鸡对高温的适应能力很差。所以，防暑是夏季管理的关键环节。尤其是在没有高大植被遮阴的散养场地，应在放养地设置遮阴棚，为鸡提供防晒遮阴乘凉的躲避处。鸡舍设置风机，在炎热的晚上增加通风量，缓解土鸡的热应激。

夏季天晴时中午棚舍内气温高，最好不要将鸡群赶回棚内休息，而将鸡引到植被茂密、空气流畅、地势开阔的地方，安静休息3～4小时，并在休息地放置饮水器。

（三）充足供水

夏季，鸡体需要依靠大量的蒸发散热来保持体温的恒定，所以，水的供应就显得非常重要。如果缺水，轻者严重影响生长、生产，重者发生热应激发病死亡。夏季保证土鸡随时可以饮到洁净的水，最好供应温度低的水，必要时，在饮水中加入一定的补液盐等抗热应激制剂。

（四）合理饲喂

夏季天气炎热，鸡的采食量减少，调整饲喂制度，趁早晨和傍晚天气凉爽时强化补料，以便保证有足够的营养摄入。早晨5:30左右开始放饲，上午11:30至下午3:30将鸡赶到阴凉、通风处休息，下午6:30将鸡群赶回但不进鸡棚，在鸡棚附近的场地上亮起诱虫灯，任鸡充分享用各种蚊虫等美味佳肴。晚10:00左右让鸡进入棚舍内熄灯休息。

适当提高饲料的营养浓度和制作颗粒饲料，使鸡在较短的时间内补充较多的营养，以保证有较高的生产性能。

（五）及时捡蛋

夏季由于环境控制难度大，鸡蛋的蛋壳更容易受到污染。特别是窝外蛋，稍不留意便遭受雨水而难以保证质量。因此，应及时发现窝外蛋，及时收集窝内蛋，进行妥善保管或处理。

（六）关注天气

夏季到来之前，要加固棚舍，修整排水沟，填补鸡舍地面低洼处，修补棚顶漏洞等，为鸡群提供干燥、通风良好的栖息环境。密切注意天气变化，在天气突然发生变化时，特别是雷阵雨来临前将鸡群及时赶回棚舍，避免鸡因羽毛淋湿而感染风寒等疾病。如果遇上下雨天应停止散养，将鸡留在棚舍内供给充足的饲料，最好是全价配合饲料。

（七）加强卫生

夏季蚊虫和微生物活动猖獗，粪便和饲料容易发酵，雨水偏多，环境容易污染。应注意饲料卫生、饮水卫生和环境卫生，控制蚊蝇滋生，定期驱除体内外寄生虫（鸡有沙浴的习惯，可在棚舍周围设置沙浴池，在沙土中拌入倍硫磷、蝇毒磷等药物，每7～10天加一次药物，或更换一次药浴用沙，每次轮换使用上述药物中的一种，使鸡在沙浴时将药物附着于羽毛和皮肤，以防治鸡虱、螨虫、蜱等体外寄生虫），保证鸡体健康。

三、秋季

秋季气温比较高、湿度大，蚊虫多，光照时间逐渐缩短，对产蛋不利。

（一）适时淘汰

秋季是成年母鸡停产换羽和新蛋鸡陆续开产的季节，此时应进行鸡群的调整，淘汰老弱母鸡，调整新老鸡群。调整方法是：将淘汰的母鸡挑选出来，分圈饲养，增加光照，每天保持16小时以上。多喂高热量饲料等促使母鸡增膘，及时上市。当新蛋鸡开始产蛋时，则应将老新分开饲养，由产前饲养逐渐过渡到产蛋鸡饲养管理。

（二）补充营养

秋季是土鸡换羽的季节。老鸡产蛋达1年，身体衰竭，加上换羽，在生理上变化很大。鸡的旧毛脱落换新羽，仍需要大量的营养物质，有的高产鸡边换毛边产蛋，因此饲料中应增加精料和微量营养的比例，以保证鸡换掉旧羽和生新羽的热能消耗，及早恢复产蛋。当年雏鸡到秋季已转为成年鸡，开始产蛋，但其体格还小，尚未发育完全，因此也要供应足够的饲料，让其吃饱喝足，并增加精料比例，以满足其继续发育和产蛋的需要，保持一定的膘度，为来年产蛋期打下良好的基础。

（三）控制疾病

鸡痘是鸡的一种高度接触性传染病，在秋冬季最容易流行。秋季发生皮肤型鸡痘较多，冬季白喉型最常见。在秋季到来之前可以进行免疫接种。将疫苗稀释50倍，用消毒的钢笔尖或大号缝衣针蘸取疫苗，刺在鸡翅膀内侧皮下，每只鸡刺一下即可。接种1周左右，可见到刺种处皮肤上产生绿豆大的小痘，后逐渐干燥结痂而脱落。如刺种部位不发生反应则必须重新刺种。如果发生皮肤型鸡痘，可用镊子剥离，伤口擦紫药水。鸡眼睛上长痘往往有痒感，鸡有时朝向体内摩擦，有时用鸡爪弹蹬，可将痘划破，把里边的纤维素挤出，涂上氟轻松乳膏。

秋季还要注意鸡新城疫、禽霍乱和寄生虫病的防治。新母鸡和强制换羽的土鸡群，必须进行疫苗接种和驱虫。如注射新城疫Ⅰ系苗。饲料中添加驱虫药，如左旋咪唑，在每千克饲料或饮水中加入药物20克，让鸡自由采食饮用，连喂3～5天；驱蛔灵，鸡只按每千克体重用驱蛔灵0.2～0.25克，拌在饲料内或直接投喂均可；虫克星，每50千克体重用2%虫克星粉剂5克，内服、灌服或均匀拌入饲料中饲喂；复方敌菌净，按0.02%混入饲料拌匀，连用3～5天；氨丙啉，按0.025%混入饲料或饮水，连用5天。

四、冬季

冬季外界气温低，散养土鸡的管理重点是防寒保暖。主要措施有：一是散养地的棚舍要密封，特别要堵严西北窗户，南边的窗户晚上挂草帘。堵塞棚舍所有缝隙，防止缝隙产生“贼风”侵袭鸡体。鸡舍内垫上厚干草，保持鸡舍干燥。二是适当提高饲养密度，增加舍内产热。三是放鸡要晚，收鸡要早。放鸡后打开窗户通风，收鸡前先关闭窗户。四是在放牧地的西北面设置防风屏障，在背风向阳地方垫草，让土鸡晒太阳。五是加强饲养，注意补料，保证营养供给。在饲料中添加2%的油脂或添加3%～4%的玉米，提高饲料中能量水平。供给充足的饮水，最好能供温水，严禁吃雪和喝冰水。六是控制呼吸道病的发生。白天打开鸡舍多通风，粪便勤清理，保持鸡舍空气良好。在饲料中添加土霉素、链霉素或饮水中添加阿米卡星等防治。

第七章　土鸡的疾病防治

第一节　疾病的诊断

一、临床观察诊断

（一）群体检查

检查群体的营养状况、发育程度、体质强弱、大小均匀度，鸡冠的颜色是呈鲜红色、紫蓝色还是苍白色；冠的大小，是否长有水疱、痘痂或冠癣；羽毛颜色和光泽，是否丰满整洁，是否有过多的羽毛断折和脱落；是否有局部或全身的脱毛或无毛，肛门附近羽毛是否有粪污等。

检查鸡群精神状况是否正常，在添加饲料时是否拥挤向前争抢采食饲料，还是有啄无食，将饲料拨落地下，或根本不啄食。在外人进入鸡舍走动或有异常声响时鸡是否普遍有受惊扰的反应，是否有震颤，头颈扭曲，盲目前冲或后退，转圈运动，或高度兴奋，不停地走动，是否有跛行或麻痹、瘫痪，是否有精神沉郁、闭目、低头、垂翼，离群呆立，喜卧不愿走动，昏睡的。

检查是否流鼻液，鼻液性质如何，是否有眼结膜水肿、上下眼结膜粘连和睑部水肿。是浅呼吸、深呼吸还是临终呼吸，有无异常呼吸音，有无张口伸颈呼吸并发出怪叫声，有无张口呼吸而且两翼展开，口角有无黏液、血液或过多饲料黏着，有无咳嗽等。

检查食料量和饮水量如何，嗉囊是否异常饱胀；排粪动作是否过频或存在困难，粪便是否为圆条状、稀软成堆，或呈水样，粪便是否有饲料颗粒、黏液或血液，粪便颜色是否为灰褐色、硫黄色、棕褐色、灰白色、黄绿色或红色，是否有异常恶臭味。

检查发病数、死亡数，以及死亡时间分布，病程长短，从发病到死亡的时间为几天几小时，是否有毫无前兆症状而突然死亡的情况等。

（二）个体检查

个体检查还应注意下列一些项目：

检查体温。用手掌抓住两腿或插入两翼下，可明显感觉到体温异常，精确的体温要用体温计插入肛门内，停留10分钟，然后读取体温值。

检查皮肤的弹性、有无结节及蜱、螨等寄生虫，颜色是否正常，是否有紫蓝色或红色斑块，是否有脓肿、坏疽、气肿、水肿、斑疹、水疱等，胫部皮肤鳞片是否有裂缝等。

拨开眼结膜，检查眼结膜的黏膜是否为苍白、潮红或黄色，结膜下有无干酪样物，眼球是否正常；用手指压挤鼻孔，有无黏性或脓性分泌物，用手指触摸嗉囊内容物，查其是否过分饱满坚实，是否有过多的水分或气体，翻开泄殖腔，注意有无充血、出血、水肿、坏死，或有假膜附着，肛门是否被白色粪便所黏结。

打开口腔，检查口腔黏膜的颜色，有无斑疹、脓疱、假膜、溃疡、异物，口腔和腭裂上是否有过多的黏液，黏液上是否混有血液。一手扒开口腔，另一手用手指将喉头向上顶托，可见到喉头和气管，注意喉气管有无明显的充血、出血，喉头周围是否有干酪样物附着等。常见的鸡体异常变化及其相关病因可参考表7-1。

表7-1　鸡体异常变化诊断表

项目	异常变化	相关病因
饮水	饮水量剧增	长期缺水、热应激、球虫病早期、饲料食盐太多、其他热性病
	饮水明显减少	温度太低、濒死期
粪便	红色	球虫病
	白色黏性	白痢病、痛风、尿酸盐代谢障碍
	硫黄样	组织滴虫病（黑头病）
	黄绿色带黏液	鸡新城疫、鸡霍乱、鸡卡氏白细胞原虫病等
	水样稀薄	饮水过多、饲料中镁离子过多、轮状病毒感染等
病程	突然死亡	禽霍乱、鸡卡氏白细胞原虫病、中毒病
	中午到午夜前死亡	中暑
神经症状	瘫痪，前后腿劈叉	马立克氏病和运动障碍
	1月龄内雏鸡瘫痪	传染性脑脊髓炎
	扭颈、抬头望天前冲后退转圈运动	鸡新城疫、维生素E和硒缺乏、维生素B_1缺乏
	颈麻痹、平铺地面上	肉毒中毒
	脚麻痹、趾卷曲	维生素B_2缺乏
	腿骨弯曲、运动障碍、关节肿大	维生素D缺乏、钙磷缺乏、病毒性关节炎、滑液囊霉形体病、葡萄球菌病、锰缺乏、胆碱缺乏
	瘫痪	笼养鸡疲劳症、维生素E和硒缺乏、虫媒病、病毒病、鸡新城疫
	高度兴奋、不断奔走鸣叫	痢特灵中毒、其他中毒初期

续表

项目	异常变化	相关病因
呼吸	张口伸颈、怪叫声	鸡新城疫、鸡传染性喉气管炎
冠	痘痂、痘斑	鸡痘
	苍白	鸡卡氏白细胞原虫病、白血病、营养缺乏
	紫蓝色	败血症、中毒病
	萎缩	白血病、内脏肿瘤或卵黄腹膜炎
	白色斑点或斑块	冠癣
肉髯	水肿	慢性禽霍乱、传染性鼻炎
眼	充血	中暑、鸡传染性喉气管炎等
	虹膜褪色、瞳孔缩小	马立克氏病
	角膜晶状体混浊	传染性脑脊髓炎等
	眼结膜肿胀，眼睑下有干酪样物	大肠杆菌病、慢性呼吸道病、鸡传染性喉气管炎、沙门氏菌病、曲霉菌病、维生素A缺乏等
	流泪有虫体	眼线虫病、眼吸虫病
鼻	黏性或脓性分泌物	传染性鼻炎、慢性呼吸道病等
喙	角质软化	钙、磷或维生素D等缺乏
	交叉等畸形	营养缺乏或遗传性疾病
口腔	黏膜坏死、假膜	鸡痘、毛滴虫病
	有带血黏液	鸡卡氏白细胞原虫病、鸡传染性喉气管炎、急性鸡霍乱、毛滴虫病
羽毛	羽毛断碎、脱落	啄癖、外寄生虫病、换羽季节、营养（锌、维生素等）缺乏
	纯种鸡长出异色羽毛	遗传性，维生素D、叶酸、铜和铁等缺乏
	羽毛边缘卷	维生素B_2缺乏、锌缺乏
脚	鳞片隆起，有白色痂片	鸡膝螨病
	脚底肿胀	鸡趾瘤病
	出血	创伤、啄癖、鸡流感

续表

项目	异常变化	相关病因
皮肤	紫蓝色斑块	维生素E和硒缺乏、葡萄球菌病、坏疽性皮肤尸绿
	痘痂、痘斑	鸡痘
	皮肤粗糙、眼角嘴角有痂皮	泛酸缺乏、生物素缺乏、体外寄生虫病
	出血	维生素K缺乏、鸡卡氏白细胞原虫病、某些传染病、中毒病等
	皮下水肿	阉割，剧烈活动等引起囊膜破裂

二、鸡病的剖检诊断

鸡病虽种类繁多，但许多鸡病在剖检病变方面具有一定特征，因此，利用尸体剖检观察病变可以验证临床诊断和治疗的正确性，是诊断疾病的一个重要手段。

（一）鸡体剖检要求

1.正确掌握和运用鸡体剖检方法

若方法不熟练，操作不规范，不按顺序，乱剪乱割，影响观察，易造成误诊，贻误防治时机。

2.防止疾病散播

（1）选择合适的剖检地点。鸡场最好建立尸体剖检室，剖检室设置在生产区和生活区的下风向和地势较低的地方，并与生产区和生活区保持一定距离，自成单元；若养鸡场无剖检室，剖检尸体时应选择在比较偏僻的地方进行，要远离生产区、生活区、公路、水源等，以免剖检后，尸体的粪便、血污、内脏、杂物等污染水源，或由于车来人往等传播病原，造成疫病扩散。

（2）严格消毒。剖检前对尸体进行喷洒消毒，避免病原随着羽毛、皮屑一起被风吹起传播。剖检后将死鸡放在密封的塑料袋内，对剖检场所和用具进行彻底全面的消毒。剖检室的污水和废弃物必须经过消毒处理后方可排放。

（3）尸体无害化处理。有条件的鸡场应建造焚尸炉或发酵池，以便处理剖检后的尸体，其地址的选择既要使用方便，又要防止病原污染环境。无条件的鸡场对剖检后的尸体要进行焚烧或深埋。

（二）准备剖检器具

准备剖检鸡体使用的剪刀、镊子。根据需要还可准备手术刀、标本皿、广口瓶、福尔马林等。还要准备工作服、胶鞋、橡胶手套、肥皂、毛巾、水桶、脸盆、消毒剂等。

（三）鸡体剖检方法

剖检病鸡最好在死后或濒死期进行。对于已经死亡的鸡只，越早剖检越好，时间长尸体易腐败，尤其夏季，病理变化模糊不清，失去剖检意义。暂时不剖检的，可存放在4℃的冰箱内。解剖前先进行体表检查。

1.体表检查

选择症状比较典型的病鸡作为剖检对象，解剖前先做体表检查，即测量体温，观察呼吸、姿态、精神状况、羽毛光泽、头部皮肤的颜色，特别是鸡冠和肉髯的颜色，仔细检查鸡体的外部变化并记录症状。如有必要，可采集血液（静脉或心脏采血），以备实验室检验。

2.解剖检查

先用消毒药水将羽毛擦湿，防止羽毛及尘埃飞扬。解剖活鸡应先放血致死，方法有两种：一种可在口腔内耳根旁的颈静脉处用剪刀横切断静脉，使血沿口腔流出，此法外表无伤口；另一种为颈部放血，用刀切断颈动脉或颈静脉放血。

将被检鸡仰放在搪瓷盘上，此时应注意腹部皮下是否有腐败而引起的尸绿。用力掰开两腿，直至髋关节脱位，将两翅和两腿摊开，或将头、两翅固定在解剖板上，沿颈、胸、腹中线剪开皮肤，再从腹下部横向剪开腹部，并延至两腿皮肤。由剪处向两侧分离皮肤。剥开皮肤后，可看到颈部的气管、食道、嗉囊、胸腺、迷走神经以及胸肌、腹肌、腿部肌肉等。根据剖检需要，可剥离部分皮肤。此时可检查皮下是否有出血、胸部肌肉的黏稠度、是否有出血点或灰白色坏死点等。

皮下检查完后，在泄殖腔腹侧将腹壁横向剪开，再沿肋软骨交接处向前剪，然后一只手压住鸡腿，另一只手握龙骨后缘向上拉，使整个胸骨向前翻转露出胸腔和腹腔，注意胸腔和腹腔器官的位置、大小、色泽是否正常，有无内容物（腹水、渗出物、血液等），器官表面是否有冻胶状或干酪样渗出物，胸腔内的液体是否增多等。

然后观察气囊，气囊膜正常为一透明的薄层，注意有无混浊，增厚或被覆渗出物等。如果要取病料进行细菌培养，可用灭菌消毒过的剪刀、镊子、注射器、针头及存放材料的器具采取所需要的组织器官。取完材料后可进行各个脏器检查。剪开心包囊，注意心包囊是否混浊或有纤维性渗出物黏附，心包液是否增多，心包囊与心外膜是否粘连等，然后顺次取出各脏器。

首先把肝脏与其他器官连接的韧带剪断，再将脾脏、胆囊随同肝脏一块摘出。接着，把食道与腺胃交界处剪断，将脾胃、肌胃和肠管一同取出体腔（直肠可以不剪断）。

剪开卵巢系膜，将输卵管与泄殖腔连接处剪断，把卵巢和输卵管取出。雄鸡剪断睾丸系膜，取出睾丸。用器械柄钝性剥离肾脏，将其从脊椎骨深凹中取出；剪断心脏的动脉、静脉，取出心脏；用刀柄钝性剥离肺脏，将肺脏从肋骨间摘出。

剪开喙角，打开口腔，把喉头与气管一同摘出，再将食道、嗉囊一同摘出。把直肠拉出腹腔，露出位于泄殖腔背面的腔上囊（法氏囊），剪开与泄殖腔连接处，腔上囊便可摘出。

剪开鼻腔。从两鼻孔上方横向剪断上喙部，断面露出鼻腔和鼻甲骨。轻压鼻部，可检查鼻腔有无内容物。剪开眼下和嘴角上的皮肤，看到的空腔就是眶下窦。

将头部皮肤剥去，用骨剪剪开顶骨缘、颧骨上缘、枕骨后缘，揭开头盖骨，露出大脑和小脑。切断脑底部神经，大脑便可取出。

外部神经的暴露。迷走神经在颈椎的两侧，沿食道两旁可以找到。坐骨神经位于大腿两侧，剪去内收肌即可露出。将脊柱两侧的肾脏摘除，腰荐神经丛便能显露出来。将鸡背朝上，剪开肩胛和脊柱之间的皮肤，剥离肌肉，即可看到臂丛神经。

【注意】一是剖检时间越早越好，尤其在夏季，尸体极易腐败，不利于病变观察，影响正确诊断。若尸体已经腐败，一般不再进行剖检。剖检时，光线应充足。二是剖检前要了解病死鸡的来源、病史、症状、治疗经过及防疫情况。三是剖检时必须按剖检顺序观察，做到全面细致，综合分析，不可主观片面，马马虎虎。四是做好剖检用具和场所的隔离消毒，做好剖检尸体、血水、粪便、羽毛和污染的表土等无害化处理（放入深埋坑内，撒布消毒药和新鲜生石灰盖土压实）。同时要做好自身防护（穿戴好工作服，戴上手套）。五是剖检时，要做好记录，检查完后找出其主要的特征性病理变化和一般非特征性病理变化，做出分析和比较。

（三）病理剖检诊断

1.病理剖检步骤

皮肤、肌肉→胸腹腔→呼吸系统（鼻腔、气管、气囊、肺）→消化道→心脏→肝脏→脾脏→卵巢→输卵管→肾脏→睾丸

→胰脏→神经系统→腹水。

2.病理剖检变化（表7–2）

表7–2　病理剖检变化诊断

部位	病理变化	可能的疾病
皮肤	紫蓝色斑块	维生素E和硒缺乏、葡萄球菌病、坏疽性皮肤尸绿
	痘痂、痘斑	鸡痘
	皮肤上有肿瘤	皮肤型马立克氏病
	皮肤粗糙、眼角嘴角有痂皮	泛酸缺乏、生物素缺乏、体外寄生虫病
	出血	维生素K缺乏、鸡卡氏白细胞原虫病、某些传染病、中毒病等
胸骨	S状弯曲	维生素D、钙和磷缺乏或比例不当
	囊肿	滑膜炎霉形体病、地面不平、肉鸡常卧地等
肌肉	过分苍白	死前放血、贫血、内出血、鸡卡氏白细胞原虫病、维生素E和硒缺乏、磺胺中毒等
	干燥无黏性	失水、缺水、肾变型传染性支气管炎、痛风等
	有白色条纹	维生素E和硒缺乏
	出血	传染性法氏囊病、鸡卡氏白细胞原虫病、黄曲霉毒素中毒、维生素E和硒缺乏等
	大头针帽大小的白点	鸡卡氏白细胞原虫病
	腐败	葡萄球菌病、厌氧杆菌感染
腹腔	腹水过多	腹水症、肝硬化、黄曲霉毒素中毒、大肠杆菌病
	血液或凝血块	内出血、鸡卡氏白细胞原虫病、白血病、包涵体肝炎等
	纤维素或干酪样渗出物	大肠杆菌病、鸡败血霉形体病
气囊炎	混浊有干酪样渗出物	鸡败血霉形体病、大肠杆菌病、鸡新城疫、曲霉菌病等

续表

部位	病理变化	可能的疾病
心脏	心肌白色小结节	白痢病、马立克氏病、鸡卡氏白细胞原虫病等
	心冠沟脂肪出血	禽霍乱、细胞性感染、中毒
	心包粘连、包液混浊	大肠杆菌病、鸡败血霉形体病等
	尿酸盐沉积	痛风
	房室间瓣膜疣状增生	丹毒病
肝	肿大、有结节	马立克氏病、白血病、寄生虫病、结核病
	肿大、有点状或斑状坏死	白痢病、黑头病、喹乙醇中毒、痢菌净中毒
	肿大、被覆渗出物，有出血点、血斑、血肿和坏死点等	大肠杆菌病、鸡败血霉形体病、包涵体肝炎、禽弯杆菌性肝炎、脂肪肝综合征
	肝硬化	慢性黄曲霉毒素中毒、寄生虫病等
	寄生虫体	吸虫病等
脾	胆大、有结节	白血病、马立克氏病、结核病
	肿大、有坏死点	白痢病、大肠杆菌病
	萎缩	喹乙醇中毒
胰脏	坏死	鸡新城疫、鸡流感、包涵体肝炎、鸡传染性支气管炎、硒-维生素E缺乏症
胆囊	肿大、细菌性感染	大肠杆菌病、白痢病等
食道	黏膜坏死	毛滴虫病、维生素A缺乏
嗉囊	积水积气、积食坚实	球虫病、毛滴虫病、异物阻塞、鸡新城疫、中毒等
腺胃	球状增厚增大	马立克氏病、四棱线虫病
	小坏死结节	白痢病、马立克氏病、滴虫病
	出血	鸡新城疫、禽流感、法氏囊病、包涵体肝炎、喹乙醇或痢菌净中毒

续表

部位	病理变化	可能的疾病
肌胃	白色结节	白血病、马立克氏病
	溃疡、出血	鸡新城疫、鸡法氏囊病、喹乙醇或痢菌净中毒、包涵体肝炎
小肠	充血、出血	鸡新城疫、球虫病、鸡卡氏白细胞原虫病、禽霍乱
	小结节	白痢病、马立克氏病等
	出血、溃疡、坏死	溃疡性肠炎、坏死性肠炎
	假膜	瘟病
	寄生虫	线虫、绦虫等
盲肠	出血	球虫病
	出血、溃疡	黑头病
泄殖腔	水肿、充血	鸡新城疫、禽流感、寄生虫感染
	出血、坏死	泄殖腔炎、啄癖
喉气管	充血、出血	鸡新城疫、鸡传染性喉气管炎、禽霍乱
	有环状干酪样附着	鸡传染性喉气管炎、慢性呼吸道病
	假膜	鸡痘
支气管	充血、出血	鸡传染性喉气管炎、鸡新城疫、寄生虫感染等
	黏液增多	呼吸道感染
肺	结节呈肉样化	马立克氏病、白血病
	黄色、黑色结节	曲霉菌病、结核病
	黄白色小结节	白痢病
	充血、出血	鸡卡氏白细胞原虫病、其他感染
肾	肿大、有结节	白血病、马立克氏病
	出血	鸡卡氏白细胞原虫病、脂肪肝肾综合征、法氏囊病、包涵体肝炎、中毒等
	尿酸盐沉积	肾型传染性支气管炎、传染性法氏囊病、磺胺类药物中毒、铅中毒、内脏型痛风、高钙日粮、维生素A缺乏症、饮水不足等

续表

部位	病理变化	可能的疾病
输尿管	尿酸盐沉积	内脏型痛风、肾型传染性支气管炎、传染性法氏囊病、磺胺类药物中毒、维生素A缺乏症、钙磷比例失调等
卵巢	有结节、肿大	马立克氏病、白血病
	卵泡充血出血	白痢病、大肠杆菌病、鸡霍乱等
输卵管	左侧输卵管细小	传染性支气管炎、停产期
	充血、出血	滴虫病、白痢病、鸡败血霉形体病等
法氏囊	肿大	鸡新城疫、白痢病、鸡法氏囊病
	出血、囊腔内渗出物增多	鸡法氏囊病、鸡新城疫
脑	脑膜充血、出血	中暑、细菌性感染、中毒
	小脑出血、脑回展平	维生素E和硒缺乏
四肢	骨髓黄色	包涵体肝炎、鸡卡氏白细胞原虫病、磺胺类药物中毒
	骨质松软	钙、磷和维生素D等营养缺乏病
	脱腱症	锰或胆碱缺乏
	关节炎	葡萄球菌病、大肠杆菌病、滑膜霉形体病、病毒性关节炎、营养缺乏病等
	臂神经和坐骨神经肿胀	马立克氏病、维生素B_2缺乏症

【注意】临床上由于疾病性质、疫苗或药物使用等条件的影响，同一疾病在不同条件下其症状也随之发生了变化，而且有的鸡群可能存在并发或继发疾病的复杂情况。因此，在临床诊断时应辩证地分析病理剖检变化。患鸡病变不是独立存在的，要抓住重点病变，综合整体剖检变化，同时结合鸡群饲养管理、流行病学和临床症状综合分析，才可能做出正确的临床诊断。

第二节　严格执行卫生防疫制度

为了有效控制疾病，必须树立和贯彻“防重于治”和“养防并重”的疾病防治原则，加强综合防治。

一、科学饲养管理

饲养管理工作不仅影响土鸡的生长发育，更影响土鸡的健康和抗病能力。只有进行科学的饲养管理，才能维持鸡体健壮，增强鸡体的抵抗力和抗病力。增强鸡体抵抗力的措施见图7-1。

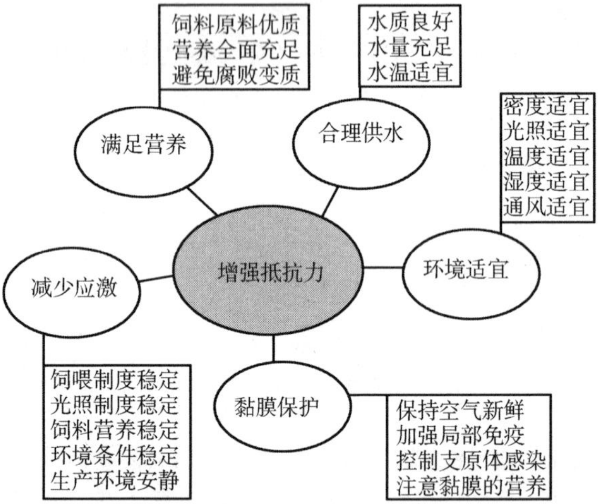

图7-1　增强鸡体抵抗力的措施

二、做好隔离卫生

（一）做好隔离

土鸡场要远离市区、村庄和居民点，远离屠宰场、畜产品加工厂等污染源（图7–2）；禁止其他养殖户、鸡蛋收购商和收购死鸡的小贩进入鸡舍和散养场地，病鸡和死鸡经疾病诊断后应深埋，并做好消毒工作，严禁销售和随处乱丢；不同日龄的鸡分别养在不同的区域，并相互隔离；订购雏鸡前要了解孵化场的孵化和养殖户的养殖情况，选择孵化质量好（养殖户饲养的土鸡成活率高，疾病少）的孵化场家购买雏鸡。

图7–2　隔离条件好的土鸡养殖场

（二）搞好卫生

1.保持鸡舍和鸡舍周围环境卫生

及时清理鸡舍的污物、污水和垃圾，定期打扫鸡舍顶棚和设备用具的灰尘，每天进行适量的通风，保持鸡舍清洁卫生；不在鸡舍周围和道路上堆放废弃物和垃圾。

2.保持饲料和饮水卫生

饲料不霉变、不被病原污染，饲喂用具勤清洁消毒；饮用水符合卫生标准（人可以饮用的水鸡也可以饮用），水质良好，饮水用具要清洁，饮水系统要定期消毒。

3.废弃物要无害化处理

粪便堆放要远离鸡舍，最好设置专门储粪场，对粪便进行无害化处理，如堆积发酵、生产沼气或烘干等处理。病死鸡不要随意出售或乱扔乱放，防止传播疾病。

4.保持散养场地的卫生

果园林地生态养鸡宜采取全进全出制，每出栏一批（群）鸡后清理卫生，全面消毒，并间隔20～30天后，再散养第二批鸡；如果果园林地面积较大，最好实行分区轮放，在一个区域散养1～2年后，再轮放到另一区域，让其自然净化1～2年以上，消毒后再散养鸡比较理想。

5.防害灭鼠

昆虫可以传播疫病，要保持舍内干燥和清洁，夏季使用化学杀虫剂防止昆虫滋生繁殖。老鼠不仅会传播疫病，而且会污染和消耗大量的饲料，危害极大，必须注意灭鼠。每2～3个月应彻底进行一次灭鼠。

三、加强消毒

土鸡场消毒就是将养殖环境、养殖器具、动物体表、进入的人员或物品、动物产品等存在的微生物全部或部分杀灭或清除的方法。消毒的目的在于消灭病原微生物、畜体表面及设备器具上的病原体，切断传播途径，防止疾病的发生或蔓延。

（一）消毒的方法

1.机械性清除法

用冲洗、清扫、铲刮等机械方法（图7-3）清除降尘、污物，以及沾染墙壁、地面以及设备上的粪尿、残余的饲料、废物、垃圾等，这样可除掉70%的病原，并为药物消毒创造条件；适当通风，特别是在冬、春季，可在短时间内迅速降低舍内病原微生物的数量，加快舍内水分蒸发，保持干燥，可使除芽孢、虫卵以外的病原失活，起到消毒作用。

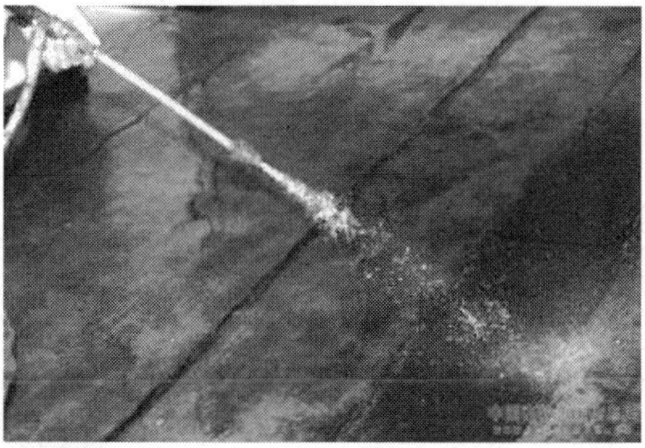

图7–3　使用高压水冲洗地面、墙壁、设备上的污浊物，减少其微生物数量

2.物理消毒法

（1）紫外线消毒法。利用太阳光中的紫外线或安装波长为280～240纳米的紫外线灭菌灯（图7–4）可以杀灭病原微生物。一般病毒和非芽孢的菌体在阳光直射下，只需要几分钟到1小时就能被杀死。即使是抵抗力很强的芽孢，在连续几天的强烈阳光下反复暴晒也可变弱或被杀死。利用阳光消毒运动场及移出舍外的、已清洗的设备与用具等，既经济又简便。

图7–4　紫外线灭菌灯

（2）高温消毒法。高温消毒主要有火焰、煮沸与蒸汽等形式。酒精喷灯的火焰可杀灭地面、耐高温的网面上的微生物，但不能对塑料、木制品和其他易燃物品进行消毒，消毒时应注意防火。另外对有些耐高温的芽孢（破伤风梭状芽孢杆菌、炭疽芽孢杆菌），使用火焰喷射靠短暂高温来消毒，效果难以保证。蒸汽可灭菌，设备主要有手提式下排气式压力蒸汽

灭菌锅和高压灭菌器（图7–5）。

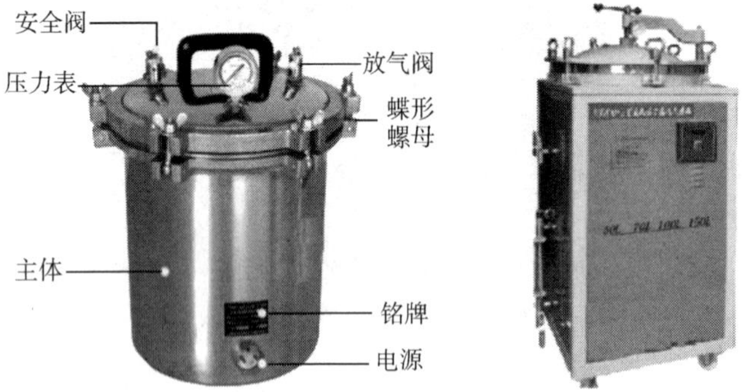

图7–5　手提式下排气式压力蒸汽灭菌锅（左）和高压灭菌器（右）

3.化学药物消毒法

利用化学药物杀灭病原微生物可以预防感染和传染病的传播和流行。使用的化学药品称化学消毒剂，此法在养鸡生产中是最常用的方法。

（1）浸泡法。主要用于消毒器械、用具、衣物等。一般洗涤干净后再行浸泡，药液要浸过物体，浸泡时间以长些为好，水温以高些为好。在鸡舍进门处消毒槽内，可用浸泡药物的草垫或草袋对人员的鞋子消毒。

（2）喷洒法。可用细眼喷壶，喷洒地面、墙壁、舍内固定设备等；对舍内空间消毒，则用喷雾器。喷洒要全面，药液要喷到物体的各个部位。一般喷洒地面，每平方米面积需要2升药液，喷墙壁、顶棚，每平方米1升药液。（视频7–1　鸡舍喷洒消毒）

视频7–1
鸡舍喷洒消毒

（3）熏蒸法。这种方法适用于可以密闭的鸡舍，简便、省事，对房屋结构无损，消毒全面，鸡场常用。常用的药物有福尔马林（40%的甲醛水溶液）、过氧乙酸水溶液。

（4）气雾法。气雾粒子是悬浮在空气中的气体与液体的微粒，直径小于200纳米，能悬浮在空气中较长时间，可到处漂移穿透到畜舍内的周围及其空隙。气雾是消毒液进入气雾发生器后喷射出的雾状微粒，是消灭气携病原微生物的理想办法。

4.生物消毒法

生物消毒法是利用生物技术将病原微生物杀灭或清除的方法。如堆积粪便进行需氧或厌氧发酵后产生一定的高温，可以杀死粪便中的病原微生物。

（二）土鸡场常用的消毒剂

1.含氯消毒剂

含氯消毒剂是指在水中能产生具有杀菌作用的活性次氯酸的一类消毒剂，包括有机含氯消毒剂和无机含氯消毒剂，目前生产中使用较为广泛。其作用机制：一是氧化作用。氧化微生物细胞使其丧失生物学活性。二是氯化作用。与微生物蛋白质形成氮氯复合物而干扰细胞代谢。三是新生态氧的杀菌作用。次氯酸分解出具强氧化性的新生态氧杀灭微生物。一般来说，有效氯浓度越高，作用时间越长，消毒效果越好。

含氯消毒剂可杀灭所有类型的微生物，含氯消毒剂对肠杆菌、肠球菌、牛结核分枝杆菌、金色葡萄球菌、口蹄疫病毒、猪轮状病毒、猪传染性水疱病毒、胃肠炎病毒及新城疫、法氏囊病毒有较强的杀灭作用，使用方便，价格适宜。但氯制剂对金属有腐蚀性，药效持续时间较短和久贮失效。含氯消毒剂的产品名称、性质和使用方法见表7–3。

表7-3　含氯消毒剂的产品名称、性质和使用方法

名称	性状和性质	使用方法
漂白粉（含有效氯25%～30%）	白色颗粒状粉末，有氯臭味，久置空气中失效，大部分溶于水和醇	5%～20%的悬浮液用于环境消毒，饮水消毒每50升水加1克；1%～5%的澄清液用于食槽、玻璃器皿、非金属用具消毒等，宜现配现用
漂白粉精	白色结晶，有氯臭味，含氯稳定	0.5%～1.5%的用于地面、墙壁消毒，0.3～0.4克/千克的用于饮水消毒
氯胺-T（含有效氯24%～26%）	为含氯的有机化合物，白色微黄晶体，有氯臭味。对细菌的繁殖体及芽孢、病毒、真菌孢子有杀灭作用。杀菌作用慢，但性质稳定	0.2%～0.5%的水溶液喷雾用于室内空气及表面消毒，1%～2%的用于浸泡物品、器材消毒；3%的用于排泄物和分泌物的消毒；黏膜消毒，0.1%～0.5%；饮水消毒，1升水用2～4毫克。配制消毒液时，如果加入一定量的氯化铵，可大大提高消毒能力
二氯异氰尿酸钠（含有效氯60%～64%，商品名为优氯净。强力消毒净、84消毒液、速效净也含有二氯异氰尿酸钠）	白色晶粉，有氯臭味。室温下保存半年仅降低0.16%有效氯，是一种安全、广谱和长效的消毒剂，不遗留残余毒性	一般0.5%～1%的溶液可以杀灭细菌和病毒，5%～10%的溶液用作杀灭芽孢。0.015%～0.02%的用于环境器具消毒，饮水消毒，每升水4～6毫克，作用30分钟。本品宜现用现配 注：三氯异氰尿酸钠性质、特点和作用同二氯异氰尿酸钠基本相同。球虫囊消毒每10升水中加入10～20克
二氧化氯（益康、消毒王、超氯）	白色粉末，有氯臭味，易溶于水，易湿潮，可快速杀灭所有病原微生物，制剂有效氯含量5%，具有高效、低毒、除臭和不残留的特点	可用于畜禽舍、场地、器具、种蛋、屠宰厂、饮水消毒和带畜消毒。含有效氯5%时，用于环境消毒，每升水加药5～10毫升，泼洒或喷雾；饮水消毒，100升水加药5～10毫升；用具、食槽消毒，每升水加药5毫克，浸泡5～10分钟。现配现用

2.碘类消毒剂

碘类消毒剂是碘与表面活性剂（载体）及增溶剂等形成稳定的络合物，包括传统的碘制剂如碘水溶液、碘酊（俗称碘酒）、碘甘油和碘伏类制剂。碘伏类制剂又分为非离子型、阳离子型及阴离子型三大类。其中非离子型碘伏是使用最广泛、最安全的碘伏，主要有聚维酮碘（PVP–I）和聚醇醚碘（NP–I）。其作用机制是碘的正离子与酶系统中蛋白质所含的氨酸起亲电取代反应，使蛋白质失活。碘的正离子具有氧化性，能对膜联酶中的硫氢基进行氧化，成为二硫键，破坏酶活性。

碘类消毒剂能杀死细菌、真菌、芽孢、病毒、结核杆菌、阴道毛滴虫、梅毒螺旋体、沙眼衣原体和藻类，低浓度时可以进行饮水消毒和带畜（禽）消毒，对金属设施及用具的腐蚀性较低。碘类消毒剂的产品名称、性质和使用方法见表7–4。

表7–4　碘类消毒剂的产品名称、性质和使用方法

名称	性质	使用方法
碘酊（碘酒）	为碘的醇溶液，红棕色澄清液体，微溶于水，易溶于乙醚、氯仿等有机溶剂，杀菌力强	2%～2.5%的用于皮肤消毒
碘伏（络合碘）	红棕色液体，随着有效碘含量的下降逐渐向黄色转变。碘与表面活性剂及增溶剂形成的不定型络合物，其实质是一种含碘的表面活性剂，主要剂型为聚乙烯吡咯烷酮碘和聚乙烯醇碘等，性质稳定，对皮肤无害	0.5%～1%的用于皮肤消毒，10 毫克/升浓度用于饮水消毒
威力碘	红棕色液体，含碘0.5%	1%～2%的用于畜舍、家畜体表及环境消毒，5%的用于手术器械、手术部位消毒

3.醛类消毒剂

醛类消毒剂能产生自由醛基，在适当条件下与微生物的蛋白质及某些其他成分发生反应，包括甲醛、戊二醛、聚甲醛等。目前最新的用于器械消毒的醛类消毒剂是邻苯二甲醛（OPA）。作用机制是可与菌体蛋白质中的氨基结合使其变性或使蛋白质分子烷基化，可以和细胞壁脂蛋白发生交联形成侧链，封闭细胞壁，阻碍微生物对营养物质的吸收和废物的排出。

醛类消毒剂杀菌谱广，可杀灭细菌、芽孢、真菌和病毒。其性质稳定，耐储存，受有机物影响小，受湿度影响大，有一定毒性和刺激性，如对人体皮肤和黏膜有刺激和固化作用，并可使人过敏，还有特殊的臭味。醛类消毒剂的产品名称、性质和使用方法见表7-5。

表7-5　醛类消毒剂的产品名称、性质和使用方法

名称	性质	使用方法
福尔马林（含36%～40%甲醛水溶液）	无色有刺激性气味的液体，90℃下易生成沉淀。对细菌繁殖体及芽孢、病毒和真菌均有杀灭作用，广泛用于防腐消毒	1%～2%的用于环境消毒，与高锰酸钾配伍，熏蒸畜禽房舍等，可使用不同级别的浓度
戊二醛	无色油状体，味苦，有微弱甲醛气味，挥发度较低。可与水、酒精做任何比例的稀释，溶液呈弱酸性。碱性溶液有强大的灭菌作用	2%的水溶液，用0.3%碳酸氢钠调整pH值在7.5～8.5范围可消毒，不能用于热灭菌的精密仪器的消毒
多聚甲醛（含甲醛91%～99%）	为甲醛的聚合物，有甲醛臭味，为白色疏松粉末，常温下不可分解出甲醛气体，加热时分解加快，释放出甲醛气体与少量水蒸气。难溶于水，但能溶于热水，加热至150℃时，可全部蒸发为气体	多聚甲醛的气体与水溶液，均能杀灭各种类型病原微生物。1%～5%的溶液作用10～30分钟，可杀灭除细菌芽孢以外的各种细菌和病毒；杀灭芽孢时，需8%的溶液作用6小时。用于熏蒸消毒，用量为每立方米3～10克，消毒时间为6小时

4.氧化剂类消毒剂

氧化剂类消毒剂是一些含不稳定结合态氧的化合物。作用机制是这类化合物遇到有机物和某些酶可释放出初生态氧，破坏菌体蛋白或细菌的酶系统。分解后产生的各种自由基，如巯基、活性氧衍生物等，可破坏微生物的通透性屏障及其蛋白质、氨基酸、酶等，最终导致微生物死亡。

氧化剂类消毒剂对多种病原微生物都有较好的杀灭作用。低温环境下有较好的杀菌作用，但不稳定，易分解失效，腐蚀性较强。氧化剂类消毒剂的产品名称、性质和使用方法见表7–6。

表7–6　氧化剂类消毒剂的产品名称、性质和使用方法

名称	性质	使用方法
过氧乙酸	无色透明酸性液体，易挥发，具有浓烈刺激性，不稳定，对皮肤、黏膜有腐蚀性。对多种细菌和病毒杀灭效果好	400～2000毫克/升，浸泡2～120分钟。0.1%～0.5%的溶液用于擦拭物品表面，0.5%～5%的溶液用于环境消毒，0.2%的溶液用于器械消毒
过氧化氢（双氧水）	无色透明，无异味，微酸苦，易溶于水，在水中分解成水和氧。可快速灭活多种微生物	1%～2%的溶液用于创面消毒，0.3%～1%的溶液用于黏膜消毒
过氧戊二酸	有固体和液体两种。固体难溶于水，为白色粉末，有轻度刺激性作用，易溶于乙醇、氯仿、乙酸	2%的溶液用于器械浸泡消毒和物体表面擦拭，0.5%的溶液用于皮肤消毒，雾化气溶胶用于空气消毒
臭氧	臭氧（O_3）是氧气（O_2）的同素异构体，在常温下为淡蓝色气体，有鱼腥臭味，极不稳定，易溶于水。臭氧对细菌繁殖体、病毒真菌和枯草杆菌黑色变种芽孢有较好的杀灭作用，对原虫和虫卵也有很好的杀灭作用	30毫克/米^{3}作用15分钟，用于室内空气消毒；0.5 毫克/升作用 10 分钟，用于水消毒；15～20毫克/升，用于传染源的污水消毒

续表

名称	性质	使用方法
高锰酸钾	紫黑色斜方形结晶或结晶性粉末，无臭味，易溶于水，容易以其浓度不同而呈暗紫色至粉红色。低浓度可杀死多种细菌的繁殖体，高浓度（2%～5%）在24小时内可杀灭细菌芽孢，在酸性溶液中可以明显提高杀菌作用	0.1%的溶液可用于鸡的饮水消毒，杀灭肠道病原微生物；0.1%的用于创面和黏膜消毒；0.01%～0.02%的用于消化道清洗；用于体表消毒时使用的浓度为0.1%～0.2%

5.酚类消毒剂

酚类消毒剂是消毒剂中种类较多的一类化合物。含酚41%～49%、醋酸22%～26%的复合酚制剂，是我国生产的一种新型、广谱、高效消毒剂。作用机制：一是高浓度下可裂解并穿透细胞壁，与菌体蛋白结合，使微生物原浆蛋白质变性。低浓度下较高分子的酚类衍生物，可使氧化酶、去氢酶、催化酶等细胞的主要酶系统失去活性；二是降低溶液表面张力，增加细胞壁的通透性，使菌体内含物泄出；三是易溶于细胞类脂体中，因而能积存在细胞中，其羟基与蛋白的氨基起反应，破坏细胞的机能；四是衍生物中的某些羟基与卤素，有助于降低表面张力，卤素还可促进衍生物电解以增加溶液的酸性，增强杀菌能力，对细菌、真菌和囊膜病毒具有灭活作用，对多种寄生虫卵也有一定杀灭作用。

酚类消毒剂性质稳定，通常一次用药，药效可以维持5～7天。腐蚀性轻微，生产简便，成本低；但杀菌力有限，不能作为灭菌剂。本品公认对人畜有害（有明显的致癌、致敏作用，频繁使用可以引起蓄积中毒，损害肝、胃功能及神经系统），且气味滞留，不能带畜消毒和饮水消毒（宰前可影响肉质风味），常用于空舍消毒。长时间浸泡可破坏纺织品颜色，损害橡胶制品，与碱性药物或其他消毒剂混合使用效果差。酚类消毒剂的产品名称、性质和使用方法见表7–7。

表7–7　酚类消毒剂的产品名称、性质和使用方法

名称	性质	使用方法
苯酚（石炭酸）	白色针状结晶，弱碱性易溶于水，有芳香味	杀菌力强，3%~5%的溶液用于环境与器械消毒，2%的溶液用于皮肤消毒
煤酚皂（来苏儿）	由煤酚和植物油、氢氧化钠按一定比例配制而成。无色，见光和空气变为深褐色，与水混合成为乳状液体。毒性较低	3%~5%的溶液用于环境消毒；5%~10%的溶液器械消毒，处理污物；2%的溶液用于术前、术后和皮肤消毒
复合酚（农福、消毒净、消毒灵）	由冰醋酸、混合酚、十二烷基苯磺酸、煤焦油按一定比例混合而成，为棕色黏稠状液体，有煤焦油臭味，对多种细菌和病毒有杀灭作用	用水稀释100~300倍后，用于环境、禽舍、器具的喷雾消毒，稀释用水温度不低于8℃；1∶200的药液杀灭烈性传染病，如口蹄疫；1∶（300~400）药浴或擦拭皮肤，药浴25~30分钟，可以防治猪、牛、羊螨虫等皮肤寄生虫病，效果良好
氯甲酚溶液（菌球杀）	为甲酚的氯代衍生物，一般为5%的溶液。杀菌作用强，毒性较小	主要用于禽舍、用具、污染物的消毒。用水稀释33~100倍后用于环境、畜禽舍的喷雾消毒

6.表面活性剂（季胺酸盐类消毒剂）

表面活性剂又称清洁剂或除污剂，生产中常用阳离子表面活性剂，其抗菌广谱，对细菌、霉菌、真菌、藻类和病毒均具有杀灭作用。作用机制：一是可以吸附到菌体表面，改变细胞渗透性，溶解损伤细胞使菌体破裂，细胞内容物外流；二是表面活性物在菌体表面聚集，阻碍细菌代谢，使细胞结构紊乱；三是渗透到菌体内部使蛋白质发生变性和沉淀，破坏细菌酶系统。

表面活性剂具有性质稳定、安全性好、无刺激性和腐蚀性等特点，对常见病毒如马立克氏病毒、新城疫病毒、猪瘟病毒、法氏囊病毒、口蹄疫病毒均有良好的效果，但对无囊膜病毒消毒效果不好；要避免与阴离子活性剂，如肥皂、碘、碘化钾、过氧化物等并用和合用，否则会降低消毒的效果。不适用粪便、污水消毒及芽孢菌消毒。表面活性剂的产品名称、性质和使用方法见表7–8。

表7–8　表面活性剂的产品名称、性质和使用方法

名称	性质	使用方法
新洁尔灭（苯扎溴铵，市售的一般为浓度5%的苯扎溴铵水溶液）	无色或淡黄色液，摇动后产生大量泡沫。对革兰氏阴性菌的杀灭效果比对革兰氏阳性菌强，能杀灭有囊膜的亲脂性病毒，不能杀灭亲水性病毒、芽孢菌、结核菌，易产生耐药性	皮肤、器械消毒用0.1%的溶液，黏膜、创口消毒用0.02%以下的溶液。0.5%～1%的溶液用于手术局部消毒
度米芬（杜灭芬）	白色或微白色片状结晶，能溶于水和乙醇。主要用于细菌病原，消毒能力强，毒性小，可用于环境、皮肤、黏膜、器械和创口的消毒	皮肤、器械消毒用0.05%～0.1%的溶液，带畜禽消毒用0.05%的溶液喷雾
癸甲溴铵溶液（百毒杀，市售一般为浓度10%的癸甲溴铵溶液）	白色、无臭、无刺激性、无腐蚀性的溶液剂。本品性质稳定，不受环境酸碱度、水质硬度、粪便血污等有机物及光、热影响，可长期保存，且适用范围广	饮水消毒，日常1：（2000～4000）倍，可长期使用。疫病期间1：（1000～2000）连用7天；畜禽舍及带畜禽消毒,日常1：600；疫病期间1：（200～400）喷雾、洗刷、浸泡
双氯苯双胍己烷	白色结晶粉末，微溶于水和乙醇	0.5%的用于环境消毒，0.3%的用于器械消毒，0.02%的用于皮肤消毒
环氧乙烷（烷基化合物）	常温无色气体，沸点10.3℃，易燃、易爆、有毒	50毫克/升密闭容器内用于器械、敷料等消毒

续表

名称	性质	使用方法
氯己定（洗必泰）	白色结晶，微溶于水，易溶于醇，禁忌与升汞配伍	0.022%～0.05%水溶液用于术前洗手浸泡5分钟；0.01%～0. 025 %用于腹腔、膀胱等冲洗

7.醇类消毒剂

醇类消毒剂可快速杀灭多种微生物，如细菌繁殖体、真菌和多种病毒（单纯疱疹病毒、乙肝病毒、人类免疫缺陷病毒等），但不能杀灭细菌芽孢。受有机物影响，而且易挥发，应采用浸泡消毒或反复擦拭的方式保证消毒时间。醇类消毒剂与戊二醛、碘伏等配伍，可以增强其作用。作用机制是使蛋白质变性沉淀，快速渗透细菌胞壁进入菌体内部，溶解破坏细菌细胞，抑制细菌酶系统，阻碍细菌正常代谢。醇类消毒剂的产品名称、性质和使用方法见表7–9。

表7–9　醇类消毒剂的产品名称、性质和使用方法

名称	性质	使用方法
乙醇（酒精）	无色透明液体，易挥发，易燃，可与水和挥发油任意混合。无水乙醇含乙醇量为95%以上。主要通过使细菌菌体蛋白凝固并脱水而发挥杀菌作用。以70%～75%乙醇杀菌能力最强。对组织有刺激作用，浓度越大刺激性越强	70%～75%用于皮肤、注射部位、器械和手术、实验台面消毒，作用时间3分钟。注意：不能作为灭菌剂使用，不能用于黏膜消毒。浸泡消毒时，消毒物品不能带有过多水分，物品要清洁
异丙醇	无色透明液体，易挥发，易燃，具有乙醇和丙酮混合气味，与水和大多数有机溶剂可混融。作用浓度为50%～70%，过浓或过稀，杀菌作用都会减弱	50%～70%的水溶液涂擦与浸泡，作用时间5～60分钟，只能用于物体表面和环境消毒。杀菌效果优于乙醇，但毒性也高于乙醇，有轻度的蓄积和致癌作用

8.强碱类

强碱类包括氢氧化钠、氢氧化钾、生石灰等碱类物质。氢氧根离子可以水解蛋白质和核酸，使微生物的结构和酶系统受到损害，同时可分解菌体中的糖类而杀灭细菌和病毒。

强碱类消毒剂廉价、成本低，杀毒效果好，尤其是对病毒和革兰氏阴性杆菌的杀灭作用最强，但其腐蚀性也强，生产中比较常用。强碱类消毒剂产品名称、性质和使用方法见表7–10。

表7–10　强碱类消毒剂的产品名称、性质和使用方法

名称	形状与性质	使用方法
氢氧化钠（火碱、烧碱）	白色干燥的颗粒状、棒状、块状、片状结晶，易溶于水和乙醇，易吸收空气中的CO_2形成碳酸钠或碳酸氢钠盐。对细菌繁殖体、芽孢体和病毒有很强的杀灭作用，对寄生虫卵也有杀灭作用。浓度增大时，作用增强	2%～4%溶液可杀死病毒和繁殖型细菌，30%溶液10分钟可杀死芽孢，4%溶液45分钟杀死芽孢，加入10%食盐能增强杀芽孢能力。2%～4%的热溶液用于喷洒或洗刷消毒畜禽舍、仓库、墙壁、工作间、入口处、运输车辆、饮饲用具等。5%的溶液用于炭疽消毒
生石灰（氧化钙）	白色或灰白色块状或粉末，无臭味，易吸水，加水后生成氢氧化钙	加水配制10%～20%石灰乳，涂刷畜舍墙壁、畜栏等消毒
草木灰	新鲜草木灰主要含氢氧化钾。取筛过的草木灰10～15千克，加水35～40千克，搅拌均匀，持续煮沸1小时，补足蒸发的水分即成20%～30%的草木灰	20%～30%的草木灰可用于圈舍、运动场、墙壁及食槽的消毒。应注意水温在50～70℃

9.重金属类

重金属指汞、银、锌等，因其盐类化合物能与细菌蛋白结合，使蛋白质沉淀而发挥杀菌作用。硫柳汞高浓度可杀菌，低浓度时仅有抑菌作用。重金属类消毒剂的产品名称、性质和使用方

法见表7–11。

表7–11　重金属类消毒剂的产品名称、性质及使用方法

名称	性质	使用方法
甲紫（龙胆紫）	深绿色块状，溶于水和乙醇	1%～3%的溶液用于浅表创面消毒、防腐
硫柳汞	不沉淀蛋白质	0.01%的溶液用于生物制品防腐，1%的溶液用于皮肤或手术部位消毒

10.酸类

酸类的杀菌作用在于高浓度的能使菌体蛋白质变性和水解，低浓度的可以改变菌体蛋白两性物质的离解度，抑制细胞膜的通透性，影响细菌的吸收、排泄、代谢和生长。酸类消毒剂中的氢离子还可以与其他阳离子在菌体表现竞争性吸附，妨碍细菌的正常活动。有机酸的抗菌作用比无机酸强。

酸类消毒剂的产品名称、性质和使用方法见表7–12。

表7–12　酸类消毒剂的产品名称、性质和使用方法

名称	性质	使用方法
无机酸（硫酸和盐酸）	具有强烈的刺激性和腐蚀性，生产中较少使用	0.5摩/升的硫酸处理排泄物、痰液等，30分钟可杀死多数结核杆菌。2%的盐酸用于皮张消毒
乳酸	微黄色透明液体，无臭微酸味，有吸湿性	蒸气用于空气消毒，亦可用于和其他醛类配伍
醋酸	浓烈酸味	5～10毫升/米^3，加等量水，熬煮蒸发用于房间空气消毒
十一烯酸	黄色油状溶液，溶于乙醇	5%～10%的十一烯酸醇溶液用于皮肤、物体表面消毒

11.高效复方消毒剂

在化学消毒剂长期应用的实践中，单一消毒剂使用时存在

许多不足，已不能满足各行业消毒的需要。近年来，国内外相继有数百种新型复方消毒剂问世，提高了消毒剂的质量、应用范围和使用效果。

复方化学消毒剂配伍类型主要有两大类：一是消毒剂与消毒剂。两种或两种以上消毒剂复配，例如季铵盐类与碘的复配、戊二醛与过氧化氢的复配，其杀菌效果可协同增效，即1+1>2。二是消毒剂与辅助剂。一种消毒剂加入适当的稳定剂和缓冲剂、增效剂，以改善消毒剂的综合性能，如稳定性、腐蚀性、杀菌效果等，即1+0>1。常用的复方消毒剂的组成和特性见表7-13。

表7-13　常用的复方消毒剂的组成和特性

名称	组成和特性
复方含氯消毒剂	复方含氯消毒剂中，常选的含氯成分主要为次氯酸钠、次氯酸钙、二氯异氰尿酸钠、氯化磷酸三钠、二氯二甲基海因等，配伍成分主要为表面活性剂、助洗剂、防腐剂、稳定剂等。在复方含氯消毒剂中，二氯异氰尿酸钠有效氯含量较高，易溶于水，杀菌作用受有机物影响较小，溶液的pH值不受浓度的影响，故作为主要成分应用最多。如用二氯异氰尿酸钠和多聚甲醛配成氯醛合剂，用于室内消毒的烟熏剂，使用时点燃合剂，在3克/米^{3}剂量时，能杀灭99.99%的白色念珠菌。用量提高到13克/米^3，作用3小时对蜡样芽孢杆菌的杀灭率可达99.94%。该合剂可长期保存，在室温下32个月杀菌效果不变
复方季铵盐类消毒剂	表面活性剂一般有和蛋白质作用的性质，特别是阳离子表面活性剂的这种作用比较强，具有良好的杀菌作用，季铵盐型阳离子表面活性剂使用较多。作为复配的季铵盐类消毒剂主要有十二烷基、二甲基乙基苄基氯化铵、二甲基苄基溴化铵，其他的季铵盐有双癸季铵盐，如癸甲溴铵、溴化十二烷基二甲基苄基铵等。常用的配伍剂主要有醛类（戊二醛、甲醛）、醇类（乙醇、异丙醇）、过氧化物类（二氧化氯、过氧乙酸）以及氯己定等。另有两种或两种以上阳离子表面活性剂配伍，如用二甲基苄基氯化铵与二甲基乙基苄基氯化铵配合的季铵盐类消毒剂杀菌能力更强

续表

名称	组成和特性
含碘复方消毒剂	碘液和碘酊是含碘消毒剂中最常用的两种剂型，但并非复配时首选。碘与表面活性剂的不定型络合物碘伏，是含碘复方消毒剂中最常用的剂型。阴离子表面活性剂、阳离子表面活性剂和非离子表面活性剂均可作为碘的载体，制成碘伏，但其中以非离子表面活性剂最稳定，故选用得较多。常见的为聚乙烯吡咯烷酮、聚乙氧基乙醇等。目前国内外市场推出的碘伏产品有近百种之多，国外的碘伏以聚乙烯吡咯烷酮碘为主，这种碘伏既有消毒杀菌作用，又有洗涤去污作用。我国现有碘伏产品中有聚乙烯吡咯烷酮碘和聚乙二醇碘等
醛类复方消毒剂	在醛类消毒复方中应用较多的是戊二醛，这是因为甲醛对人体的毒副作用较大，有致癌作用，限制了甲醛复配的应用。常见的醛类复配形式有戊二醛与洗涤剂的复配，降低了毒性，增强了杀菌作用；戊二醛与过氧化氢的复配，远高于戊二醛和过氧化氢的杀菌效果
醇类复方消毒剂	醇类消毒剂具有无毒、无色、无特殊气味及较快速杀死细菌繁殖体及分枝杆菌、真菌孢子、亲脂病毒的特性。由于醇的渗透作用，某些杀菌剂溶于醇中有增强杀菌的作用，并可杀死任何高浓度醇类都不能杀死的细菌芽孢。因此，醇与物理因子和化学因子的协同应用逐渐增多。醇类常用的复配形式中以次氯酸钠与醇的复配为最多，用 50%甲醇溶液和浓度2000毫克/升有效氯的次氯酸钠溶液复配，其杀菌作用高于甲醇和次氯酸钠水溶液。乙醇与氯己定复配的产品很多，也可与醛类复配，亦可与碘类复配等

【小知识】选择消毒剂时，首先应明确目的和时间段，比如是预防消毒还是治疗性消毒，是终末消毒还是随时消毒。常规消毒用中低效消毒剂，终末消毒、疫情发生时用高效消毒剂，并加大使用浓度和使用量（常规每周 2 次，发生疫情时每天 1 次）。其次，选择消毒剂时应考虑：需控制微生物的类型和数量，市售消毒剂的抗菌谱，消毒剂的品牌，待消毒物体的材质和对消毒剂的兼容性，反复使用后对设备表面的腐蚀程度，可能影响杀菌效力的表面有机物数量，对操作者的安全性，以及交替使用方案和对产品的影响。化学消毒剂的使用

原则：一是根据物品的性能及微生物的特性，选择合适的消毒剂（一般选择 2～3 种消毒剂，交替使用，至少一种是高效消毒剂）；二是严格掌握消毒剂的有效浓度、消毒时间及使用方法；三是消毒剂应定期更换，易挥发的消毒剂要加盖，并定期检测，调整其浓度；四是必要的消毒设备。根据消毒方法选择，如果空气消毒，建议使用雾滴能够达到 20～30微米；五是采用由农业农村部发布的消毒技术规范规定的方法或消毒效果评价测试，定期对本场消毒效果进行评估，一般临床使用消毒剂后对病原微生物的杀灭率≥ 90.0% 为合格。

（三）土鸡场的消毒

1.进入人员及物品消毒

土鸡场入口必须设置车辆消毒池和人员消毒室，车辆消毒池的长度为进出车辆车轮2个周长以上，消毒液可用消毒时间长的复合酚类和3%～5%的氢氧化钠溶液，最好再设置喷雾消毒装置，喷雾消毒液可用1：1000的氯制剂。人员消毒室设置淋浴装置、熏蒸衣柜和场区工作服，进入人员必须淋浴，换上清洁消毒好的工作衣帽和靴后方可进入，工作服不准穿出生产区，定期更换清洗消毒；鸡舍入口设置脚踏消毒池，工作人员进入鸡舍前应脚踏消毒液，工作前要洗手消毒；进入场区的所有物品、用具都要消毒。舍内的用具要固定，不得互相串用。非生产性用品一律不能带入生产区。

2.日常消毒

工作人员进入鸡舍和饲喂前都要进行消毒。工作人员工作前要用洗手消毒。消毒后30分钟内不要用清水洗手；场区及鸡舍周围每周消毒1～2次，可以使用5%～8%的氢氧化钠溶液或5%的甲醛溶液进行喷洒（图7–6）。

图7-6　洗手消毒和场区消毒

饲喂、饮水用具每周洗刷消毒一次，炎热季节应增加次数，饲喂雏鸡的开食盘或塑料布，正反两面都要清洗消毒。可移动的食槽和饮水器放入水中清洗，刮除食槽上的饲料结块，放在阳光下暴晒。固定的食槽和饮水器，应彻底水洗刮净并干燥，常用阳离子清洁剂或两性清洁剂消毒，也可用高锰酸钾、过氧乙酸和漂白粉液等消毒，如可使用5%漂白粉溶液喷洒消毒。拌饲料的用具及工作服每天用紫外线照射一次，照射时间为20～30分钟。

散养场地要在鸡淘汰后空闲1～2个月后再使用。散养场地的喷雾消毒每周可以进行1次。

3.空鸡舍消毒

鸡群淘汰或转群后，将鸡舍内可以移出的设备用具移到舍外进行清洁、消毒，然后对鸡舍进行彻底全面消毒。先清理鸡舍内的粪便、垃圾和污染物质，清理后进行全面彻底的清扫。为减少粉尘，清扫前可以喷雾消毒。清扫后用高压水枪按顺序将鸡舍的屋顶、墙壁、可以冲洗的设备及地面等舍内的角角落落冲洗干净，不留一点污浊物；冲洗待干燥后用5%～8%的氢氧化钠溶液喷洒地面、墙壁、屋顶、笼具、饲槽等2～3次，用清水洗刷饲槽和饮水器。其他不宜用水冲洗和氢氧化钠溶液消毒的设备可以用其他消毒液涂擦。将移出的设备移入舍内安装好，熏蒸消毒。能封闭的鸡舍，最后用甲醛和高锰酸钾进行熏蒸消毒。每立方米空间用福尔马林28毫升、高锰酸钾14克（污染严重的鸡舍可用42毫升福尔马林和21克高锰酸钾）熏蒸24～48小时待用。地面饲养时，进鸡前可以在地面撒一层新鲜的生石灰，对地面进行消毒，也有利于地面干燥。

4.带鸡消毒

在鸡舍有鸡时，用消毒药物对鸡舍进行消毒。带鸡消毒可以对鸡舍进行彻底的全面消毒，降低鸡舍空气中的粉尘、氨气，夏季有利于降温和减少热应激死亡。平常每周带鸡消毒1~2次，发生疫病期间每天带鸡消毒1次。选用高效、低毒、广谱、无刺激性的消毒药，如0.3%过氧乙酸或0.05%~0.1%百毒杀等。

【注意】冬季寒冷，喷雾时不要把鸡体喷得太湿，可以使用温水稀释。

5.饮水消毒

临床上常见的饮水消毒剂多为氯制剂、碘制剂和复合季铵盐类等，但季铵盐类只适用于14周龄以下禽饮用水的消毒，不能用于产蛋禽。消毒药可以直接加入蓄水或水箱中，用药量应以最远端饮水器或水槽中的有效浓度达到该类消毒药的最适饮水浓度为宜，确保鸡喝的是经过消毒的水而非消毒药水。任意加大水中消毒药物的浓度或长期使用，除可引起急性中毒外，还可杀死或抑制鸡肠道内的正常菌群，影响饲料的消化吸收，对鸡的健康造成危害，还影响疫苗防疫效果。饮水消毒应该是预防性的，而不是治疗性的，因此消毒剂饮水要谨慎行事。在饮水免疫的前后3天，千万不要在饮水中加入消毒剂。

6.垫料消毒

使用碎草、稻壳或锯屑作垫料时，须在进雏前3天用消毒液（如博灭特2000倍液、10%百毒杀400倍液、新洁尔灭1000倍液、强力消毒王500倍液、过氧乙酸2000倍液）进行掺拌消毒。

这样不仅可以杀灭病原微生物，而且还能补充育雏器内的湿度，以维持适合育雏需要的湿度。垫料消毒的方法：取两根木椽子，相距一定距离，将农用塑料薄膜铺在上面，在薄膜上铺放垫料，掺拌消毒液，然后将其摊开（厚约3厘米）。采用这种方法，不仅可维持湿度，还是一种物理性的防治球虫病措施。同时也便于育雏结束后，将垫料和粪便无遗漏地清除至舍外。进雏后，每天对垫料还需喷雾消毒1次。清除的垫料和粪便应集中堆放，如无可疑传染病时，可用生物自热消毒法。如确认有某种传染病时，应将全部垫料和粪便深埋或焚烧。

7.发生疫情后的紧急消毒

养鸡场一旦发生疫情，应迅速采取措施。首先隔离病鸡，控制传染，防止健康鸡受到感染，以便将疫病控制在最小范围内并加以扑灭。如病鸡数量不多，应淘汰所有病鸡。对未病鸡群，应根据诊断结果使用疫苗进行紧急预防接种，或用药物进行预防（图7–7）。

图7–7　发生疫情时的消毒措施

对病鸡污染的房舍、饲料、垫料、用具、场地、粪便进行严格的消毒。病死鸡应进行深埋或焚烧。深埋时，挖一深坑，一层死鸡一层生石灰，或用有效的消毒剂。禁止从疫区运出鸡群及其产品或饲料。场内发生传染病应报告防疫部门和附近养鸡场，做好防疫记录。

【提示】消毒时清洁至关重要，彻底的机械清除是有效消毒的前提。消毒表面不清洁会阻止消毒剂与细菌的接触，使杀菌效力降低。例如鸡舍内有粪便、羽毛、饲料、蜘蛛网、污泥、脓液、油脂等存在时，常会降低所有消毒剂的效力。在许多情况下，表面的清洁甚至比消毒更重要。进行各种表面的清洗时，除了刷、刮、擦、扫外，还应用高压水冲洗，效果会更好，有利于有机物溶解与脱落。消毒前应先将可拆除的用具运至舍外清扫、浸泡、冲洗、刷刮，并反复消毒，舍内从屋顶、墙壁、门窗，直至地面和粪池、水沟等，按顺序认真清理和冲刷干净，然后再进行消毒。

四、确切的免疫接种

免疫接种通常是使用疫苗和菌苗等生物制剂作为抗原接种于土鸡体内，激发鸡体产生特异性免疫力。

（一）疫苗的种类、选择、储存运输和使用

1.疫苗的种类

疫苗可分为减毒活疫苗和灭活疫苗两大类。前者是弱毒苗，是由活病毒或细菌致弱后形成的。疫苗进入鸡只体内可以繁殖或感染细胞，既能增加相应抗原量，又可加强抗原刺激作用，具有免疫作用快、效力、接种方法多、用量小且使用方便等优点，还可用于紧急预防。灭活疫苗是用强毒株微生物灭活后制成的，安全性好，不散毒，不受母源抗体影响，易保存，产生的免疫力时间长，适用于多毒株或多菌株制成多价苗。但需免疫注射，成本高。

2.疫苗的选择

购买的疫苗应是国家指定的有生产批文的兽药生物制品生

产单位经检验证明免疫性好的疫苗。不同生产单位生产的疫苗，免疫效果可能会有差异，选购时要注意生产单位；要检查疫苗，有瓶签和说明书，不过期，瓶完好无损，瓶塞不松动，瓶内疫苗性状与说明书一致时才能购买，否则不能购买（图7-8、图7-9）。

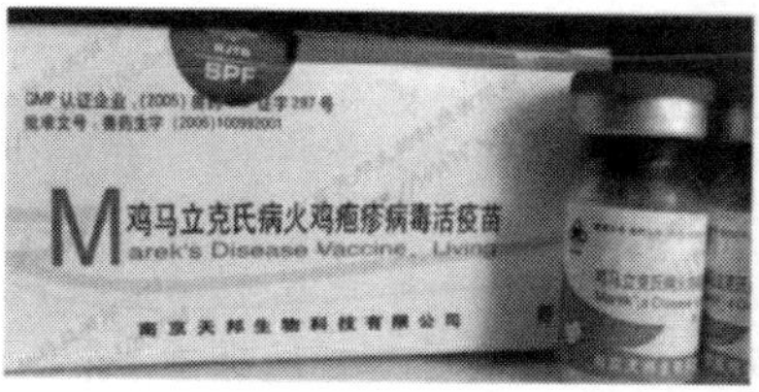

图7-8　鸡马立克氏病火鸡疱疹病毒活疫苗

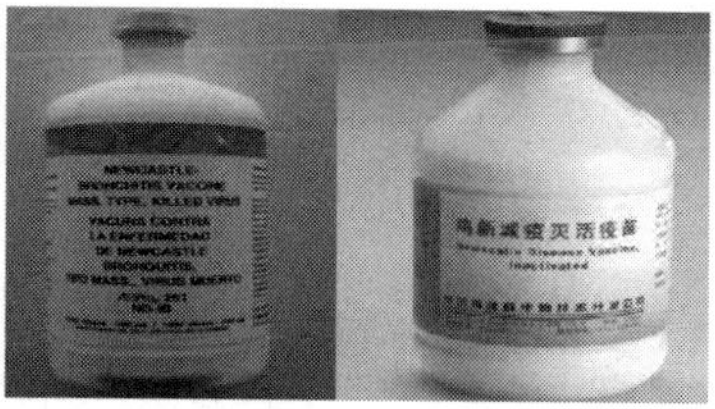

图7-9　附有说明且封闭良好的疫苗

3.疫苗的运输储存

（1）运输。生物制品在运输中要求包装完善，防止损坏。条件许可时应将生物制品置于冷藏箱内运输，选择最快捷的运输方式，到达目的地后尽快送至保存场所。需液氮保存的疫苗应置于液氮罐内运输（图7-10、图7-11）。

（2）储存。不同的生物制品要求不同的保存条件，应根据说明书的要求进行保存。保存不当，生物制品会失效，起不到应有的作用。一般生物制品应保存在低温、阴暗及干燥的地方，最好用冰箱保存。氢氧化铝苗、油佐剂苗应保存在普通冰箱中，防止冻结，而冻干苗最好在低温冰箱中保存。有个别疫苗需在液氮中超低温保存。

【注意】运输前妥善包装，防止碰破流失。运输中避免高温和日晒，应在低温下冷链运送。量大时用冷藏车运送，量小时用装有冰块的冷藏盒运送；疫苗运达目的地后要尽快放入冰箱内保存，疫苗摆放有序。活疫苗冷冻保存，灭活苗冷藏保存。疫苗

图7-10　疫苗包装和运输

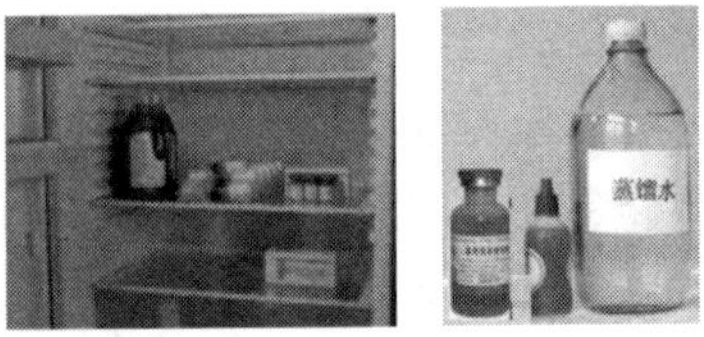

图7-11　疫苗的保存（左）和专用稀释液（右）

要有专人负责，并登记造册，月底盘点。保证冰箱供电正常。

4.疫苗的使用

疫苗使用前要检查名称、有效期、剂量、封口是否严密、是否破损和吸湿等。无真空和潮解的疫苗禁用。没有瓶签或瓶签模糊不清、瓶塞有松动、瓶破裂、药品的色泽和性状与说明不符、内有异物、发霉等不得使用。稀释过程中一般应分级进行，对疫苗瓶一般应用稀释液冲洗2～3次，疫苗放入稀释器皿中要上下振摇，力求稀释均匀；稀释好的疫苗应尽快用完，尚未使用的疫苗也应放在冰箱或冰水桶中冷藏。对于液氮保存的马立克氏病疫苗的稀释，则应严格按生产厂家提供的操作程序执行。

【提示】对需要特殊稀释的疫苗，应用指定的稀释液，如马立克氏病疫苗有专用稀释液。其他的疫苗一般可用生理盐水或蒸馏水稀释。

（二）免疫接种方法及注意事项

1.饮水免疫

饮水免疫是将疫苗稀释于饮用水中，让鸡饮用从而获得需要的疫苗剂量。稀释用水为凉开水或蒸馏水，水温要低。水中不应含有任何能灭活疫苗病毒或细菌的物质。稀释疫苗所用的水量应根据鸡的日龄及当时的室温来确定，使疫苗稀释液在1～2小时内全部饮完（图7-12、图7-13）。饮水免疫避免了逐只抓捉，可减少劳力和应激，但影响的因素较多，免疫效果不太确切。

图7–12　将脱脂牛奶或疫苗保护剂与稀释疫苗的水混合均匀

图7–13　将稀释好疫苗的水加注到饮水系统内或饮水器中

【注意】一是选用高效的活毒疫苗；二是稀释疫苗用水量要适量，5～15日龄5～10毫升/只，16～30日龄10～20毫升/只，31～60日龄20～30毫升/只，61～120日龄30～40毫升/只，120日龄以上40～45毫升/只；三是饮水免疫期间，饲料中不应含有能灭活疫苗病毒和细菌的药物；四是饮水中加入0.1%～0.3%的脱脂乳或山梨糖醇，以保护疫苗的效价；五是供给含疫苗的饮水之前2～4小时应停止饮水供应（视天气而定），可使每一只鸡在短时间均能摄入足够量的疫苗；六是为使鸡群得到均匀的免疫效果，饮水器应充足，使鸡群的三分之二以上的鸡只同时有饮水的位置；七是饮水器不得置于直射阳光下，如风沙较大时，饮水器应全部放在室内；八是夏季天气炎热时，饮水免疫最好在早上完成。

2.点眼滴鼻免疫

点眼滴鼻免疫是将疫苗滴在鼻孔内或点在眼睛内。操作方法：一只手握鸡，一手只拿滴管，用滴管吸取疫苗，滴入鸡的眼睛或鼻孔内1～2滴。滴管的滴嘴距鸡只鼻孔、眼睛0.5～1厘米。在滴入疫苗之前，应把鸡的头颈摆成水平位置（一侧眼鼻向上，另一侧向下），并用一只手指按住向地面一侧的鼻孔，将疫苗液滴到眼或鼻上以后，应稍停片刻，待疫苗液确已吸入后再将鸡轻轻放回地面。如此操作得当，效果比较确实，尤其对一些预防呼吸道疾病的疫苗，免疫效果较好。但这种方法需要较多的劳动力，对鸡也会造成一定应激，操作上稍有马虎，则往往达不到预期目的。

【注意】一是稀释液必须用蒸馏水或生理盐水，最低限度应用冷开水，不要随便加入抗生素；二是稀释液的用量应尽量准确，最好根据自己所用的滴管事先滴试，确定每毫升多少滴，然后再计算实际使用疫苗稀释液的用量；三是一次一手只能抓一只鸡，保证疫苗被吸收；四是注意做好已接种和未接种鸡之间的隔离，以免走乱；五是最好在晚上接种，如天气阴凉也可在白天适当关闭门窗后，在稍暗的光线下抓鸡接种，以减少应激；六是做好免疫卫生管理。免疫前洗手，免疫后的空瓶和已进行稀释但未使用的疫苗焚烧处理，滴瓶用蒸馏水清洗干净后使用沸水蒸煮15分钟干燥放置。

3.肌内或皮下注射免疫

肌内或皮下注射免疫是利用注射器将疫苗注射进肌肉内或皮下。操作方法：皮下注射的部位一般选在颈部背侧，肌内注射部位一般选在胸肌或肩关节附近的肌肉丰满处。颈部皮下注射时，针头方向应向后向下，针头方向与颈部纵轴基本平行，插入深度为雏鸡0.5～1厘米，大鸡1～2厘米；胸部肌内注射时，针头方向应与胸骨稍有角度，插入深度为雏鸡0.5～1厘米，大鸡1～2厘米。将疫苗液推入后，针头应慢慢拔出，以免疫苗液漏出。肌内或皮下注射免疫接种的剂量准确，效果确实，但耗费劳力较多，应激反应较大。（视频7-2-1　鸡马立克氏病疫苗免疫接种，视频7-2-2　鸡马立克氏病疫

视频7-2-1
鸡马立克氏病疫苗免疫接种

视频7-2-2
鸡马立克氏病疫苗颈部皮下注射

苗颈部皮下注射）

【注意】一是疫苗稀释液应是经消毒而无菌的，一般不要随便加入抗菌药物。二是疫苗的稀释和注射量应适当，量太小则操作时误差较大，量太大则操作麻烦，一般以每只0.2～1毫升为宜。三是使用连续注射器注射时，应经常核对注射器刻度容量和实际容量之间的误差，以免实际注射量偏差太大。四是注射器及针头用前均应消毒。在注射过程中，应边注射边摇动疫苗瓶，力求疫苗的均匀。五是在接种过程中，应先注射健康群，再接种假定健康群，最后接种有病的鸡群。六是关于是否一只鸡一个针头及注射部位是否消毒的问题，可根据实际情况而定，但不能用注射过鸡的针头再吸取疫苗，以防止引起疾病的传播或引起接种部位的局部感染。

4.气雾免疫

气雾免疫是将稀释好的疫苗放入气雾机（图7-14）内，对鸡群进行喷雾，使鸡的呼吸道受到疫苗颗粒的刺激而获得抗体。实施气雾免疫时气雾机喷头在鸡群上空50～80厘米处，对准鸡头来回移动喷雾，使气雾全面覆盖鸡群，气雾免疫后鸡的头背部羽毛略有潮湿为宜。免疫时严格控制雾滴的大小，雏鸡用雾滴的直径为30～50微米，成鸡为5～10微米。气雾免疫可节省大量的劳力，如操作得当，效果甚好，尤其是对呼吸道有亲嗜性的疫苗效果更佳，但气雾也容易引起鸡群的应激，尤其容易引发慢性呼吸道病。

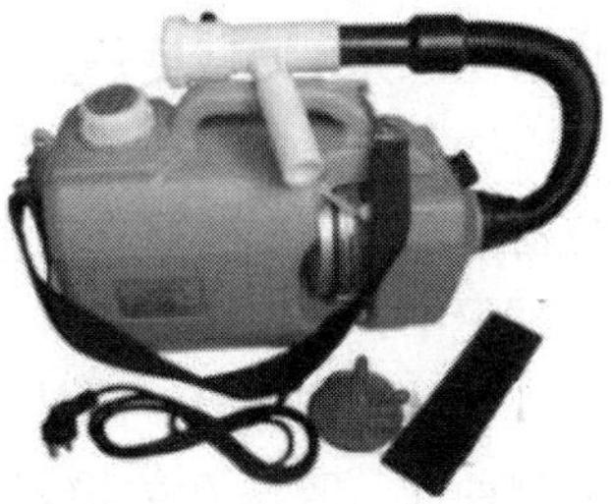

图7-14　气雾机

【注意】一是气雾免疫前应对气雾机的各种性能进行测试，以确定雾滴的大小，把握好稀释液用量、喷口与鸡群的距离（高度）、操作人员的行进速度等，以便在实施时参照进行。二是选择高效疫苗。疫苗的稀释应用去离子水或蒸馏水，不得用自来水、开水或井水。稀释液中应加入0.1%的脱脂乳或3%～5%甘油。三是稀释液的用量因气雾机、鸡群的饲养密度而异，应严格按说明书推荐用量使用。四是气雾免疫前后几天内，在饲料或饮水中添加适当的抗菌药物，预防慢性呼吸道病的暴发。五是气雾期间，应关闭鸡舍所有门窗，停止使用风扇或抽气机，在停止喷雾20～30分钟后，才可开启门窗和启动风扇（视室温而定）。六是鸡舍内温度应适宜，温度太低或太高均不适宜进行气雾免疫，如气温较高，可在晚间较凉快时进行；鸡舍内的相对湿度对气雾免疫也有影响，一般要求相对湿度在70%左右最为合适。

5.皮下刺种免疫

皮下刺种免疫是用蘸有疫苗的刺种针刺入皮下。拉开一侧翅膀，抹开翼翅上的绒毛，刺种者将蘸有疫苗的刺种针从翅膀内侧对准翼膜用力快速穿透，使针上的凹槽露出翼膜。免疫确切，但耗费劳力较多，应激较大。

【接种效果检验】在接种后6～8天，接种部位可见到或摸到1～2个谷粒大小的结节，中央有一干痂，说明接种效果良好（若结节大且有干酪样物，则表明有污染）；若无反应出现，则说明没有效果。其原因可能是鸡群已有免疫力、接种方法有误、疫苗受阳光暴晒或受热、疫苗本身质量问题等。

【注意】一是蘸取疫苗时，必须保证刺种针的针槽内充满疫苗液。出瓶时将针在瓶口擦一下，将多余疫苗擦去；二是在针刺过程中，要避免针槽碰上羽毛，以防疫苗溶液被擦去，也应避免刺伤骨头和血管；三是为防止传播疾病，每刺种完一群鸡要更换刺种针；四是免疫完成后疫苗瓶要深埋或烧掉。

（三）免疫程序

免疫程序是鸡场根据本地区、本场疫病发生情况（疫病流行种类、季节、易感日龄）、疫苗性质（疫苗的种类、免疫方法、免疫期）和其他情况制订的适合本场的一个科学的免疫计划。制定免疫程序要考虑鸡的用途和饲养期、病情、母源抗体的水平、疫苗种类及其性质和鸡体的状况等因素。免疫程序要符合本地或本场的实际。土鸡参考的免疫程序见表7–14、表7–15。

表7–14　土种鸡和土蛋鸡的免疫程序

日龄	疫苗	接种方法
1	马立克氏病疫苗	皮下或肌内注射
7～10	新城疫+鸡传染性支气管炎弱毒疫苗（H120） 复合新城疫+多价鸡传染性支气管炎灭活苗	滴鼻或点眼 颈部皮下注射0.3毫升/只
14～16	传染性法氏囊病弱毒疫苗	饮水
20～25	新城疫Ⅱ或Ⅳ系+鸡传染性支气管炎弱毒疫苗（H52） 禽流感灭活苗	气雾、滴鼻或点眼 皮下注射0.3毫升/只
30～35	传染性法氏囊病弱毒疫苗	饮水
40	鸡痘弱毒疫苗	翅膀内侧刺种或皮下注射
60	传染性喉气管炎弱毒疫苗	点眼
80	新城疫Ⅰ系	肌内注射
90	传染性喉气管炎弱毒疫苗	点眼
110～120	传染性脑脊髓炎弱毒疫苗（土蛋鸡不免疫） 新城疫+鸡传染性支气管炎+减蛋综合征疫苗 禽流感疫苗 传染性法氏囊病疫苗（土蛋鸡不免疫）	饮水 肌内注射 皮下注射0.5毫升/只 肌内注射0.5毫升/只

续表

日龄	疫苗	接种方法
280	鸡痘弱毒疫苗	翅膀内侧刺种或皮下注射
320～350	新城疫+法氏囊病疫苗（土蛋鸡不接种法氏囊苗） 禽流感疫苗	肌内注射0.5毫升/只 皮下注射0.5毫升/只

表7-15　散养商品土鸡免疫参考程序

日龄	疫苗名称	接种途径	剂量	备注
1	马立克氏病疫苗	皮下注射	1~1.5头份	孵房进行，强制免疫
5	鸡传染性支气管炎弱毒疫苗（H120）	滴鼻滴眼	1头份	
7	鸡痘弱毒冻干疫苗	刺种	1头份	夏秋季使用（6~10月）
10	鸡传染性法氏囊病弱毒疫苗	饮水	2头份	
14	新城疫Ⅳ系弱毒疫苗（克隆30更合适）	饮水	2头份	强制免疫
15	禽流感油乳制灭活疫苗（H5、H9）	皮下注射	0.3毫升	强制免疫
20	鸡传染性法氏囊病弱毒疫苗	饮水	2头份	
30	新城疫LaSota系或Ⅱ系	饮水	2头份	强制免疫
34	禽流感油乳制灭活疫苗（H5、H9）	肌注	0.3~0.5毫升	强制免疫
45	传染性支气管炎弱毒疫苗（H52）	饮水	2头份	
60（100）	鸡新城疫Ⅰ系弱毒疫苗	肌内注射	1头份	散养周期为180日龄的，此次注射可推迟到100日龄

【注意】应根据鸡的品种、饲养环境、防疫条件、抗体监测等，制定出适合本地或本场实际的免疫程序。

（四）免疫接种注意事项

1.加强鸡群饲养管理

加强饲养管理，维持鸡群健康，健康的鸡群才能获得良好的免疫效果。

2.注重疫苗选择和管理

根据本地疫病情况，选择相应的疫苗，严格按要求运输保管，注意疫苗的失效期。按照说明书使用合适的免疫方法。

3.制定合理的免疫程序

免疫程度主要包括什么时间接种什么疫苗，剂量多少，采用什么接种方法，间隔多长时间加强免疫等。首先考虑危害严重的常发病，其次是本地特有的疫病。雏鸡首免时间要考虑母源抗体对免疫力的影响，一般母源抗体要降到一定程度才能取得好的免疫效果。还应考虑疫苗间的互相干扰。

4.严格进行免疫接种操作

不同的疫苗有不同的接种途径，应该按照疫苗要求的途径进行免疫。免疫操作时，疫苗要摇匀，剂量要准确，方法要得当，免疫要确实，同时免疫用具要严格清洁消毒，以保证免疫操作的质量，提高免疫的效果。

5.注意工作人员防护

工作人员穿工作服，戴工作帽，穿工作鞋，工作前后手应消毒。

6.做好预防接种记录

记录包括日期、品种、数量、日龄、疫苗名称、生产厂家、批号、生产日期、保存温度、稀释剂和稀释浓度、接种方法等。

7.加强免疫期间管理

疫苗接种期间要停止向饮水中加消毒剂和带鸡消毒。疫苗接种后要保证鸡舍有良好的通风，保持空气新鲜，有足够的饮水。要防止应激反应，可在饮水中加抗应激药（如电解多维、速补-14等）。还可用免疫增强剂以提高免疫效果。

五、合理药物防治

合理使用药物有利于细菌性和寄生虫病的防治，但不能完全依赖和滥用药物。用药时要严格执行国家有关兽药的使用规定，避免滥用药物。

第三节　土鸡的常见病防治

一、传染病

（一）禽流感（avian influenza，AI）

禽流感又称欧洲鸡瘟或真性鸡瘟，是由A型流感病毒引起的一种急性、高度接触性和致病性传染病。该病毒不仅血清型多，而且自然界中带毒动物多，毒株易变异，这为禽流感病的防治增加了难度。

【流行特点】禽流感病毒在低温下抵抗力较强，故冬季和春季容易流行。各种品种和不同日龄的禽类均可感染（火鸡和鸡最易感染），尚未发现与家禽性别有关，且发病急、传播快，致死率可达100%，在禽类间主要依靠水平传播，如空气、粪便、饲料和饮水等。目前我国高致病性禽流感有以下三个特点：一是成点状散发状态；二是病毒毒力相对较强；三是容易发生混合感染。

【临床症状和病理变化】

（1）高致病性。防疫鸡群出现渐进式死亡，未防疫的突然死亡和高死亡率，可能见不到明显症状之前就已死亡。症状如下：喙发紫，窦肿胀，头部水肿和肉冠发绀、充血和出血，腿部也可见到充血和出血，体温高达43℃，采食减退或不食，可能有呼吸道症状如打喷嚏、窦炎、结膜炎、鼻分泌物增多,呼吸极度困难、甩头、严重的可致窒息死亡；有的冠和肉髯发绀，呈黑红色，头部及眼睑水肿、流泪；有的出现绿色下痢，蛋鸡产蛋明显下降，甚至绝产，蛋壳变薄，破蛋、沙壳蛋、软壳蛋、小蛋增多。有的腿充血。

病理变化：为眼结膜炎；腹部皮下有黄色胶冻样浸润，全身浆膜、肌肉出血；心包液增多呈黄色，心冠脂肪及腹壁脂肪出血；肝脏肿胀，肝叶之间出血；气囊炎；口腔黏膜、腺胃、肌胃角质层及十二指肠出血；盲肠扁桃体出血、肿胀、突出表面；腺胃糜烂、出血，肌胃溃疡、出血。头骨、枕骨、软骨出血、脑膜充血；卵泡变性、输卵管退化、卵黄性腹膜炎、输卵管内有蛋清样分泌物；胰腺有点状白色坏死灶；个别肌胃皮下出血。

（2）温和型。产蛋能力突然下降，蛋壳颜色变浅、变白；排白色稀粪，伴有呼吸道症状。病理变化为胰上有白色坏死点，卵泡变形、坏死。往往伴有卵黄性腹膜炎。

【防治措施】

（1）加强对禽流感流行的综合控制措施。不从疫区或疫病流行情况不明的地区引种或调入鲜活禽产品。控制外来人员和车辆进入养鸡场，确需进入则必须消毒；不混养家畜家禽；保持饮水卫生；粪尿污物无害化处理（家禽粪便和垫料堆积发酵或焚烧，堆积发酵不少于20天）；做好全面消毒工作。流行季节每天可用过氧乙酸、次氯酸钠等开展1～2次带鸡消毒和环境消毒，平时每2～3天带鸡消毒一次；病死鸡不能在市场流通，要进行无害化处理。

（2）免疫接种。某一地区流行的禽流感只有一个血清型，接种单价疫苗是可行的，这样可有利于准确监控疫情。当发生区域不明确血清型时，可采用多价疫苗免疫。疫苗免疫后的保护期一般可达6个月，但为了保持可靠的免疫效果，通常每三个月应加强免疫一次。免疫程序：首免5～15日龄进行，每只0.3毫升，颈部皮下注射；二免50～60日龄进行，每只0.5毫升；三免开产前进行，每只0.5毫升；产蛋中期的40～45周龄可进行四免。

（3）发病后淘汰。禽流感发生后，严重影响鸡的生长、产蛋和蛋壳质量，发生高致病性的必须扑杀，发生低致病性的一般也没有饲养价值，也要淘汰。

（二）鸡新城疫（newcastle disease，ND）

鸡新城疫俗名鸡瘟，是由新城疫病毒（NDV）引起的一种主要侵害鸡和火鸡的急性、高度接触性和高度毁灭性的疾病。临床上表现为呼吸困难、下痢、神经症状、黏膜和浆膜出血，常呈败血症。典型新城疫死亡率可达90%以上。

【流行特点】

本病不分品种、年龄和性别，均可发生。病鸡是本病的主要传染源，在其症状出现前24小时可由口、鼻分泌物和粪便中排出病毒，在症状消失后5～7天停止排毒。轻症病鸡和临床健康的带毒鸡也是危险的传染源。传播途径是消化道和呼吸道，污染的饲料、饮水、空气和尘埃以及人和用具都可传染本病。

现阶段出现了一些新的特点，主要表现是：常引起免疫鸡群发生非典型症状和病变，其死亡率和病死率较低（由于免疫程序不当或有免疫抑制性疾病的存在）；疫苗免疫保护期缩短，保护力下降；多与法氏囊、禽流感、霉形体、大肠杆菌等混合感染；发病日龄越来越小，最小可见10日龄内的雏鸡发病等。

【临床症状和病理变化】

潜伏期3～5天。根据病程将此病分为典型和非典型两类。

（1）典型新城疫。体温升至44℃左右，精神沉郁，垂头缩颈，翅膀下垂；鼻、口腔内积有大量黏液，呼吸困难，发出“咯咯”音；食欲废绝，饮水量增加；排出绿色或灰白色水样粪便，有时混有血液；冠及肉髯呈青紫色或紫黑色；眼半闭或全闭呈睡眠状；嗉囊充满气体或黏液，触之松软，从嘴角流出带酸臭味的液体；病程稍长，部分病鸡出现头颈向一侧扭曲，一肢或两肢、一翅或两翅麻痹等神经症状。感染鸡的死亡率可达90%以上。

典型新城疫腺胃病变具有特征性，如腺胃黏膜水肿，乳头和乳头间有出血点或出血斑，严重时出现坏死和溃疡，在腺胃与肌胃、腺胃与食道交界处有出血带或出血点。肠道黏膜有出血斑点，盲肠扁桃体肿大、出血和坏死。心外膜、肺、腹膜均有出血点。产蛋母鸡的卵泡和输卵管严重出血，有时卵泡破裂形成卵黄性腹膜炎。

（2）非典型新城疫。幼龄鸡患病，主要表现为呼吸道症状，如呼吸困难，张口喘气，常发出“呼噜”音，咳嗽，口腔中有黏液，往往有摆头和吞咽动作，进而出现歪头、扭头或头向后仰，站立不稳或转圈后退，翅下垂或腿麻痹，安静时可恢复常态，还可采食，若稍遇刺激，又显现各种异常姿势，如此反复发作，病程可达10天以上。死亡率一般为30%～60%。成年鸡患病，主要表现为产蛋量急剧下降，软壳蛋明显增多，部分鸡出现拉稀。产蛋下降幅度差异较大，一般为25%～48%。

非典型新城疫的病变较典型新城疫轻，一般在十二指肠的降部1/2处、卵黄蒂下2~5厘米处，盲肠端相对应的回肠右溃疡灶，严重者直肠黏膜有散在的针头样溃疡灶。

【防治措施】

（1）加强综合防治。加强饲养管理，做好鸡场的隔离和卫生工作，严格消毒管理，减少环境应激，减少疫病传播机会，增强鸡体的抵抗力；定期进行抗体检测。通过血清学的检测手段，可以及时了解鸡群安全状况和所处的免疫状态，便于科学制定免疫程序，并有利于考核免疫效果和发现疫情动态；控制好其他疾病的发生，如传染性法氏囊病、鸡痘、霉形体、大肠杆菌病、传染性喉气管炎和传染性鼻炎的发生。

（2）科学免疫接种。首次免疫至关重要，首免时间要适宜。最好通过检测母源抗体水平或根据种鸡群免疫情况来确定。没有检测条件的一般在7～10日龄首次免疫；首免可使用弱毒活苗（如Ⅱ、Ⅳ、克隆-30苗）滴鼻、点眼。由于新城疫病毒毒力变异，可以选用多价的新城疫灭活苗和弱毒苗配合使用，效果更好。有的1日龄雏鸡用“活苗+灭活苗”同时免疫，能有效地克服母源抗体的干扰，获得可靠的免疫力，免疫期可达90天以上。

（3）发生新城疫时的措施。

1）隔离饲养，紧急消毒。一旦发生本病，采取隔离饲养措施，防止疫情扩大；对鸡舍和机场环境以及用具进行彻底消毒，每天进行1～2次带鸡消毒；垃圾、粪污、病死鸡和剩余的饲料进行无害化处理；不准病死鸡出售流通；病愈后对全场进行全面彻底消毒。

2）紧急免疫或应用血清及其制品。小鸡用28/86、Ⅳ系、克隆30、新威灵（含鸡新城疫病毒VG/GA 株）等疫苗；成鸡用Ⅰ系、克隆Ⅰ系等疫苗，2月龄内1～1.5倍量，100天后3倍量肌内注射，同时加入疫苗保护剂和免疫增强剂加强效果。或在发病早期注射抗ND血清、卵黄抗体(2～3毫升/千克体重)，可以减轻症状和降低死亡率；还可注射由高免卵黄液透析、纯化制成的抗NDV因子进行治疗，以提高鸡体免疫功能，清除进入体内的病毒。

3）辅助治疗。紧急免疫接种2天后，连续5天应用病毒灵、病毒唑、恩诺沙星或中草药制剂等药物进行对症辅助治疗，以抑制NDV繁殖和防止继发感染。同时，在饲料中添加蛋白质、多维素等营养，饮水中添加黄芪多糖，以提高鸡体非特异性免疫力。如与大肠杆菌或支原体等病原混合感染时的辅助治疗方案是：清瘟败毒散或瘟毒速克拌料2500克/1000千克，连用5天；四环素类（强力霉素1克/10千克或新强力霉素1克/10千克）饮水或支大双杀（主要成分是乳酸环丙沙星、硫酸安普霉素、黏膜修复剂、TMP等）混饮（100克/300千克水）连用3～5天；同时水中加入速溶多维饮水。

（三）鸡传染性法氏囊病（infectious bursal disease，IBD）

鸡传染性法氏囊病是由传染性法氏囊病病毒（IBDV，属于双链核糖核酸病毒属）感染引起雏鸡发生的一种急性、接触性传染病。主要特征是病鸡腹泻、厌食、震颤和重度虚弱，法氏囊肿大、出血，骨骼肌出血，肾小管尿酸盐沉积。

【流行特点】

病鸡和隐性感染的鸡是本病的主要传染来源，通过被污染的饲料、饮水和环境传播易感染鸡只。本病通过呼吸道、消化道、眼结膜高度接触传染，吸血昆虫和老鼠带毒也是传染媒介。3～6周龄鸡最易感，成年鸡一般呈隐性经过，发病突然，发病率高，呈特征性的尖峰式死亡曲线，痊愈也快。由于疫苗的不断使用和病毒毒力的变化，出现了强毒株（vIBDV）和超强毒株（vvIBDV），发病日龄明显变宽，病程延长（传统是2～15周，现在最早1日龄，最晚产蛋鸡都可发病，病程有的可达2周以上）。出现亚临床症状，幼雏畏寒怕冷，拉白色稀粪，肌肉出血明显，法氏囊仅轻度出血、水肿。发病率低，死亡淘汰率高，易与新城疫、慢性呼吸道病、大肠杆菌病和曲霉菌病并发感染或易继发新城疫、慢性呼吸道病、马立克氏病、禽流感、曲霉菌病、盲肠肝炎等。

【临床症状和病理变化】

本病的潜伏期2～3天。本病的特点是幼、中雏鸡突然大批发病。有些病鸡在病的初期排粪时发生努责，并啄自己的肛门，随后出现羽毛松乱，低头沉郁，采食减少或停食，畏寒发抖，嘴插入被毛内，紧靠热源或拥挤、扎堆。病鸡多在感染后第2～3天排出特征性的白色水样粪便，肛门周围的羽毛被粪便污染。病鸡的体温可达43℃，有明显的脱水、电解质失衡、极度虚弱、皮肤干燥等症状。本病将在暴发流行后，转入不显任何症状的隐性感染状态，称为亚临床型。该型炎症反应轻，死亡率低，不易被人发现，但由于产生的免疫抑制严重，所以危害性大，造成的经济损失更为严重。

特征性病变是感染2～3天后法氏囊的颜色变为淡黄色，浆膜水肿，有时可见黄色胶冻样物，严重时出血明显，个别法氏囊呈紫黑色，切开后，常见黏膜皱褶有出血点、出血斑，也常见有奶油状物或黄色干酪状物栓塞。此时法氏囊要比正常的肿大2～3倍，感染4天后法氏囊开始缩小（萎缩），其颜色变为白陶土样。感染5天后法氏囊明显萎缩，仅为正常法氏囊的1/10～1/5，此时呈蜡黄色。病鸡的腿部、腹部及胸部肌肉有出血条纹和出血斑，胸腺肿胀出血，肾脏肿胀呈褐红色，尿酸盐沉积明显。腺胃的乳头周围充血、出血。泄殖腔黏膜出血。盲肠扁桃体肿大、出血。脾脏轻度肿大，表面有许多小的坏死灶。肠内的黏液增多，腺胃和肌胃的交界处偶有出血点。

【防治措施】

（1）加强饲养管理和环境消毒工作。平时给鸡群以全价营养饲料，密度适当，通风良好，温度适宜，增进鸡体健康。实行全进全出的饲养制度，认真做好清洁卫生和消毒工作，减少和杜绝各种应激因素的刺激等，对防止本病发生和流行具有十分重要的作用。鸡舍和场地可采用2%氢氧化钠、0.3%次氯酸钠、0.2%过氧乙酸、1%农福、复合酚消毒剂以及5%甲醛等喷洒消毒，如鸡舍密封，最后可用甲醛熏蒸（40毫升/米^3）消毒。在有鸡的情况下可用威岛牌消毒剂、过氧乙酸、复合酚消毒剂或农福带鸡消毒。

（2）免疫接种。

1）种鸡的免疫接种。雏鸡在10～14日龄时用活苗首次免疫，首免10天后进行第二次饮水免疫，然后在18～20周龄和40～42周龄用灭活苗各免疫1次。

2）商品土鸡。种鸡已经进行很好的免疫接种，商品土鸡在10～14日龄时进行首次饮水免疫，隔10天进行2次饮水免疫；种鸡产蛋前没有免疫接种，商品土鸡在5日龄，弱毒苗滴口，15日龄、32日龄分别进行免疫接种。

（3）发病后采取的措施。

1）保持适宜的温度（气温低的情况下适当提高舍温）；每天带鸡消毒；适当降低饲料中的蛋白质含量。

2）注射高免卵黄。20日龄以下0.5毫升/只，20～40日龄1.0毫升/只，40日龄以上1.5毫升/只。病重的再注射一次。鸡传染性法氏囊病与新城疫混合感染，可以注射含有新城疫和法氏囊抗体的高免卵黄。

3）水中加入硫酸安普霉素（1克/2～4千克）或强效阿莫仙

（1克/10～20千克）或杆康（乳酸环丙沙星、硫酸新霉素、头孢噻肟钠、磷霉素钙、减耐因子、特异增效剂）、普杆仙（主要成分阿莫西林、舒巴坦钠）等复合制剂防治大肠杆菌。

4）水中加入肾宝（主要是淫羊藿、肉苁蓉、山药等优质名贵药材）或肾肿灵（乌洛托品、钾、钠等）或肾可舒（含乌洛托品、亚硒酸钠维生素E、枸橼酸钠、护肾精华、排毒肽等）等消肿、护肾保肾，加入溶速多维。

5）另外，中药制剂囊复康、板蓝根也有一定疗效。

（四）鸡传染性支气管炎（infectious bronchitis，IB）

鸡传染性支气管炎是由鸡传染性支气管炎病毒（IBV，属于冠状病毒属的病毒）引起的一种急性高度接触性呼吸道传染病。其临床特征是咳嗽，打喷嚏，气管、支气管啰音，蛋鸡产蛋量下降，质量变差，肾脏肿大，有尿酸盐沉积。

【流行特点】

病鸡和康复后的带毒鸡是本病的传染来源。病毒主要存在于病鸡呼吸道的渗出物中，也可在肾脏和法氏囊中增殖。病鸡恢复后，可以带病毒35天左右，在此期间传染的危险性最大。病鸡可从呼吸道排出病毒，通过空气飞沫传播，也可经蛋传播。

各种年龄的鸡均可感染发病，尤以10～21日龄的雏鸡最易感染。外环境过冷、过热、通风不畅、营养不良，特别是维生素和矿物质缺乏都可促使本病的发生，易感鸡和病鸡同舍饲养，往往在48小时内即可出现症状。

本病传播迅速，几乎在同一时间内，有接触史的易感鸡都发病。雏鸡的病死率为25%～90%。6周龄以上的鸡很少死亡。

【临床症状和病理变化】

（1）呼吸型。突然出现有呼吸道症状的病鸡并迅速波及全群为本病特征。5周龄以下的雏鸡几乎同时发病，流鼻液、鼻肿胀，流泪、咳嗽、气管啰音、打喷嚏、伸颈张口喘息；病鸡羽毛松乱、怕冷、很少采食；个别鸡出现下痢；成年鸡主要表现轻微的呼吸症状和产蛋下降，产软壳蛋、畸形蛋、沙壳蛋，蛋清如水样，没有正常鸡蛋那种浓蛋白和稀蛋白之间的明确分界线，蛋白和蛋黄分离，蛋白黏着于蛋壳膜上。雏鸡感染传染性支气管炎病毒，可造成永久性损伤，到产蛋时产蛋数量和质量下降，当支气管炎性渗出物形成干酪样栓子堵塞气管时，因窒息可导致死亡。

气管、鼻道和鼻窦中有浆液性、卡他性和干酪样渗出物。在死亡雏鸡的气管中可见到干酪样栓子；气囊混浊、增厚或有干酪样渗出物，鼻腔至咽部蓄有浓稠黏液，产蛋鸡卵泡充血、出血、变性，腹腔内带有大量卵黄浆，雏鸡输卵管萎缩、变形、缩短。

（2）肾型。多发于20～50日龄的幼鸡，主要继发于呼吸型传染性支气管炎，精神沉郁，迅速消瘦，厌食，饮水量增加，排灰白色稀粪或白色淀粉样糊状粪便。可引起肾功能衰竭，导致中毒和脱水死亡。

患病鸡只肾肿大、苍白，肾小管和输尿管充满尿酸盐结晶，并充盈扩张，呈花斑状，泄殖腔内有大量石灰样尿酸盐沉积。法氏囊、泄殖腔黏膜充血，充积胶样物质。肠黏膜充血，呈卡他性肠炎，全身血液循环障碍而使肌肉发绀，皮下组织因脱水而干燥，呈火烧样。输卵管上皮受病毒侵害时可导致分泌细胞减少和局灶性组织阻塞、破裂，造成继发性卵黄性腹膜炎等。育雏阶段感染传染性支气管炎病毒，会造成输卵管的永久性损伤；开产前20天左右感染，会造成输卵管发育受阻，输卵管狭小、闭塞、部分缺损、囊泡化，到性成熟时，长度和重量尚不及正常成熟的1/3～1/2，进而影响以后的产蛋，甚者不能产蛋。

（3）腺胃型。仅发现于商品肉鸡中，初期一般不易发现，患病鸡只食欲下降，精神不振，闭眼，耷翅或羽毛蓬乱，生长迟缓，苍白消瘦，采食和饮水急剧下降，拉黄色或绿色稀粪，粪便中有未消化或消化不良的饲料，流泪、肿眼，严重者导致失明。发病中后期极度消瘦，衰竭死亡，有的有呼吸道症状。发病后期鸡群表现发育极不整齐，大小不均。病鸡为同批正常鸡的1/3～1/2不等，病鸡出现腹泻、不食，最后由于衰弱而死亡。

以腺胃病变为主的病鸡或死鸡，外观极为消瘦。剖解后可见皮下和肠膜几乎没有脂肪；腺胃极度肿胀，肿大如球状，腺胃壁可增厚2～3倍，胃黏膜出血、溃疡，腺胃乳头平整融合，轮廓不清，可挤出脓性分泌物，个别鸡腺胃乳头有出血，肌胃角质膜个别有溃疡，胰腺肿大、出血，盲肠扁桃体肿大出血，十二指肠黏膜有出血，空肠和直肠及泄殖腔黏膜有不同程度的出血。有的鸡肾脏肿大，肾脏和输尿管积有白色尿酸盐。

【防治措施】

本病迄今尚无特效药物治疗，必须认真做好预防工作。

（1）加强饲养管理，搞好鸡舍内外卫生和定期消毒工作。鸡舍、饲养管理用具、运动场地等要经常保持清洁卫生，实施定期消毒，严格执行隔离病鸡等防治措施。注意调整鸡舍的温度，避免过挤，注意通风换气。对病鸡要喂给营养丰富且易消化的饲料。孵化用的种蛋，必须来自健康鸡群，并经过检疫证明无病源污染，方可入孵。以杜绝通过种蛋传染此病。

（2）免疫接种。定期接种，种鸡在开产前要接种传染性支气管炎油乳苗。肉仔鸡7～10日龄使用传染性支气管炎弱毒苗（H120）点眼、滴鼻，间隔2周再用传染性支气管炎弱毒苗（H52）饮水；或若有其他类型在本地区流行，可在7～10日龄使用传染性支气管炎弱毒苗（H120）点眼、滴鼻，同时注射复合传染性支气管炎油乳苗。

（3）发病后的措施。

1）注射高免卵黄。鸡群中一旦发生本病，应立即采用高免蛋黄液对全群进行紧急接种或饮水免疫，对发病鸡的治疗和未发病鸡的预防都有很好的作用。为巩固防治效果，经24小时后可重复用药1次，免疫期可达2周左右。10天后普遍接种1次疫苗，间隔50天再接种1次，免疫期可持续1年。

2）药物治疗。0.15%的病毒灵和支喉康或咳喘灵（主要成分板蓝根、蟾酥、合成牛黄胆膏、甘草等）拌料连用5天，或用百毒唑（内含病毒唑、金刚乙胺、增效因子等）饮水（10克/100千克水），麻黄冲剂1000克/1000千克拌料；饮水中加入肾肿灵或肾消丹等利尿保肾药物5～7天，加入速溶多维等缓解应激，提高机体抵抗力。同时要加强环境和鸡舍消毒，雏鸡阶段和寒冷季节要提高舍内温度。

（五）鸡传染性喉气管炎（avian infectious laryngo tracheitis，AILT）

本病以高度呼吸困难和咳出带血的黏液为特征。

【流行特点】

各种日龄的鸡都可感染，成年鸡多发且症状明显。病鸡和康复鸡是主要传染源，主要通过呼吸道和消化道侵入鸡体，接触污染的饲料、饮水和用具等可感染发病。寒冷季节多发，当鸡群拥挤，通风不良，维生素缺乏，有寄生虫或慢性病感染的情况下，都可诱发或加重本病的发生。

【临床症状和病理变化】

主要发生于青年鸡和产蛋鸡。病初鼻腔流半透明液体，有时可见流泪，随后出现其他呼吸症状，伸颈，张口呼吸，低头缩颈，呼气发出“格噜格噜”的声音。咳嗽，甩头，甩出带血的黏液，鸡冠青紫色，排绿色稀粪，眼内蓄有豆渣样物质，产蛋下降，出现软壳蛋、沙壳蛋、褪色蛋。喉部与气管肿胀、充血、出血，覆有多量浓稠黏液和黄白色假膜，并带有血凝块，鼻腔和眼内蓄有浓稠渗出物及其凝块，眼结膜有针尖大点状出血点。病毒浸入上呼吸道后，主要在喉和气管黏膜上皮细胞核内增殖，致使上皮细胞核急剧分裂而胞体不分裂，继而呈现营养不良变化而从受损部位脱落下来。喉和气管黏膜上皮的急剧剥脱，一是由于受病毒的直接作用，二是由于血管通透性增高，黏膜固有层高度水肿而破坏了组织的解剖学联系，加上剧烈咳嗽导致血管破裂，因而在气管和喉内堵塞混有血液的干酪样渗出物，造成鸡的窒息死亡。

【防治措施】

（1）采取综合防治措施。平时加强饲养管理，改善鸡舍通风，注意环境卫生，不引进病鸡，并严格执行消毒卫生措施。

（2）免疫接种。本地区没有本病流行的情况下，一般不主张接种。如果免疫，首免在28日龄左右，二免在首免后6周，即70日龄左右进行，使用弱毒疫苗，免疫方法常用点眼法。鸡群接种后可产生一定的疫苗反应，轻者出现结膜炎和鼻炎，严重者呼吸困难，甚至死亡，因此所使用的疫苗必须严格按使用说明进行。免疫后易诱发其他病，在使用疫苗的前后2天内可以使用一些抗菌药物，如土霉素、青霉素、链霉素等。此外，使用传染性喉气管炎与鸡痘二联苗效果也不错。

（3）发病后的措施。

1）发生本病后，用消毒剂每日进行1～2次消毒，以杀死鸡舍中的病毒，并辅之以泰乐加、链霉素、氟苯尼考、诺氟沙星等药物治疗以防细菌继发感染。

2）发病鸡群确诊后，立即采用弱毒苗紧急接种可控制病情。

3）药物治疗。使用呼喘霸镇去咳、去痰；使用三林合剂抗病毒，缓解症状。

（六）禽脑脊髓炎（avian encephalomyelitis，AE）

禽脑脊髓炎，又称流行性震荡，是由禽脑脊髓炎病毒（AVE）引起的一种主要侵害雏鸡的病毒性传染病，以共济失调和头颈震颤为主要特征。

【流行特点】

AEV病毒可以引起各种年龄的鸡发病，但以1～3周龄的雏鸡最易感。也可引起野鸡和鹌鹑感染发病。本病多发生于冬、春两季。其传播方式是由媒介卵感染雏鸡，病雏再通过粪便向外界排出病毒，在育雏期间进行相互传播，经口感染是主要的传播途径，病毒传播非常迅速，在比较短的时间内，可使全群受到侵害。雏鸡的发病率一般是10%～20%，最高可达60%。死亡率平均为10%左右。

【临床症状和病理变化】

发病时全身震颤，眼神呆滞，接着出现进行性共济失调，驱赶时易发现。走路不稳，常蹲伏，驱赶时不能控制速度和步态，摇摆移动，用跗关节或小腿走动，最后倒于一侧。有时可暂时恢复常态，但刺激后再度发生震颤，病鸡最后因不能采食和饮水而衰竭死亡，死亡率可达15%～35%。

剖检病雏时可见有肝脏脂肪变性，脾脏肿大及轻度肠炎。组织学检查，可见有一种非化脓性的脑脊髓炎病变，尤其在小脑、延脑和脊髓的灰质中比较明显。主要是神经细胞的变性，血管周围的淋巴细胞浸润。在脑干、延脑和脊髓的灰质中见有神经胶质细胞增生，从小脑的颗粒层进入分子层，胶质细胞增生为典型病变。

【防治措施】

本病在治疗上尚无特效药物。雏鸡发病，一般是将发病鸡群扑杀并做无害化处理。预防本病的关键措施是对种鸡进行免疫，利用通过种蛋传给雏鸡的母源抗体可以保护雏鸡在8周左右不患此病。

目前有两类疫苗可供选择。①活毒疫苗：一种是用1143毒株制成的活苗，可通过饮水法接种，鸡接种疫苗后1～2周排出的粪便中能分离出脊髓炎病毒，这种疫苗可通过自然扩散感染，且具有一定的毒力，对免疫日龄要求严格，应在10周龄至开产前4～5周接种疫苗，因为接种后4周内所产的蛋不能用于孵化，否则容易垂直传播引起子代发病；一种是将活毒疫苗与鸡痘弱毒疫苗制成二联苗，一般于10周龄以上至开产前4周之间进行翼膜刺种。②灭活疫苗：用野毒或鸡胚适应毒接种SPF鸡胚，取其病料灭活制成油乳剂疫苗。这种疫苗安全性好，接种后不排毒、不带毒，特别适用于无脑脊髓炎病史的鸡群。可于种鸡开产前18～20周接种。

（七）禽痘（henpox，PX）

禽痘是由禽痘病毒引起的一种急性传染病。

【流行特点】

本病主要通过接触传染，脱落和碎散的痘痂是病毒散布的主要形式，一般经损伤的皮肤和黏膜而感染。蚊子和体表寄生虫可传播本病。一年四季均可发病，但在春秋两季和蚊虫活跃的季节最易流行。夏秋多为皮肤型，冬季较少，多为白喉型。

【临床症状和病理变化】

本病分为皮肤型、白喉型（黏膜型）、眼鼻型及混合型四种病型。

（1）皮肤型。皮肤型是最常见的病型，病鸡冠、髯、眼皮、耳球、喙角等部位起初出现麸皮样覆盖物，继而形成灰白色小结节，很快增大，略发黄，相互融合，最后变为棕黑色痘痂，剥去痂块可露出出血病灶。病鸡精神沉郁，食欲减退，产蛋减少，如无并发症，病鸡很少死亡。

皮肤型鸡痘的特征性病变是局灶性表皮和其下层的毛囊上皮增生，形成结节。结节起初表现湿润，后变为干燥，外观呈圆形或不规则形，皮肤变得粗糙，呈灰色或暗棕色。结节干燥前切开切面出血、湿润，结节结痂后易脱落，出现瘢痕。

（2）白喉型（黏膜型）。病鸡起初流鼻液，有的流泪，经2～3天，在口腔和咽喉黏膜上出现灰黄白色小斑点，很快扩展，相互融合在一起，气管局部见有干酪样渗出物。由于呼吸道被阻塞，病鸡常常因窒息而死。此型鸡痘可致大量鸡只死亡，死亡率可达20%～40%。

黏膜型鸡痘病变出现在口腔、鼻、咽、喉、眼或气管黏膜上。黏膜表面稍微隆起白色结节，以后迅速增大，并常融合成黄色、奶酪样坏死的伪白喉或白喉样膜，将其剥去可见出血糜烂，炎症蔓延可引起眶下窦肿胀和食管发炎。

（3）眼鼻型。病鸡眼鼻起初流稀薄液体，逐渐浓稠，眼内蓄积豆渣样物质，使眼皮胀起，产生严重的失明。此型很少单独发生，往往伴随白喉型发生。

（4）混合型。鸡群发病兼有皮肤型和黏膜型表现。本病若有继发感染，损失较大。尤其是当鸡只在40～80日龄时发病，常诱发产白壳蛋、白羽型鸡种和肉鸡的葡萄球菌病。

【防治措施】

（1）加强管理和免疫接种。鸡痘的预防，除了加强鸡群的卫生、管理等一般性预防措施之外，可靠的办法是使用鸡痘鹌鹑化弱毒疫苗接种。多采用翼翅刺种法。第一次免疫在10～20日龄，第二次免疫在90～110日龄，刺种后7～10天观察刺种部位有无痘痂出现，以确定免疫效果。生产中可以使用连续注射器在翼部内侧无血管处皮下注射0.1毫升疫苗，方法简单确切。有的肌内注射，试验表明保护率只有60%左右。

（2）发病后的措施。

1）紧急接种。发生鸡痘后也可视鸡日龄的大小，紧急接种新城疫Ⅰ系或Ⅳ系疫苗，以干扰鸡痘病毒的复制，达到控制鸡痘的目的。

2）防止继发感染。发生鸡痘后，由于痘斑的形成造成皮肤外伤，这时易继发引起葡萄球菌感染，而出现大批死亡。所以，大群鸡应使用广谱抗生素如0.005%环丙沙星或培氟沙星、恩诺沙星或0.1%氯霉素拌料或饮水，连用5～7天。

（八）马立克氏病（Marek's disease，MD）

马立克氏病是由鸡马立克氏病病毒（马立克氏病病毒MDV是α-疱疹病毒，分三个血清型：Ⅰ型为致瘤的MDV，Ⅱ型为不致瘤的MDV，Ⅲ型为火鸡疱疹病毒。游离病毒对外界环境有很强的抵抗力）引起的一种淋巴组织增生性疾病，具有很强的传染性，可以引起外周神经、内脏器官、肌肉、皮肤、虹膜等部位发生淋巴细胞样细胞浸润，并发展为淋巴瘤。

【流行特点】

鸡是最重要的自然宿主。不同品种、品系的鸡均能感染，但抵抗力差异很大。年龄上，1～3月龄鸡感染率最高，死亡率50%～80%，随着鸡月龄的增加，感染率会逐渐下降；性别上，母鸡比公鸡更易感。本病的传染源是病鸡和隐性感染鸡，病毒存在于病鸡的分泌物、排泄物、脱落的羽毛和皮屑中，可通过空气传播，也可通过消化道感染。普遍认为本病不发生垂直传播，但辅助在羽毛根部或皮屑的病原可污染种蛋外壳、垫料、尘埃、粪便而具有感染性，发病率和死亡率因免疫情况、饲养管理措施和

MDV毒力强弱不同而存在差异。孵化场污染、育雏舍清洁消毒不彻底、育雏温度不适宜和舍内空气污浊等，都可以加剧本病的感染和发生。现在出现的强毒力和强强毒力毒株加速了本病的感染发病。一般来说死亡率和发病率相等。如不使用疫苗，鸡群的损失可从几只到25%～30%，间或可高达60%，接种疫苗后可把损失减少到5%以下。

【临床症状和病理变化】

本病的潜伏期很长，种鸡和产蛋鸡常在16～22周龄出现临诊症状，可迟至24～30周龄或60周龄以上。MD的症状随病理类型不同而异，但各型均有食欲减退、生长发育停滞、精神萎靡、软弱、进行性消瘦等共同特征。

（1）神经型。最常见的是腿、翅的不对称性麻痹，出现单侧翅下垂和腿的劈叉姿势。颈部神经受损时可见鸡头部低垂、颈部向一侧歪斜，迷走神经受害时，出现嗉囊扩张或呼吸急促。

损害常是一侧性的，表现为神经纤维肿大、失去光泽、颜色由白色变为灰黄或淡黄，横纹消失，有的神经纤维发生水肿。患神经型马立克氏病时，除神经组织明显受损外，性腺、肝、脾、肾等也同时受到损害，并有肿瘤形成。

（2）内脏型。病鸡精神委顿，食欲减退，羽毛松乱，粪便稀薄，病鸡逐渐消瘦死亡。严重者触摸腹部感到肝脏肿大。以内脏受损和出现肿瘤为特点，常见于性腺、心、肺、肝、肾、腺胃、胰等器官。肿瘤块大小不等，灰白色，质地坚硬而致密。镜检可见多形态的淋巴细胞，瘤细胞核分裂象。

（3）皮肤型。毛囊周围肿大和硬度增加，个别鸡皮肤上出现弥漫样肿胀或结节样肿物。瞳孔边缘不整呈锯齿状，虹膜色素减退甚至消失。镜检可见组织单核细胞、淋巴细胞、浆细胞和网状细胞浸润。皮肤性肿瘤大部分以羽毛为中心，呈半球状突出于皮肤表面，也有的在羽毛之间，与相邻的肿瘤融合成血块，严重的形成淡褐色结痂。

（4）眼型。视力减退以至失明，出现灰眼或瞳孔边缘不整如锯齿样。皮肤出现的病变既有肿瘤性的，也有炎症性的。眼观特征为皮肤毛囊肿大，镜下除在羽毛囊周围组织发现大量单核细胞浸润外，真皮内还可见血管周围淋巴细胞、浆细胞等增生。

【防治措施】

（1）加强饲养管理。加强环境消毒，尤其是种蛋消毒，孵化器和房舍消毒，成鸡和雏鸡应分开饲养，以减少病毒感染的机会。育雏前对育雏舍进行彻底的清扫和熏蒸消毒（1日龄的易感性比成年鸡大1000～10 000倍，比50日龄的鸡大12倍）。育雏期保持温度、湿度适宜和稳定（资料报道育雏温度不稳定，忽高忽低或过低，会引起鸡马立克氏病），避免密度过大，进行良好的通风换气，减少环境应激。饲料要优质，避免霉变，营养全面平衡。定期进行药物驱虫，特别要加强对球虫病的防治。

（2）免疫接种。1日龄雏鸡用鸡马立克氏病“814”弱毒疫苗，免疫期18个月或鸡马立克氏病弱毒双价（CA126+SB1）疫苗，此苗预防超强毒鸡马立克氏病效果尤为明显，免疫期1.5年。用法同“814”弱病毒苗。马立克氏病免疫应在出壳后24小时内接种（如要二免，可在14日龄左右进行）。有条件鸡场可在鸡胚18日龄进行胚胎接种。

【提示】鸡马立克氏病早期感染，后期发病，发病后无有效治疗方法，预防工作尤显重要。疫苗接种时要注意疫苗质量优良，剂量准确，注射确切，稀释方法正确，在要求的时间内用完疫苗，以保证免疫效果良好。

（九）鸡慢性呼吸道病（chronic respirafory disease，CRD）

鸡慢性呼吸道病，又称鸡败血性支原体病，是由鸡毒支原体（MG）所引起的鸡和火鸡的一种慢性呼吸道传染病，其发病特征为气喘、呼吸啰音、咳嗽。流鼻液及窦部肿胀。本病发展缓慢，病程较长，在鸡群中可长期蔓延，其死亡率虽然不高，但危害严重。

【流行特点】

各种日龄的鸡和火鸡均能感染本病，尤以1～2月龄的雏禽最敏感，成禽则多呈隐性经过。本病的严重程度及死亡率与有无并发症和环境因素的好坏有极大关系，如并发大肠杆菌病、鸡嗜血杆菌病、呼吸道病毒感染，以及环境卫生条件不良、鸡群过分拥挤、维生素A缺乏、长途运输、气雾免疫等因素，均可促使本病的暴发和复发，并加剧疾病的严重程度，使死亡率增加。

隐性带菌鸡是本病的主要传染源。病原体通过空气中的尘埃或飞沫经呼吸道感染，也可经被污染的饲料及饮水由消化道而传染，但最重要的传播途径是经卵垂直传播，它可以构成类似鸡白痢的循环传染，使本病代代相传。此外，在发病公鸡的精液和母鸡的输卵管中都发现有病原体的存在，因此在配种或授精时也可能发生传染。经卵传播的更大危害还在于一些生物制品厂家用带菌蛋生产疫苗，在使用这种疫苗的鸡群中人为地造成传播。因此，提倡用无特定病原体（SPF）鸡蛋生产疫苗。

【临床症状和病理变化】

病初症状有流清鼻液、打喷嚏、甩头或做吞咽动作，有时鼻孔冒气泡、张口呼吸，一侧或两侧眼结膜发炎、流泪，有时泪液在眼角形成小气泡、眼内分泌物变成脓性时形成黄白色豆渣样渗出物、挤压眼球造成失明；颜面部肿胀、咳嗽、打喷嚏；气管啰音，呼吸时气管发出“呼噜呼噜”的声音；全身症状为食欲下降，产蛋降低、精神不佳、黄绿色下痢。

本病一般呈慢性经过，病程达1月以上，成年鸡多为散发性传染，幼鸡群则往往大批流行，尤其在冬季发病最严重，发病率10%～50%不等，死亡率一般很低；但在其他诱因及并发症存在的情况下，死亡率可达30%以上。病愈鸡可产生一定程度的免疫力，但可长期带菌，尤其是种蛋带菌，因此往往成为散播本病的主要传染源。

气囊膜混浊、增厚，有芝麻大到黄豆大黄白色豆渣样渗出物，气囊腔内常有白色黏液，鼻腔中有淡黄色恶臭的黏液，气管黏膜增厚、出血、充血，附有豆渣样渗出物。长时间易与大肠杆菌混合感染（气囊炎）；肝脏肿胀，外被浅黄色或白色的纤维素性渗出覆盖（肝周炎）；网膜内充满干酪样渗出物，有的有卵黄性腹膜炎（腹膜炎）；心包膜混浊，增厚，不透明，内有纤维性渗出（心包炎）。

【防治措施】

（1）预防措施。雏鸡来源于无污染的种鸡群或种蛋。由于本病可以垂直传播，因此刚出壳的雏鸡即有可能感染，所以需要在早期就应用药物进行预防。雏鸡出壳后，可用普杀平、福乐星、红霉素及其他药物进行饮水，连用5～7天，可有效地控制本病及其他细菌性疾病，提高雏鸡的成活率可采取疫苗预防。进口苗有禽脓毒支原体弱毒菌苗和禽脓毒支原体灭活苗可供应用。前者供2周龄雏鸡饮水免疫，后者适用于各种日龄，1～10周龄颈部皮下注射，10周龄以上可肌内注射，0.5毫升/次，连用2次，其间间隔4周。也有些单位试制出了皮下或肌内注射的鸡败血支原体灭活油乳苗，幼鸡和成鸡均可应用，每次0.5毫升/只。

（2）发病后措施。链霉素、土霉素、泰乐菌素、壮观霉素、林可霉素、四环素、红霉素治疗本病都有一定疗效。罗红霉素、链霉素的剂量在成年鸡为每只肌内注射20万国际单位；5～6周龄幼鸡为5万～8万国际单位。早期治疗效果很好，2～3

天即可痊愈。土霉素和四环素的用量，一般为肌内注射10万国际单位/千克体重；大群治疗时，可在饲料中添加土霉素0.4%(每千克饲料添加2～4克)，充分混合，连喂1周。支原净饮水含量为120～150毫克/升，诺氟沙星对本病也有疗效。注意有些鸡支原体菌株对链霉素和红霉素具有抗药性。

（十）鸡白痢（pullorum disease，PD）

鸡白痢是由鸡白痢沙门氏菌引起的一种常见和多发的传染病。本病特征为幼雏感染后常呈急性败血症，发病率和死亡率都高，成年鸡感染后，多呈慢性或隐性带菌，可随粪便排出，因卵巢带菌，严重影响孵化率和雏鸡成活率。

【流行特点】

各种品种的鸡对本病均有易感性，以2～3周龄以内雏鸡的发病率与病死率为最高，呈流行性。随着日龄的增加，鸡的抵抗力也增强。成年鸡感染常呈慢性或隐性经过。现在也常有中雏和成鸡感染发病引起较大危害的情况发生。

本病可经蛋垂直传播，也可水平传播。种鸡可以感染种蛋，种蛋感染雏鸡。孵化过程中也会引起感染。病鸡的排泄物及其污染物是传播本病的媒介物，可以传染给同群未感染的鸡。本病的发生和死亡受多种诱因影响，环境污染，卫生条件差，温度过低，潮湿、拥挤、通风不良，饲喂不良以及其他疾病，如霉形体、曲霉菌病、大肠杆菌等混合感染，都可加重本病的发生和死亡。存在本病的老鸡场，雏鸡的发病率为20%～40%，但新传入发病的鸡场，其发病率显著增高，甚至有时高达100%，病死率也高。

【临床症状和病理变化】

本病在雏鸡和成年鸡中所表现的病状和经过有显著的差异。潜伏期4～5天，故出壳后感染的雏鸡，多在孵出后几天才出现明显症状。7～10天后雏鸡群内病雏逐渐增多，在第2、3周达到高峰。发病雏鸡呈最急性者，通常无症状迅速死亡。稍缓者表现出精神委顿，绒毛松乱，两翼下垂，缩颈闭眼昏睡，不愿走动，拥挤在一起。病初食欲减少，而后停食多数出现软嗉病症状。同时腹泻，排稀薄如浆糊状粪便，肛门周围绒毛被粪便污染，有的因粪便干结封住肛门周围影响排粪。由于肛门周围炎症引起疼痛，故常发生尖锐的叫声，最后因呼吸困难及心力衰竭而死。有的病雏出现眼盲，或肢关节呈跛行症状。病程短的1天，一般为4～7天，20天以上的雏鸡病程较长，且极少死亡。耐过鸡生长发育不良，成为慢性患者或带菌者。

因鸡白痢而死亡的雏鸡，如日龄短，发病后很快死亡，则病变不明显。病期延长者，在心肌、肺、肝、盲肠、大肠及肌胃肌肉中有坏死灶或结节，胆囊肿大，输尿管充满尿酸盐而扩张。盲肠中有干酪样物堵塞肠腔，有时还混有血液，常有腹膜炎。死于几日龄的病雏，有出血性肺炎，稍大的病雏，肺有灰黄色结节和灰色肝变。育成阶段的鸡，突出的变化是肝肿大，可达正常的2～3倍，暗红色至深紫色，有的略带土黄色，表面可见散在或弥漫性的小红点或黄白色的粟粒大小或大小不一的坏死灶，质地极脆，易破裂，因此常见有内出血变化，腹腔内积有大量血水，肝表面有较大的凝血块。

【防治措施】

（1）加强饲养管理。到洁净的种鸡场引种；加强对环境的消毒；提高育雏温度2～3℃；保持饲料和饮水卫生；密切注意鸡群动态，发现糊肛应及时挑出淘汰。雏鸡开食之日起，在饲料或饮水中添加抗菌药物预防。

（2）药物防治。

1）磺胺类等抗生素治疗。磺胺嘧啶、磺胺甲基嘧啶和磺胺二甲基嘧啶为首选药，在饲料中添加不超过0.5%，饮水中可用

0.1%～0.2%，连续使用5天后，停药3天，再继续使用2～3次。

0.01%～0.012%氟苯尼考饮用水中，连用3～5天；或0.01%～0.012%丁胺卡那霉素饮水，连用5天。其他抗菌药物如金霉素、土霉素、四环素、庆大霉素、诺氟沙星、卡那霉素均有一定疗效。

2）近年来微生物制剂在防治畜鸡下痢方面有较好效果，这些制剂价廉、安全、无毒、不产生副作用，细菌不产生抗药性，常用的有促菌生、调痢生、乳酸菌等。在用这些药物的同时及其前后4～5天应该禁用抗菌药物。如促菌生，每只鸡每次服0.5亿个菌，每日1 次，连服3天，效果甚好。剂型有片剂，每片0.5克，含2 亿个菌；胶囊，每粒0.25克，含1 亿个菌。这些微生物制剂的效果多数情况下相当或优于药物预防的水平。

3）使用中草药方剂。方剂1：白头翁、白术、茯苓各等份共研细末，每只幼雏每日0.2～0.3克，中雏每日0.3～0.5克，拌入饲料，连喂10天，治疗雏鸡白痢，疗效很好，病鸡在3～5天内病情得到控制而痊愈。方剂2：黄连、黄芩、苦参、金银花、白头翁、陈皮各等份共研细末，拌匀，按每只雏鸡每日0.3克拌料，防治雏鸡白痢的效果优于抗生素。

（十一）大肠杆菌病（colibacillosis，E. coli）

大肠杆菌是大肠埃希氏菌的俗称，为肠杆菌科埃希氏菌属，G–大肠杆菌抗原主要有O、K和H三种，它们是血清型鉴定的基础。大肠杆菌的O抗原有173种，K抗原有80种，H抗原有56种，因此自然界存在的血清型高达数万种，但致病性的大肠杆菌的数量是有限的。败血型大肠杆菌（SEPEC）可引起鸡的败血症、气囊炎、脑膜炎、肠炎、肉芽肿。

【流行特点】

各种日龄的鸡都能感染，幼鸡易感性较高，20～45日龄的肉鸡最易发生。发病早的有4日龄、7日龄，也有大雏发病。本病一年四季均可发生，但以冬末春初较为常见。本病传播途径广泛，本病菌污染饲料和饮水，尤以污染饮水经过消化道引起发病最为常见；携有本菌的尘埃被易感鸡吸入，进入下呼吸道后侵入血流引起发病。种蛋产出后，被粪便污染，在蛋温降至环境温度的过程中，蛋壳表面沾染的大肠杆菌很容易穿透蛋壳进入蛋内。污染的种蛋常于孵化的后期引起胚胎死亡，或刚出壳的雏鸡发生本病。患有大肠杆菌性输卵管炎的母鸡，在蛋的形成过程中本菌即可进入蛋内，这样引起本病经蛋传播；另外还可以通过交配、断喙、雌雄鉴别等途径传播。鸡群密集、空气污浊、过冷过热、营养不良、饮水不洁都可促使本病流行。

本病常易成为其他疾病的并发病和继发病，常与沙门氏菌、法氏囊病、新城疫、支原体、传染性支气管炎、葡萄球菌、盲肠肝炎、球虫病等并发或继发；发病率和死亡率与血清型和毒力、有无并发或继发、环境条件是否良好、采取措施是否及时有效等有关。发病率一般为30%～69%，死亡率42%～75%。

【临床症状和病理变化】

（1）脐炎。主要发生于2周内的雏鸡，病雏脐部红肿并常破溃，后腹部胀大，皮薄，发红或青紫色，粪便黏稠呈黄白色、腥臭，采食减少或不食。残余卵黄囊胀大，充满黄绿色薄液体，胆囊肿大，胆汁外渗。肝呈土黄色（低日龄）或暗红色（高日龄），肿胀，质脆，有斑状、点状出血，小肠胀气、黏膜充血或片状出血。

（2）急性败血症。主要发生于雏鸡和4月龄以下的青年鸡，体温升高达43℃以上，饮水增多，采食锐减，腹泻，排绿白色粪便，有的临死前出现扭头、仰头等神经症状。病变为：①纤维素性心包炎：心包蓄积多量淡黄色黏液（纤维渗出物），囊壁增厚、粗糙，心脏扩张，表面有灰白色霉斑样覆盖物。②纤维素性肝周炎：肝瘀血肿大，呈暗紫色。表面覆盖一层灰白色、灰黄色的纤维素膜。③纤维素性腹膜炎：腹腔中有大量淡黄色清亮腹水或胶冻样物，有时腹膜及内脏表面附有多量黄白色渗出物，致使器官粘连。

（3）气囊炎。5～12周的肉仔鸡发病较多，6～9周龄为发病高峰，呼吸困难，咳嗽，有啰音。剖检可见气囊增厚，附有多量豆渣样渗出物，有的肺水肿。可见气囊增厚，附有多量豆渣样渗出物，有的病鸡肺水肿。

（4）大肠杆菌性肠炎。病鸡羽毛松乱、腹泻，剖检可见肠道上1/3～1/2肠黏膜充血、增厚，严重者出血，形成出血性肠炎。

（5）卵黄性腹膜炎。主要见于产蛋母鸡，病鸡食欲差，采食减少，腹部外观膨胀或下坠。腹腔内有大量卵黄凝固，有恶臭味。广泛性腹膜炎，卵泡膜充血，卵泡变性萎缩，局部或整个卵泡呈红褐色或黑褐色，输卵管有大量分泌物，有的有黄色絮状物或块状干酪样物。

（6）大肠杆菌性关节炎。病鸡行走困难，关节及足垫肿胀，触之有波动感，局部温度增高。关节腔内有积液或干酪样物。

（7）肿头综合征。即鸡头部皮下组织及眼眶发生急性或亚急性蜂窝织炎。

【防治措施】

（1）综合防治。从无病原性大肠杆菌感染的种鸡场购买雏鸡，加强运输过程中的卫生管理；选好场址和隔离饲养，场址应建立在地势高、水源充足、水质良好、排水方便、远离居民区处（最少500米），特别要远离其他鸡场、屠宰场或畜产加工厂。

生产区与生产区及经营管理区分开，饲料加工、种鸡、育雏、育成鸡场及孵化厅分开（相隔500米），科学饲养管理。鸡舍温度、湿度、密度、光照、饲料和管理均应按规定要求进行，减少各种应激反应。及时清粪，并堆积密封发酵，加强通风换气和环境绿化以降低鸡舍内氨气等有害气体的产生和积聚。

（2）药物防治。应选择敏感药物，在发病日龄前1～2天进行预防性投药，或发病后紧急治疗。氟苯尼考5～8克/100千克或丁胺卡那霉素8～10克/100千克饮水3～5天等，效果良好。

（十二）传染性鼻炎（infectious coryza，IC）

本病是由鸡嗜血杆菌和副鸡嗜血杆菌所引起鸡的急性呼吸系统疾病，主要症状为鼻腔与鼻窦炎，流鼻涕，脸部肿胀和打喷嚏。

【流行特点】

本病发生于各种日龄的鸡，老龄鸡感染较为严重。7日龄的雏鸡，以鼻腔内人工接种病菌常可发生本病，而3～4日龄的雏鸡则稍有抵抗力。4周龄至3年的鸡易感，有个体的差异性。人工感染4～8周龄小鸡有90%出现典型的症状。13周龄和大些的鸡则100%感染。在较老龄的鸡中，潜伏期较短，而病程长。本病发病率虽高，但死亡率较低，尤其是在流行的早、中期鸡群很少有死鸡出现。但在鸡群恢复阶段，死淘鸡增加，但不见死亡高峰。这部分死淘鸡多属继发感染所致。本病可使产蛋鸡产蛋率显著下降，育成鸡生长停滞。

病鸡及隐性带菌鸡是传染源，而慢性病鸡及隐性带菌鸡是鸡群中发生本病的重要原因。其传播途径主要以飞沫及尘埃经呼吸传染，但也可通过污染的饲料和饮用水经消化道传染。

本病的发生与一些能使机体抵抗力下降的诱因密切有关，如鸡群拥挤，不同年龄的鸡混群饲养，通风不良，鸡舍内闷热，氨气浓度大，或鸡舍寒冷潮湿，缺乏维生素A，受寄生虫侵袭等都能促使鸡群严重发病。鸡群接种鸡痘疫苗引起的全身反应，也常常是传染性鼻炎的诱因。本病多发于秋冬两季，这可能与气候和饲养管理条件有关。

【临床症状和病理变化】

疾病的损害在鼻腔和鼻窦，发生炎症者仅表现出鼻腔流稀薄清液，常不引人注意。一般常见症状为鼻孔先流出清液，以后转为浆液性分泌物，有时打喷嚏。脸肿胀或显示水肿，眼结膜炎，眼睑肿胀，食欲减退及饮水减少，或有下痢，体重减轻。病鸡精神沉郁，面部浮肿，缩头，呆立。仔鸡生长不良，成年母鸡产卵减少，公鸡肉髯常见肿大。如炎症蔓延至下呼吸道，则呼吸困难，病鸡常摇头欲将呼吸道内的黏液排出，并有啰音。咽喉亦可积有分泌物的凝块。最后常窒息而死。

病理剖检变化也比较复杂多样，有的死鸡具有一种疾病的主要病理变化，有的鸡则兼有2～3种疾病的病理变化特征。本病流行时由于继发症致死的鸡中常见鸡慢性呼吸道疾病、鸡大肠杆病、鸡白痢等。病死鸡多瘦弱，不产蛋；育成鸡主要病变为鼻腔和窦黏膜呈急性卡他性炎，黏膜充血肿胀，表面覆有大量黏液，窦内有渗出物凝块，后成为干酪样坏死物。常见卡他性结膜炎，结膜充血肿胀，脸部及肉髯皮下水肿。严重时可见气管黏膜炎症，偶有肺炎及气囊炎。

【防治措施】

（1）加强饲养管理。平时鸡场应加强饲养管理，改善鸡舍通风条件，保持适宜的密度，做好鸡舍内外的兽医卫生消毒工作，以及病毒性呼吸道疾病的防治工作，提高鸡只抵抗力对防治本病有重要意义。鸡场内每栋鸡舍应做到全进全出，禁止不同日龄的鸡混养。清舍之后要彻底进行消毒，空舍一定时间后方可让新鸡群进入。

（2）免疫接种。使用传染性鼻炎油佐剂灭活苗免疫接种，30～40日龄首免，每只鸡0.3毫升；18～19周第二次免疫，每只鸡0.5毫升。污染鸡群免疫时要使用5～7天抗生素，以防带菌鸡发病。

（3）发病后的措施。发病后及早使用药物治疗，磺胺类药物和抗生素效果良好。当鸡群食欲尚好时，可投服易吸收的磺胺类药物和抗生素。如饲料中添加0.05%～0.1%的复方磺胺嘧啶，连用5天；当采食少时，可采用饮水或注射给药，可用链霉素（成鸡15万～20万国际单位/只）、庆大霉素（2000～3000国际单位/只）等连用3天。

【特别提示】①多种磺胺和抗生素类药物对本病都有疗效，但只能减轻症状和缩短病程，而不能消除带菌状态。②治疗本病，饮水比拌料的效果好，用药的同时补充一定量的维生素A、D及E效果更好。当有霉形体、葡萄球菌合并感染时，必须同时使用泰乐菌素和青霉素才有效，为防止耐药菌株可并用两种药物。在不引起中毒的前提下，用药剂量要足，并要连续用够一个疗程。早期用药效果好，而且可避免对产蛋鸡造成卵巢感染。③国外已研制出预防本病的灭活菌苗和弱毒菌苗。但因其免疫效果差、免疫期短（2～3个月），故需连续进行2～3次菌苗接种，以后每3个月进行1 次。免疫过的鸡群也只有80%的保护率。因此防治本病应注重综合防治，改善饲养管理条件，多喂一些富含维生素A 的饲料。

（十三）禽霍乱（fowl cholera， FC）

鸡霍乱是由多杀性巴氏杆菌（两端钝圆，中央微凸的短杆菌，长1～1.5微米，宽0.3～0.6微米，不形成芽孢，也无运动性）引起的一种侵害鸡和野鸡的接触性疾病，又名鸡巴氏杆菌病、鸡出血性败血症。本病常呈现败血性症状，发病率和死亡率很高，但也常出现慢性或良性经过。

【流行特点】

本病一年四季均可发生，但在高温多雨的夏、秋季节以及气候多变的春季最容易发生。本病常呈散发或地方性流行，16周龄以下的鸡一般具有较强的抵抗力。鸡霍乱造成鸡的死亡损失通常发生于产蛋鸡群，因这种日龄的鸡较幼龄鸡更为易感，但临床也曾发现10日龄发病的鸡群。自然感染鸡的死亡率通常是0～20%或更高，经常发生产蛋下降和持续性局部感染。慢性感染鸡被认为是传染的主要来源，细菌经蛋传播很少发生。大多数家畜都可能是多杀性巴氏杆菌的带菌者，污染的笼子、饲槽等都可能传播病原。多杀性巴氏杆菌在鸡群中的传播主要是通过病鸡口腔、鼻腔和眼结膜的分泌物进行的，这些分泌物污染了环境，特别是饲料和饮水。粪便中很少含有活的多杀性巴氏杆菌。鸡群的饲养管理不良、体内寄生虫病、营养缺乏、气候突变、鸡群拥挤和通风不良等，都可使鸡对鸡霍乱的易感性提高。

【临床症状和病理变化】

自然感染的潜伏期一般为2～9天，有时在引进病鸡后48小时内也会突然暴发病例。人工感染通常在24～48小时发病。由于家鸡的抵抗力和病菌的致病力强弱不同，所表现的病状亦有差异。一般分为最急性、急性和慢性三种病型。

（1）最急性型。常见于流行初期，以产蛋高的鸡最常见。病鸡无前驱症状，晚间一切正常，吃得很饱，次日发病死在鸡舍内。最急性型死亡的病鸡无特殊病变，有时只能看见心外膜有少许出血点。

（2）急性型。此型最为常见，病鸡主要表现为精神沉郁，羽毛松乱，缩颈闭眼，头缩在翅下，不愿走动，离群呆立。病鸡常有腹泻，排出黄色、灰白色或绿色的稀粪。体温升高到43～44℃，减食或不食，渴欲增加。呼吸困难，口、鼻分泌物增加。鸡冠和肉髯变青紫色，有的病鸡肉髯肿胀，有热痛感，产蛋鸡停止产蛋。最后发生衰竭，昏迷而死亡，病程短的约半天，长的1～3天。急性病例病变特征：病鸡的腹膜、皮下组织及腹部脂肪常见小点出血。心包变厚，心包内积有多量不透明淡黄色液体，有的含纤维素絮状液体，心外膜、心冠脂肪出血尤为明显。肺有充血或出血点。肝脏的病变具有特征性，肝稍肿，质变脆，呈棕色或黄棕色。肝表面散布有许多灰白色、针头大的坏死点。脾脏一般不见明显变化，或稍微肿大，质地较柔软。肌胃出血显著，肠道尤其是十二指肠呈卡他性和出血性肠炎，肠内容物含有血液。

（3）慢性型。由急性型转变而来，多见于流行后期。以慢性肺炎、慢性呼吸道炎和慢性胃肠炎较多见。病鸡鼻孔有黏性分泌物流出，鼻窦肿大，喉头积有分泌物而影响呼吸，经常腹泻。病鸡消瘦，精神委顿，冠苍白。有些病鸡一侧或两侧肉髯显著肿大，随后可能有脓性干酪样物质，或干结、坏死、脱落。有的病鸡有关节炎，常局限于脚或翼关节和腱鞘处，表现为关节肿大、疼痛、脚趾麻痹，因而发生跛行。病程可拖至一个月以上，但生长发育和产蛋长期不能恢复。慢性型因侵害的器官不同而有差异。当以呼吸道症状为主时，可见到鼻腔和鼻窦内有多量黏性分泌物，某些病例见肺硬变。局限于关节炎和腱鞘炎的病例，主要见关节肿大变形，有炎性渗出物和干酪样坏死。公鸡的肉髯肿大，内有干酪样的渗出物，母鸡的卵巢明显出血，有时卵泡变形，似半煮熟样。

【防治措施】

（1）预防措施。

1）加强管理。加强鸡群的饲养管理，严格执行鸡场兽医卫生防疫措施是防治本病的关键办法。因为本病的发生经常是由于一些不良的外界因素降低了鸡体的抵抗力。如鸡群的拥挤、圈舍的潮湿、营养缺乏、寄生虫感染或其他应激因素都是本病的诱因。所以必须加强饲养管理，以栋舍为单位采取全进全出的饲养制度，并注意严格执行隔离卫生和消毒制度，从无病鸡场购鸡，预防本病的发生是完全有可能的。

2）药物预防。定期在饲料中加入抗菌药。每吨饲料中添加40～45克喹乙醇或杆菌肽锌，具有较好的预防作用。

（2）发病后的措施。及时采取封闭、隔离和消毒措施，加强对鸡舍和鸡群的消毒；有条件的地方应通过药敏试验选择有效药物全群给药，磺胺类药物、氟苯尼考、红霉素、庆大霉素、环丙沙星、恩诺沙星、喹乙醇均有较好的疗效。土霉素或磺胺二甲基嘧啶按0.5%～1%的比例配入饲料中连用3～4天；或喹乙醇0.2～0.3克/千克拌料，连用一周，或每千克体重给药30毫克，每天一次饲喂，连用3～4天。对病鸡按每千克体重使用青霉素水剂1万单位肌肉注射，每天2～3次。病鸡采用大剂量的抗生素进行肌肉注射1～2次，对降低死亡率有显著作用。在治疗过程中，药的剂量要足，疗程合理，当鸡只死亡明显减少后，再继续投药2～3天以巩固疗效防止复发。

（十四）鸡葡萄球菌病

鸡葡萄球菌病主要由皮肤创伤或毛孔侵入引起，致病菌主要是金黄色葡萄球菌，主要发生于肉用仔鸡、笼养鸡和条件较差的大鸡群。

【流行特点】

葡萄球菌在自然界分布很广，在人、畜、鸡的皮肤上也经常存在。鸡对葡萄球菌较易感，主要经皮肤创伤或毛孔入侵。鸡群拥挤互相啄斗，鸡笼破旧致使铁丝刺破皮肤，患皮肤型鸡痘或其他造成皮肤破损等因素，都是引起本病的诱因。各种年龄和品种的鸡均可感染，而以1.5～3月龄的幼鸡多见，常呈急性败血症。中雏和成鸡常为慢性、局灶性感染。

本病一年四季均可发生，以雨季、潮湿季节发生较多。通常本病多为散发，但有时也迅速扩散至全群中，特别当鸡舍卫生太差、饲养密度太大时发病率更高。

【临床症状和病理变化】

（1）急性败血型。多见于1～2月肉用仔鸡，体温升高达43℃，精神较差，羽毛松乱，缩头闭目，无食欲，有的下痢，排灰色稀粪。主要病变是皮下、浆膜、黏膜水肿、充血、出血或溶血，有棕黄色或黄红色胶样浸润，特别是胸骨柄处肌肉呈弥漫隆出血斑或条纹状出血。实质脏器充血肿大，肝呈淡紫红色，有花纹斑。肝、脾有白色坏死点。输尿管有尿酸盐沉积，心冠状脂肪、腹腔脂肪、肌胃黏膜等出血水肿，心包有黄红色积液。

（2）关节炎型。多见于较大的青年鸡和成年鸡，病鸡腿、翅膀的一部分关节（跗关节和趾关节）肿胀热痛、化脓，足趾间及足底常形成较大的脓肿，有的破溃，病鸡跛行。主要表现为关节肿大，滑膜增厚、充血、出血，关节腔内有渗出液，有时含有纤维蛋白，病程长者则发生干酪样坏死。

（3）脐炎。多发于雏鸡，脐孔发炎肿大，流暗红色或黄色液体，最后变成干涸的坏死。脐部肿胀膨大，呈紫红或紫黑色，有暗红色水肿液，时间稍久则为脓性干涸坏死。肝脏有出血点，卵黄吸收不全，呈黄红或黑灰色。

【防治措施】

（1）综合防治。加强饲养管理，建立严格的卫生制度，减少鸡体外损的发生；饲喂全价饲料，要保证适当的维生素和矿物质；鸡舍应通风，干燥，饲养密度要合理，防止拥挤；要搞好鸡舍及鸡群周围环境的清洁卫生和消毒工作，可定期对鸡舍用0.2%的次氯酸钠或0.3%的过氧乙酸进行带鸡喷雾消毒；在疫区预防本病可试用葡萄球菌多价菌苗，21～24日龄雏鸡皮下注射1毫升/只（含菌60亿/毫升），15天产生免疫力，免疫期约6个月。

（2）发病后的措施。病鸡应隔离饲养。可从病死鸡分离出病原菌后做药敏试验，选用敏感的药物对病鸡群进行治疗，无此条件时，可选择新霉素、卡那霉素或庆大霉素进行治疗。

（十五）禽曲霉菌病（aspergillosis）

禽曲霉菌病又叫禽曲霉菌性肺炎，是由禽曲霉菌属的烟曲霉、黄曲霉及黑曲霉等引起的鸡、火鸡、鸭、鹅、鹌鹑等的一类疾病。以幼龄鸡多发，常呈急性群发性，发病率和死亡率都较高，成年鸡多为散发，该病特征是呼吸困难，于肺和气囊上出现霉菌结节。

【流行特点】

胚胎期及6周龄以下的雏鸡比成年鸡易感，4～12日龄最为易感，幼雏常呈急性暴发，发病率很高，死亡率一般为10%～50%，成年鸡仅为散发，多为慢性。本病可通过多种途径而感染，曲霉菌可穿透蛋壳进入蛋内，引起胚胎死亡或雏鸡感染。此外，还会通过呼吸道吸入、肌内注射、静脉、眼睛接种、气雾、阉割伤口等途径感染本病。曲霉菌经常存在于垫料和饲料中，在适宜条件下大量生长繁殖，形成曲霉菌孢子，若严重污染环境与种蛋，可造成曲霉菌病的发生。

【临床症状和病理变化】

幼鸡发病多呈急性经过，病鸡表现为呼吸困难、张口呼吸、喘气、有浆液性鼻漏、食欲减退、饮欲增加、精神委顿、嗜睡、羽毛松乱、缩颈垂翅，后期病鸡迅速消瘦，发生下痢。若病原侵害眼睛，可能出现一侧或两侧眼睛发生灰白混浊，也可能引起一侧眼肿胀，结膜囊有干酪样物。若食道黏膜受损时，则吞咽困难。少数鸡由于病原侵害脑组织，引起共济失调，角弓反张、麻痹等神经症状。一般发病后2～7天死亡，慢性者可达2周以上，死亡率一般为5～50%。若曲霉菌污染种蛋，常造成孵化率下降，胚胎大批死亡。成年鸡多呈慢性经过，引起产蛋能力下降，病程有的拖延数周，死亡率不定。

病理变化主要在肺和气囊上，可见散在的粟粒状，大至绿豆大小的黄白色或灰白色的结节，质地较硬，有时气囊壁上可见大小不等的干酪样结节或斑块。随着病程的发展，气囊壁明显增厚，干酪样斑块增多，增大，有的融合在一起。病程后期可见在干酪样斑块上以及气囊壁上形成灰绿色霉菌斑。严重的病例，腹腔、浆膜、肝或其他部位表面有结节或圆形灰绿色斑块。

【防治措施】

（1）加强饲养卫生管理。应防止饲料和垫料发霉，使用清洁、干燥的垫料和无霉菌污染的饲料，避免鸡接触发霉堆放物，改善鸡舍通风，控制湿度，减少空气中霉菌孢子的含量。为了防止种蛋被污染，应及时收蛋，保持蛋库与蛋箱清洁卫生。

（2）发病后的措施。

1）隔离消毒。及时隔离病雏，清除污染霉菌的饲料与垫料，清扫鸡舍，喷洒1：2000 的硫酸铜溶液，换上不发霉的垫料。严重病例扑杀淘汰，轻症者可用1：2000 或1：3000 的硫酸铜溶液饮水连用3～4天，可以减少新病例的发生，有效地控制本病。

2）药物治疗。制霉菌素，成鸡15～20毫克，雏鸡3～5

毫克，混于饲料中喂服3～5天，有一定疗效。病鸡用碘化钾口服治疗，每升水加碘化钾5～10天，具有一定疗效。中草药方剂1：金银花、连翘、莱菔子（炒）各30克，丹皮、黄芪各15克，柴胡18克，桑白皮、枇杷叶、甘草各12克，水煎取汁1000毫升，为500只鸡的一日量，每日分4次拌料喂服，每天一剂，连用四剂，治疗鸡曲霉菌病效果显著。方剂2：桔梗250克，蒲公英、鱼腥草、苏叶各500克，水煎取汁，为1000只鸡的用量，用药液拌料喂服，每天2次，连用1周。另在饮水中加0.1%高锰酸钾。对曲霉菌病鸡用药3天后，病鸡群停止死亡，用药1周后痊愈。

二、寄生虫病

（一）鸡球虫病（Avian coccidiosis）

鸡球虫病是一种或多种球虫寄生于鸡肠道黏膜上皮细胞内引起的一种急性流行性原虫病，是鸡常见且危害十分严重的寄生虫病，它造成的经济损失是惊人的。雏鸡的发病率和致死率均较高。病愈的雏鸡生长受阻，增重缓慢；成年鸡多为带虫者，且增重和产蛋能力降低。

【流行特点】

病鸡是主要传染源，苍蝇、甲虫、蟑螂、鼠类和野鸟都可以成为机械传播媒介。凡被带虫鸡污染过的饲料、饮水、土壤和用具等，都有卵囊存在。鸡吃了感染性卵囊就会暴发球虫病（图7-15）。各个品种的鸡均有易感性，15～50日龄的鸡发病率和致死率都较高，成年鸡对球虫病有一定的抵抗力。11～13日龄内的雏鸡因有母源抗体保护，极少发病；饲养管理条件不良，鸡舍潮湿、拥挤，卫生条件恶劣时，最易发病。在潮湿多雨、气温较高的梅雨季节易发。

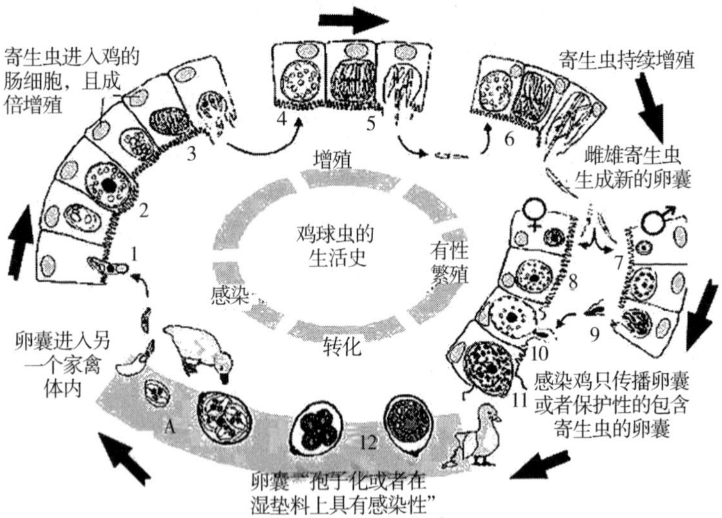

图7-15　球虫病的生活史

【临床症状和病理变化】

病鸡精神沉郁，羽毛蓬松，头蜷缩，食欲减退，嗉囊内充满液体，鸡冠和可视黏膜贫血、苍白，逐渐消瘦，病鸡常排红色胡萝卜样粪便，若感染柔嫩艾美耳球虫，开始时粪便为咖啡色，以后变为完全的血粪，如不及时采取措施，致死率可达50%以上。若多种球虫混合感染，粪便中带血液，并含有大量脱落的肠黏膜。

病鸡消瘦，鸡冠与黏膜苍白，内脏变化主要发生在肠管，病变部位和程度与球虫的种别有关。柔嫩艾美耳球虫主要侵害盲肠，两支盲肠显著肿大，可为正常的3～5倍，肠腔中充满凝固的或新鲜的暗红色血液，盲肠上皮变厚，有严重的糜烂。毒害艾美耳球虫损害小肠中段，使肠壁扩张、增厚，有严重的坏死。在裂殖体繁殖的部位，有明显的淡白色斑点，黏膜上有许多小出血点。肠管中有凝固的血液或有胡萝卜色胶冻样内容物。巨型艾美耳球虫损害小肠中段，可使肠管扩张，肠壁增厚，内容物黏稠，呈淡灰色、淡褐色或淡红色。堆型艾美耳球虫多在上皮表层发育，并且同一发育阶段的虫体常聚集在一起，在被损害的肠段出现大量淡白色斑点。哈氏艾美耳球虫损害小肠前段，肠壁上出现大头针头大小的出血点，黏膜有严重的出血。若多种球虫混合感染，则肠管粗大，肠黏膜上有大量的出血点，肠管中有大量的带有脱落肠上皮细胞的紫黑色血液。

【防治措施】

（1）加强饲养管理。保持鸡舍干燥、通风和鸡场卫生，定期清除粪便，以杀灭卵囊。保持饲料、饮水清洁，笼具、料槽、水槽定期消毒，一般每周一次，可用沸水、热蒸汽或3%～5%热碱水等处理。据报道，用球杀灵和1∶200的农乐溶液消毒鸡场及运动场，均对球虫卵囊有强大杀灭作用。每千克日粮中添加0.25～0.5毫克硒，可增强鸡对球虫的抵抗力。补充足够的维生素K和给予3～7倍推荐量的维生素A可加速鸡患球虫病后的康复。成鸡与雏鸡分开喂养，以免带虫的成年鸡散播病原，导致雏鸡爆发球虫病。

（2）药物防治。治疗球虫病的药物很多，常用的有下列几种。

1）球痢灵（3，5–二硝基邻甲基苯甲酰胺），每千克饲料中加入0.2克球痢灵，或配成0.02%的水溶液，饮水3～4天。

2）磺胺–6–甲氧嘧啶（SMM）和抗菌增效剂［三甲氧苄胺嘧啶（TMP）或二甲氧苄胺嘧啶（DVD）］，将上述两种药剂按5∶1的比例混合后，以0.02%的浓度混于饲料中，连用不得超过7天。

3）磺胺二甲基嘧啶，以1%的浓度饮水2天，或0.5%的浓度饮水4天，磺胺类药物以早期应用效果较好，且磺胺类药物对鸡副作用大，应慎用。

4）百球清（甲基三嗪酮）口服液，2.5%的口服液做1000倍稀释，饮水1~2天效果较好。

5）抗球王(1%马杜霉素铵），每吨饲料应用500克，逐级混匀饲喂，产蛋期禁用，饲料中马杜霉素不得高于5毫克/千克。

（3）药物预防程序。因球虫的类型多，易产生抗药性，应间隔用药或轮换用药为宜。球虫病的预防用药程序是：雏鸡从13~15日龄开始，在饲料或饮水中加入预防用量的抗球虫药物，一直用到上笼后2~3周停止，选择3~5种药物交替使用，效果良好。

（二）鸡住白细胞原虫病（leucocytozoonosis）

鸡住白细胞原虫病是血孢子虫亚目的住白细胞原虫引起的急性或慢性血孢子虫病，又叫鸡白冠病、鸡出血性病。本病多发生在炎热地区或炎热季节，常呈地方性流行，对雏鸡危害严重，常引起大批死亡。

【流行特点】

本病的发生有明显的季节性，北京地区一般在7~9月份发生流行。3~6周龄的雏鸡发病率高，死亡率可达10%~30%。产蛋鸡的死亡率是5%~10%。感染过的鸡有一定的免疫力，一般无症状，也不会死亡。但未感染过此病的鸡会发病，出现贫血，产蛋率明显下降，甚至停产。

【临床症状和病理变化】

病雏伏地不动，食欲减退，鸡冠苍白，拉稀，粪便青绿色，脚软或轻瘫。蛋鸡产蛋减少或停产，病程可长达1个月。病死鸡的病理变化是口流鲜血，冠白，全身性出血（皮下、胸肌、褪肌有出血点或出血斑，各内脏器官广泛出血，消化道也可见到出血斑点），肌肉及某些内脏器官有白色小结节，骨髓变黄。

【防治措施】

（1）杀灭媒介昆虫。在6～10月份流行季节对鸡舍内外喷药消毒，如用0.03%的蝇毒磷进行喷雾杀虫。也可先喷洒0.05%除虫菊酯，再喷洒0.05%百毒杀，既能抑杀病原微生物，又能杀灭库蠓等有害昆虫。消毒时间一般选在傍晚6时～8时，因为库蠓在这一段时间最为活跃。

（2）药物预防。鸡住白细胞原虫的发育史为22～27天，因此可在发病季节前1个月左右开始用有效药物进行预防，一般每隔5天，投药5天，坚持3～5个疗程，这样比发病后再治疗能起到事半功倍的效果，常用有效药物有：复方泰灭净（磺胺间甲氧嘧啶钠、甲氧苄啶、生血素、肠黏膜修复剂、止血剂、增效剂、特效助溶剂等）30～50毫克/千克混饲，痢特灵粉（呋喃唑酮）100毫克/千克拌料，乙胺嘧啶1毫克/千克混饲，磺胺喹噁啉50毫克/千克混饲或混水和可爱丹125毫克/千克混饲。

（3）常用的治疗药物。

1）复方泰灭净（磺胺间甲氧嘧啶钠、甲氧苄啶、生血素、肠黏膜修复剂、止血剂、增效剂、特效助溶剂等），按100毫克/千克混水或按500毫克/千克混料，连用5～7天。

2）血虫净（三氮脒），按100毫克/千克混水，连用5天，有效率100%，治愈率99.6%。

3）克球粉（氯羟吡啶），按250毫克/千克混料，连用5天。

4）氯苯胍，按66毫克/千克混料，连用3～5天；或中药卡白灵，1%混料连喂5～7天，效果显著。

选用上述药物治疗，病情稳定后可按预防量继续添加一段时间，以彻底杀灭鸡体的住白细胞虫体。

（三）组织滴虫病（histomoniasis）

组织滴虫病是由组织滴虫（一种很小的原虫，该原虫有两种形式：一种是组织原虫，寄生在细胞里；另一种是腔型原虫，寄生在盲肠腔的内容物中。该虫有强、弱和无毒株三种，强毒株可致盲肠和肝脏病变，引起死亡，弱毒株只在盲肠引起病变，无毒株不产生病变）引起鸡和火鸡的一种原虫病，也称盲肠肝炎或黑头病。本病以肝的坏死和盲肠溃疡为特征。

【流行特点】

本病易发生在温暖潮湿的夏秋季节。2～17周龄的鸡最易感。成年鸡也可感染，但呈隐性感染，成为带虫者，有的慢性散发。传播途径有两种：一是随病鸡粪排出的虫体，在外界环境中能生存很久，鸡食入这些虫体便可感染，另一种是通过寄生在盲肠内的异刺线虫的卵而传播的。当异刺线虫在病鸡体内寄生时，其虫卵内可带上组织滴虫。异刺线虫卵中约有0.5%带有这种组织滴虫。这些虫在线虫卵壳的保护下，随粪便排出体外，在外界环境中能生存2～3年。当外界环境条件适宜时，则发育为感染性虫卵。鸡吞食了这样的虫卵后，卵壳被消化，线虫的幼虫和组织滴虫一起被释放出来，共同移行至盲肠部位繁殖，进入血流。线虫幼虫对盲肠黏膜的机械性刺激，促进盲肠肝炎的发生。组织滴虫钻入肠壁繁殖，进入血流，寄生于肝脏。这是主要的传染方式（图7-16）。鸡群过分拥挤，鸡舍和运动场不清洁，饲料中营养缺乏，尤其是维生素A，都可诱发和加重本病。

【临床症状和病理变化】

本病的潜伏期一般为15～20天，最短的为3天。病鸡精神委顿，食欲减退，缩头，羽毛松乱，翅膀下垂，身体蜷缩，胃寒怕冷，腹泻，排出淡黄色或淡绿色稀粪。急性的严重病例，排出的粪便带血或完全是血液。有些鸡的头皮常呈紫蓝色或黑色，所以

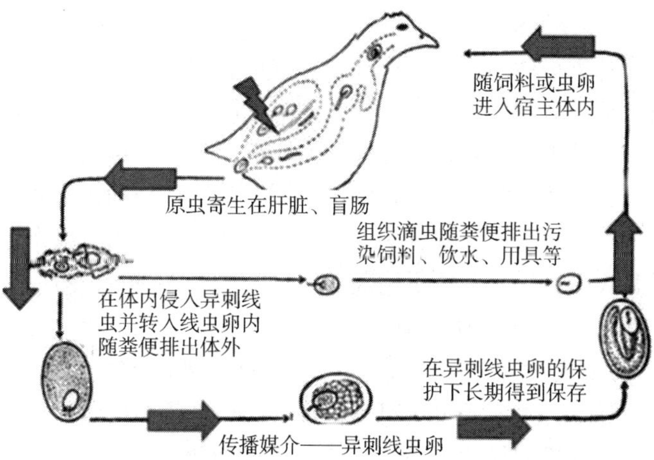

图7-16　组织滴虫的传播过程

也叫黑头病。本病的病程一般为1～3周，3～12周的小鸡死亡率高达50%。康复鸡的粪便中仍然含有原虫。5～6月龄以上的成年鸡很少呈现临诊症状。

组织滴虫病的损害常限于盲肠和肝脏。盲肠的一侧或两侧发炎、坏死，肠壁增厚或形成溃疡，有时盲肠穿孔，引起全身性腹膜炎。盲肠表面覆盖有黄色或黄灰绿色渗出物，并有特殊恶臭。有时这种黄灰绿色干硬的干酪样物充塞盲肠腔，呈多层的栓子样。外观呈明显的肿胀和混杂有红灰黄等颜色。有的慢性病例，这些盲肠栓子可能已被排出体外。肝脏出现颜色各异，呈不规整圆形，稍有凹陷的溃疡病灶。通常呈黄灰色或是淡绿色的溃疡灶大小不等，但一般为1～2厘米的环形病灶，也可能相互融合成大片的溃疡区。大多数感染群通常只有剖检足够数量的病死鸡只，才能发现典型病理变化。

【防治措施】

（1）综合防治措施。由于组织滴虫的主要传播方式是以盲肠体内的异刺线虫虫卵为媒介，所以有效的预防措施是排除蠕虫卵，或减少虫卵的数量，以降低这种疾病的传播感染。因此，在进鸡舍前，必须清除鸡舍杂物并用水冲洗干净，严格消毒，严格做好鸡群的卫生管理，饲养用具不得混用，饲养人员不能串舍，免得互相传播疾病。及时检修供水器，定期移动饲料槽和饮水器的位置，以减少这些地区湿度过高和粪便堆积。用驱虫净定期驱除异刺线虫，每千克体重用药40～50毫克，直到6周龄为止。

（2）发病后治疗措施。

1）达美素（二甲硝基咪唑）。按每天40～50毫克/千克体重投药，如为片剂、胶囊剂可直接投喂；如为粉剂可以混料，连续3～5天，之后剂量改为25～30毫克/千克体重，连喂2周。

2）卡巴砷。预防浓度150～200毫克/千克混料，治疗浓度为400～800毫克/千克混料。7天一个疗程。

3）4-硝基苯砷酸。预防浓度187.5毫克/千克混料，治疗浓度为400～800毫克/千克混料。

4）灭滴灵（甲硝基羟乙唑）。按0.05%浓度混水，连用7天，停药3天后再用7天。

治疗时应注意补充维生素K_3，以阻止盲肠出血；补充维生素A，促进盲肠和肝组织的恢复。

（四）鸡绦虫病（cestodosis）

鸡绦虫病是由多种绦虫（绦虫虫体为扁平带状，乳白色。在绦虫头部有吸盘，可附着在鸡的肠壁上）寄生于鸡小肠而引起的鸡常见寄生虫病，该病遍布世界各地。在我国常见的是赖利绦虫病和戴文绦虫病。

【流行特点】

感染绦虫的动物将绦虫孕节片随粪排出，孕节片被蚂蚁、蜗牛和甲虫等吞食，经14～45天发育成类囊尾蚴，在鸡吞食这些中间宿主后，经2～3周在鸡的小肠内发育为成虫。

【临床症状和病理变化】

感染绦虫种类不同，鸡的症状也有差异，但均可损伤肠壁，引起肠炎、腹泻，有时带血，可视黏膜苍白或黄染，精神沉郁，采食减少，饮水增多。有的绦虫能使鸡中毒，引起腿脚麻痹、进行性瘫痪及头颈扭曲等症状。一些病鸡因瘦弱、衰竭而死亡。

剖检死鸡可在小肠内发现虫体，严重时阻塞肠道。肠黏膜有点状出血和卡他性肠类。

【防治措施】

（1）预防措施。经常清除鸡粪，鸡粪要发酵处理，彻底清除鸡场中的污物，消灭中间宿主蚂蚁、甲虫、蜗牛等；幼鸡与成鸡分开饲养。

（2）发病后的治疗措施。可按每千克体重加丙硫苯咪唑5～10毫克，或驱绦灵（芬苯哒唑）20毫克、硫双二氯酚300毫克，拌料一次喂给。

（五）鸡蛔虫病

鸡蛔虫病是鸡常见的一种线虫病，是鸡蛔虫（鸡线虫最大的一种，虫体黄白色，像豆芽的基杆，雌虫大于雄虫。虫卵椭圆形，深灰色，对外界因素和消毒药抵抗力很强，但在阳光直射、沸水处理和粪便堆沤等情况下，会迅速死亡）寄生于小肠内所引起的，多发于3月龄左右的鸡。一般感染后无特殊症状，只是表现为生长缓慢，发育不良，贫血，消瘦，不易引起注意。大群饲养会引起死亡。

【流行特点】

虫卵随粪便排出，在外界环境发育（经10～12天发育）成侵袭性虫卵。这种含有幼虫、具有致病力的虫卵污染饲料、饮水并被鸡吃进后，在鸡体内又发育成成虫。从感染到发育成成虫需35～50天（图7–17）。

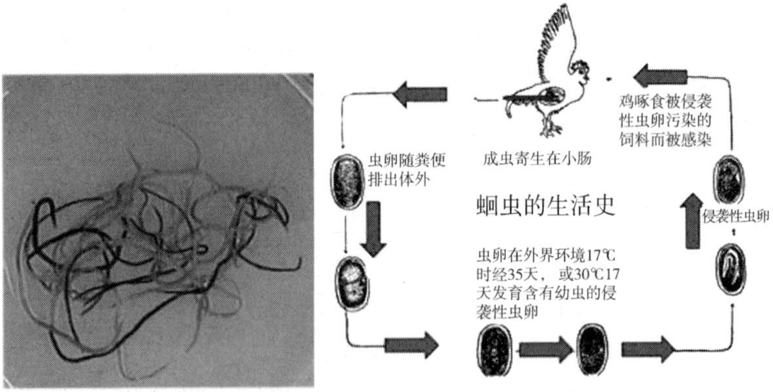

图7–17　鸡蛔虫及其传播过程

3月龄以内的鸡最易感染，病情也较重，尤其是平养鸡群和散养鸡，发病率较高。超过3月龄的鸡抵抗力较强，一岁以上的鸡不发病，但可带虫。本病的发生和流行，与雏鸡的营养水平、环境条件、清洁卫生、温度、湿度、管理质量等因素有关。

【临床症状和病理变化】

感染鸡生长不良，精神萎靡，行动迟缓，羽毛松乱，贫血，食欲减退，异食、泻痢，粪中常见蛔虫排出。

剖检时，小肠内见有许多淡黄色豆芽梗样线虫，雄虫长50～76毫米，雌虫长65～110毫米。粪便检查可发现蛔虫卵。

【诊断】

根据临床症状可初诊。但必须经粪便检查到虫卵、尸体剖检找到虫体才能最后确诊。虫卵检查时，注意与鸡异刺线虫卵区别。

【防治措施】

（1）预防措施。及时清除积粪和垫料，清洗消毒饮水器和饲料槽；4月龄以内的鸡要与成鸡分开饲养，鸡群定时驱虫可预防本病发生。

（2）发病后治疗措施。本病可用驱蛔灵、驱虫净、左旋咪唑、硫化二苯胺等药物。

（六）鸡异刺线虫病

鸡异刺线虫又名鸡盲肠虫，寄生在盲肠黏膜上，是长1～1.5厘米的白色小线虫。病鸡表现消瘦、贫血、下痢等一般寄生虫病症状。剖检盲肠可见黏膜增厚，出血，并有大量异刺线虫叮咬在黏膜上。异刺线虫卵能传带盲肠肝炎原虫，鸡吃了异刺线虫虫卵或含有这种虫卵的蚯蚓，可同时感染异刺线虫病和组织滴虫病。

【防治措施】同鸡蛔虫病。

（七）鸡羽虱

羽虱主要寄生在鸡羽毛和皮肤上，是一种永久性寄生虫。已发现40多种羽虱。羽虱主要靠咬食羽毛、皮屑和吸食血液而生存，因此患鸡表现为羽毛断落，皮肤损伤，发痒，消瘦贫血，生长发育受阻，产蛋鸡产蛋下降，并可降低对其他疾病的抵抗力。

【防治措施】

（1）保持环境清洁卫生。使用敌百虫、溴氰菊酯等药物对鸡舍地面、墙壁和棚架进行喷洒，杀灭环境中的羽虱。

（2）消灭体表羽虱。可用敌百虫精粉剂或0.5%敌百虫粉、5%氟化钠喷散于鸡全身羽毛及体表皮肤。也可将敌杀死（主要成分是溴氰菌酯）6毫升加入2千克水中，将鸡逐只抓起逆向羽毛喷雾。大群治疗时宜采用药浴法（仅限于夏季进行），方法是取2.5%溴氰菊酯或灭蝇灵（主要成分是环丙氨嗪、伊维菌素等）与温水按1∶4000的比例混合，放入大缸或大盆中，将鸡体放入药液浸透体表羽毛。也可用上述药物进行环境灭虱。用药物灭虱时要注意管理，避免鸡群中毒。

（八）鸡螨

螨又称疥癣虫，是寄生在鸡体表的一种寄生虫。对鸡危害较大的是鸡刺皮螨和突变膝螨。

鸡螨大小0.3～1毫米，肉眼不易看清。鸡刺皮螨呈椭圆形，吸血后变为红色，故又叫红螨。当鸡严重感染时，贫血、消瘦、产蛋减少或发育迟滞。雏鸡严重失血时可造成死亡；突变膝螨又称鳞足螨，其全部生活史都在鸡身上完成。成虫在鸡脚皮下穿行并产卵，幼虫蜕化发育为成虫，藏于皮肤鳞片下面，引起炎症。腿上先起鳞片，以后皮肤增生、粗糙，并发生裂缝。有渗出物流出，干燥后形成灰白色痂皮，如同涂上一层石灰，故又叫石灰脚病。若不及时治疗，可引起关节炎、趾骨坏死，影响生长发育和产蛋。

【防治措施】

（1）主要应搞好环境卫生，定期消毒环境，以杀死鸡螨。

（2）大群发生刺皮螨后，可用20%的杀灭菊酯乳油剂稀释4000倍，或0.25%敌敌畏溶液对鸡体喷雾，但应注意防止中毒。环境可用0.5%敌敌畏喷洒。对于感染膝螨的患鸡，可用0.03%蝇毒磷或20%杀灭菊酯乳油剂2000倍稀释液药浴或喷雾治疗，间隔7天，再重复1次。大群治疗可用0.1%敌百虫溶液，浸泡患鸡脚、腿4～5分钟，效果较好。

三、中毒病

（一）磺胺类药物中毒

磺胺类药物是治疗土鸡的细菌性疾病和球虫病的常用广谱抗菌药物。但是如果用药不当，尤其是使用肠道内容易吸收的磺胺类药物不当会引起急性或慢性中毒。

【病因】

鸡对磺胺类药物较为敏感，剂量过大或疗程过长等可引起中毒，如4周龄以下雏鸡较为敏感，采食含0.25%～1.5%磺胺嘧啶的饲料1周或口服0.5克磺胺类药物后，即可呈现中毒表现。

【临床症状和病理变化】

急性中毒主要表现为兴奋不安、厌食、腹泻、痉挛、共济失调、肌肉颤抖、惊厥，呼吸加快，短时间内死亡。慢性中毒（多见于用药时间太长）表现为食欲减退，鸡冠苍白，羽毛松乱，渴欲增加。有的病鸡头面部呈局部性肿胀，皮肤呈蓝紫色，时而便秘，时而下痢，粪呈酱色，产蛋鸡产蛋量下降，有的产薄壳蛋、软壳蛋，蛋壳粗糙、色泽变淡。

中毒鸡体的主要器官均有不同程度的出血，皮下、冠、眼睑有大小不等的斑状出血。胸肌是弥漫性斑点状或涂刷状出血，肌肉苍白或呈透明样淡黄色，大腿肌肉散在鲜红色出血斑；血液稀薄，凝固不良；肝肿大，有瘀血，呈紫红色或黄褐色，表面可见少量出血斑点或针头大的坏死灶，坏死灶中央凹陷呈深红色，周围灰色；肾肿大，土黄色，表面有紫红色出血斑；输尿管变粗，充满白色尿酸盐；腺胃和肌胃交界处黏膜有陈旧的紫红色或条状出血，腺胃黏膜和肌胃角质膜下有出血点等。

【防治措施】

（1）预防措施。严格掌握用药剂量及时间，一般用药不超过1周。拌料要均匀，适当可配以等量的碳酸氢钠，同时注意供给充足饮水；1周龄以内雏鸡或体质较弱和即将开产的蛋鸡应慎用；临床上应选用含有增效剂的磺胺类药物（如复方敌菌净、复方新诺明等），其用量小，毒性也较低。

（2）发病后措施。发现中毒，应立即停药并供给充足饮水；口服或饮用1%～5%碳酸氢钠溶液；可配合维生素C制剂和维生素K_3进行治疗。中毒严重的鸡可肌内注射维生素B_{12} 1～2微克或叶酸50～100微克。

（二）喹乙醇中毒

喹乙醇是一种具有抑菌促生长作用的药物，主要用于治疗肠道炎症、痢疾、巴氏杆菌病和促生长，生产中作为治疗药物和添加剂广泛应用。

【病因】

盲目加大添加量，或用药量过大，或混饲拌料不均匀而发生中毒。

【临床症状和病理变化】

病鸡精神沉郁，食欲减退，饮水减少，鸡冠暗红色，体温降低，神经麻痹，脚软，甚至瘫痪。死前常有抽搐、尖叫、角弓反张等症状。

解剖可见口腔有黏液，肌胃角质下层有出血点、血斑，十二指肠黏膜有弥漫性出血，腺胃及肠黏膜糜烂，冠状脂肪和心肌表面有散在的出血点；脾、肾肿大，质脆，肝肿大有出血斑点，血暗红、质脆，切面糜烂多汁；胆囊胀大，充满绿色胆汁。

【防治措施】

（1）预防措施。喹乙醇作为添加剂，使用量为25～35毫克/千克饲料；用于治疗疾病最大内服量：雏鸡30毫克/千克体重，成年鸡50毫克/千克体重，使用时间3～4天。

（2）治疗。一旦发现中毒，立即停药，供给硫酸钠水溶液饮水，然后再用5%的葡萄糖溶液或0.5%碳酸氢钠溶液，并按每只鸡加维生素C 0.3～0.5毫升饮水。

（三）马杜霉素中毒

马杜霉素（商品名杜球、抗球王等）是防治鸡球虫病常用的药物之一，近年来生产中中毒病例不断出现。

【病因】

（1）饲料混合不均匀。马杜霉素在规定的使用范围内安全可靠，无明显的毒性作用，马杜霉素推荐使用剂量为每吨饲料添加5克，有报道，用量达到7克/吨饲料时，鸡群即出现生长停止或少量中毒症状，达9克/吨饲料时可引起明显中毒。因此要求在拌料给药时必须混合均匀，但一般养禽场较难达到其混合要求。由于马杜霉素与饲料中其他组分的粒径相差很大，混合时应将马杜霉素与饲料成分逐级混匀，如果一次就将马杜霉素和各种饲料成分放在一起搅拌混合，会造成药物在饲料中分布不均匀而引起马杜霉素中毒。

（2）联合使用药物引起中毒。马杜霉素不能与某些抗生素和磺胺药联合使用。例如马杜霉素不能与红霉素、泰妙菌素以及磺胺二甲氧嘧啶、磺胺喹噁啉、磺胺氯哒嗪合用。马杜霉素与泰妙菌素合用即使在常量下也可引起中毒，因此与其他药物合用时应谨慎。

（3）重复用药产生中毒。马杜霉素在兽药市场上常以不同商品名出现，如杀球王、加福、杜球、抗球王等，但生产厂家在标签上没有标明其有效成分，造成饲养户在联合用药治疗球虫病时将多种马杜霉素制剂同时使用；或购买的饲料已加有马杜霉素，用户又添加导致饲料中药物含量高于推荐剂量，因剂量过大鸡食用后发生中毒。

（4）其他原因。养殖户常常有超剂量用药的习惯，不严格按照说明书上的使用方法及用量大小来使用，常常随意加大使用剂量，导致马杜霉素中毒。在使用溶液剂饮水给药时，天气炎热时鸡只的饮水量大，会造成摄入过量而中毒。

【临床症状和病理变化】

病初精神不振，吃料减少，羽毛松乱，饮水量增加，排水样稀粪，蹲卧或站立，走路不稳，继之症状加重，鸡冠、肉髯等处发绀或紫黑色。精神高度沉郁或昏迷，脚软瘫痪，匍匐在地或侧卧，两腿向后直伸，排黄白色水样稀粪增多，中毒鸡明显失水消瘦，部分鸡死前发生全身性痉挛。

剖检死鸡呈侧卧状，两腿向后直伸，肌肉明显失水，肝脏暗红色或黑红色，无明显肿大，胆囊多充满黑绿色胆汁，心外膜有小出血斑点，腺胃黏膜充血、水肿，肠道水肿、出血，尤以十二指肠为重，肾肿大、瘀血，有的有尿酸盐沉积。

【防治措施】

（1）预防措施。马杜霉素和饲料混合时，采用粉料配药，逐级稀释法混合，使马杜霉素和饲料充分混匀；查明所用抗球虫药的主要成分，避免重复用药或与其他聚醚类药物同时使用，造成中毒；购买饲料时要查询饲料中是否加有马杜霉素；使用马杜霉素治疗球虫病时，严格按照说明书上的使用方法及用量来使用，不要随意加大使用剂量；在使用溶液剂饮水给药时，要注意天气炎热时鸡只的饮水量大，应适当降低饮水中的药物浓度，以免造成摄入过量而中毒。

（2）治疗措施。立即停喂含马杜霉素的饲料，饮服水溶性电解质多种维生素(如苏威多维)，并按5%浓度加入葡萄糖及0.05%维生素粉，对排除毒物，减轻症状，提高鸡的抗病力有一定效果。用中药绿豆、甘草、金银花、车前草等煎水，供中毒家禽自由饮用。中毒严重的鸡只隔离饲养，在口服给药的同时，每只皮下注射含50毫克维生素C的5%葡萄糖生理盐水5～10毫升，每日2次。但中毒量大者仍不免死亡。

（四）黄曲霉毒素中毒

黄曲霉毒素中毒是鸡的一种常见的中毒病，该病是由发霉饲料中霉菌产生的毒素引起的。病的主要特征是危害肝脏，影响肝功能，导致肝脏变性、出血和坏死，腹水，脾肿大及消化障碍等，并有致癌作用。

【病因】

黄曲霉菌是一种真菌，广泛存在于自然界中，在温暖潮湿的环境中最易生长繁殖，其中有些毒株可产生毒力很强的黄曲霉毒素。当各种饲料成分（谷物、饼类等）或混合好的饲料被这种霉菌污染后，便可引起发霉变质，并含有大量黄曲霉毒素。家鸡食用这种饲料可引起中毒，其中以幼龄的鸡、鸭和火鸡，特别是2～6 周龄的雏鸡最为敏感，饲料中只要含有微量毒素，即可引起中毒，且发病后较为严重。

【临床症状和病理变化】

2～6周龄雏鸡敏感，表现为沉郁，嗜睡，食欲减退，消瘦，贫血，鸡冠苍白，虚弱，尖叫，拉淡绿色稀粪，有时带血，腿软不能站立，翅下垂。成鸡耐受性稍高，多为慢性中毒。症状与雏鸡相似，但病程较长，病情和缓，产蛋减少或开产推后，个别可发生肝癌，呈极度消瘦的恶病质而死亡。

急性中毒，剖检可见肝充血、肿大、出血及坏死，色淡呈苍白色，胆囊充盈。肾苍白肿大。胸部皮下、肌肉有时出血。慢性中毒时，常见肝硬化，体积缩小，颜色发黄，并有白色点状或结节状病灶。个别可见肝癌结节，伴有腹水，心肌色淡，心包积水，胃和嗉囊有溃疡，肠道充血、出血。

【防治措施】

平时搞好饲料保管，注意通风，防止发霉。不用霉变饲料喂鸡。为防止发霉，可用福尔马林对饲料进行熏蒸消毒。

目前对本病还无特效解毒药，发病后应立即停喂霉变饲料，更换新料，饮服5%葡萄塘水。用2%次氯酸钠对鸡舍内外进行彻底消毒。中毒死鸡要销毁或深埋，不能食用。鸡粪便中也含有毒素，应集中处理，防止污染饲料、饮水和环境。

（五）棉籽饼中毒

棉籽经处理提取棉籽油后，剩下的棉籽饼是一种低廉的蛋白质饲料，如果棉籽蒸炒不充分，加工调制不好，棉酚不能完全被破坏，吃过多这种棉籽饼可引起中毒。棉酚是一种血液毒和原浆毒，对神经、血管均有毒性作用，可引起胃及肾脏严重损坏。

【临床症状和病理变化】

病鸡食欲减退，消瘦，四肢无力，抽搐。冠和髯发绀，最后呼吸困难，衰竭而死。剖检有明显的肠炎，肝、肾退行性变化。肺水肿，心外膜出血，胸腹腔积液。

【防治措施】

用棉籽饼喂鸡时，应先脱毒再用，雏鸡最好不超过2%~3%，成鸡不超过5%~7%。鸡群中毒时，应立即停喂棉籽饼，并对症治疗。

（六）食盐中毒

食盐是土鸡维持正常生理活动所必不可缺少的物质之一，适量的食盐有增进食欲、增强消化机能、促进代谢等重要功能，但鸡对其敏感，尤其是幼鸡。鸡对食盐的需要量，约占饲料的0.25%~0.5%，以0.37%最为适宜，若过量，则极易引起中毒甚至死亡。

【病因】

饲料配合时食盐用量过大，或使用的鱼粉中有较高盐量，配料时又添加食盐，限制饮水不当；或饲料中其他营养物质，如维生素E、Ca、Mg及含硫氨基酸缺乏，而引起增加食盐中毒的敏感性。

【临床症状和病理变化】

病鸡的临床表现为燥渴而大量饮水，惊慌不安地尖叫，口鼻内有大量的黏液流出，嗉囊软肿，拉水样稀粪，运动失调，时而转圈，时而倒地，步态不稳，呼吸困难，虚脱，抽搐，痉挛，昏睡而死亡。

剖检可见皮下组织水肿，食道、嗉囊、胃肠黏膜充血或出血，腺胃表面形成假膜；血黏稠、凝固不良；肝大，肾变硬，色淡。病程较长者，还可见肺水肿，腹腔和心包囊中有积水，心脏有针尖状出血点。

【防治措施】

（1）严格控制饲料中食盐的含量，尤其对幼鸡，一方面严格检测饲料原料鱼粉或其副产品的盐分含量；另一方面配料时加食盐也要求粉细，混合要均匀，平时要保证充足的新鲜洁净饮用水。

（2）发现中毒后立即停喂原有饲料，换无盐或低盐分易消化饲料至康复；供给病鸡5%的葡萄糖或红糖水以利尿解毒，病情严重者另加0.3%～0.5%醋酸钾溶液饮水，可逐只灌服。中毒早期服用植物油，缓泻可减轻症状。

四、其他疾病

（一）中暑

中暑是日射病和热射病的总称。鸡长时间在烈日下暴晒，头部血管会扩张而引起脑及脑膜急性充血，导致中枢神经系统机能障碍，称为日射病。鸡在闷热环境中因散热困难而造成体内过热，引起中枢神经系统、循环系统和呼吸系统机能障碍，称为热射病，又称热衰竭。本病多见于酷暑炎热季节，特别是大规模密集型笼养鸡容易发生，果园林地散养土鸡较少发生。

【病因】

由于禽类皮肤缺乏汗腺，体表覆盖厚厚的羽毛，主要靠蒸发进行散热，散热途径单一。因此，当家禽长时间在烈日下暴晒，或高温高湿环境中长时间闷热、拥挤、通风不良并得不到足够饮水，或装在密闭、拥挤的车辆内长途运输时，鸡体散热困难，产热不能及时散失，引起本病发生。

【临床症状和病理变化】

本病常突然发生，急性经过。日射病的患鸡表现为体温升高，烦躁不安，然后精神迟钝，足部麻木，体躯、颈部肌肉痉挛，常在几分钟内死亡。剖检可见脑膜充血、出血，大脑充血、水肿及出血。热射病患鸡除可见体温升高外，还表现为呼吸困难、加快，张口喘气，翅膀张开下垂，很快眩晕，步态不稳或不能站立，大量饮水，虚脱，易引起惊厥而死亡。剖检可见尸僵缓慢，血液呈紫黑色，凝固不良，全身瘀血，心外膜、脑部出血。

【防治措施】

（1）预防措施。夏季应在鸡舍及运动场上搭置凉棚，供鸡只活动或栖息，避免鸡特别是雏鸡长时间受到烈日暴晒，高温潮湿时更应注意；舍内饲养特别是笼养，加强夏季防暑降温，避免舍内温度过高；做好遮阳、通风工作，必要时进行强制通风，安装湿帘通风系统；降低饲养密度；保证供足饮水等。

（2）治疗。发生日射病时迅速将鸡只转移到无日光处，但禁止冷浴；热射病时使鸡只很快处于阴凉的环境中，以利于降温散热，同时给予清凉饮水，也可将鸡只放入凉水中稍作冷浴。

（二）恶食癖

恶食癖又叫啄癖、异食癖或同类残食症，是指啄肛、啄趾、啄蛋、啄羽等恶癖，大小鸡都可发生，以群养鸡多见。啄肛癖危害最大，常致被啄的鸡死亡。

【病因】

恶食癖发生的原因很复杂，主要有三方面：一是饲养管理不善。如鸡群密度过大，由于拥挤使其形成烦躁、好斗性格；成年母鸡因产蛋箱、窝太少、简陋或光线太强，产蛋后不能较好休息使子宫难以复位或鸡过肥导致子宫复位时间太久，红色的子宫在外边裸露引起啄癖发生。二是饲料营养不足。如食盐缺乏，鸡就寻求咸味食物，引起啄肛、啄肉。缺乏蛋氨酸、胱氨酸时，鸡就啄毛、啄蛋，特别是高产鸡群。某些矿物质和维生素缺乏、饲料粗纤维含量太低或限饲时，处于饥饿状态下等，都易发生本病。三是一些外寄生虫病。如虱、螨等因局部发痒，而致使鸡只不断啄叼患部，甚至啄叼破溃出血，引起恶食癖。四是遗传因素。白壳蛋鸡啄癖的发生率较高，特别是刚开产的新母鸡，啄肛引起病残和死亡的较多，而褐壳蛋鸡较少。

【防治措施】

（1）预防措施。雏鸡在7～10日龄进行断喙。育成阶段再补充断喙一次。上喙断1/2，下喙断1/3，雏鸡上下喙一齐切，断喙后的成年鸡喙呈浑圆形，短而弯曲。还要保持适宜环境。平养鸡舍产蛋前要将产蛋箱或窝准备好，每4～5只母鸡设置一个产蛋箱，样式要一致；产蛋箱宽敞，使鸡伏卧其内不露头尾，并放置于较安静处；饲养密度不宜过大，光照不要太强。饲料营养要全面。饲料中的蛋白质、维生素和微量元素要充足，各种营养素之间要平衡。

（2）发生时措施。

1）可将蔬菜、瓜果或青草吊于鸡群头顶，以转移其注意力。啄肛严重时，可将鸡群关在舍内暂时不放，换上红灯泡，糊上红窗纸，使鸡看不出肛门的红色，这样可制止啄肛，待过几天啄癖消失后，再恢复正常饲养管理。

2）可在饲料中添加羽毛粉、蛋氨酸、啄肛灵、硫酸亚铁、核黄素和生石膏等。其中以生石膏效果较好，按2%～3%加入饲料喂半月左右即可。

3）为防止啄肛，可将饲料中食盐含量提高到2%，连喂2天，并保证足够的饮水。切不可将食盐加入饮水，因为鸡的饮水量比采食量大，易引起中毒，而且越饮越渴，越渴越饮。

4）近年来研制出一种鸡鼻环，适用于成鸡，当发生恶食癖时，给全部鸡戴上，便可防止啄肛发生。

第八章　土鸡场的经营管理

经营管理就是通过对人、财、物等生产要素和资源进行合理的配置、组织、使用，以最少的消耗获得尽可能多的产品产出和最大的经济效益。鸡场科学的经营管理可以提高资源的利用效益和劳动生产率，增加生产效益。

第一节　计划管理

计划管理就是根据鸡场确定的目标，制订各种计划，用以组织协调全部的生产经营活动，达到预期的目的和效果。只有加强计划管理，才能保证决策的有效贯彻落实。生产计划是鸡场计划体系中的一个核心计划，鸡场应制订详尽的生产计划。

一、生产周期

土鸡场要制订计划，必须了解土鸡场的生产周期，见图8-1。

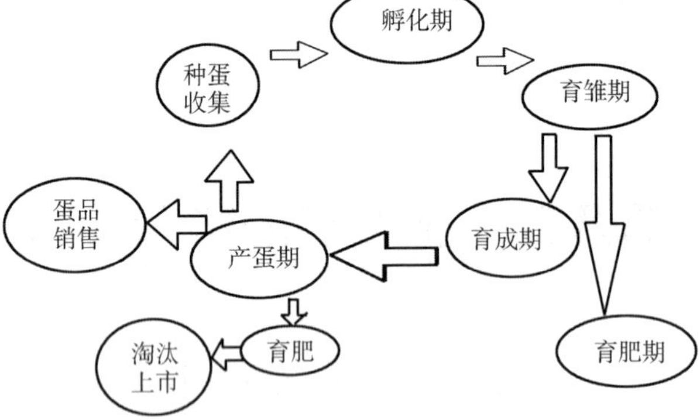

图8-1　土鸡场的生产周期图

二、计划制订

（一）鸡群周转计划

鸡群周转计划是制订其他各项计划的基础，只有制订好周转计划，才能制订饲料计划、产品计划和引种计划。制订鸡群周转计划，应综合考虑鸡舍、设备、人力、成活率、鸡群的淘汰和转群移舍时间、数量等，既保证各鸡群的增减和周转能够完成规定的生产任务，又最大限度地降低各种劳动消耗，见图8-2。

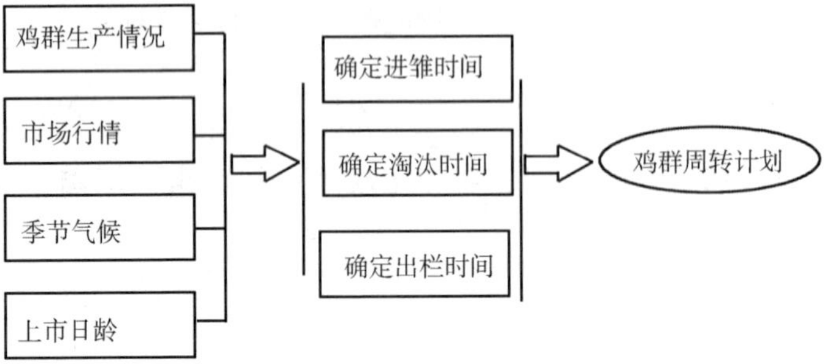

图8-2　土鸡场鸡群的周转计划

（二）产品计划

计划经济条件下的传统产量计划，是依据鸡群周转计划而制订的。而市场经济条件下必须反过来计算，即以销定产，以产量计划倒推鸡群周转计划。根据土鸡场不同产品产量，计划可以细分为商品蛋计划、肉鸡出栏计划等。

（二）饲料计划

各种生长鸡的日耗量不同，产蛋鸡的平均日耗料量是稳定的。有了周转计划，就可以制订饲料消耗计划。

（三）疫病防治计划

鸡场疫病防治计划是指一个年度内对鸡群疫病防治所做的预先安排。鸡场的疫病防治是保证其生产效益的重要条件，也是实现生产计划的基本保证。鸡场实行“预防为主，防治结合”的方针，建立一套综合性的防疫措施和制度。其内容包括鸡群的定期检查、鸡舍消毒、各种疫苗的定期注射、病鸡的资料与隔离等。对各项防疫制度要严格执行，定期检查。

（四）资金使用计划

有了生产销售计划、饲料供应计划等计划后，资金使用计划也就必不可少了。资金使用计划是经营管理计划中非常关键的一项工作，做好计划并顺利实施，是保证企业健康发展的关键。资金使用计划的制订应依据有关生产等计划，本着节省开支，并最大限度地提高资金使用效率的原则，精打细算，合理安排，科学使用，既不能让资金长时间闲置，造成资金资源浪费，又要保证生产所需资金及时足额到位。在制订资金计划中，对鸡场自有资金要统筹考虑，尽量盘活资金，不要造成自有资金沉淀。对企业发展所需贷款，经可行性研究，认为有效益，项目可行，就要大胆贷款，破除“企业不管发展快慢，只要没有贷款就是好企业”的传统思想，要敢于并善于科学合理地运用银行贷款，加快规模化鸡场的发展。一个企业只要其资产负债率保持在合理的范围内，都是可行的。

第二节　记录管理

记录管理就是将土鸡场生产经营活动中的人、财、物等消耗情况及有关事情记录在案，并进行规范、计算和分析。记录可以反映土鸡场生产经营活动的状况，是经济核算的基础，是提高土鸡场管理水平和效益的保证，所以，土鸡场必须加强记录管理。

一、土鸡场记录的原则

土鸡场记录的原则见图 8 – 3 。

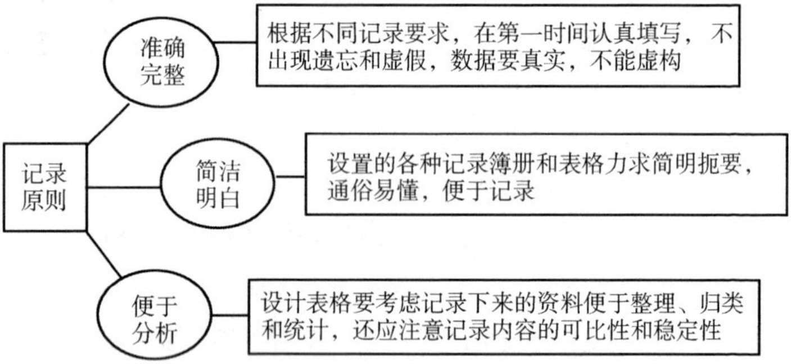

图8–3　土鸡场记录的原则

二、记录的内容

鸡场记录的内容因鸡场的经营方式与所需的资料而有所不同，一般应包括以下内容。

（一）生产记录

生产记录包括鸡群生产情况记录（鸡的品种、饲养数量、饲养日期、死亡淘汰、产品产量等）、饲料记录（将每日不同鸡群或以每栋或栏或群为单位所消耗的饲料按其种类、数量及单价等记载下来）、劳动记录（记载每天出勤情况，工作时数、工作类别以及完成的工作量、劳动报酬等）。

（二）财务记录

财务记录包括收支记录（出售产品的时间、数量、价格、去向及各项支出情况）、资产记录（固定资产类，包括土地、建筑物、机器设备等的占用和消耗；库存物资类，包括饲料、兽药、在产品、产成品、易耗品、办公用品等的消耗数、库存数量及价值；现金及信用类，包括现金、存款、债券、股票、应付款、应收款等）。

（三）饲养管理记录

饲养管理记录包括饲养管理程序及操作记录（饲喂程序、光照程序、鸡群的周转、环境控制等记录）、疾病防治记录（包括隔离消毒情况、免疫情况、发病情况、诊断及治疗情况、用药情况、驱虫情况等）。

三、记录表格及报表

鸡场记录表格及报表见表8-1至表8-10。

表8-1　产蛋和饲料消耗记录

品种＿＿＿＿＿　　　鸡群号＿＿＿＿＿　　　填表人＿＿＿＿＿

日期	日龄	鸡数/只	死亡淘汰/只	饲料消耗/千克		产蛋量				饲养管理情况	其他情况
				总耗量	只耗量	数量/枚	重量/千克	破蛋率/%	每只日产蛋量/克		

表8-2　疫苗购、领记录表　　填表人：

购入日期	疫苗名称	规格	生产厂家	批准文号	生产批号	来源（经销点）	购入数量	发出数量	结存数量

表8-3　饲料添加剂、预混料、饲料购、领记录表　　填表人：

购入日期	名称	规格	生产厂家	批准文号或登记证号	生产批号或生产日期	来源（生产厂家或经销点）	购入数量	发出数量	结存数量

表8-4　疫苗免疫记录表　　填表人：

免疫日期	疫苗名称	生产厂家	免疫动物批次日龄	栋、栏号	免疫数/只	免疫次数	存栏数/只	免疫方法	免疫剂量（毫升/只）	耳标佩带数（个）	责任兽医

表8-5　消毒记录表　　填表人：

消毒日期	消毒药名称	生产厂家	消毒场所	配制浓度	消毒方式	操作者

表8-6　土肉鸡周报表

周龄	存栏数/只	死亡数/只	淘汰数/只	死亡淘汰率/%	累计死亡淘汰数/只	累计死亡淘汰率/%	耗料/千克	累计耗料/千克	只日耗料/克	体重/克	周料肉比	备注
1												
2												
3												
4												
5												
6												
7												
8												

注：根据日报内容每周末要做好周报表的填写。

表8-7 鸡群免疫记录表

日龄	日期	疫苗名称	生产厂家	批号、有效期限	免疫方法	剂量	备 注

注：每次免疫后要将免疫情况填入免疫记录表。

表8-8 鸡群用药记录表

日龄	日期	药名及规格	生产厂家	剂量	用途	用法	备注

表8-9 肉鸡出栏后体重报表

车序号	筐数/筐	数量/只	总重/千克	平均体重/千克	预收入/元	实收入/元	肉联厂只数/只
1							
2							
3							
4							
5							
6							
7							
8							
9							
10							
合计							

表8-10　收支记录表格

收入		支出		备注
项目	金额/元	项目	金额/元	
合计				

【提示】通过对鸡场的记录进行整理、归类，可以进行记录分析。分析是通过一系列分析指标的计算来实现的。利用成活率、母鸡存活率、蛋重、日产蛋率、饲料转化率等技术效果指标，分析生产资源的投入和产出产品数量的关系，以及各种技术的有效性和先进性。利用经济效果指标分析生产单位的经营效果和赢利情况，为鸡场的生产提供依据。

第三节　资产管理

一、流动资产管理

流动资产是指可以在一年内或者超过一年的一个营业周期内变现或者运用的资产，是企业生产经营活动的主要资产。流动资产主要包括鸡场的现金、存款、应收款及预付款、存货（原材料、在产品、产成品、低值易耗品）等，其周转状况影响产品的成本。

（一）流动资产的特征

1.占有形态的变动性

随着生产的进行，流动资产由货币形态转化为材料物资形态，再由材料物资形态转化为在产品和产成品形态，最后由产成品形态转化为货币形态，这种周而复始的循环运动，形成了流动资产的周转。

2.占有数量的波动性

流动资产在企业再生产过程中，随着供、产、销的变化，占有的数量有高有低，起伏不定，具有波动性。因此，鸡场要综合考虑流动资产的资金来源和供应方向，合理使用和安排资金，以达到供需平衡。

3.循环与生产周期的一致性

流动资产在企业再生产过程中是不断循环着的，它是随着供应、生产、销售三个过程的固定顺序，由一种形态转化为另一种形态，不断地进行循环，与生产周期保持高度的一致性。

（二）加快流动资产周转措施

一是加强采购物资的计划性，防止盲目采购，合理地储备物质，避免积压资金，加强物资的保管，定期对库存物资进行清查，防止鼠害和霉烂变质；二是科学地组织生产过程，采用先进技术，尽可能缩短生产周期，节约使用各种材料和物资，减少在产品资金占用量；三是及时销售产品，缩短产成品的滞留时间；四是及时清理债权债务，加速应收款限的回收，减少成品资金和结算资金的占用量。

二、固定资产管理

固定资产是指使用年限在1年以上，单位价值在规定的标准以上，并且在使用中长期保持其实物形态的各项资产。鸡场的固定资产主要包括建筑物、道路、产蛋鸡以及其他与生产经营有关的设备、器具、工具等。

（一）固定资产特征

1.完成一次循环的周转时间长

固定资产一经投产，其价值随着磨损程度逐渐转移与补偿，经过多个生产周期，才完成全部价值的一次循环。其循环周期的长短，不仅取决于决定固定资产使用时间长短的自身物理性能的耐用程度，而且取决于经济寿命，因科学技术的发展趋势，需从经济效果上考虑固定资产的经济使用年限。

2.投资是一次全部支付，回收是分次的逐步的

这就要求在决定固定资产投资时，必须进行科学的、周密的规划和设计，除了研究投资项目的必要性外，还必须考虑技术上的可能性和经济上的合理性。

3.固定资产的价值补偿和实物更新是分别进行的

固定资产的价值补偿是逐渐完成的，而实物更新利用经多次价值补偿积累的货币准备基金来实现。固定资产的价值补偿是其实物更新的必要条件，不积累足够的货币准备基金就没有可能实现固定资产的实物更新。因此，鸡场应有计划地提取、分配和使用固定资产的折旧基金。

（二）固定资产的折旧

固定资产在长期使用过程中，在物质上要受到磨损，在价值上要发生损耗。固定资产的损耗分为有形损耗和无形损耗两种。有形损耗是指固定资产由于使用或者自然力的作用，在物质上发生的磨损。无形损耗是由于劳动生产率提高和科学技术进步而引起的固定资产价值的损失。固定资产在使用过程中，由于损耗而发生的价值转移，称为折旧，由于固定资产损耗而转移到产品中去的那部分价值叫折旧费或折旧额，用于固定资产的更新改造。

1.平均年限法

它是根据固定资产的使用年限，平均计算各个时期的折旧额，因此也称直线法。其计算公式：

$$固定资产年折旧额=\frac{固定资产原值-（预计残值-清理费用）}{固定资产预计使用年限}$$

$$固定资产年折旧率=\frac{（固定资产年折旧额）}{固定资产原值}\times 100\%$$

$$=\frac{（1-净残值率）}{折旧年限}\times 100\%$$

2.工作量法

它是按照使用某项固定资产所提供的工作量，计算出单位工作量平均应计提折旧额后，再按各期使用固定资产所实际完成的工作量，计算应计提的折旧额。这种折旧计算方法，适用于一些机械等专用设备。其计算公式：

$$单位工作量折旧额=\frac{（固定资产原值-预计净残值）}{总工作量}$$

（三）提高固定资产利用效果的途径

一是根据轻重缓急，合理购置和建设固定资产，把资金使用在经济效果最大且在生产上迫切需要的项目上；二是购置和建造固定资产要量力而行，做到与单位的生产规模和财力相适应；三是各类固定资产务求配套完备，注意加强设备的通用性和适用性，使固定资产能充分发挥效用；四是建立严格的使用、保养和管理制度，对不用的固定资产应及时采取措施，以免浪费，注意提高机器设备的时间利用强度和它的生产能力的利用程度。

第四节　成本和赢利核算

产品的生产过程，同时也是生产的耗费过程。企业要生产产品，就要发生各种生产耗费。生产过程的耗费包括劳动对象（如饲料）的耗费、劳动手段（如生产工具）的耗费以及劳动力的耗费等。企业为生产一定数量和种类的产品而发生的直接材料费（包括直接用于产品生产的原材料、燃料动力费等）、直接人工费用（直接参加产品生产的工人工资以及福利费）和间接制造费用的总和构成产品成本。

【注意】产品成本是一项综合性很强的经济指标，它反映了企业的技术实力和整个经营状况。鸡场的品种是否优良，饲料质量的好坏，饲养技术水平的高低，固定资产利用的好坏，人工耗费的多少等，都可以通过产品成本反映出来。所以，鸡场通过成本和费用核算，可发现成本升降的原因，降低成本费用耗费，提高产品的竞争能力和盈利能力。

一、做好成本核算的基础工作

（一）建立健全各项原始记录

原始记录是计算产品成本的依据，直接影响产品成本计算的准确性。如原始记录不实，就不能正确反映生产耗费和生产成果，就会使成本计算变为“假账真算”，成本核算就失去了意义。所以，饲料、燃料动力的消耗、原材料、低值易耗品的领退，生产工时的耗用，畜禽变动、畜群周转、畜禽死亡淘汰、产出产品等原始记录都必须认真如实地登记。

（二）建立健全各项定额管理制度

鸡场要制定各项生产要素的耗费标准（定额）。不管是饲料、燃料动力，还是费用工时、资金占用等，都应制定比较先进、切实可行的定额。定额的制定应建立在先进的基础上，对经过十分努力仍然达不到的定额标准或不需努力就很容易达到定额标准的定额，要及时进行修订。

（三）加强财产物质的计量、验收、保管、收发和盘点制度

财产物资的实物核算是其价值核算的基础。做好各种物资的计量、收集和保管工作，是加强成本管理、正确计算产品成本的前提条件。

二、鸡场成本的构成项目

土鸡场成本构成项目见图8-4。从构成成本比重来看，饲料费（指饲养过程中耗用的自产和外购的混合饲料和各种饲料原料）、雏鸡或育成鸡的培育费（从雏鸡出壳养到140天的所有生产费用。如购买育成新母鸡按买价计算，自己培育的按培育成本计算）、劳务费（从事养鸡的生产管理劳动，包括饲养、清粪、捡蛋、防疫、捉鸡、消毒、购物运输等所支付的工资、资金、补贴和福利等）、固定资产折旧维修费（指禽舍、笼具和专用机械

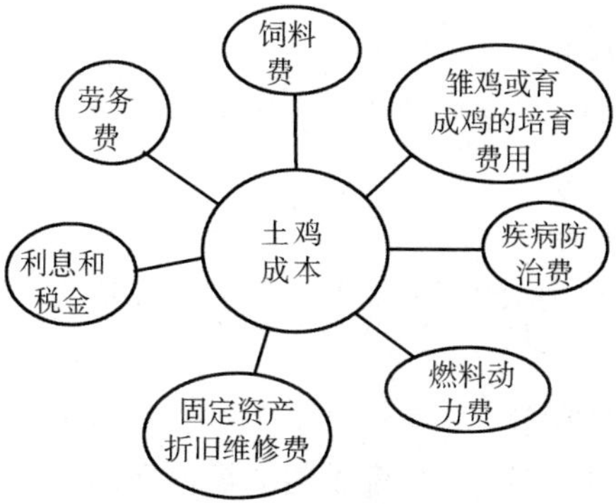

图8-4　成本构成项目

设备等固定资产的基本折旧费及修理费）价额较大，是成本项目构成的主要部分，应当重点控制。

三、成本的计算方法

（一）分群核算

分群核算的对象是每种畜的不同类别，如蛋鸡群、育雏群、育成群、肉鸡群等，按鸡群的不同类别分别设置生产成本明细账户，分别归集生产费用和计算成本。土鸡场的主产品是鲜蛋、种蛋、毛鸡，副产品是粪便和淘汰鸡的收入。鸡场的饲养费用包括育成鸡的价值、饲料费用、折旧费、人工费等。

1.鲜蛋成本

每千克鲜蛋成本（元/千克）=［蛋鸡生产费用–蛋鸡残值–非鸡蛋收入（包括粪便、死淘鸡等收入）］÷入舍母鸡总产蛋量（千克）

2.种蛋成本

每枚种蛋成本（元/枚）=［种鸡生产费用–种鸡残值–非种蛋收入（包括鸡粪、商品蛋、淘汰鸡等收入）］÷入舍种母鸡出售种蛋数

3.雏鸡成本

每只雏鸡成本=（全部的孵化费用－副产品价值）÷成活一昼夜的初禽只数

4.鸡肉成本

每千克鸡肉成本=（基本鸡群的饲养费用－副产品价值）÷禽肉总重量

5.育雏鸡成本

每只育雏鸡成本=（育雏期的饲养费用－副产品价值）÷育雏期存活的雏鸡数

6.育成鸡成本

每只育成鸡成本=（育雏育成期的饲养费用－粪便、死淘鸡收入）÷育成期存活的鸡数

（二）混群核算

混群核算的对象是每类畜禽，如牛、羊、猪、鸡等，按畜禽种类设置生产成本明细账户归集生产费用和计算成本。资料不全的小规模鸡场常用。

1.种蛋成本

每个种蛋成本=［期初存栏种鸡价值+购入种鸡价值+本期种鸡饲养费–期末种鸡存栏价值－出售淘汰种鸡价值－非种蛋收入（商品蛋、鸡粪等收入）］÷本期收集种蛋数

2.鸡蛋成本

每千克鸡蛋成本=［期初存栏蛋鸡价值+购入蛋鸡价值+本期蛋鸡饲养费用－期末蛋鸡存栏价值－淘汰出售蛋鸡价值－鸡粪收入］÷本期产蛋总重量

3.肉鸡成本

每千克鸡肉成本=［期初存栏鸡价值+购入鸡价值+本期鸡饲养费用－期末鸡存栏价值－淘汰出售鸡价值－鸡粪收入］÷本期鸡肉总重量

四、赢利核算

赢利核算是对鸡场的赢利进行观察、记录、计量、计算、分析和比较等工作的总称。所以赢利也称税前利润。赢利是企业在一定时期内的货币表现的最终经营成果，是考核企业生产经营好坏的一个重要经济指标。

其计算公式：

赢利=销售产品价值－销售成本=利润+税金

销售收入利润率=产品销售利润÷产品销售收入×100%

【提示】销售收入利润率是表明产品销售利润在产品销售收入中所占的比重，数值越高，经营效果越好。

销售成本利润率计算公式：

销售成本利润率=产品销售利润÷产品销售成本×100%

【提示】销售成本利润率是反映生产消耗的经济指标，在畜产品价格、税金不变的情况下，产品成本愈低，销售利润愈多，其值愈高。

资金利润率计算公式：

资金利润率=利润总额÷流动资金和固定资金的平均占用额×100%

【提示】资金利润率是把利润和占用资金联系起来，反映资金占用效果，具有较大的综合性。

第五节 土鸡场的产品销售管理

土鸡场的销售管理包括销售市场调查、销售预测和决策、营销策略及计划的制订、促销措施的落实、市场的开拓、产品售后服务等。市场营销需要研究消费者的需求状况及其变化趋势，在保证产品产量和质量不断提高的前提下，利用各种机会、各种渠道刺激消费、推销产品。品牌建设和拓宽销售渠道是促进销售的基本工作。

一、建立品牌

“品牌”是一种无形资产，“品牌”有利于提升企业的信誉度和生产产品的档次，可以极大地促进产品销售。企业品牌的建设，首先要以诚信为先，没有诚信则“品牌”无从谈起，其次要以产品质量和产品特色为核心，才能培育消费者的信誉认知度，企业产品才有市场占有率和经济效益。

（一）产品形象设计

消费者在看到企业出售的土鸡产品时，最先看到的是其形象包装，形象包装是否可以激发食欲非常重要，因此需要对土鸡产品进行全方位的形象策划包装。土鸡产品品牌形象包装首先要进行形象设计，对企业的标志形象、外包装袋和包装盒等进行全方位形象设计。在品牌图形、文字、色彩等的选择上要有辨识度，能够让消费者印象深刻。

（二）品牌宣传

品牌建设的关键在于品牌的营销运营，提升土鸡产品的品牌知名度，这就需要对该品牌进行全面的宣传。要让更多消费者知道有这个优质的土鸡产品，就需要对该产品品牌进行全面的宣传。在如今的互联网时代，土鸡产品企业若要快速提升品牌知名度，必须借助互联网进行土鸡产品品牌快速传播。比如，可以通过与知名的美食公众号、旅行公众号等进行合作，发布土鸡产品以及品牌的相关信息，包括如何养殖、如何加工制作、与其他同类产品的差异性等，通过这种方式能够进一步提升土鸡产品品牌的知名度。

（三）品牌形象维护

在销售土鸡产品的同时，给予消费者意料之外的贴心服务，也是很好的品牌宣传。比如设计与产品生产相关的明信片，赠送一些新产品或者其他小赠品，耐心了解消费者的需求，适时安排一些产品的促销活动，提升消费者的满意度，加深消费者对品牌的了解和认可。坚决制定和执行肉品市场准入等规章制度，严防假冒伪劣产品在市场上流通和破坏市场运行秩序的行为等。

（四）品牌提升

现如今行业更新迭代的速度非常快，必须注重土鸡产品品牌的提升，比如推广先进饲养管理技术，保证土鸡产品绿色健康，研发新型特色土鸡产品等，提升产品质量。

二、拓宽销售渠道

（一）线下直销

直接销售给周边的消费者或开一间专卖店进行销售，虽然销量有限，但有利于产品宣传，打响招牌。可以和附近市场的商贩或各大酒店、商场的采购部门达成合作销售的协议，也可以选择和一些比较热门的农村旅游项目合作，给他们提供和土鸡近距离接触的游玩项目，甚至可以现场烹宰食用。

（二）网络直销

网络销售是充分利用现代网络通信技术和信息交换技术，以近乎面对面交流的方式，更方便迅捷地在网络空间里完成市场交易的各项过程。如通过打造IP的方式，在网上注册账号或利用微信群，把自己养土鸡的所有过程通过短视频和小视频的方式拍下来，上传相关网站，借助网络的力量让更多的人认识和了解。

（三）电子商务销售

规模化企业可以利用电子商务平台进行销售。电子商务平台应同时具备禽产品质量监控检测以及销售的功能，需要生产销售方、第三方检测机构和大型卖场等多方联合。

电子商务平台一般包含两大功能：一是生产环节的质量监控。对于养殖和用药环节的监管就是要让大众可以通过登录电子平台，查询平台联盟企业的土鸡养殖及用药的情况。二是销售功能。电子平台的目的是让消费者能够通过查询土鸡养殖参数及产品的药残指标，可以安心购买。同时，平台联合大型卖场，让消费者可以足不出户在线上下单，与平台合作的物流公司送货到家，方便快捷。

注意电子商务平台的运营维护：一是平台内合作的企业要建立统一的监控标准和检测标准。二是电子商务物流管理。对平台上所流通产品的分类、包装、运输等环节进行协调，监控和发布相关产品的物流信息，构成完整的流通链。三是交易信用管理。用于电子平台上的用户管理，记录好用户的购物记录并进行有效分析，保护消费者交易信息，确保在线交易的安全。

附　录

附录1　中国饲料成分及营养价值表（2023年 第34版）

具体内容见附表1-1~附表1-5。

附表1-1　饲料描述及干物质含量

序号	饲料名称	饲料描述	中国饲料号CFN	干物质/%
1	玉米 corn grain	成熟，高蛋白，优质	4-07-0278	88.0
2	玉米corn grain	成熟，高赖氨酸，优质	4-07-0288	86.0
3	玉米corn grain	成熟，GB/T 17890-2008 1级	4-07-0279	86.0
4	玉米corn grain	成熟，GB/T 17890-2008 2级	4-07-0280	86.0
5	高粱sorghum grain	成熟，NY/T 1级	4-07-0272	88.0
6	小麦wheat grain	混合小麦，成熟，GB 1351-2008 2级	4-07-0270	88.0
7	大麦（裸）naked barley grain	裸大麦，成熟，GB/T 11760-2008 2级	4-07-0274	87.0
8	大麦（皮）barley grain	皮大麦，成熟，GB 10367-89 1级	4-07-0277	87.0
9	黑麦rye	籽粒，进口	4-07-0281	88.0
10	稻谷paddy	成熟，晒干，NY/T 2级	4-07-0273	86.0
11	糙米rough rice	除去外壳的大米，GB/T 18810-2002 1级	4-07-0276	87.0

续表

序号	饲料名称	饲料描述	中国饲料号CFN	干物质/%
12	碎米broken rice	加工精米后的副产品 GB/T 5503-2009 1级	4-07-0275	88.0
13	粟（谷子）millet grain	合格，带壳，成熟	4-07-0479	86.5
14	木薯干cassava tuber flake	木薯干片，晒干GB 10369-89 合格	4-04-0067	87.0
15	甘薯干sweet potato tuber flake	甘薯干片，晒干 NY/T 121-1989合格	4-04-0068	87.0
16	次粉wheat middling and red dog	黑面，黄粉，下面 NY/T 211-92 1级	4-08-0104	88.0
17	次粉wheat middling and red dog	黑面，黄粉，下面 NY/T 211-92 2级	4-08-0105	87.0
18	小麦麸wheat bran	传统制粉工艺 GB 10368-89 1级	4-08-0069	87.0
19	小麦麸wheat bran	传统制粉工艺 GB 10368-89 2级	4-08-0070	87.0
20	米糠rice bran	新鲜，不脱脂 NY/T 2级	4-08-0041	87.0
21	米糠饼rice bran meal(exp.)	未脱脂，机榨 NY/T 1级	4-10-0025	88.0
22	米糠粕rice bran meal(sol.)	浸提或预压浸提NY/T 1级	4-10-0018	87.0
23	大豆soybean	黄大豆，成熟 GB 1352-86 2级	5-09-0127	87.0
24	全脂大豆 full-fat soybean	微粒化 GB 1352-86 2级	5-09-0128	88.0
25	大豆饼soybean meal(exp.)	机榨 GB 10379-`989 2级	5-10-0241	89.0
26	去皮大豆粕soybean meal(sol.)	去皮，浸提或预压浸提 NY/T 1级	5-10-0103	89.0
27	大豆粕soybean meal(sol.)	浸提或预压浸提 NY/T 1级	5-10-0102	89.0

续表

序号	饲料名称	饲料描述	中国饲料号CFN	干物质/%
28	棉籽饼cottonseed meal(exp.)	机榨 NY/ T 129–1989 2级	5–10–0118	88.0
29	棉籽粕cottonseed meal(sol.)	浸提 GB 21264–2007 1级	5–10–0119	90.0
30	棉籽粕cottonseed meal(sol.)	浸提 GB 21264–2007 2级	5–10–0117	90.0
31	棉籽蛋白	脱酚，低温一次浸出，分步萃取	5–10–0220	92.0
32	菜籽饼	机榨 NY/T 1799–2009 2级	5–10–0183	88.0
33	菜籽粕	浸提 GB/T 23736–2009 2级	5–10–0121	88.0
34	花生仁饼	机榨 NY/T 2级	5–10–0116	88.0
35	花生仁粕	浸提 NY/T 133–1989 2级	5–10–0115	88.0
36	向日葵仁饼	壳仁比35:65 NY/T 3级	1–10–0031	88.0
37	向日葵仁粕	壳仁比16:84 NY/T 2级	5–10–0242	88.0
38	向日葵仁粕	壳仁比24:76 NY/T 2级	5–10–0243	88.0
39	亚麻仁饼	机榨 NY/T2级	5–10–0119	88.0
40	亚麻仁粕	浸提或预压浸提 NY/T 2级	5–10–0120	88.0
41	芝麻饼	机榨，CP40%	5–10–0246	92.0
42	玉米蛋白meal	玉米去胚芽、淀粉后面的面筋部分 CP60%	5–11–0001	90.1
43	玉米蛋白粉	同上，中等蛋白质产品，CP50%	5–11–0002	88.0
44	玉米蛋白粉	同上，中等蛋白质产品，CP40%	5–11–0008	89.9
45	玉米蛋白饲料	玉米去胚芽、淀粉后的含皮残渣	5–11–0003	88.0
46	玉米胚芽	玉米湿磨后的胚芽，机榨	4–10–0026	90.0

续表

序号	饲料名称	饲料描述	中国饲料号CFN	干物质/%
47	玉米胚芽粕	玉米湿磨后的胚芽，浸提	4-10-0244	90.0
48	DDGS	玉米酒精糟及可溶物，脱水	5-11-0007	89.2
49	蚕豆粉浆蛋白粉	蚕豆去皮制粉丝后的浆液，脱水	5-11-0009	88.0
50	麦芽根	大麦芽副产品干燥	5-11-0004	89.7
51	鱼粉(CP 67%)	进口 GB/T19164-2003，特级	5-13-0044	92.4
52	鱼粉(CP 60.2%)	沿海产的海鱼粉，脱脂，12样平均值	5-13-0046	90.0
53	鱼粉(CP 53.5%)	沿海产的海鱼粉，脱脂，11样平均值	5-13-0077	90.0
54	血粉	鲜猪血，喷雾干燥	5-13-0036	88.0
55	羽毛粉	纯净羽毛，水解	5-13-0037	88.0
56	皮革粉	废牛皮，水解	5-13-0038	88.0
57	肉骨粉	屠宰下脚料，带骨干燥粉碎	5-13-0047	93.0
58	肉粉	脱脂	5-13-0048	94.0
59	苜蓿草粉(CP 19%)	一茬盛花期烘干 NY/T 1级	1-05-0074	87.0
60	苜蓿草粉(CP 17%)	一茬盛花期烘干 NY/T 2级	1-05-0075	87.0
61	苜蓿草粉（CP 14%~15%）	NY/T 3级	1-05-0076	87.0
62	啤酒糟	大麦酿造副产品	5-11-0005	88.0
63	啤酒酵母	啤酒酵母菌粉，QB/T 1940-94	7-15-0001	91.7

续表

序号	饲料名称	饲料描述	中国饲料号CFN	干物质/%
64	乳清粉	乳清，脱水低乳糖含量	4-13-0075	97.2
65	酪蛋白	脱水	5-01-0162	91.7
66	明胶	食用	5-14-0503	90.0
67	牛奶乳糖	进口，含乳糖80%以上	4-06-0076	96.0
68	乳糖	食用	4-06-0077	96.0
69	葡萄糖	食用	4-06-0078	90.0
70	蔗糖	食用	4-06-0079	99.0
71	玉米淀粉	食用	4-02-0889	99.0
72	牛脂		4-17-0001	99.0
73	猪油		4-17-0002	99.0
74	家禽脂肪		4-17-0003	99.0
75	鱼油		4-17-0004	99.0
76	菜籽油		4-17-0005	99.0
77	椰子油		4-17-0006	99.0
78	玉米油		4-17-0007	99.0
79	棉籽油		4-17-0008	99.0
80	棕榈油		4-17-0009	99.0
81	花生油		4-17-0010	99.0
82	芝麻油		4-17-0011	99.0
83	大豆油	粗制	4-17-0012	99.0
84	葵花油		4-17-0013	99.0

附表1-2　饲料常规成分　　　　单位：代谢能（兆焦/千克）其他（%）

中国饲料号 CFN	饲料名称	代谢能	粗蛋白质	粗脂肪	粗纤维	无氮浸出物	粗灰分	中性洗涤纤维	酸性洗涤纤维	淀粉	钙	总磷	有效磷
4-07-0278	玉米	13.31	9.4	3.1	1.2	71.1	1.2	9.4	3.5	60.9	0.09	0.22	0.04
4-07-0288	玉米	13.60	8.5	5.3	2.6	68.3	1.3	9.4	3.5	59.0	0.16	0.25	0.05
4-07-0279	玉米	13.56	8.7	3.6	1.6	70.7	1.4	9.3	2.7	65.4	0.02	0.27	0.05
4-07-0280	玉米	13.47	8.0	3.6	2.3	71.8	1.2	9.9	3.1	63.5	0.02	0.27	0.05
4-07-0272	高粱	12.30	8.7	3.4	1.4	70.7	1.8	17.4	8.0	68.0	0.13	0.36	0.09
4-07-0270	小麦	12.72	13.4	1.7	1.9	69.1	1.9	13.3	3.9	54.6	0.17	0.41	0.21
4-07-0274	大麦(裸)	11.21	13.0	2.1	2.0	67.7	2.2	10.0	2.2	50.2	0.04	0.39	0.12
4-07-0277	大麦(皮)	11.30	11.0	1.7	4.8	67.1	2.4	18.4	6.8	52.2	0.09	0.33	0.10
4-07-0281	黑麦	11.25	9.5	1.5	2.2	73.0	1.8	12.3	4.6	56.5	0.05	0.30	0.14
4-07-0273	稻谷	11.00	7.8	1.6	8.2	63.8	4.6	27.4	28.7	63.0	0.03	0.36	0.15
4-07-0276	糙米	14.06	8.8	2.0	0.7	74.2	1.3	1.6	0.8	47.8	0.03	0.35	0.13
4-07-0275	碎米	14.23	10.4	2.2	1.1	72.7	1.6	0.8	0.6	51.6	0.06	0.35	0.12
4-07-0479	粟(谷子)	11.88	9.7	2.3	6.8	65.0	2.7	15.2	13.3	63.2	0.12	0.30	0.09

续表

中国饲料号 CFN	饲料名称	代谢能	粗蛋白质	粗脂肪	粗纤维	无氮浸出物	粗灰分	中性洗涤纤维	酸性洗涤纤维	淀粉	钙	总磷	有效磷
4-04-0067	木薯干	12.38	2.5	0.7	2.5	79.4	1.9	8.4	6.4	71.6	0.27	0.09	0.03
4-04-0068	甘薯干	9.79	4.0	0.8	2.8	76.4	3.0	8.1	4.1	64.5	0.19	0.02	—
4-08-0104	次粉	12.76	15.4	2.2	1.5	67.1	1.51	8.7	4.3	37.8	0.08	0.48	0.17
4-08-0105	次粉	12.51	13.6	2.1	2.8	66.7	1.83	1.9	10.5	36.7	0.08	0.48	0.17
4-08-0069	小麦麸	5.69	15.7	3.9	6.5	56.0	4.93	7.0	13.0	22.6	0.11	0.92	0.32
4-08-0070	小麦麸	5.65	14.3	4.0	6.8	57.1	4.84	1.3	11.9	19.8	0.10	0.93	0.33
4-08-0041	米糠	11.21	12.8	16.5	5.7	44.5	7.52	2.9	13.4	27.4	0.07	1.43	0.20
4-10-0025	米糠饼	10.17	14.7	9.0	7.4	48.2	8.72	7.7	11.6	30.2	0.14	1.69	0.24
4-10-0018	米糠粕	8.28	15.1	2.0	7.5	53.6	8.82	3.3	10.9	25.0	0.15	1.82	0.25
5-09-0127	大豆	13.56	35.5	17.3	4.3	25.7	4.2	7.9	7.3	2.6	0.27	0.48	0.12
5-09-0128	全脂大豆	15.69	35.5	18.7	4.6	25.2	4.0	11.0	6.4	6.7	0.32	0.40	0.10
5-10-0241	大豆饼	10.54	41.8	5.8	4.8	30.7	5.9	18.1	15.5	3.6	0.31	0.50	0.13
5-10-0103	大豆粕	15.58	47.9	1.5	3.3	29.7	4.9	8.8	5.3	1.8	0.34	0.65	0.24
5-10-0102	大豆粕	10.00	44.2	1.9	5.9	28.3	6.1	13.6	9.6	3.5	0.33	0.62	0.16

续表

中国饲料号 CFN	饲料名称	代谢能	粗蛋白质	粗脂肪	粗纤维	无氮浸出物	粗灰分	中性洗涤纤维	酸性洗涤纤维	淀粉	钙	总磷	有效磷
5-10-0118	棉籽饼	9.04	36.3	7.4	12.5	26.1	5.7	32.1	22.9	3.0	0.21	0.83	0.21
5-10-0119	棉籽粕	7.78	47.0	0.5	10.2	26.3	6.0	22.5	15.3	1.5	0.25	1.10	0.28
5-10-0117	棉籽粕	8.49	43.5	0.5	10.5	28.9	6.62	8.4	19.4	1.8	0.28	1.04	0.26
5-10-0220	棉籽蛋白	9.04	51.1	1.0	6.9	27.3	5.7	20.0	13.7	0.9	0.29	0.89	0.22
5-10-0183	菜籽饼	8.16	35.7	7.4	11.4	26.3	7.2	33.3	26.0	3.8	0.59	0.96	0.20
5-10-0121	菜籽粕	7.41	38.6	1.4	11.8	28.9	7.3	20.7	16.8	6.1	0.65	1.02	0.25
5-10-0116	花生仁饼	11.63	44.7	7.2	5.9	25.1	5.1	14.0	8.7	6.6	0.25	0.53	0.16
5-10-0115	花生仁粕	10.88	47.8	1.4	6.2	27.2	5.4	15.5	11.7	6.7	0.27	0.56	0.17
1-10-0031	向日葵仁饼	6.65	29.0	2.9	20.4	31.0	4.7	41.4	29.6	2.0	0.24	0.87	0.22
5-10-0242	向日葵仁粕	9.71	36.5	1.0	10.5	34.4	5.6	14.9	13.6	6.2	0.27	1.13	0.29
5-10-0243	向日葵仁粕	8.49	33.6	1.0	14.8	38.8	5.3	32.8	23.5	4.4	0.26	1.03	0.26
5-10-0119	亚麻仁饼	9.79	32.2	7.8	7.8	34.0	6.2	29.7	27.1	11.4	0.39	0.88	0.22
5-10-0120	亚麻仁粕	7.95	34.8	1.8	8.2	36.6	6.6	21.6	14.4	13.0	0.42	0.95	0.24
5-10-0246	芝麻饼	8.95	39.2	10.3	7.2	24.9	10.4	18.0	13.2	1.8	2.24	1.19	0.31

续表

中国饲料号CFN	饲料名称	代谢能	粗蛋白质	粗脂肪	粗纤维	无氮浸出物	粗灰分	中性洗涤纤维	酸性洗涤纤维	淀粉	钙	总磷	有效磷
5-11-0001	玉米蛋白	16.23	63.5	5.4	1.01	9.2	1.0	8.7	4.61	7.2	0.07	0.44	0.16
5-11-0002	玉米蛋白粉	14.27	56.3	4.7	1.32	3.4	2.3	6.5	8.11	6.1	0.04	0.44	0.15
5-11-0008	玉米蛋白粉	13.31	44.3	6.0	1.6	37.1	0.9	29.1	8.2	20.6	0.12	0.50	0.31
5-11-0003	玉米蛋白饲料	8.45	18.3	7.5	7.8	47.0	5.4	33.6	10.5	21.5	0.15	0.70	0.17
4-10-0026	玉米胚芽	9.37	16.7	9.6	6.3	50.8	6.6	28.5	7.4	13.5	0.04	0.50	0.15
4-10-0244	玉米胚芽粕	8.66	20.8	2.0	6.5	54.8	5.9	38.2	10.7	14.2	0.06	0.50	0.15
5-11-0007	DDGS	9.20	27.5	10.1	6.6	39.9	5.1	38.3	12.5	4.2	0.06	0.71	0.48
5-11-0009	蚕豆粉浆蛋白粉	14.52	66.3	4.7	4.1	10.3	2.6	13.7	9.7	—		0.59	0.18
5-11-0004	麦芽根	5.90	28.3	1.4	12.5	41.4	6.1	40.0	15.1	7.2	0.22	0.73	0.18
5-13-0044	鱼粉(CP 67%)	12.97	67.0	8.4	0.2	0.4	16.4				4.56	2.88	2.88
5-13-0046	鱼粉(CP 60.2%)	11.80	60.2	4.9	0.51	1.6	12.8				4.04	2.90	2.90
5-13-0077	鱼粉(CP 53.5%)	12.13	53.5	10.0	0.8	4.92	0.8				5.88	3.20	3.20
5-13-0036	血粉	10.29	82.8	0.4		1.6	3.2				0.29	0.31	0. 2
5-13-0037	羽毛粉	11.42	77.9	2.2	0.7	1.4	5.8				0.20	0.68	0.61

续表

中国饲料号 CFN	饲料名称	代谢能	粗蛋白质	粗脂肪	粗纤维	无氮浸出物	粗灰分	中性洗涤纤维	酸性洗涤纤维	淀粉	钙	总磷	有效磷
5–13–0038	皮革粉	6.19	74.7	0.8	1.6		10.9				4.40	0.15	0.13
5–13–0047	肉骨粉	9.96	50.0	8.5	2.8		31.77				9.20	4.70	4.3
5–13–0048	肉粉	9.20	54.0	12.0	1.4	4.3	22.3				7.69	3.88	3.61
1–05–0074	苜蓿草粉(CP 19%)	4.06	19.1	2.3	22.7	35.3	7.6	36.7	25.0	6.1	1.40	0.51	0.51
1–05–0075	苜蓿草粉(CP 17%)	3.64	17.2	2.6	25.6	33.3	8.3	39.0	28.62	3.4	1.52	0.2	0.22
1–05–0076	苜蓿草粉（CP 14%~15%）	3.51	14.3	2.1	29.8	33.8	10.1	36.8	29.0	3.5	1.34	0.19	0.19
5–11–0005	啤酒糟	9.92	24.3	5.3	13.4	40.8	4.2	39.4	24.6	11.5	0.32	0.42	0.14
7–15–0001	啤酒酵母	10.54	52.4	0.4	0.6	33.6	4.7	6.1	1.8	1.0	0.16	1.02	0.46
4–13–0075	乳清粉	11.42	11.5	0.8	0.1	76.8	8.0				0.62	0.69	0. 52
5–01–0162	酪蛋白	17.28	89.0	0.2		0.4	2.1				0.20	0.68	0.67
5–14–0503	明胶	9.87	88.6	0.5		0.59	0.31				0.49		
4–06–0076	牛奶乳糖	11.25	3.5	0.5		82.0	10				0.52	0.62	0.62
4–06–0077	乳糖	11.30	0.3			95.7							
4–06–0078	葡萄糖	12.89	0.3			89.7							

续表

中国饲料号 CFN	饲料名称	代谢能	粗蛋白质	粗脂肪	粗纤维	无氮浸出物	粗灰分	中性洗涤纤维	酸性洗涤纤维	淀粉	钙	总磷	有效磷
4–06–0079	蔗糖	16.32				98.5					0.04	0.01	0.01
4–02–0889	玉米淀粉	13.22	0.3	0.2		98.5				98.0		0.03	0.01
4–17–0001	牛脂	32.55		98.0※		0.5		0.5					
4–17–0002	猪油	38.11		98.0※		0.5		0.5					
4–17–0003	家禽脂肪	39.16		98.0※		0.5		0.5					
4–17–0004	鱼油	35.35		98.0※		0.5		0.5					
4–17–0005	菜籽油	38.53		98.0※		0.5		0.5					
4–17–0006	椰子油	40.42		98.0※		0.5		0.5					
4–17–0007	玉米油	36.83		98.0※		0.5		0.5					
4–17–0008	棉籽油	37.87		98.0※		0.5		0.5					
4–17–0009	棕榈油	24.27		98.0※		0.5		0.5					
4–17–0010	花生油	39.16		98.0※		0.5		0.5					
4–17–0011	芝麻油	35.48		98.0※		0.5		0.5					
4–17–0012	大豆油	35.02		98.0※		0.5		0.5					
4–17–0013	葵花油	40.42		98.0※		0.5		0.5					

附表1-3　饲料中氨基酸含量　　（单位：%）

中国饲料号 CFN	饲料名称	精氨酸	组氨酸	异亮氨酸	亮氨酸	赖氨酸	蛋氨酸	胱氨酸	苯丙氨酸	酪氨酸	苏氨酸	色氨酸	缬氨酸
4-07-0278	玉米	0.38	0.23	0.26	1.03	0.26	0.19	0.22	0.43	0.34	0.31	0.08	0.40
4-07-0288	玉米	0.50	0.29	0.27	0.74	0.36	0.15	0.18	0.37	0.28	0.30	0.08	0.46
4-07-0279	玉米	0.39	0.21	0.25	0.93	0.24	0.18	0.20	0.41	0.33	0.30	0.07	0.38
4-07-0280	玉米	0.37	0.20	0.24	0.93	0.23	0.15	0.15	0.38	0.31	0.29	0.06	0.35
4-07-0272	高粱	0.33	0.18	0.35	1.08	0.18	0.17	0.12	0.43	0.32	0.26	0.08	0.44
4-07-0270	小麦	0.62	0.30	0.46	0.89	0.35	0.21	0.30	0.61	0.37	0.38	0.15	0.56
4-07-0274	大麦(裸)	0.64	0.16	0.43	0.87	0.44	0.14	0.25	0.68	0.40	0.43	0.16	0.63
4-07-0277	大麦(皮)	0.65	0.24	0.52	0.91	0.42	0.18	0.18	0.59	0.35	0.41	0.12	0.64
4-07-0281	黑麦	0.48	0.22	0.30	0.58	0.35	0.15	0.21	0.42	0.26	0.31	0.10	0.43
4-07-0273	稻谷	0.57	0.15	0.32	0.58	0.29	0.19	0.16	0.40	0.37	0.25	0.10	0.47
4-07-0276	糙米	0.65	0.17	0.30	0.61	0.32	0.20	0.14	0.35	0.31	0.28	0.12	0.49
4-07-0275	碎米	0.78	0.27	0.39	0.74	0.42	0.22	0.17	0.49	0.39	0.38	0.12	0.57
4-07-0479	粟(谷子)	0.30	0.20	0.36	1.15	0.15	0.25	0.20	0.49	0.26	0.35	0.17	0.42
4-04-0067	木薯干	0.40	0.05	0.11	0.15	0.13	0.05	0.04	0.10	0.04	0.10	0.03	0.13
4-04-0068	甘薯干	0.16	0.08	0.17	0.26	0.16	0.06	0.08	0.19	0.13	0.18	0.05	0.27

续表

中国饲料号 CFN	饲料名称	精氨酸	组氨酸	异亮氨酸	亮氨酸	赖氨酸	蛋氨酸	胱氨酸	苯丙氨酸	酪氨酸	苏氨酸	色氨酸	缬氨酸
4-08-0104	次粉	0.86	0.41	0.55	1.06	0.59	0.23	0.37	0.66	0.46	0.50	0.21	0.72
4-08-0105	次粉	0.85	0.33	0.48	0.98	0.52	0.16	0.33	0.63	0.45	0.50	0.18	0.68
4-08-0069	小麦麸	1.00	0.41	0.51	0.96	0.63	0.23	0.32	0.62	0.43	0.50	0.25	0.71
4-08-0070	小麦麸	0.88	0.37	0.46	0.88	0.56	0.22	0.31	0.57	0.34	0.45	0.18	0.65
4-08-0041	米糠	1.06	0.39	0.63	1.00	0.74	0.25	0.19	0.63	0.50	0.48	0.14	0.81
4-10-0025	米糠饼	1.19	0.43	0.72	1.06	0.66	0.26	0.30	0.76	0.51	0.53	0.15	0.99
4-10-0018	米糠粕	1.28	0.46	0.78	1.30	0.72	0.28	0.32	0.82	0.55	0.57	0.17	1.07
5-09-0127	大豆	2.57	0.59	1.28	2.72	2.20	0.56	0.70	1.42	0.64	1.41	0.45	1.50
5-09-0128	全脂大豆	2.62	0.95	1.63	2.64	2.20	0.53	0.57	1.77	1.25	1.43	0.45	1.69
5-10-0241	大豆饼	2.53	1.10	1.57	2.75	2.43	0.60	0.62	1.79	1.53	1.44	0.64	1.70
5-10-0103	大豆粕	3.43	1.22	2.10	3.57	2.99	0.68	0.73	2.33	1.57	1.85	0.65	2.26
5-10-0102	大豆粕	3.38	1.17	1.99	3.35	2.68	0.59	0.65	2.21	1.47	1.71	0.57	2.09
5-10-0118	棉籽饼	3.94	0.90	1.16	2.07	1.40	0.41	0.70	1.88	0.95	1.14	0.39	1.51
5-10-0119	棉籽粕	5.44	1.28	1.41	2.60	2.13	0.65	0.75	2.47	1.46	1.43	0.57	1.98
5-10-0117	棉籽粕	4.65	1.19	1.29	2.47	1.97	0.58	0.68	2.28	1.05	1.25	0.51	1.91
5-10-0220	棉籽蛋白	6.08	1.58	1.72	3.13	2.26	0.86	1.04	2.94	1.42	1.60		2.48

续表

中国饲料号CFN	饲料名称	精氨酸	组氨酸	异亮氨酸	亮氨酸	赖氨酸	蛋氨酸	胱氨酸	苯丙氨酸	酪氨酸	苏氨酸	色氨酸	缬氨酸
5-10-0183	菜籽饼	1.82	0.83	1.24	2.26	1.33	0.60	0.82	1.35	0.92	1.40	0.42	1.62
5-10-0121	菜籽粕	1.83	0.86	1.29	2.34	1.30	0.63	0.87	1.45	0.97	1.49	0.43	1.74
5-10-0116	花生仁饼	4.60	0.83	1.18	2.36	1.32	0.39	0.38	1.81	1.31	1.05	0.42	1.28
5-10-0115	花生仁粕	4.38	0.88	1.25	2.50	1.40	0.41	0.40	1.92	1.39	1.11	0.45	1.36
1-10-0031	向日葵仁饼	2.44	0.62	1.19	1.76	0.96	0.59	0.43	1.21	0.77	0.98	0.28	1.35
5-10-0242	向日葵仁粕	3.17	0.81	1.51	2.25	1.22	0.72	0.62	1.56	0.99	1.25	0.47	1.72
5-10-0243	向日葵仁粕	2.89	0.74	1.39	2.07	1.13	0.69	0.50	1.43	0.91	1.14	0.37	1.58
5-10-0119	亚麻仁饼	2.35	0.51	1.15	1.62	0.73	0.46	0.48	1.32	0.50	1.00	0.48	1.44
5-10-0120	亚麻仁粕	3.59	0.64	1.33	1.85	1.16	0.55	0.55	1.51	0.93	1.10	0.70	1.51
5-10-0246	芝麻饼	2.38	0.81	1.42	2.52	0.82	0.82	0.75	1.68	1.02	1.29	0.49	1.84
5-11-0001	玉米蛋白	2.01	1.23	2.92	10.5	1.10	1.60	0.99	3.94	3.19	2.11	0.36	2.94
5-11-0002	玉米蛋白粉	1.48	0.89	1.75	7.87	0.92	1.14	0.76	2.83	2.25	1.59	0.31	2.05
5-11-0008	玉米蛋白粉	1.31	0.78	1.63	7.08	0.71	1.04	0.65	2.61	2.03	1.38		1.84
5-11-0003	玉米蛋白饲料	0.77	0.56	0.62	1.82	0.63	0.29	0.33	0.70	0.50	0.68	0.14	0.93
4-10-0026	玉米胚芽	1.16	0.45	0.53	1.25	0.70	0.31	0.47	0.64	0.54	0.64	0.16	0.91
4-10-0244	玉米胚芽粕	1.51	0.62	0.77	1.54	0.75	0.21	0.28	0.93	0.66	0.68	0.18	1.66

续表

中国饲料号CFN	饲料名称	精氨酸	组氨酸	异亮氨酸	亮氨酸	赖氨酸	蛋氨酸	胱氨酸	苯丙氨酸	酪氨酸	苏氨酸	色氨酸	缬氨酸
5–11–0007	DDGS	1.23	0.75	1.06	3.21	0.87	0.56	0.57	1.40	1.09	1.04	0.22	1.41
5–11–0009	蚕豆粉浆蛋白粉	5.96	1.66	2.90	5.88	4.44	0.60	0.57	3.34	2.21	2.31		3.20
5–11–0004	麦芽根	1.22	0.54	1.08	1.58	1.30	0.37	0.26	0.85	0.67	0.96	0.42	1.44
5–13–0044	鱼粉(CP 67%)	3.93	2.01	2.61	4.94	4.97	1.86	0.60	2.61	1.97	2.74	0.77	3.11
5–13–0046	鱼粉(CP 60.2%)	3.57	1.71	2.68	4.80	4.72	1.64	0.52	2.35	1.96	2.57	0.70	3.17
5–13–0077	鱼粉(CP 53.5%)	3.24	1.29	2.30	4.30	3.87	1.39	0.49	2.22	1.70	2.51	0.60	2.77
5–13–0036	血粉	2.99	4.40	0.75	8.38	6.67	0.74	0.98	5.23	2.55	2.86	1.11	6.08
5–13–0037	羽毛粉	5.30	0.58	4.21	6.78	1.65	0.59	2.93	3.57	1.79	3.51	0.40	6.05
5–13–0038	皮革粉	4.45	0.40	1.06	2.53	2.18	0.80	0.16	1.56	0.63	0.71	0.50	1.91
5–13–0047	肉骨粉	3.35	0.96	1.70	3.20	2.60	0.67	0.33	1.70	1.26	1.63	0.26	2.25
5–13–0048	肉粉	3.60	1.14	1.60	3.84	3.07	0.80	0.60	2.17	1.40	1.97	0.35	2.66
1–05–0074	苜蓿草粉(CP 19%)	0.78	0.39	0.68	1.20	0.82	0.21	0.22	0.82	0.58	0.74	0.43	0.91
1–05–0075	苜蓿草粉(CP 17%)	0.74	0.32	0.66	1.10	0.81	0.20	0.16	0.81	0.54	0.69	0.37	0.85
1–05–0076	苜蓿草粉(CP 14%~15%)	0.61	0.19	0.58	1.00	0.60	0.18	0.15	0.59	0.38	0.45	0.24	0.58
5–11–0005	啤酒糟	0.98	0.51	1.18	1.08	0.72	0.52	0.35	2.35	1.17	0.81	0.28	1.66

续表

中国饲料号 CFN	饲料名称	精氨酸	组氨酸	异亮氨酸	亮氨酸	赖氨酸	蛋氨酸	胱氨酸	苯丙氨酸	酪氨酸	苏氨酸	色氨酸	缬氨酸
7-15-0001	啤酒酵母	2.67	1.11	2.85	4.76	3.38	0.83	0.50	4.07	0.12	2.33	0.21	3.40
4-13-0075	乳清粉	0.40	0.20	0.90	1.20	1.10	0.20	0.30	0.40	0.21	0.80	0.20	0.70
5-01-0162	酪蛋白	3.10	2.68	4.43	8.36	6.99	2.57	0.39	4.56	4.54	3.79	1.08	5.80
5-14-0503	明胶	6.60	0.66	1.42	2.91	3.62	0.76	0.12	1.74	0.43	1.82	0.05	2.26
4-06-0076	牛奶乳糖	0.25	0.09	0.09	0.16	0.14	0.03	0.04	0.09	0.02	0.09	0.09	0.09

附表1-4　矿物质含量

中国饲料号CFN	饲料名称	钠/%	氯/%	镁/%	钾/%	铁/(毫克/千克)	铜/(毫克/千克)	锰/(毫克/千克)	锌/(毫克/千克)	硒/(毫克/千克)
4-07-0278	玉米	0.01	0.04	0.11	0.29	36	3.4	5.8	21.1	0.04
4-07-0272	高粱	0.03	0.09	0.15	0.34	87	7.6	17.1	20.1	0.05
4-07-0270	小麦	0.06	0.07	0.11	0.50	88	7.9	45.6	29.7	0.05
4-07-0274	大麦(裸)	0.04		0.11	0.60	100	7.0	18.0	30.0	0.14
4-07-0277	大麦(皮)	0.02	0.15	0.15	0.56	87	5.6	17.5	23.6	0.06
4-07-0281	黑麦	0.02	0.04	0.12	0.42	117	7.0	53.0	35.0	0.40
4-07-0273	稻谷	0.04	0.07	0.07	0.34	40	3.5	20.0	8.0	0.04
4-07-0276	糙米	0.04	0.06	0.14	0.34	78	3.3	21.0	10.0	0.07
4-07-0275	碎米	0.07	0.08	0.11	0.13	62	8.8	47.5	36.4	0.06
4-07-0479	粟(谷子)	0.04	0.14	0.1	0.43	270	24.5	22.5	15.9	0.08
4-04-0067	木薯干	0.03		0.11	0.78	150	4.2	6.0	14.0	0.04
4-04-0068	甘薯干	0.06		0.18	0.36	107	6.1	10.0	9.0	0.07
4-08-0104	次粉	0.60	0.04	0.41	0.60	140	11.6	94.2	73.0	0.07
4-08-0105	次粉	0.60	0.04	0.41	0.60	140	11.6	94.2	73.0	0.07

续表

中国饲料号CFN	饲料名称	钠/%	氯/%	镁/%	钾/%	铁/(毫克/千克)	铜/(毫克/千克)	锰/(毫克/千克)	锌/(毫克/千克)	硒/(毫克/千克)
4-08-0069	小麦麸	0.07	0.07	0.52	1.19	170	13.8	104.3	96.5	0.07
4-08-0070	小麦麸	0.07	0.07	0.47	1.19	137	16.5	80.6	104.7	0.05
4-08-0041	米糠	0.07	0.07	0.9	1.73	304	7.1	175.9	50.3	0.09
4-10-0025	米糠饼	0.08		1.26	1.8	400	8.7	211.6	56.4	0.09
4-10-0018	米糠粕	0.09	0.1		1. 8	432	9.4	228.4	60.9	0.1
5-09-0127	大豆	0.02	0.03	0.28	1.7	111	18.1	21.5	40.7	0.06
5-09-0128	全脂大豆	0.02	0.03	0.28	1.7	111	18.1	21.5	40.7	0.06
5-10-0241	大豆饼	0.02	0.02	0.25	1.77	187	19.8	32	43.4	0.04
5-10-0103	大豆粕	0.03	0.05	0.28	2.05	185	24	38.2	46.4	0.1
5-10-0102	大豆粕	0.03	0.05	0.28	1.72	185	24	28	46.4	0.06
5-10-0118	棉籽饼	0.04	0.14	0.52	1.2	266	11.6	17.8	44.9	0.11
5-10-0119	棉籽粕	0.04	0.04	0.4	1.16	263	14	18.7	55.5	0.15
5-10-0117	棉籽粕	0.04	0.04	0.4	1.16	263	14	18.7	55.5	0.15
5-10-0183	菜籽饼	0.02			1.34	687	7.2	78.1	59.2	0.29
5-10-0121	菜籽粕	0.09	0.11	0.51	1.4	653	7.1	82.2	67.5	0.16
5-10-0116	花生仁饼	0.04	0.03	0.33	1.14	347	23.7	36.7	52.5	0.06

续表

中国饲料号CFN	饲料名称	钠/%	氯/%	镁/%	钾/%	铁/(毫克/千克)	铜/(毫克/千克)	锰/(毫克/千克)	锌/(毫克/千克)	硒/(毫克/千克)
5-10-0115	花生仁粕	0.07	0.03	0.31	1.23	368	25.1	38.9	55.7	0.06
1-10-0031	向日葵仁饼	0.02	0.01	0.75	1.17	424	45.6	41.5	62.1	0.09
5-10-0242	向日葵仁粕	0.20	0.01	0.75	1.00	226	32.8	34.5	82.7	0.06
5-10-0243	向日葵仁粕	0.20	0.10	0.68	1.23	310	35.0	35.0	80.0	0.08
5-10-0119	亚麻仁饼	0.09	0.04	0.58	1.25	204	27	40.3	36	0.18
5-10-0120	亚麻仁粕	0.14	0.05	0.56	1.38	219	25.5	43.3	38.7	0.18
5-10-0246	芝麻饼	0.04	0.05	0.5	1.39	1780	50.4	32	2.4	0.21
5-11-0001	玉米蛋白粉	0.01	0.05	0.08	0.3	230	1.9	5.9	19.2	0.02
5-11-0002	玉米蛋白粉	0.02			0.35	332	10	78	49	
5-11-0008	玉米蛋白粉	0.02	0.08	0.05	0.4	400	28	7		1
5-11-0003	玉米蛋白饲料	0.12	0.22	0.42	1.3	282	10.7	77.1	59.2	0.23
4-10-0026	玉米胚芽饼	0.01	0.12	0.1	0.3	99	12.8	19	108.1	
4-10-0244	玉米胚芽粕	0.01		0.16	0.69	214	7.7	23.3	123.6	0.33
5-11-0007	DDGS	0.24	0.17	0.91	0.28	98	5.4	15.2	5203	
5-11-0009	蚕豆粉浆蛋白粉	0.01			0.06		22	16		
5-11-0004	麦芽根	0.06	0.59	0.16	2.18	198	5.3	67.8	42.4	0.6
5-13-0044	鱼粉(CP67%)	1.04	0.71	0.23	0.74	337	8.4	11	102	2.7

续表

中国饲料号CFN	饲料名称	钠/%	氯/%	镁/%	钾/%	铁/(毫克/千克)	铜/(毫克/千克)	锰/(毫克/千克)	锌/(毫克/千克)	硒/(毫克/千克)
5-13-0046	鱼粉(CP 60.2%)	0.97	0.61	0.16	1.1	80	8	10	80	1.5
5-13-0077	鱼粉(CP 53.5%)	1.15	0.61	0.16	0.94	292	8	9.7	88	1.94
5-13-0036	血粉	0.31	0.27	0.16	0.9	2100	8	2.3	14	0.7
5-13-0037	羽毛粉	0.31	0.26	0.2	0.18	73	6.8	8.8	89.8	0.8
5-13-0038	皮革粉					131	11.1	25.2	90	
5-13-0047	肉骨粉	0.73	0.75	1.13	1.4	500	1.5	10	94	0.25
5-13-0048	肉粉	0.8	0.97	0.35	0.57	440	10	30.7	17.1	0.37
1-05-0074	苜蓿草粉(CP 19%)	0.09	0.38	0.3	2.08	372	9.1	30.7	21	0.46
1-05-0075	苜蓿草粉(CP 17%)	0.17	0.46	0.36	2.4	361	9.7	33.2	22.6	0.46
1-05-0076	苜蓿草粉(CP 14%~15%)	0.11	0.46	0.36	2.22	437	9.1	35.6	104	0.48
5-11-0005	啤酒糟	0.25	0.12	0.19	0.08	274	20.1	22.3	86.7	0.41
7-15-0001	啤酒酵母	0.1	0.12	0.23	1.7	248	61	4.6	3	1
4-13-0075	乳清粉	2.11	0.14	0.13	1.81	160	43.1	3.6	27	0.06
5-01-0162	酪蛋白	0.01	0.04	0.01	0.01	13	3.6			0.15
5-14-0503	明胶			0.05						
4-06-0076	牛奶乳糖			0.15	2.4					

附表1-5　维生素含量

中国饲料号	饲料名称	胡萝卜素/(毫克/千克)	维生素E/(毫克/千克)	维生素B_1/(毫克/千克)	维生素B_2/(毫克/千克)	泛酸/(毫克/千克)	烟酸/(毫克/千克)	生物素/(毫克/千克)	叶酸/(毫克/千克)	胆碱/(毫克/千克)	维生素B_6/(毫克/千克)	维生素B_{11}/(微克/千克)	亚油酸/%
4-07-0278	玉米	2	22	3.5	1.1	5	24	0.06	0.15	620	10		2.2
4-07-0272	高粱		7	3	1.3	12.4	41	0.26	0.2	668	5.2		1.13
4-07-0270	小麦	0.4	13	4.6	1.3	11.9	51	0.11	0.36	1040	3.7		0.59
4-07-0274	大麦(裸)		48	4.1	1.4		87				19.3		
4-07-0277	大麦(皮)	4.1	20	4.5	1.8	8	55	0.15	0.07	990	4		0.83
4-07-0281	黑麦		15	3.6	1.5	8	16	0.06	0.6	440	2.6		0.76
4-07-0273	稻谷		16	3.1	1.2	3.7	34	0.08	0.45	900	28		0.28
4-07-0276	糙米		13.5	2.8	1.1	11	30	0.08	0.4	1014	0.04		
4-07-0275	碎米		14	1.4	0.7	8	30	0.08	0.2	800	28		
4-07-0479	粟(谷子)	1.2	36.3	6.6	1.6	7.4	53		15	790			0.84
4-04-0067	木薯干			1.7	0.8	1	3				1		0.1
4-08-0104	次粉	3	20	16.5	1.8	15.6	72	0.33	0.76	1187	9		1.74
4-08-0105	次粉	3	20	16.5	1.8	15.6	72	0.33	0.76	1187	9		1.74

续表

中国饲料号	饲料名称	胡萝卜素/(毫克/千克)	维生素E/(毫克/千克)	维生素B_1/(毫克/千克)	维生素B_2/(毫克/千克)	泛酸/(毫克/千克)	烟酸/(毫克/千克)	生物素/(毫克/千克)	叶酸/(毫克/千克)	胆碱/(毫克/千克)	维生素B_6/(毫克/千克)	维生素B_{11}/(微克/千克)	亚油酸/%
4-08-0069	小麦麸	1	14	8	4.6	31		0.6	0.63	930	7		1.7
4-08-0070	小麦麸	1	14	8	4.6	31	186	0.36	0.63	930	7		1.7
4-08-0041	米糠		60	22.5	2.5	23	293	0.42	2.2	1135	14		3.57
4-10-0025	米糠饼		11	24	2.9	94.9	689	0.7	0.88	1700	54	40	
4-10-0018	米糠粕												
5-09-0127	大豆		40	12.3	2.9	17.4	24	0.42	2	3200	12	0	8
5-09-0128	全脂大豆		40	12.3	2.9	17.4	24	0.42	2	3200	12	0	8
5-10-0241	大豆饼		6.6	1.7	4.4	13.8	37	0.32	0.45	2673	10	0	
5-10-0103	大豆粕	0.2	3.1	4.6	3	16.4	30.7	0.33	0.81	2858	6.1	0	0.51
5-10-0102	大豆粕	0.2	3.1	4.6	3	16.4	30.7	0.33	0.81	2858	6.1	0	0.51
5-10-0118	棉籽饼	0.2	16	6.4	5.1	10	38	0.53	1.65	2753	5.3	0	2.47
5-10-0119	棉籽粕	0.2	15	7	5.5	12	40	0.3	2.51	2933	5.1	0	1.51
5-10-0117	棉籽粕	0.2	15	7	5.5	12	40	0.3	2.51	2933	5.1	0	1.51
5-10-0183	菜籽饼												
5-10-0121	菜籽粕		54	5.2	3.7	9.5	160	0.98	0.95	6700	7.2	0	0.42
5-10-0116	花生仁饼		3	7.1	5.2	47	166	0.33	0.4	1655	10	0	1.43

续表

中国饲料号	饲料名称	胡萝卜素/(毫克/千克)	维生素E/(毫克/千克)	维生素B_1/(毫克/千克)	维生素B_2/(毫克/千克)	泛酸/(毫克/千克)	烟酸/(毫克/千克)	生物素/(毫克/千克)	叶酸/(毫克/千克)	胆碱/(毫克/千克)	维生素B_6/(毫克/千克)	维生素B_{11}/(微克/千克)	亚油酸/%
5-10-0115	花生仁粕		3	5.7	11	53	173	0.39	0.39	1854	10	0	0.24
1-10-0031	向日葵仁饼		0.9		18	4	86	1.4	0.4	800			
5-10-0242	向日葵仁粕		0.7	4.6	2.3	39	22	1.7	1.6	3260	17.2		
5-10-0243	向日葵仁粕			3	3	29.9	14	1.4	1.14	3100	11.1		0.98
5-10-0119	亚麻仁饼		7.7	2.6	4.1	16.5	37.4	0.36	2.9	1672	6.1		1.07
5-10-0120	亚麻仁粕	0.2	5.8	7.5	3.2	14.7	33	0.41	0.34	1512	6	200	0.36
5-10-0246	芝麻饼	0.2	0.3	2.8	3.6	6	30	2.4	—	1536	12.5	0	1.9
5-11-0001	玉米蛋白粉	44	25.5	0.3	2.2	3	55	0.15	0.2	330	6.9	20	1.17
5-11-0002	玉米蛋白粉												
5-11-0008	玉米蛋白粉	16	19.9	0.2	1.5	9.6	54.5	0.15	0.22	330			
5-11-0003	玉米蛋白饲料	8	14.8	2	2.4	17.8	75.5	0.22	0.28	1700	13	250	1.43
4-10-0026	玉米胚芽饼	2	87		3.7	3.3	42			1936			1.47
4-10-0244	玉米胚芽粕	2	80.8	1.1	4	4.4	37.7	0.22	0.2	2000			1.47
5-11-0007	DDGS	3.5		3.5	8.6	11	75	0.3	0.88	2637	2.28	10	2.15
5-11-0009	蚕豆粉浆蛋白粉		40										
5-11-0004	麦芽根		4.2	0.7	1.5	8.6	43.3		0.2	1548			0.46

续表

中国饲料号	饲料名称	胡萝卜素/(毫克/千克)	维生素E/(毫克/千克)	维生素B_1/(毫克/千克)	维生素B_2/(毫克/千克)	泛酸/(毫克/千克)	烟酸/(毫克/千克)	生物素/(毫克/千克)	叶酸/(毫克/千克)	胆碱/(毫克/千克)	维生素B_6/(毫克/千克)	维生素B_{11}/(微克/千克)	亚油酸/%
5-13-0044	鱼粉(CP 67%)		5	2.8	5.8	9.3	82	1.3	0.9	5600	2.3	210	0.2
5-13-0046	鱼粉(CP 60.2%)		7	0.5	4.9	9	55	0.2	0.3	3056	4	104	0.12
5-13-0077	鱼粉(CP 53.5%)		5.6	0.4	8.8	8.8	65			3000		143	
5-13-0036	血粉		1	0.4	1.6	1.2	23	0.09	0.11	800	4.4	50	0.1
5-13-0037	羽毛粉		7.3	0.1	2	10	27	0.04	0.2	880	3	71	0.83
5-13-0047	肉骨粉		0.8	0.2	5.2	4.4	59.4	0.14	0.6	2000	4.6	100	0.72
5-13-0048	肉粉		1.2	0.6	4.7	5	57	0.08	0.5	2077	2.4	80	0.8
1-05-0074	苜蓿草粉(CP 19%)	94.69	144	5.8	15.5	34	40	0.35	4.36	1419	8		044
1-05-0075	苜蓿草粉(CP 17%)	94.6	125	3.4	13.6	29	38	0.3	4.2	1401	6.5		0.35
1-05-0076	苜蓿草粉(CP 14%~15%)	63	98	3	10.6	20.8	418	0.25	1.54	1548			
5-11-0005	啤酒糟	0.2	27	0.6	1.5	8.6	43	0.24	0.24	1723	0.7		2.94
7-15-0001	啤酒酵母		2.2	91.8	37	109	448	0.63	9.9	3984	42.8	999.9	0.04
4-13-0075	乳清粉		0.3	3.9	29.9	47	10	0.34	0.66	1500	4	20	0.01
5-01-0162	酪蛋白			0.4	1.5	2.7	1	0.04	0.51	205	0.4		

注：①“—”表示未测值；②“※”代表典型值；③空的数据项代表“0”；④表中所示所有数据，无特别说明者，均表示为饲喂状态的含量数据。

附录2　禽产品购销合同范本

禽产品购销合同范本

甲方（购买方）：________________________。

乙方（销售方）：________________________。

为保证购销双方利益，经甲乙双方充分协商，特订立本合同，以便双方共同遵守。

1.产品的名称和品种________________________；数量______________________（必须明确规定产品的计量单位和计量方法）。

2.产品的等级和质量：______________________（产品的等级和质量，国家有关部门有明确规定的，按规定标准确定产品的等级和质量；国家有关部门无明文规定的，由双方当事人协商确定）；产品的检疫办法：______________________（国家或地方主管部门有卫生检疫规定的，按国家或地方主管部门规定进行检疫；国家或地方主管部门无检疫规定的，由双方当事人协商检疫办法）。

3.产品的价格（单价）__________；总货款__________；货款结算办法____________________。

4.交货期限、地点和方式__________。

5.甲方的违约责任。

（1）甲方未按合同收购或在合同期中退货的，应按未收或退货部分货款总值的______%（5%～25%的幅度），向乙方偿付违约金。

（ 2 ）甲方如需提前收购，征得乙方同意变更合同的，甲方应给乙方提前收购货款总值的______%的补偿，甲方因特殊原因必须逾期收购的，除按逾期收购部分货款总值计算向乙方偿付违约金外，还应承担供方在此期间所支付的保管费或饲养费，并承担因此而造成的其他实际损失。

（ 3 ）对通过银行结算而未按期付款的，应按中国人民银行有关延期付款的规定，向乙方偿付延期付款的违约金。

（ 4 ）乙方按合同规定交货，甲方无正当理由拒收的，除按拒收部分货款总值的______%（5%～25%的幅度）向乙方偿付违约金外，还应承担乙方因此而造成的实际损失和费用。

6.乙方的违约责任。

（ 1 ）乙方逾期交货或交货少于合同规定的，如甲方仍然需要的，乙方应如数补交，并应向甲方偿付逾期不交或少交部分货物总值的______%（由甲乙方商定）的违约金；如甲方不需要的，乙方应按逾期或应交部分货款总值的______%（1%～20%的幅度）付违约金。

（ 2 ）乙方交货时间比合同规定提前，经有关部门证明理由正当的，甲方可考虑同意接收，并按合同规定付款；乙方无正当理由提前交货的，甲方有权拒收。

（3）乙方交售的产品规格、卫生质量标准与合同规定不符时，甲方可以拒收。乙方如经有关部门证明确有正当理由，甲方仍然需要乙方交货的，乙方可以迟延交货，不按违约处理。

7.不可抗力。合同执行期内，如发生自然灾害或其他不可抗力的原因，致使当事人一方不能履行、不能完全履行或不能适当履行合同的，应向对方当事人通报理由，经有关主管部门证实后，不负违约责任，并允许变更或解除合同。

8.解决合同纠纷的方式。执行本合同发生争议，由当事人双方协商解决。协商不成，双方同意由______仲裁委员会仲裁（当事人双方不在本合同中约定仲裁机构，事后又没有达成书面仲裁协议的，可向人民法院起诉）。

9.其他______________________________。

当事人一方要求变更或解除合同，应提前通知对方，并采用书面形式由当事人双方达成协议。接到要求变更或解除合同通知的一方，应在七天之内作出答复（当事人另有约定的，从约定），逾期不答复的，视为默认。

违约金、赔偿金应在有关部门确定责任后十天内（当事人有约定的，从约定）偿付，否则按逾期付款处理，任何一方不得自行用扣付货款来充抵。

本合同如有未尽事宜，须经甲乙双方共同协商，作出补充规定，补充规定与本合同具有同等效力。

本合同正本一式三份，甲乙双方各执一份，主管部门保存一份。

甲方：________（公章）　代表人：________（盖章）

乙方：________（公章）　代表人：________（盖章）

________年________月________日订

附录3 新乡市地方标准：土鸡生态散养技术操作规程

1 范围

本规程规定了生态散养土鸡饲养管理、饲料营养、疫病防制、出栏、运输、蛋品处理等方面的技术要求。

本规程适用于新乡市生态散养的土鸡。

2 规范性引用文件

下列文件中的条款通过本标准的引用而成为本标准的条款。凡是注日期的引用文件，仅所注日期的版本适用于本文件。凡是不注日期的引用文件，其最新版本（包括所有的修改单）适用于本文件。

GB 13078.1—2006 饲料卫生标准

GB 16548—2006 病害动物和病害动物产品生物安全处理规程

GB 18596—2001 畜禽养殖业污染物排放标准

GB 16549—1996 畜禽产地检疫规范

GB/ T 32148—2015 家禽健康养殖规范

NY/T 388—1999 畜禽场环境质量标准

NY 5027—2008 无公害食品 畜禽饮用水水质

NY 5030—2006 无公害食品 畜禽饲养兽药使用准则

NY 5032—2006 无公害食品 畜禽饲料和饲料添加剂使用准则

NY /T 5339—2006 无公害食品 畜禽饲养兽医防疫准则

NY 5037—2001 无公害食品 肉鸡饲养饲料使用准则

DB41/T 498—2007 无公害鲜鸡蛋生产技术规范

中华人民共和国动物防疫法

3　术语和定义

下列术语和定义适用于本文件。

3.1　土鸡

土鸡是指我国传统的地方品种（标准品种）鸡或利用我国地方品种相互杂交的后代（也叫草鸡或笨鸡）。土鸡的羽毛色泽有黑、红、黄、白、麻等，脚的皮肤有黄色、黑色、灰白色等，具有耐粗食、易饲养、肉质好（骨细肉厚、皮薄、肉质嫩滑、味香浓郁、营养全面）、鸡蛋味道鲜美等特点。

3.2　土鸡生态散养

土鸡育雏期在舍内饲养，育成、育肥期和产蛋期在隔离条件良好、无污染的林地、坡地、荒地和果园等地方散放饲养，主要依靠野生饲料资源（如牧草、青菜、昆虫等），再适量补充全价配合饲料，利用山泉水或人工供给的清洁饮水。在养殖过程中，不使用任何对人体有害的激素、色素、抗生素等。

3.3　饲养期划分

3.3.1　育雏期

土鸡0～6周龄（根据室外气温及天气情况适当调整）。

3.3.2　育肥期

土鸡6周龄至上市（18～22周龄）。

3.3.3　育成期

育雏结束至开产（25周龄左右）。

3.3.4　产蛋期

育成结束到淘汰（62～65周龄）。产蛋期又分为产蛋前期（产蛋率5%～80%）、产蛋高峰期（产蛋率80%以上）和产蛋后期（产蛋率降到80%以下）三个阶段。

4　育雏期的饲养管理

4.1　育雏前准备

4.1.1　育雏舍

育雏舍应保持卫生，地势高燥，保温，通风良好，环境安静，便于冲洗消毒等，门口设置消毒池，池内放置消毒药液，并每周更换1～2次。

育雏舍面积依据育雏方式、饲养密度和育雏数量确定，育雏期末，网上平养饲养密度为20～25只/米^2，地面平养饲养密度10～15只/米^2，笼养饲养密度为20～25只/米^2。

4.1.2　设备用具

准备好加温、照明、通风等设备以及开食盘（纸）、料桶（槽）、饮水器、清扫消毒用具、兽医器械、温度计等，数量满足饲养需要，并进行清洁消毒。

4.1.3　消毒

进雏前2周，对育雏舍进行彻底的清洁消毒。消毒程序：第一步，清理、清扫、清洗。清扫和清理顶棚、墙体、地面和设备用具的污染物质（为避免产生灰尘，可以先使用消毒药物喷雾），高压水枪冲洗墙体和地面，待干燥后用消毒药物进行喷洒消毒。第二步，地面、墙壁和设备用具的消毒。育雏舍的墙壁可用8%石灰乳加3%氢氧化钠溶液抹白，新建育雏舍可用5%的氢氧化钠溶液或5%的福尔马林溶液喷洒。地面用5%的氢氧化钠溶液喷洒。把移出的设备、用具，如料盘、料桶、饮水器等清洗干净，然后用5%的福尔马林溶液喷洒或在消毒池内浸泡3～5小时，移入育雏舍。第三步，熏蒸消毒。应将育雏的所有用具，如鸡笼、饲料桶、饮水器等放入育雏舍内，密闭门窗。按每立方米空间用福尔马林40毫升、高锰酸钾20克，将高锰酸钾倒入福尔马林中，使甲醛蒸发进行熏蒸消毒，消毒24小时。打开窗户换气

24小时，便可进雏。育雏舍经过消毒后，严格禁止未经消毒的用具和非饲养管理人员进入，以免重新污染。第四步，舍外环境消毒。清除育雏舍外所有的垃圾废物、杂草。对路面和鸡舍周围5米以内的环境用酸或碱消毒剂冲洗消毒。进鸡前1～2周和进鸡前2天各进行消毒一次。

4.1.4　备好饲料

雏鸡对饲料的要求是营养浓度高一些，营养全面，并且容易消化些。土鸡雏鸡的饲料消耗量，因品种和阶段划分上的差异而不同，一般情况下，0～7周龄其耗料量约为1.5千克/只左右。进雏前要准备1周的饲料量。

4.1.5　水质要求

饮用水要符合《无公害食品　畜禽饮用水水质》（NY 5027—2008）的要求。

4.1.6　药品准备

育雏前需准备维生素C和多种维生素、葡萄糖、消毒药物、常用抗生素和疫苗等。

4.1.7　提前加温

加热方式有火炉、热风炉、保温电热伞、水暖管道等，无论采用何种取暖方式，在雏鸡进入育雏舍前24小时都要开始加温升温，使舍内育雏温度达到33～34℃。加温时必须注意将产生的烟、废弃物排出舍外。

4.2　饲养管理

4.2.1　雏鸡来源

雏鸡或种蛋来源于具有种禽种蛋生产经营许可证和工商营业执照的单位，并经产地检疫合格。

4.2.2　雏鸡选择

选择健康雏鸡。其表现：活泼好动，眼亮有神，反应灵敏，叫声清脆响亮；绒毛光亮，长短适中；两腿粗壮，腿脚结实，站立稳健；腹部平坦、柔软，卵黄吸收良好（不是大肚子鸡），羽毛覆盖整个腹部，肚脐干燥，愈合良好；肛门附近干净，没有白色粪便黏着；雏体大小一致，握在手中感到饱满有劲，挣扎有力。如脐部有出血痕迹或发红呈黑色、棕色，或为脐疔者，腿和喙、眼有残疾、畸形以及不符合品种要求的均要淘汰。

4.2.3　雏鸡入舍分群

雏鸡入舍时进行点数，并将弱雏放在单独的围栏内，利于管理。

4.2.4　饮水

雏鸡入舍前2～3小时将育雏舍内的饮水器灌满洁净的凉开水（水温20℃左右）；雏鸡入舍后要立刻诱导雏鸡学会饮水（雏鸡出壳24～36小时要饮到水），保证每只雏鸡都会饮水；水中添加5%的葡萄糖或白糖、0.1%维生素C，以缓解运输途中的疲劳，增加营养。

每只雏鸡要有1～3厘米的饮水位置，饮水器的边缘高度与雏鸡背高度一致。每天清洗消毒一次饮水器，保持饮水器清洁卫生。育雏期间保证饮水器内不得断水（饮水免疫需要除外），饮水器设有随时灌注装置。

4.2.5　喂料

饮水后可以立即“开食”（雏鸡的第一次饲喂），开食越早越有利于雏鸡消化器官发育和以后生长。可将开食饲料（将雏鸡全价配合饲料用凉开水拌湿，手握成团，一松手即散开）撒在消毒的黄纸、开食盘、料桶底盘上，厚度为1厘米左右，让雏鸡有充足的采食空间都能吃到育雏饲料，让雏鸡尽早学会采食。

1日龄饲喂10～12次/天，2～14日龄饲喂5～6次/天，以后饲喂4次/天。每只雏鸡有3～5厘米的采食位置，料桶（槽）边缘高度与鸡背高度一致。

育雏期间自由采食。

4.2.6　环境条件

第一周龄育雏温度34～36℃，以后每周下降2～3℃，直至18～20℃。温度要平稳，切忌忽高忽低；10日龄以内，育雏舍内相对湿度70%～65%，10～20日龄60%~65%，3周以后55%～50%为宜。饲养密度，地面平养为0～2周龄40～50只/米^2，3～4周龄20~30只/米^2，5周龄以后15～20只/米^2。网上平养饲养密度比地面平养提高10%左右。雏鸡0～3日龄23小时照明（白天自然光照，晚上人工补光），1小时黑暗。4日龄以后每天减少1小时光照，直至自然光照。0～2周龄光照强度20勒克斯左右，3周龄以后光照强度8～10勒克斯。光源采用普通白炽灯或荧光灯，设置灯罩，并保持光源清洁，提高光照效果。0～2周龄每天可分数次通风10～30分钟，以排除废气和调节舍内温湿度。3周龄以后加强通风，控制舍内氨气浓度在25毫升/米^{3}以下。通风时避免冷风直吹雏鸡，风速不要超过0.2米/秒。注意雏鸡舍卫生管理，每天清扫舍内灰尘污物，及时清理潮湿的垫料（地面平养）和粪便（网上平养），保持饮水和饲料新鲜卫生。保持育雏舍安静，严禁闲杂人员进入鸡舍，严防猫、狗及鼠害、兽害。

4.2.7　调教

调教是指在特定环境下给予特殊信号或指令，使之逐渐形成条件反射或产生习惯性行为。喂鸡时给固定信号，如吹哨、敲盆等，声音一定要轻，以防炸群，久而久之，鸡就会建立起条件反射，每当鸡听到信号就会过来，为以后的散养做准备。

4.2.8　档案

应做好日常记录，包括喂料、饮水、死淘、免疫、用药、销售情况等，建立完整的生产档案。

5 育成育肥期的饲养管理

5.1 散养方式

土鸡育成育肥期以散养方式为主。散养是指白天在林地、坡地、草场、荒地和果园等适宜的散养场地自由觅食野生饲料资源，晚归鸡舍，适时、适量补喂饲料来满足营养需要的生产方式。开始散养日龄一般夏季30日龄，春秋季30～40日龄，冬季40～50日龄。从育雏舍转往散养地的转群时间最好选择在晴天早晨，并实行公母分群饲养。散养开始几天对鸡群情况加强观察。

5.2 散养地选择

散养地选在地势高燥、通风向阳、环境安静、水源方便、无污染、无兽害的园地（竹园、茶园、果园、桑园）、林地、坡地、荒地、草场等地方。散养地确定后，周围打水泥柱，用耐雨淋和不生锈的尼龙网或塑料网筑起1.5米高的围栏。根据散养数量隔成几个区域。园地散养要注意避开重要的生产季节。

散养场地应符合《畜禽场环境质量标准》（NY/T 388—1999）的要求。

5.3 鸡舍搭建

散养鸡鸡舍的类型有棚舍、开放舍和塑料大棚舍。对鸡舍的要求是防寒、挡风、避雨、遮阳、简便和经济。鸡舍面积15～20只/米^2。每个鸡舍容纳土鸡300～500只。鸡舍内地面平整，高出舍外地面30厘米，设置栖息架（每只鸡所占栖架的位置不低于17～20厘米）。鸡舍外设置排水沟。在鸡舍周围放置足够数量的补料桶（槽）和饮水器。

5.4 散养密度

一次性散养80～100只/亩（667米^2）；长期散养15～20只/亩（667米^2）。散养规模以每群1000～1500只为宜。最好将一个地块用围网分成若干小区（一般3个左右），使鸡轮流在3个区域内采食，即分区轮放，每个小区放养1～2周，使土地生息结合，有利于资源开发和提高资源利用效率。

5.5　散养训练

5.5.1　消化机能训练

放养前1～3周，可在育雏料中添加一定的青草和青菜，有条件的鸡场还可加入一定的动物性饲料，特别是虫体饲料（如蝇蛆、蚯蚓、黄粉虫等），使土鸡的消化机能得到应有的训练，减少散养后的饲料应激。青绿饲料的添加量，要由少到多逐渐添加，防止一次性增加过多而造成消化不良或腹泻。

5.5.2　适应气温训练

在育雏后期（散养前1～2周），应逐渐降低育雏室的温度，使舍内温度与外界气温一致。可适当进行较低温度和小范围变温的训练，使小土鸡具有一定的抗外界环境温度变化的能力，以便适应室外散养的气候条件，这将有利于提高散养初期的成活率。

5.5.3　归舍训练

散养鸡群活动范围大，容易出现夜晚不归舍的鸡，这些鸡得不到补饲，也容易被雨淋或野生食肉动物捕食。开始散养的前几天要进行散养训练，使鸡群在天黑前全部回到鸡舍。训练方法：一人在鸡舍门口吹哨或敲盆，并向鸡群抛撒玉米、碎米或小麦颗粒，同时饲养员在散养场地用竹竿或树枝驱赶不回去的鸡只，反复数日，即可形成条件反射，在傍晚或天气不好时，鸡都能及时被召回舍内。

5.6　补饲

1～5天内仍按舍饲喂量给料，日喂3次；5天后要限制饲料喂量。分两步递减饲料：散养5～10天内喂平常舍饲日粮的

70%；散养10天后直到育成或出栏，只喂平常各生长阶段舍饲日粮的30%～50%（补料量应根据散养密度、散养地的野生饲料资源量确定），日喂1次（天气不好的时候喂2次）。傍晚补料时吹口哨或敲击金属物品，让散养的土鸡归舍采食。饲槽数量充足，每只土鸡应有8～10厘米的采食位置。

5.7 饮水

散养地安装供水系统，包括水源、水塔、输水管道、供水器（饮水器）等，根据散养地面积大小设置一定的饮水区域，在饮水区内设置饮水器，饮水器的数量满足鸡的需要，每只土鸡3～5厘米的饮水位置。

5.8 诱虫

昆虫虫体不仅富含蛋白质和各种必需氨基酸，还含有抗菌肽及多种未知生长因子，有利于土鸡生长。可以在鸡舍外安装高压电网黑光灯诱杀昆虫。

5.9 鸡群巡视

生态散养土鸡要定期进行巡视，目的是检查鸡群状态，及时发现病弱残鸡并隔离，防止猛禽、野兽伤害鸡群。

5.10 育肥期其他管理

5.10.1 阉割

作为阉鸡上市的公鸡一般在40～60日龄进行阉割。

5.10.2 夜间照明

育肥鸡舍要保持14～15小时光照时间（光照强度8～10勒克斯）。晚上关灯后可留几个小灯泡，使舍内有些弱光，避免惊群，防止野生动物晚上靠近鸡舍，夏季昆虫较多时可以诱虫，供鸡采食。

5.10.3 后期育肥

散养土鸡上市前20～30天，限制散养范围，缩短每天的散养时间，敞开供料，并适当提高饲料能量水平。

5.11　育成期其他管理

5.11.1　公母分群

育雏结束，公母分群，公鸡育肥，母鸡育成。

5.11.2　控制体重

从育成期开始至25周龄，每周或每2周抽测体重一次。随机取样，样品数量为群体数量的2%～5%。根据称测体重情况适当调整补饲量，使育成母鸡的体重符合标准体重。

5.11.3　光照管理

从21～23周龄产蛋母鸡开始增加光照，每周增加20分钟，直至15～16小时恒定。光照强度20～25勒克斯。育肥土鸡不增加光照，不补光。

6　产蛋期的饲养管理

6.1　做好开产前的准备

开始产蛋的前一周，将产蛋箱准备好，让土鸡适应环境。每4～5只鸡准备1个产蛋箱，产蛋箱放置在较暗的地方，产蛋箱中铺些垫草，并放上假蛋；根据鸡群的免疫程序要求和抗体水平接种疫苗；安装好产蛋期需要的各种设备；进行全面彻底的消毒。

6.2　补料

散养地的饲料资源有限，不能完全满足土鸡产蛋的营养需要，需要补充饲喂。由于散养土鸡采食的饲料种类和数量难以确定，补料量没有一个绝对数值，实际生产中应根据体重、蛋重、产蛋率、蛋形、产蛋时间分布、采食情况和行为表现灵活掌握。一般补料量为舍饲采食量的60%～70%为宜。

6.3　饲料更换

19周龄饲料中钙的水平提高到1.75%，21～23周龄提高到

3%。当产蛋率达到25%以上时，应该将育成饲料更换为产蛋饲料。饲料更换要有5 ~ 7天的过渡期。

6.4 光照控制

一般产蛋高峰期光照时间应控制在15 ~ 16小时，如果自然光照时间不足时需要人工光照补足。光照强度要达到20 ~ 25勒克斯。

6.5 沙浴

鸡场要准备一些沙土让鸡沙浴。

6.6 饮水

散养地和鸡舍周围运动场要设置饮水器，保证洁净、充足的饮水供应。

6.7 捡蛋

捡蛋时间、次数要制度化。每天捡蛋3 ~ 4次，捡蛋前用0.1%的新洁尔灭洗手消毒，持经消毒的清洁蛋盘捡蛋。捡蛋时要净、污蛋分开，薄厚蛋分开，完好蛋和破损蛋分开，将那些表面有垫料、鸡粪、血污的蛋和地面蛋以及薄壳蛋、破蛋单独放置。在最后一次收集蛋后要将窝内鸡只抱出。

6.8 淘汰

产蛋期除随时淘汰发现的低产鸡和停产鸡外，应在产蛋高峰初期（25 ~ 30周龄）和产蛋高峰过后（45 ~ 48周龄）集中安排淘汰2次，以提高生产效益。65周龄以后，根据产蛋情况和市场情况，确定对产蛋鸡群进行全群淘汰或强制换羽。

7 饲料营养

7.1 饲料质量

应符合《无公害食品 肉鸡饲养饲料使用准则》（NY 5037–2001）和《饲料卫生标准》（GB 13078.1—2006）要求。

7.2　药物性添加剂使用

应按照《无公害食品　畜禽饲养兽药使用准则》NY 5030—2006执行。

7.3　营养水平

饲料营养水平应满足不同类型、不同生长阶段土鸡的营养需要。育雏期饲喂雏鸡用全价配合饲料；育成育肥期补充育成、育肥期全价配合饲料，产蛋期补喂产蛋饲料。

饲料中不添加含有影响肉质、肉色、风味和蛋品品质的原料，饲料中不得含对人体有害的激素、色素、抗生素等，确保生产出的土鸡及土鸡蛋无有毒有害物质残留。

8　疫病防治

8.1　隔离

8.1.1　实行“全进全出”的饲养制度

8.1.2　严禁闲杂人员、车辆、其他动物和禽产品进入养鸡生产区

8.1.3　防止污染的垫料、器具和饲料进场

8.1.4　发现病鸡及时隔离治疗，病死鸡及其粪便按照《病害动物和病害动物产品生物安全处理规程》（GB 16548—2006）规定作深埋等无害化处理

8.1.5　定期使用抗凝血类灭鼠剂进行灭鼠

8.2　消毒

8.2.1　消毒药品

应选择对人、土鸡和环境安全，没有残留毒性，对设备没有损害，不会对土鸡有害积累的消毒剂。选用的消毒药品应符合《无公害食品　畜禽饲养兽药使用准则》（NY 5030—2006）的规定。选用的消毒剂有二氧化氯、季铵盐类、过氧乙酸、有机碘络合物、高锰酸钾、酒精、生石灰、氢氧化钠、次氯酸盐等。

8.2.2 具体对象消毒

8.2.2.1 车辆消毒

车辆进出鸡场，车轮应经过消毒池消毒（消毒池内放置3%～5%氢氧化钠溶液，每周要更换1次）；车身和车底盘应进行喷雾消毒。

8.2.2.2 环境消毒

鸡场周围环境、道路，每周应消毒1次；鸡场周围及场内污水池、排粪口和下水道出口，每月消毒1次；放养过的大田和林地等应翻土，撒施生石灰，带鸡消毒用0.3%过氧乙酸或0.05%～0.01%百毒杀或1210。

8.2.2.3 人员消毒

饲养管理人员进入生产区应采取淋浴或喷雾等方法进行消毒。

严格控制外来人员进入生产区域，必须进入时，要经过淋浴或喷雾消毒后，更换生产区的工作服和工作鞋，并遵守生产区内防疫制度，按指定路线出入。

8.2.2.4 鸡舍消毒

进鸡前对鸡舍进行清理、清扫和高压水枪冲洗（发酵床地面禁用），然后进行喷洒和熏蒸消毒。药液要喷湿屋顶、墙体和地面的表面，熏蒸时间不少于24小时。空舍1～2周后方可使用。进鸡后定期进行带鸡喷雾消毒，一般每周1次，喷雾雾粒直径以80～120微米为宜。喷雾时按由上至下、由内至外的顺序进行，选用二氧化氯、季铵盐类、过氧乙酸、次氯酸钠等消毒剂。

8.2.2.5 设备用具消毒

应定期对设备用具如饲喂系统、饮水系统、通风系统、照明系统等设备进行清洁消毒；对防治和免疫用的器具等在使用前彻底清洁消毒。

8.2.2.6　饮水消毒

散养期间，定期在饮水中投放一些高效、广谱、无毒的消毒剂，以控制降低水中有害菌的数量，防止疫病的传播。

8.3　免疫

8.3.1　疫苗

选购的疫苗必须有相应批准文号、执行标准、制造日期、有效期、使用范围以及用法用量等。疫苗应严格按要求保存，避免混淆。运输过程中有冷藏箱或保温瓶，严防日光暴晒。

8.3.2　免疫程序

鸡场应根据《中华人民共和国动物防疫法》及其配套的法规要求，结合当地实际情况，制定适合本场的免疫程序，有选择地进行疫病的预防接种工作。

8.3.3　免疫管理

免疫接种方法（途径）有点眼滴鼻、饮水、注射、刺种等，根据不同疫苗要求选择最适宜的方法，并做到免疫确切。饮水免疫时疫苗稀释应用蒸馏水，如用自来水，应煮沸后放凉使用，最好在稀释液中加入0.2%～0.5%的脱脂奶粉或山梨糖醇。

为减轻免疫过程中的应激反应，在免疫的前后3天内在饲料或饮水中添加维生素C或速溶性多种维生素。

8.4　用药

8.4.1　动物用药

兽药使用应符合《无公害食品　畜禽饲养兽药使用准则》（NY 5030—2006），宜使用中药预防和治疗各种疾病。规范用药，用量及休药期按照NY 5030—2006的规定执行。

8.4.2　农药

放养地果树及其他经济林木杀虫，允许使用菊酯类杀虫剂。喷洒农药后1个月内不能放鸡。

8.5 常见病防治

8.5.1 细菌病

鸡沙门氏菌病（鸡白痢、鸡伤寒、鸡副伤寒）和大肠杆菌病，在1～15日龄将新霉素、庆大霉素、丁胺卡那霉素交替使用。

8.5.2 寄生虫病

鸡体外寄生虫的种类有很多（危害大的主要有鸡皮刺螨、羽螨、鸡虱子、臭虫、跳蚤和鸡软蜱等）。此病一年四季均可发生，但夏秋高温高湿季节里发病率更高。使用双甲脒200毫克/千克浓度或溴氰菊酯50～100毫克/千克浓度对鸡舍墙壁、地面、设备和用具进行喷雾，杀灭病原。将伊维菌素或阿维菌素制剂拌料驱虫。

鸡球虫病和盲肠肝炎在20～60日龄，将地克珠利、莫能霉素、盐霉素等药物交替使用；鸡蛔虫病、绦虫病、组织滴虫病等定期驱虫，8～9周每只鸡0.5片驱虫净（四咪唑），研磨拌料，一次投服。17～18周龄，每只鸡1片左旋咪唑，一次投服，连用两次。驱虫后注意及时清理粪便，进行堆积发酵处理。

8.5.3 多发传染病

禽流感、新城疫、传染性法氏囊病、传染性支气管炎、慢性呼吸道病、鸡痘等传染病防治，要严格按照免疫程序及抗体水平选择使用疫苗进行预防接种。

8.6 排泄物处理

8.6.1 垫料和粪便

在固定地点进行堆肥处理。堆肥地点地面硬化不渗水，周围设置矮墙，上有顶棚。粪便堆积发酵后可做农业肥料。按照《畜禽养殖业污染物排放标准》（GB 18596—2001）的规定执行。

8.6.2 污水

污水经过处理达到《畜禽养殖业污染物排放标准》（GB 18596—

2001）的要求后再向外排放。

9　土鸡出栏和运输

9.1　出栏

土鸡的类型不同，出栏日龄不同。根据不同土鸡类型特点和市场需求，在达到适宜日龄和体重时可以出栏。

土鸡出售前按《畜禽产地检疫规范》（GB 16549—1996）的要求进行产地检疫，检疫合格后方可上市，残次鸡另行处置。严禁已出场的商品土鸡返场饲养。

9.2　运输

土鸡出栏前6小时停喂饲料，抓鸡、装笼、搬运、装卸中动作要轻，以防挤压和碰伤。运输设备要清洁，无粪便和化学品遗弃物。

10　蛋品处理

将脏蛋、破壳蛋、沙壳蛋、钢皮蛋、皱纹蛋、畸形蛋，以及过大、过小、过扁、过圆、双黄破碎的蛋挑出，单独放置。对污染的鸡蛋（脏蛋），先用细纱布将污物轻轻拭去，并对污染处用0.1%百毒杀进行消毒处理（不能用湿毛巾擦洗，以免破坏鸡蛋的表面保护膜，使鸡蛋难以保存）。

蛋品符合《无公害鲜鸡蛋生产技术规范》（DB41/T 498—2007）的要求方可出售。

11　记录管理

建立完整的生产记录档案，包括引种记录，饲料、添加剂和药品的采购和使用记录，免疫、消毒、用药、检疫、疫病诊断和检测、病死鸡无害化处理记录以及鸡群变化、死亡、淘汰和销售记录等；记录要准确，具有可追溯性，记录保存时间不少于2年。

参考文献

［1］魏刚才.土鸡高效健康养殖技术［M］.北京：化学工业出版社，2010.

［2］李英，谷子林. 规模化生态散养鸡［M］.北京：中国农业大学出版社，2005.

［3］魏刚才，张遂平. 高效养殖致富直通车：高效养土鸡［M］.北京：机械工业出版社，2014.

［4］贺晓霞. 肉鸡规模化健康养殖彩色图册［M］. 长沙：湖南科学技术出版社，2016.

［5］施力光.土鸡散养管理与疾病防治问答［M］.北京：中国农业科学技术出版社，2018.

［6］张霞，皮泉，文明.林下土鸡生态散养与疾病防治技术［M］. 贵阳：贵州科技出版社，2020.

彩图 1　浦东鸡

彩图 2　清远麻鸡

彩图 3　惠阳胡须鸡

彩图 4　杏花鸡

彩图 5　桃源鸡

彩图 6　溧阳鸡

彩图 7　河田鸡

彩图 8　霞烟鸡

彩图 9　文昌鸡

彩图 10　石岐杂鸡

彩图 11　丝毛乌骨鸡

彩图 12　岭南黄鸡

彩图 13　江村黄鸡（土鸡型）

彩图 14　康达尔黄鸡

彩图 15　新浦东鸡

彩图 16　固始鸡

彩图 17　狼山鸡

彩图 18　萧山鸡

彩图 19　寿光鸡

彩图 20　北京油鸡

彩图 21　庄河鸡（大骨鸡）

彩图 22　卢氏鸡

彩图 23　正阳三黄鸡

彩图 24　汶上芦花鸡

彩图 25　茶花鸡

彩图 26　静宁鸡

彩图 27　鹿苑鸡

彩图 28　峨眉黑鸡

彩图 29　南丹瑶鸡

彩图 30　广西麻鸡

彩图 31　仙居鸡

彩图 32　白耳黄鸡

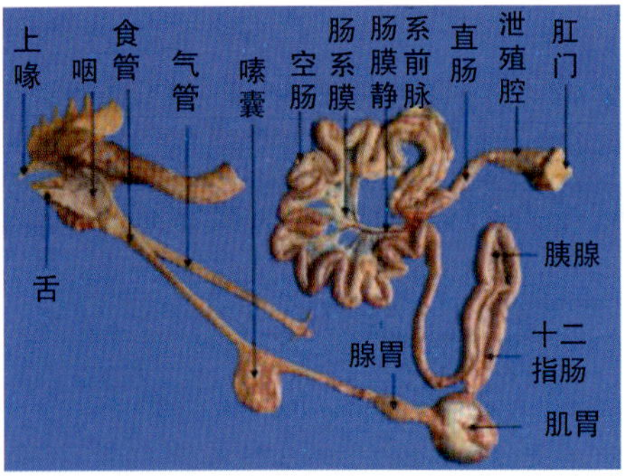

彩图 33　土鸡的消化系统

彩图 34　土鸡喜吃颗粒饲料（补饲玉米粒）

彩图 35　玉米

彩图 36　霉变玉米（左）、螟侵害和真菌感染的玉米（右）

彩图 37　小麦

彩图 38　高粱

彩图 39　大麦

彩图 40　麦麸

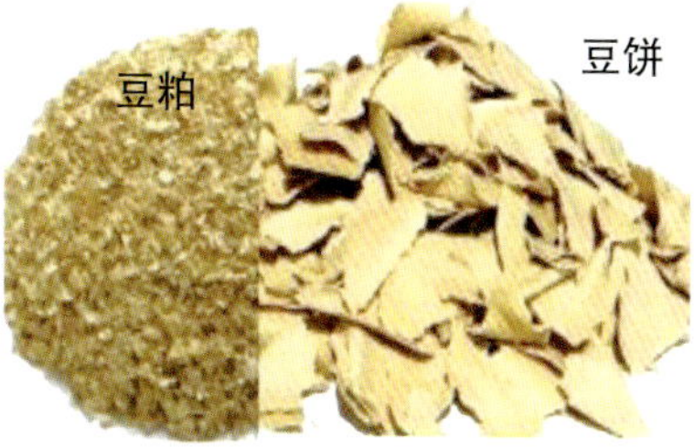

彩图 41　豆粕和豆饼

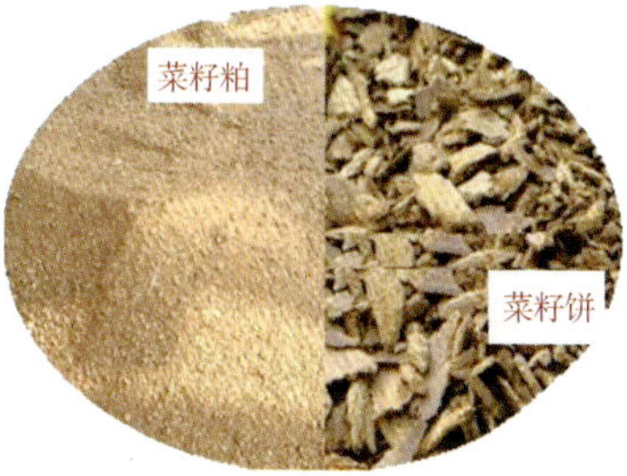

彩图 42　菜籽粕和菜籽饼

彩图 43　芝麻和芝麻粕

彩图 44　玉米蛋白粉

彩图 45　玉米胚芽粕

彩图 46　玉米干酒糟

彩图 47　啤酒糟（麦芽根）

彩图 48　肉骨粉

彩图 49　羽毛粉

彩图 50　沙砾

彩图 51　紫花苜蓿干草

彩图 52　紫花苜蓿草粉

彩图 53　松针粉

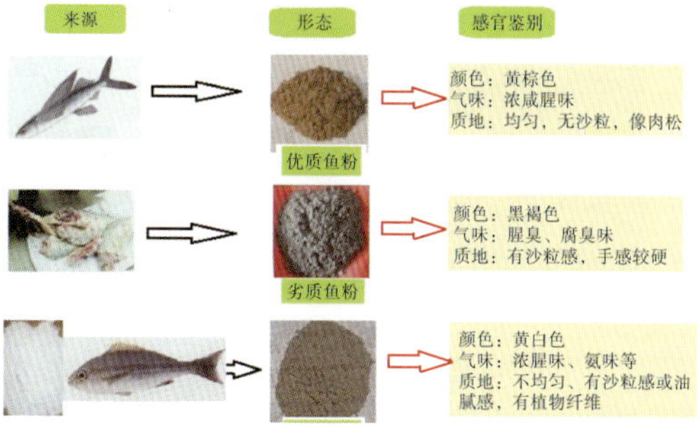

彩图 54　鱼粉的优劣鉴别

榆树叶

槐树叶

杨树叶

荆树叶（豆科树种）

松针

梨树叶（果树类）

彩图 55　常见的树叶饲料

彩图 56　诱捕昆虫灯

彩图 57　蚯蚓、蝇蛆和黄粉虫

彩图 58　场地地势高燥

彩图 59　鸡舍均匀布局

彩图 60　果园放养土鸡

彩图 61　林地放养土鸡

彩图 62　草场养鸡

彩图 63　农田放养土鸡

彩图 64　竹园放养土鸡

彩图 65　荒地或草场放养土鸡

彩图 66　山坡放养土鸡

彩图 67　放养土鸡自动饮水系统

彩图 68　鸡舍一侧的补饲区

彩图 69　鸡舍一侧的凉棚和食槽

彩图 70　保温隔热的育雏舍（屋顶是保温隔热材料）

彩图 71　砖结构简易棚舍

彩图 72　石棉瓦或茅草鸡舍

彩图 73　塑料大棚鸡舍

彩图 74　拱棚鸡舍

彩图 75　草棚及周围的排水沟

彩图 76　保姆伞供温地面育雏

彩图 77　网上育雏

彩图 78　多层育雏网床

彩图 79　重叠式育雏笼育雏

彩图 80　大而扁平的开食盘开食

彩图 81　粗糙的黄纸上开食

彩图 82　鸡舍的清扫

彩图 83　鸡舍的冲洗

彩图 84　鸡舍的熏蒸消毒

彩图 85　酒精喷灯消毒

彩图 86　气雾法消毒

彩图 87　浸泡法消毒

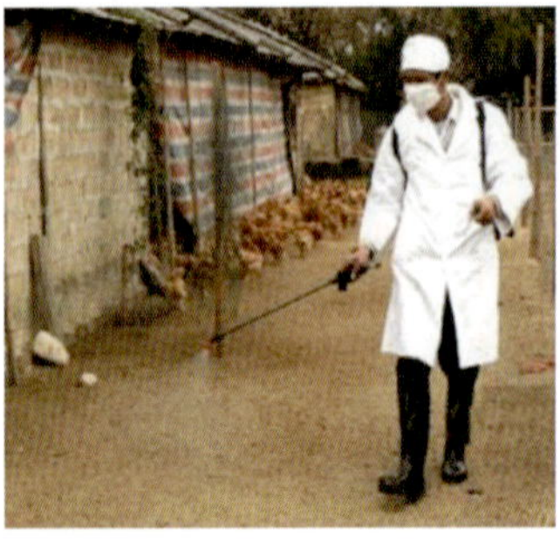

彩图 88　喷洒法消毒

彩图 89　粪便的堆积发酵消毒

彩图 90　带鸡喷雾消毒

彩图 91　带鸡气雾消毒

彩图 92　放养场地消毒

彩图 93　车辆消毒

彩图 94　地面撒布新鲜生石灰

彩图 95　病死鸡焚化炉

彩图 96　鸡的正常小肠粪便

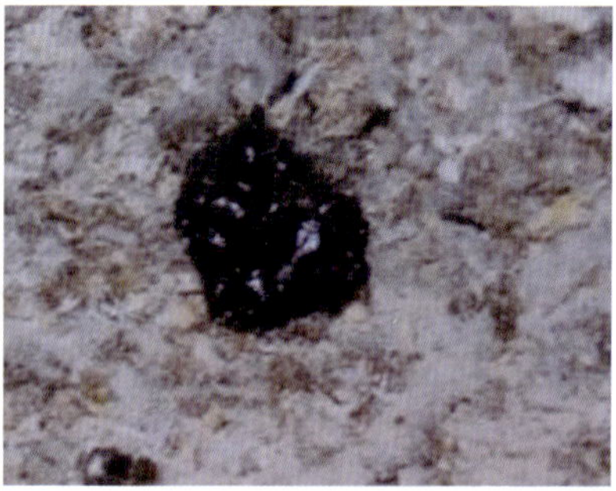

彩图 97　鸡的正常盲肠粪便

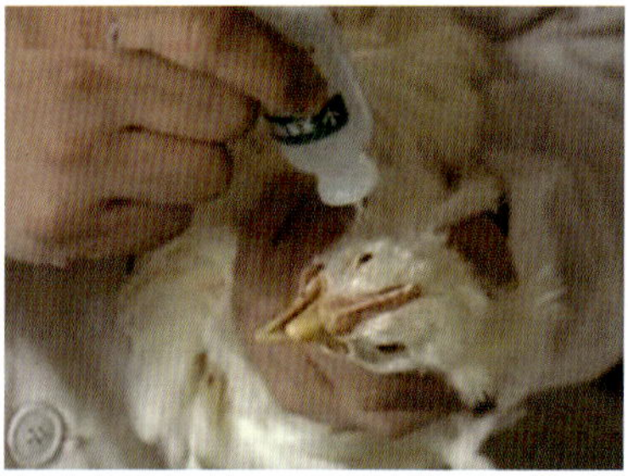

彩图 98　点眼免疫

彩图 99　滴鼻免疫

彩图 100　颈部皮下注射

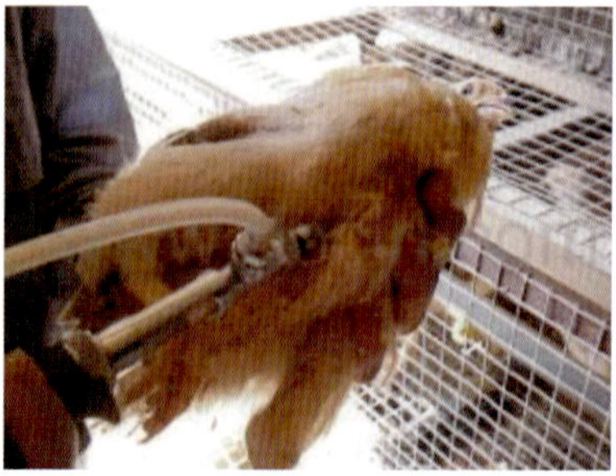

彩图 101　胸部皮下注射

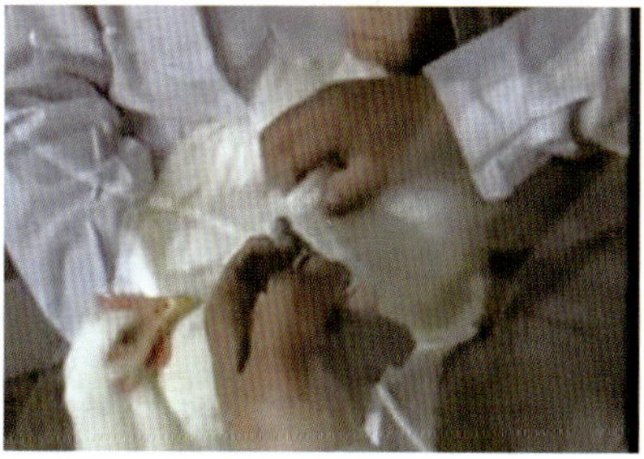

彩图 102　胸部肌内注射

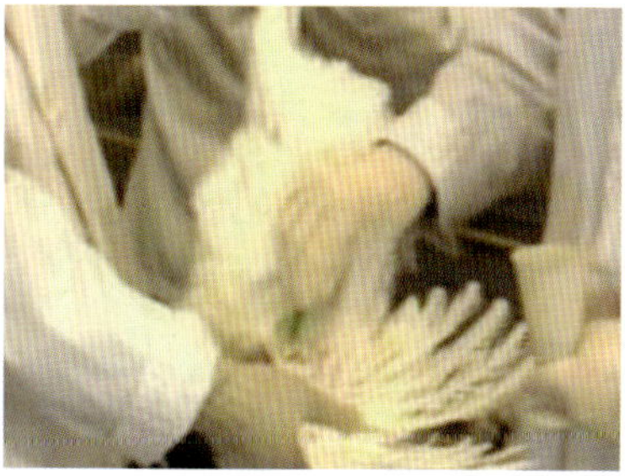

彩图 103　皮下刺种

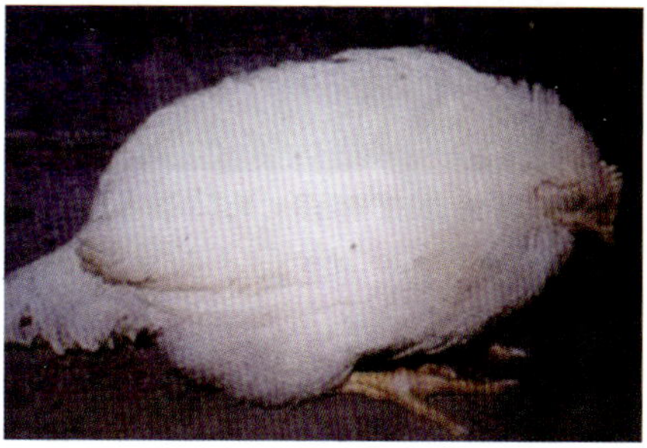

彩图 104　患病鸡因禽流感昏睡

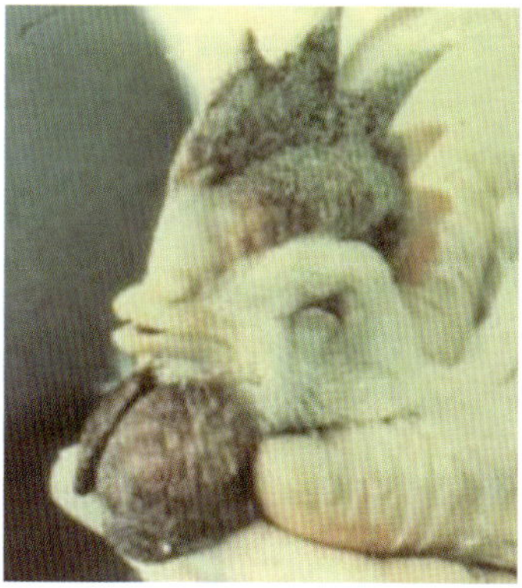

彩图 105　患禽流感病鸡冠、髯发紫，眼肿

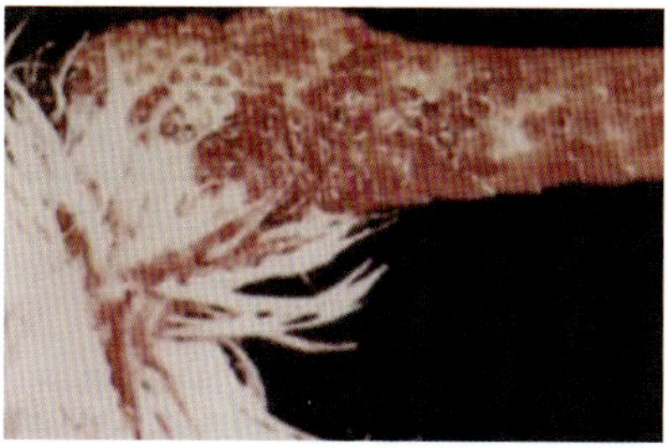

彩图 106　患禽流感病鸡腿部出血

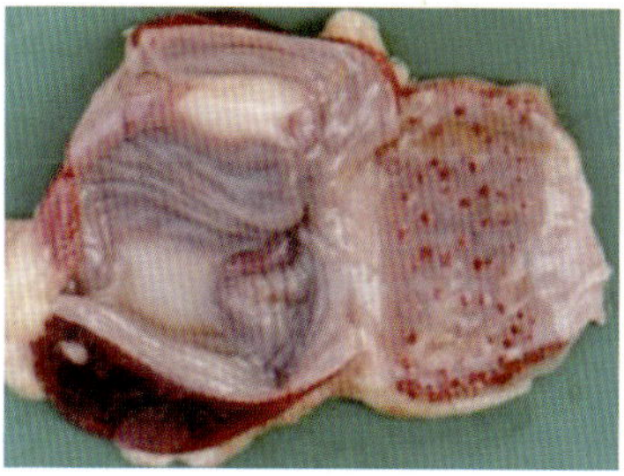

彩图 107　患禽流感病鸡腺胃乳头出血（1）

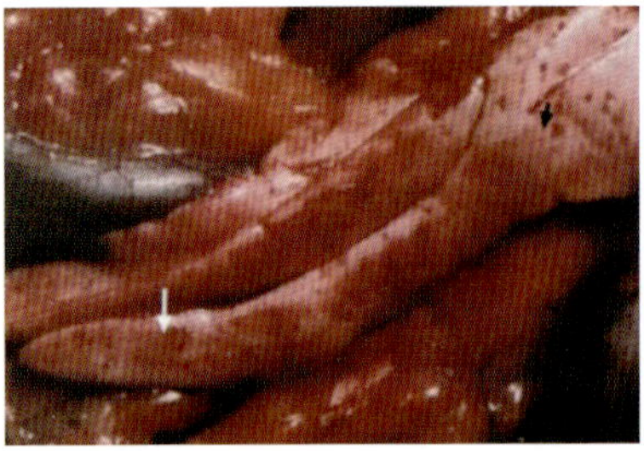

彩图 108　患禽流感病鸡腺胃乳头出血（2）

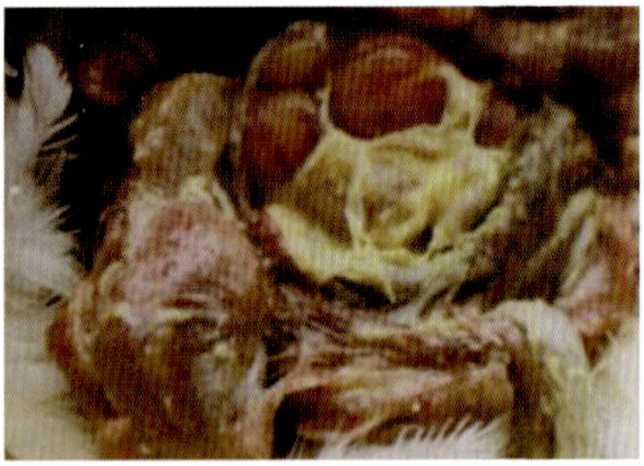

彩图 109　患禽流感病鸡卵黄变性、坏死

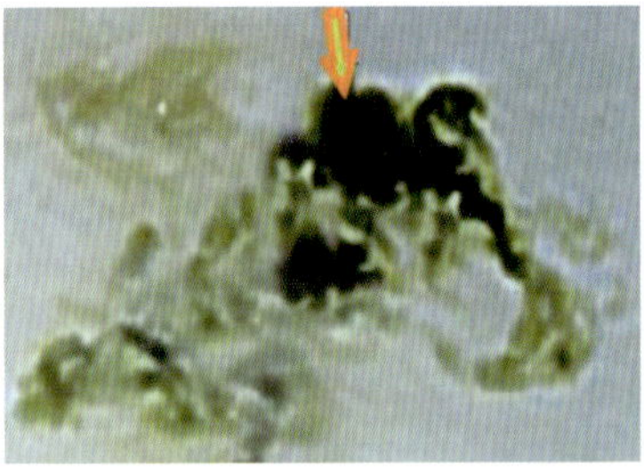

彩图 110　患新城疫病鸡排黄绿色稀粪

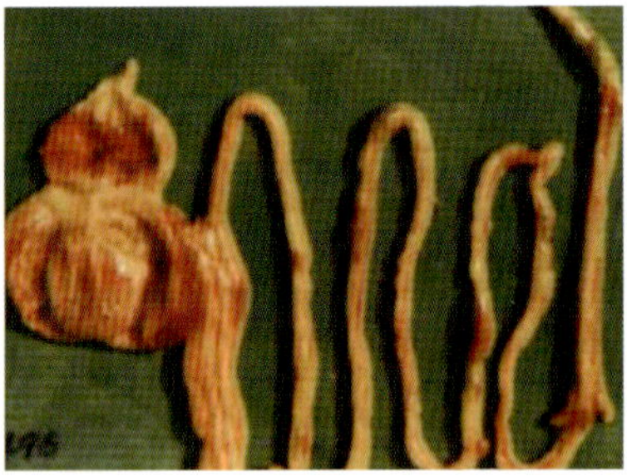

彩图 111　患新城疫病鸡呈枣核形溃疡

彩图 112　患非典型新城疫病鸡扭颈、转圈

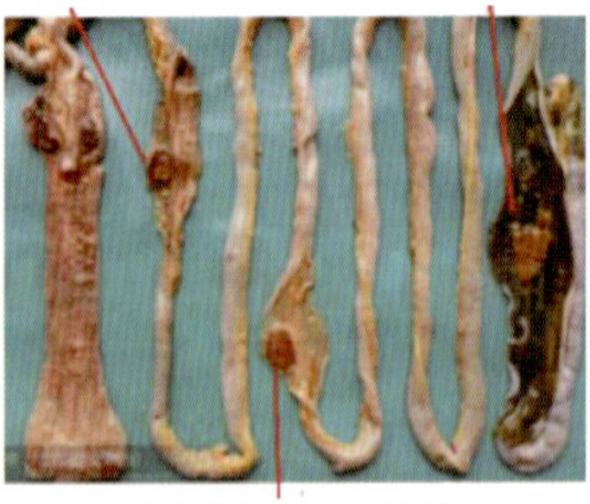

彩图 113　患非典型新城疫鸡肠道典型病变

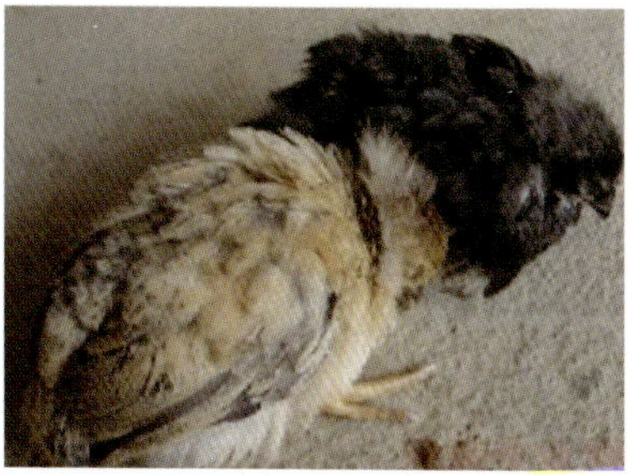

彩图 114　患传染性法氏囊病鸡精神不振，缩头，翅膀下垂，羽毛蓬乱

彩图 115　患传染性法氏囊病鸡排米汤样白色稀粪

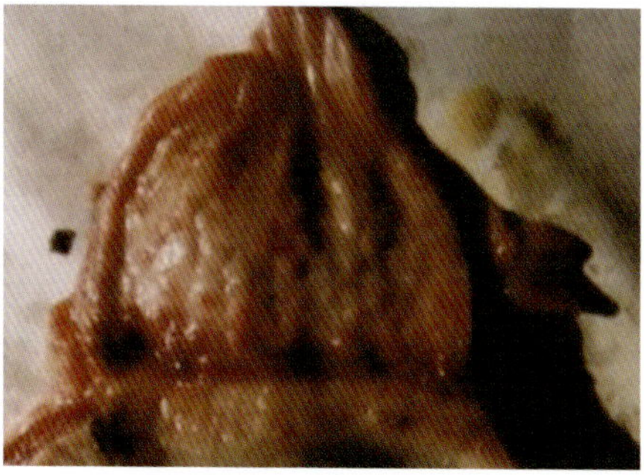

彩图 116　患传染性法氏囊病鸡腺胃与肌胃交界处有出血带

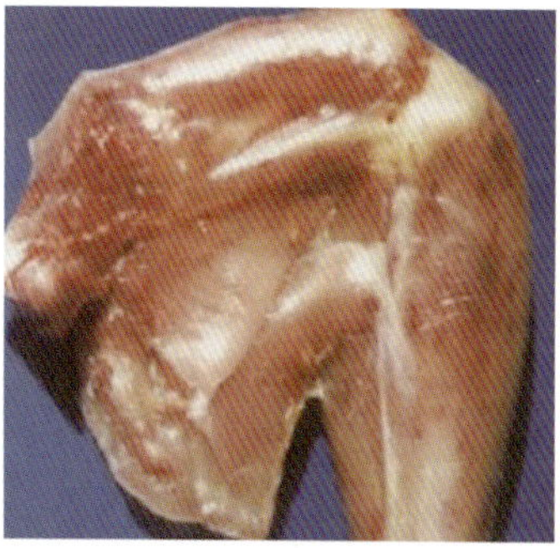

彩图 117　患传染性法氏囊病鸡腿内侧肌内有条状或斑状突出

彩图 118　患传染性支气管炎（呼吸型）病雏鸡张口呼吸

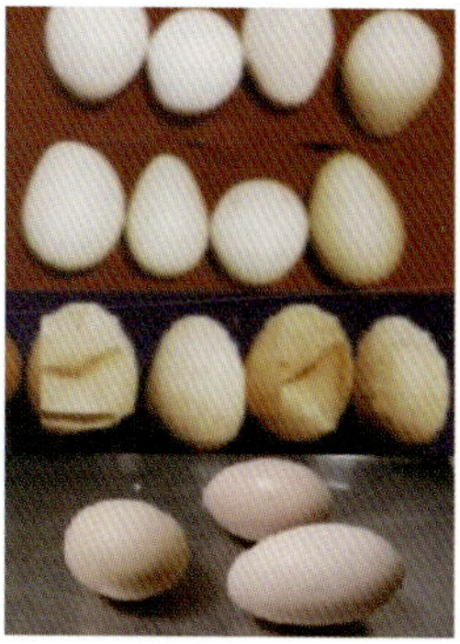

彩图 119　患传染性支气管炎（呼吸型）成年病鸡产出的异形蛋（下面为正常蛋）

彩图 120　患传染性支气管炎（肾型）病鸡羽毛逆立，精神萎靡

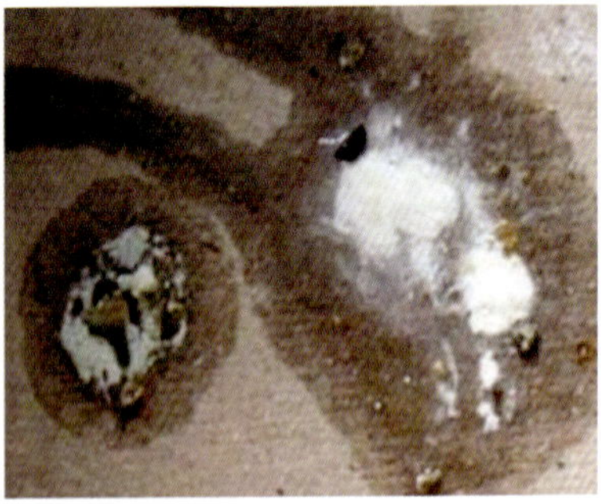

彩图 121　患传染性支气管炎（肾型）病鸡排米汤样白色稀粪，粪便不成形，尿酸盐增多

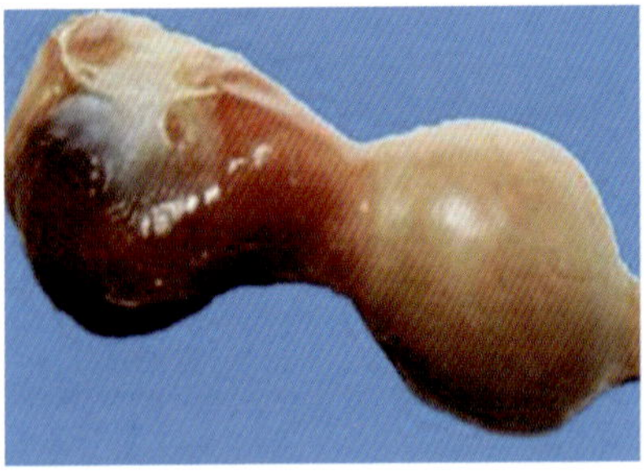

彩图 122　患传染性支气管炎（腺胃型）病鸡的腺胃肿大

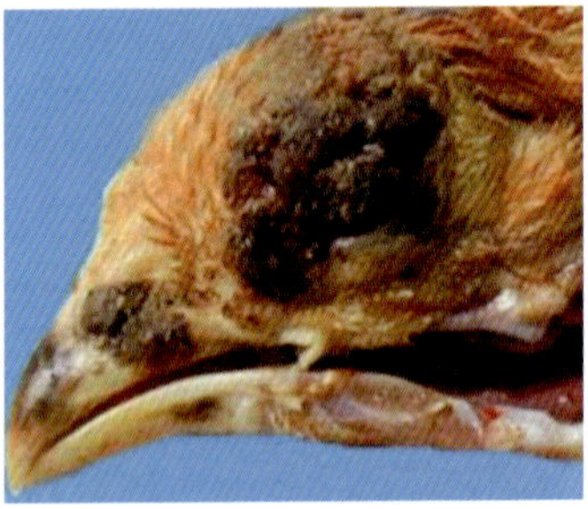

彩图 123　禽痘病鸡痘痂连接造成的瞎眼

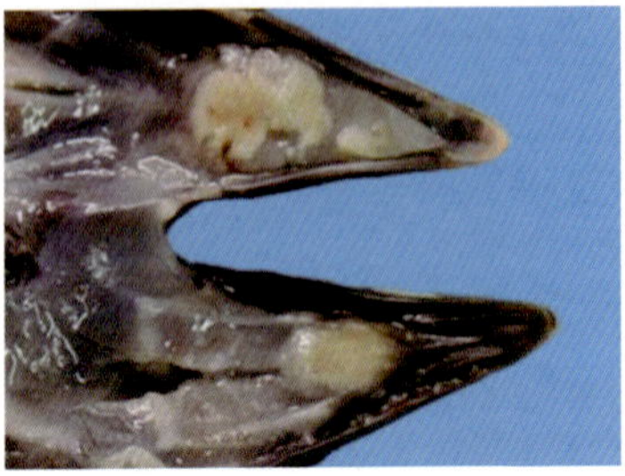

彩图 124　患禽痘病鸡口腔、喉、气管表面有干酪样坏死灶

彩图 125　患传染性喉气管炎病鸡呼吸困难，张口喘气，流眼泪

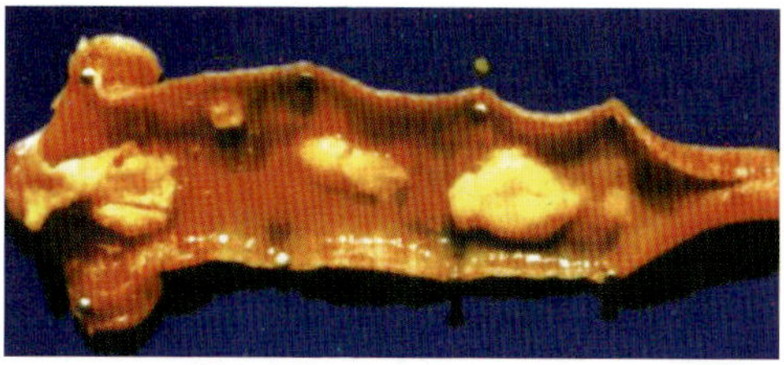

彩图 126　患传染性喉气管炎病鸡喉头和气管黏膜肥厚、充血，有黄色干酪样物质

彩图 127　患慢性呼吸道病鸡眼睑粘连，呼吸困难

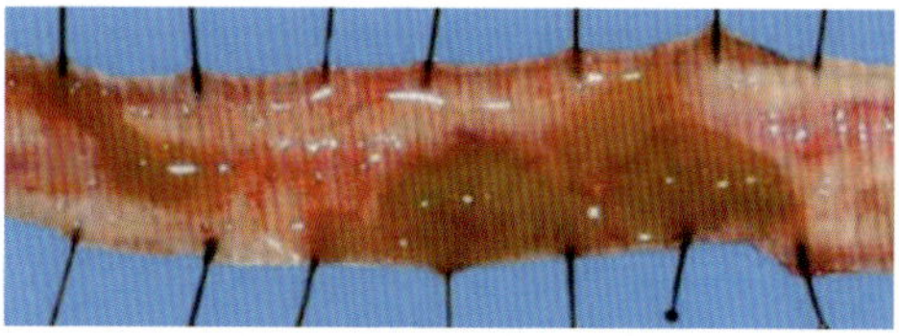

彩图 128　患慢性呼吸道病鸡喉头和气管内有大量灰白色或红褐色黏液或干酪样物质

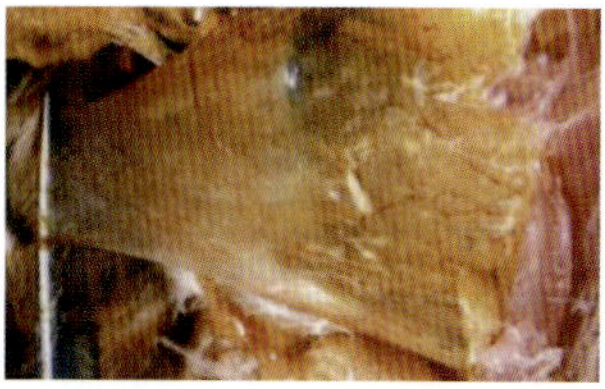

彩图 129　患鸡慢性呼吸道病鸡气囊增厚，混浊，有黄色干酪样物质等病变

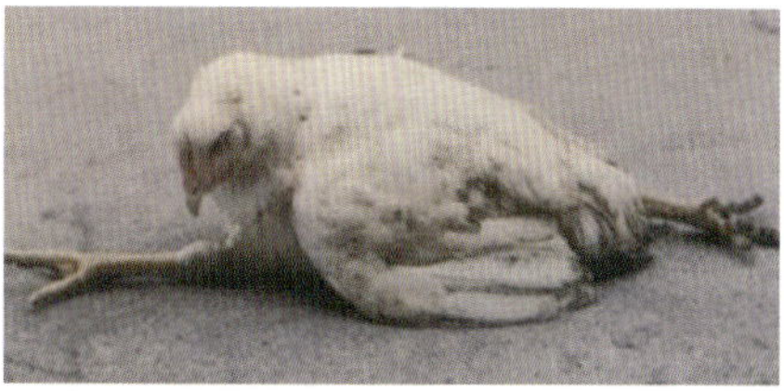

彩图 130　神经型马立克氏病鸡的腿和翅麻痹、瘫痪，呈劈叉状

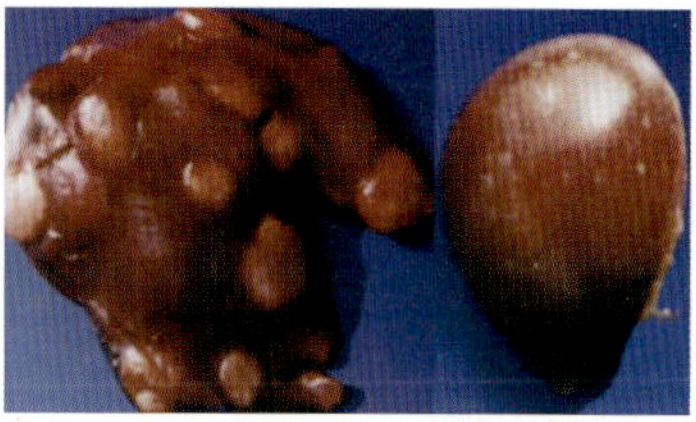

彩图 131　内脏型马立克氏病鸡的肝、脾上有较多的肿瘤结节

彩图 132　患大肠杆菌病鸡心包炎

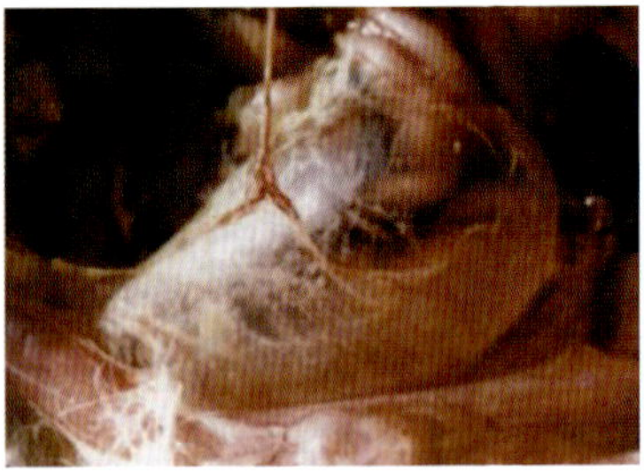

彩图 133　患大肠杆菌病鸡腹气囊混浊增厚，有纤维素渗出物

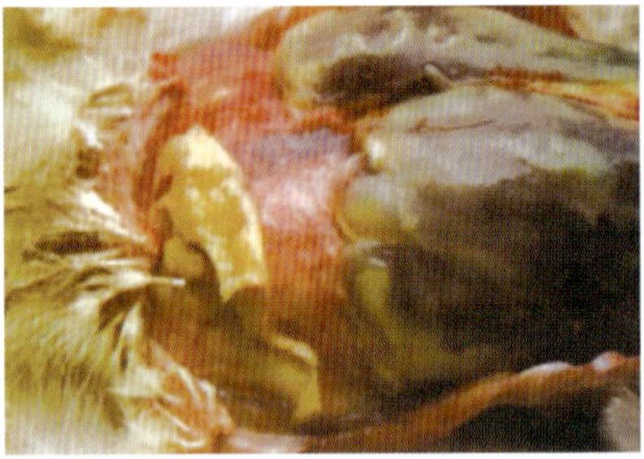

彩图 134　患大肠杆菌病鸡肝周炎

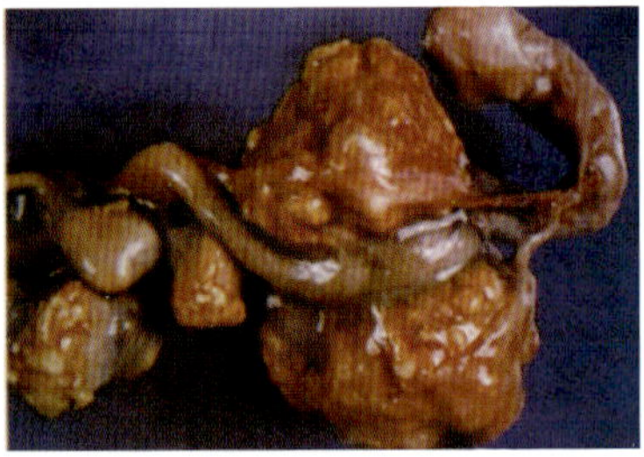

彩图 135　患大肠杆菌病鸡肠系膜上的肉芽肿

彩图 136　患白痢病雏鸡拉灰白色稀粪

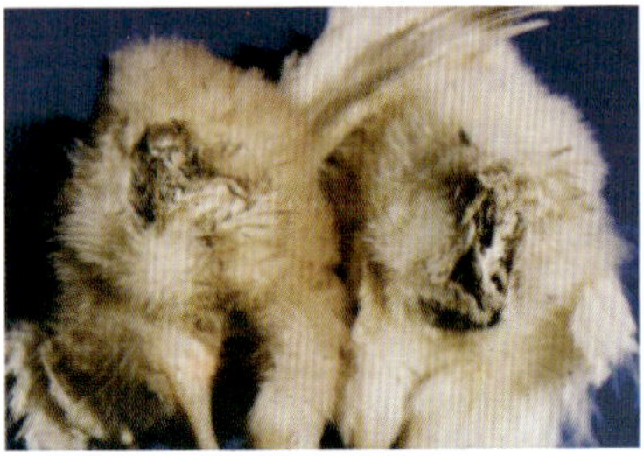

彩图 137　患白痢病病鸡排稀薄如浆糊状粪便，肛门周围绒毛被粪便污染，有时堵塞肛门使其不能排粪

彩图 138　患禽霍乱急性型病鸡突然发病，厌食，冠紫

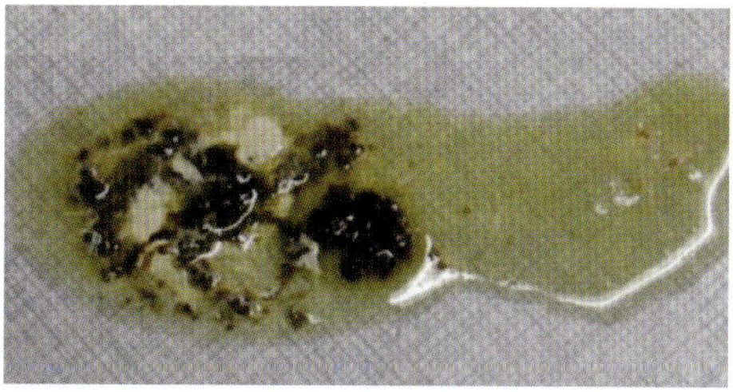

彩图 139　患禽霍乱病鸡排黄白色或黄绿色稀粪

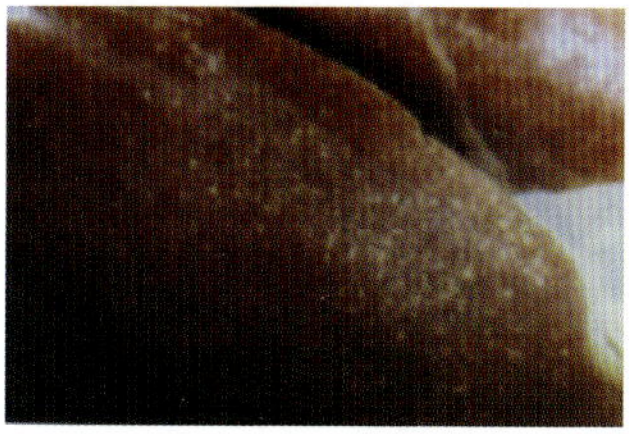

彩图 140　禽霍乱导致的肝脏肿大、质脆，呈棕色或黄棕色，有针尖大小灰白色坏死灶

发病中期带血粪便　　发病后期棕红色肉状血便

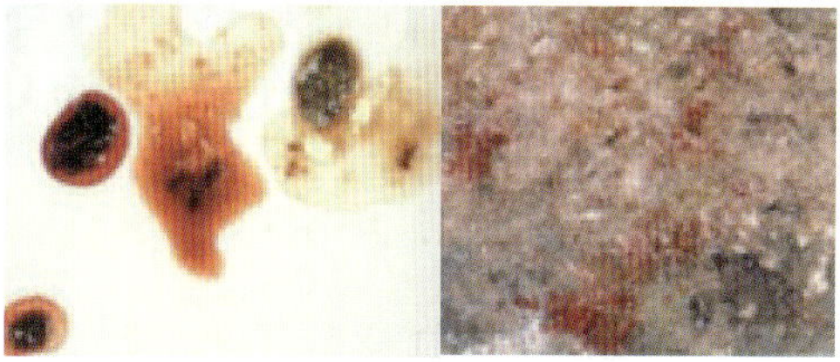

彩图 141　鸡球虫病粪便

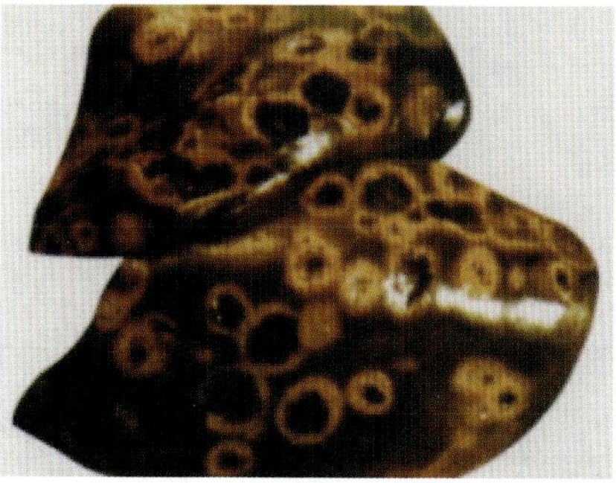

彩图 142　患组织滴虫病鸡肝脏的纽扣状坏死灶

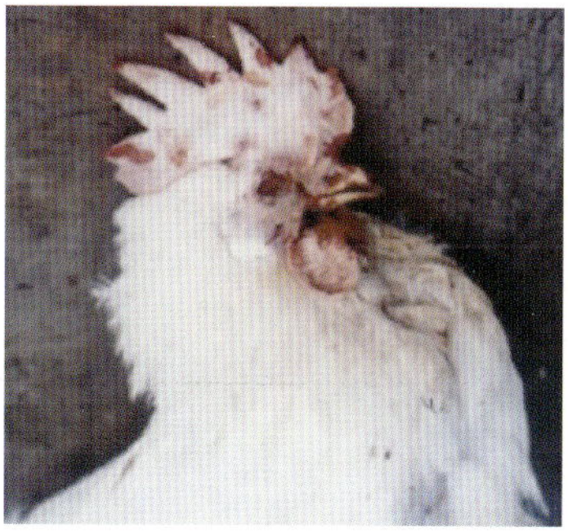

彩图 143　患住白细胞虫病鸡精神差、冠白

彩图 144　患维生素 B_1 缺乏症鸡呈“观星”姿势

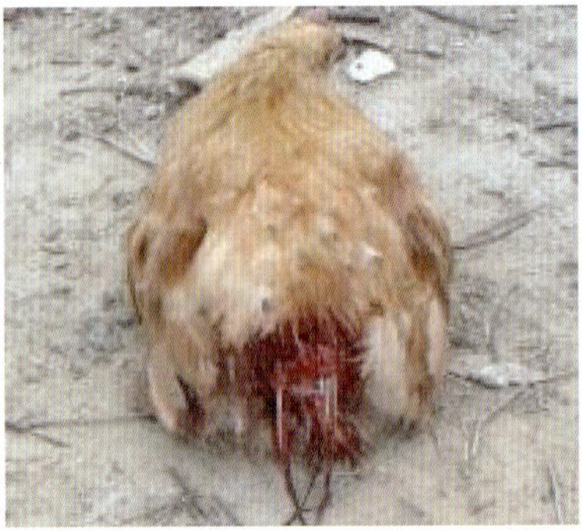

彩图 145　鸡啄癖